JSP&Servlet

学习笔记（第2版）

- 分享作者学习JSP心得
- 涵盖SCWCD考试范围
- Servlet 3.0新功能介绍
- 全新综合练习/微博开发
- 提供Lab操作案例与IDE操作
  教学视频

林信良　编著

清华大学出版社

北　京

内 容 简 介

本书是作者多年来教学实践经验的总结，汇集了学生在学习 JSP & Servlet 或认证考试时遇到的概念、操作、应用等各种问题及解决方案。

本书针对 Servlet 3.0 的新功能全面改版，无论章节架构还是范例程序代码，都做了全面更新。书中详细介绍了 Servlet/JSP 与 Web 容器之间的关系，必要时从 Tomcat 源代码分析，了解 Servlet/JSP 如何与容器互动。本书还涵盖了文本处理、图片验证、自动登录、验证过滤器、压缩处理、JSTL 应用与操作等各种实用范例。

本书在讲解的过程中，以"微博"项目贯穿全书，随着每一章的讲述都在适当的时候将 JSP & Servlet 技术应用于"微博"程序之中，使读者能够了解完整的应用程序构建方法。

本书适合 JSP & Servlet 初学者以及广大 JSP & Servlet 技术应用人员。

图书在版编目(CIP)数据

JSP & Servlet 学习笔记/林信良 编著. —2 版. —北京：清华大学出版社，2012.5（2019.2重印）

ISBN 978-7-302-28366-9

I. ①J…　II. ①林…　III. ①JAVA 语言—程序设计　②JAVA 语言—网页—程序设计

IV. ①TP312　②TP393.092

中国版本图书馆 CIP 数据核字(2012)第 049933 号

责任编辑：王　定　胡花蕾
封面设计：牛艳敏
版式设计：康　博
责任校对：成风进
责任印制：杨　艳

出版发行：清华大学出版社
　　　　　网　　　址：http://www.tup.com.cn，http://www.wqbook.com
　　　　　地　　　址：北京清华大学学研大厦A座　　　　　邮　　编：100084
　　　　　社 总 机：010-62770175　　　　　　　　　　　　邮　　购：010-62786544
　　　　　投稿与读者服务：010-62776969, c-service@tup.tsinghua.edu.cn
　　　　　质 量 反 馈：010-62772015, zhiliang@tup.tsinghua.edu.cn
印 刷 者：北京鑫丰华彩印有限公司
装 订 者：三河市溧源装订厂
经　销：全国新华书店
开　本：185mm×260mm　　　印　张：29.5　　　字　数：664 千字
　　　　（附光盘1张）
版　次：2010 年 4 月第 1 版　　2012 年 5 月第 2 版　　印　次：2019 年 2 月第 11 次印刷
定　价：78.00 元

产品编号：044950-02

第2版序

"序"应该表达些什么？写一本书的动机？写一本书的过程？写完一本书的感想？

在本书第1版手稿完成后，思考着如何写序的那几天，在整理旧书时从一本书中掉出了一张车票，于是我写了一张车票引发一连串回忆的故事。在本书第2版手稿完成后，思考着如何写序的这几天，我回顾改版的这段漫长日子，想着一脚踏入陌生领域、探索一切未知的过程。

现在的你，也许在某个领域有擅长的事务，有没有想过，或许哪天，你会接触另一个完全未知的世界，到时候，你会怎么办？

我在信息领域的知识，大多都是自学而来，对于信息领域知识的搜寻、过滤、验证与实践，自认为颇有心得，改版过程中，乍然面对一切毫无所知的世界，也曾一度乱了手脚。某个下午带着慌乱的心路过了书局，突然心里有了答案："我一直认为收集与过滤是我最大的能力，不用在这个时候，那要用在什么时候？"

你有没有听过类似的事呢？某人拥有高学历，却在生完小孩之后，毅然决然在家带小孩，某人在某领域拥有很好的经历，却在大家觉得他即将迈向巅峰时，投入另一个领域重新开始。像这类的情况，旁人通常都会为他们可惜。

我面对着完全未知的世界，开始发挥大量阅读的能力，极尽可能地寻找相关的书籍，在网络上搜寻各种相关资料，逐步勾勒出这个世界应有的方向，就如同当初从电机转换入信息，一切从未知开始累积，一切从头开始建立基础，既然是初学者，那就一切从头开始建构。

高学历带小孩不好吗？也许是自愿或被迫这么做，但如果可以发挥出高学历下该有的学习态度，好好学习如何让小孩子健康、快乐成长，那不也是件好事吗？放弃原有领域的经历不好吗？把建立原有领域经历的方式应用在新领域经历的建立，因此而有所成就的案例也不在少数！

一切都是动心转念之间，无论如何，保有一颗初学者的心，保有一颗赤子之心，放下熟悉领域拥有的一切，重新出发，方向就会逐步建立，所有的基础，后续的成就，就交由时间慢慢验证。

林信良

2011 年 5 月 26 日

第1版序

在完成本书之前，意外翻出了这张车票，94.08.15 从高雄到台北的座位证！一时之间还想不起这张车票是哪里来的，反倒是我老婆提醒了我，不过我却想起了更久之前的事情……

大学时代参加的社团是社会服务团，寒、暑假时会到一些地方举办营队，在学期中，即将参与营队的队友们必须负责各自的课程、准备教材、设计教具、验收教案等，出营队时则上台实行课程。

除了社团之外，自己平常也爱写些东西。大学时代正值 WWW 兴起之时，自己学会如何写 HTML，也常将学计算机时的心得写下来放到 Web 上，像如何安装 Apache、CGI 留言版之类的，说来写作的习惯应该是从那时养成的。

在大学最后一年考完硕士研究生入学考试之后，我在 BBS 的 Job 版上发现了几个短期打工需求，有一天接到一个电话，问我想不想写书。虽然主题只是网页制作，但第一次要写完整的一本书，合同载明页数必须有 400 页以上，着实有很大的压力，甚至还因此失眠了好几次，所幸在当兵前夕完成了这本书，成了我的第一本著作。事后在市面上发现，这本书重印了 4 次，心里还蛮感到安慰的。

当兵期间所属的单位是学校，平时除了连队勤务或卫哨之外，所做的事就是协助教官编写教材、教案、上课担任助教等。退伍后的第一份工作是在高雄，公司的业务之一是出版计算机图书，因为早有写作及出版图书的经验，自然也在公司的名义之下写了几本书。

2003 年 3 月底，开始将一些东西以"良葛格学习笔记"的名称放在网络上，随着时间的累积，伴随着网络传播的力量，越来越多人的知道了这个网站的存在，我也在网络上结交了许多朋友，并因此得以在 Javaworld@TW 前站长林上杰(Browser)先生的介绍下，认识了碁峰编辑江佳慧(Novia)小姐，出版了第二本有个人名号的书籍。

想到这里，发现在我过去的经验中，怎么都跟上台、写作、课程有关？还有一点不知道是否也有相关，我岳父岳母也都是老师……

这就是看到 94.08.15 从高雄到台北的座位证时，突然涌出的一连串回忆……

1994 年 8 月 15 日是什么日子？隔两天就是"2005 Java TWO 社区大会"！这张车票是为了参加 Java TWO 大会而买的。这是我第一次参加 Java TWO 大会，目的之一是

想看看许多网络上认识的但未曾谋面的朋友，还有一个原因是碁峰也在大会上设摊，其中有卖我的书，想去看看反应如何……在大会上，碰到了王森(Moli)先生，他跟我说："想要请你帮忙写个教材……"，不过那时场面很混乱，反正就是一堆人哈啦来哈啦去的，话题很难继续，直到后来出现了 Moli 先生想加我的 MSN，哈啦过后，才确定这件事是真的！

之后又因为一连串的因缘机会，开始了我江湖卖艺……呃……讲课的日子！时光匆匆，岁月如梭……转眼来到了 2009 年 3 月，Novia 小姐问我有没有新的写作计划？我想了一下，这些日子以来，许许多多的授课经验积累了不少的想法，也了解了不少学员在实际学习时所遇到的问题，不如写下来吧！而这些写下来的东西就成了你眼前的这本书(篇幅有限，这本书只针对 Servlet / JSP)！

我不太知道人有没有宿命，但回首时总会发现许多的巧合，过去的种种经验，好像是在为了将来的某个事件而准备似的。当然，你也可以说，这是因为回忆是选择性地挑选拼凑而成的。无论如何，这些事情过去总得发生过，未来的你才有的拼凑。

一张车票引发了一连串回忆，也终于知道要怎么写这本书的序了，这本书就是这么来的……

林信良

2009 年 5 月 26 日

导　读

这份导读可以让你了解如何使用本书。

字体

本书内文中与代码相关的文字，都用等宽字体来加以呈现，以与一般名词相区别。例如，JSP 是一般名词，而 `HttpServlet` 类为代码相关文字，使用了等宽字体。

程序范例

本书中许多范例都使用完整的程序实现来展现，如果是用以下方式示范程序代码：

FirstServlet　HelloServlet.java

```java
package cc.openhome;

import java.io.IOException;
import java.io.PrintWriter;

import javax.servlet.ServletException;
import javax.servlet.annotation.WebServlet;
import javax.servlet.http.HttpServlet;
import javax.servlet.http.HttpServletRequest;
import javax.servlet.http.HttpServletResponse;

@WebServlet("/hello.view")
public class HelloServlet extends HttpServlet {        ← ❶ 继承 HttpServlet
    @Override
    protected void doGet(HttpServletRequest request,   ← ❷ 重新定义 doGet()
                    HttpServletResponse response)
                throws ServletException, IOException {
        response.setContentType("text/html;charset=UTF-8");  ← ❸ 设定响应内容类型
        PrintWriter out = response.getWriter();    ← ❹ 取得回应输出对象
        String name = request.getParameter("name");   ← ❺ 取得请求参数

        out.println("<html>");
        out.println("<head>");
        out.println("<title>Hello Servlet</title>");
        out.println("</head>");
        out.println("<body>");
        out.println("<h1> Hello! " + name + " !</h1>");   ← ❻ 跟用户说 Hello!
        out.println("</body>");
```

```
        out.println("</html>");

        out.close();
    }
}
```

　　范例开始的左边名称为 FirstServlet，表示可以在本书配套光盘的 samples 文件夹中查找相应章节目录，即可找到对应的 FirstServlet 项目，而右边名称为 HelloServlet.java，表示可以在项目中找到 HelloServlet.java 文件。如果代码中出现标号与提示文字，表示后续的内文中会有对应于标号及提示的更详细说明。

　　原则上，建议每个项目范例都亲自动手编写，但如果由于教学时间或实现时间上的考量，本书有建议进行的练习，如果在范例开始前有个 ![Lab.] 图示，表示建议动手实践，而且在本书配套光盘的 labs 文件夹中会有练习项目的基础，可以导入项目后，完成项目中遗漏或必须补齐的代码或设定。

　　如果文中使用以下的代码形成呈现，则表示它是一个完整的程序内容，不是项目的一部分，主要用来展现一个完整的文件如何编写：

```
<%@page contentType="text/html" pageEncoding="UTF-8"%>
<html>
<head>
    <title>SimpleJSP</title>
</head>
<body>
    <h1><%= new java.util.Date() %></h1>
</body>
</html>
```

　　如果文中使用以下的代码形式呈现，则表示它是一个程序代码片段，主要展现程序编写时需要特别注意的片段：

```
    // 略 ...
    public void _jspService(HttpServletRequest request,
                    HttpServletResponse response)
        throws java.io.IOException, ServletException {
    // 略...
    try {
        response.setContentType("text/html;charset=UTF-8");
        //略...
        out = pageContext.getOut();
        // 略...
    } catch (Throwable t) {
        // 略 ...
    } finally {
        // 略 ...
```

　　由于受书籍页面宽度的限制，有些过长的程序代码可能会在一行容纳不下，不得不隔行表示，此时会使用箭头符号表示两行实际上是必须连接在一起的。例如：

JDBCDemo context.xml

```xml
<?xml version="1.0" encoding="UTF-8"?>
<Context antiJARLocking="true" path="/JDBCDemo">
  <Resource name="jdbc/demo"
   auth="Container" type="javax.sql.DataSource"
   maxActive="100" maxIdle="30" maxWait="10000" username="root"
   password="123456" driverClassName="com.mysql.jdbc.Driver"
   url="jdbc:mysql://localhost:3306/demo?
       useUnicode=true&amp;characterEncoding=UTF8"/>
</Context>
```

在上面的程序代码片段中，在 url 属性的设定中，完整的设置其实是 jdbc:mysql:// localhost:3306/demo?useUnicode=true&characterEncoding=UTF8，当中不可以中断。

操作步骤

本书将 IDE 设定的相关操作步骤，也作为练习的一部分，你会看到如下的操作步骤说明：

(1) 选择 File/New/Dynamic Web Project 命令，在出现的 New Dynamic Web Project 对话框的 Project name 文本框中输入 FirstServlet。

(2) 确定 Target runtime 为刚才设置的 Apache Tomcat v7.0，单击 Finish 按钮。

(3) 展开新建项目中的 Java Resources 节点，在 src 上单击鼠标右键，从弹出的快捷菜单中选择 New/Servlet 命令。

(4) 在弹出的 Create Servlet 对话框的 Java package 文本框中输入 cc.openhome，在 Class name 文本框中输入 HelloServlet，单击 Next 按钮。

(5) 选择 URL mappings 中的 HelloServlet，单击右边的 Edit 按钮，将 Pattern 改为 /hello.view 后，单击 OK 按钮。

(6) 单击 Create Servlet 对话框中的 Finish 按钮。

如果操作步骤旁有个 [video] 图示，表示配套资源的 videos 文件夹中对应的章节文件夹有操作步骤的录像，可打开观看以更了解实际操作过程。

特殊段落

在本书中会出现以下特殊段落：

提示 >>> 针对课程中提到的概念，提供一些额外的资源或思考方向，暂时忽略这些提示对课程进行并没有影响，但有时间的话，针对这些提示多作阅读、思考或讨论是有帮助的。

> **注意 »»** 针对课程中提到的概念，以特殊段落方式特别呈现出必须注意的一些使用方式、陷阱或避开问题的方法，看到这个特殊段落时请集中精神阅读。

综合练习

本书以"微博"项目作为范例贯穿全书，随着每一章的进行，都会在适当的时候将新学习到的技术，应用至"微博"程序之中并作适当的修改，以了解完整的应用程序基本上是如何建构出来的。

附　　录

本书配套资源中包括本书所有的范例，提供 Eclipse 范例项目，附录 A 说明如何使用这些范例项目，本书也说明如何在 Web 应用程序中整合数据库，范例中使用的数据库为 MySQL；附录 B 包括了 MySQL 的入门简介。

关于认证

本书涵盖了 Oracle Certified Professional, Java Platform, Enterprise Edition JavaServer Pages and Servlet Developer 考试范围，也就是原 Sun Certified Web Component Developer（SCWCD），不过第 9 章整合数据库与第 11 章 JavaMail 入门不在考试范围，只是为了 Web 应用程序相关技术范围完整性而作介绍。

关于 Java 认证介绍，建议直接参考 Oracle University 网站上的认证介绍：

http://education.oracle.com/pls/web_prod-plq-dad/db_pages.getpage?page_id=140

每章最后的"重点复习"是针对该章的重要提示，可作为考前复习时使用。每章都会有"课后练习"，与认证相关的是选择题，分为单选、复选题两种形式，实训题是与每个章节相关的程序练习。

联系作者

若有勘误反馈等相关书籍问题，可通过网站与作者联系：

http://openhome.cc

资源下载

本书配套资源下载：

目 录

Web 应用程序简介

学习目标：

- 认识 HTTP 基本特性
- 了解 GET、POST 使用时机
- 了解何为 URL/URI 编码
- 认识 Web 容器角色及其重要性
- 初步了解 Servlet 与 JSP 的关系
- 初步认识 MVC/Model 2

1.1　Web 应用程序基础知识

在正式学习 Servlet/JSP 相关技术之前，要先花点时间了解一些 Web 应用程序基础知识，这些知识虽然基础，但却很重要。在我这几年的教学中，发现有些学员并不具备这些基础，或者忽略了这些基础中的一些细节，如 HTML(HyperText Markup Language)、HTTP(HyperText Transfer Protocol)、URL(Uniform Resource Locator)甚至文字编码的问题等。

当然，谈这些东西并不是要求你成为这几个名词的专家，而是在以后学习 Servlet/JSP 相关技术时，若有这些基础，就能真正理解相关技术背后的原理，而不会沦落到死背 API(Application Programming Interface)的窘境。

这里先从 HTML 开始……

1.1.1　关于 HTML

本书介绍的 Web 应用程序，是由客户端(Client)与服务器端(Server)两个部分组成的，客户端基本是浏览器(Browser)，服务器端则是 HTTP 服务器，浏览器会请求服务器上放置的文件或资源。对本书来说，服务器上的文件或资源必须产生 HTML。

HTML 是以标签(Tag)的方式来定义文件结构。例如，一个简单的 HTML 范例如下所示：

```
<!DOCTYPE html PUBLIC "-//W3C//DTD HTML 4.01 Transitional//EN"
                      "http://www.w3.org/TR/html4/loose.dtd">
<html>
  <head>
    <meta http-equiv="Content-Type" content="text/html; charset=UTF-8">
    <title>HTML 范例文件</title>
  </head>
  <body>
    <img src="images/caterpillar.jpg">哈啰! 请输入...<br><br>
    <form method="get" action="sample.do" name="sample">
       </>名称: <input type="text" name="name"><br><br>
       <button>送出</button>
    </form>
  </body>
</html>
```

HTML 文件的标签通常是成对的，有开头标签与结尾标签(但少数标签例外)。例如，整份 HTML 文件的定义编写在<html>与</html>标签之间。在文件开始呈现之前，浏览器必须先处理编写在<head>与</head>标签之间的元素。显示在浏览器窗口上的标题，就是编写在 HTML 中的<title>与</title>标签之间的内容。

浏览器若要针对文件内容绘制画面与定义行为，相关的信息是定义在<body>标签之中。例如，
告诉浏览器换下一行后再继续绘制文件内容，范例文件中有个代表图片的`<img>`标签，告诉浏览器要读取指定的图形文件并绘制在画面上。HTML 标签可以拥有属性(attribute)，定义该标签的额外信息，如图片来源(`src` 属性)。`<form>`标签定义了一个窗体，窗体用来让用户填写一些将送至服务器的信息，其中还使用了`<input>`标签分别定义了一个输入字段及发送按钮。

简而言之，当浏览器从服务器取得这份 HTML 文件之后，就可以按照其中的结构等信息进行画面的绘制。图 1.1 所示为大致的 HTML 标签与对应的画面呈现。

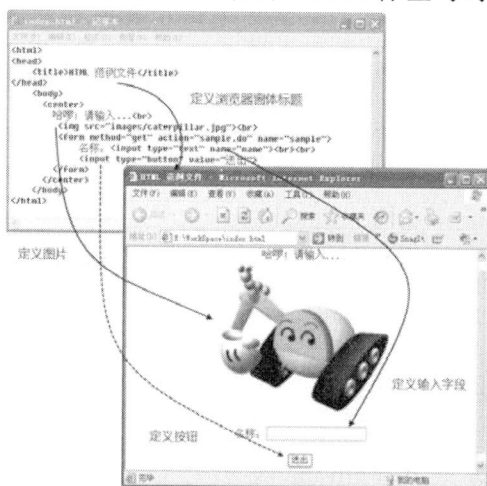

图 1.1　浏览器按 HTML 的结构等信息进行画面绘制

以上描述是对你的一种测试，如果连以上的基本 HTML 都不甚了解，建议先寻找 HTML 相关的文件或书签作大致的了解，w3schools(http://w3schools. com)的 HTML Tutorial 是不错的快速入门文件，足以应付阅读本书所需的 HTML 基础，网址是：

http://www.w3schools.com/html/default.asp

1.1.2　URL、URN 与 URI

既然 Web 应用程序的文件等资源是放在服务器上，而服务器是因特网(Internet)上的主机，当然必须要有个方式，告诉浏览器到哪里取得文件等资源。通常会听到有人这么说："你要指定 URL"，偶而会听到有人说："你要指定 URI"。那么到底什么是 URL、URI？甚至你还听过 URN。首先，三个名词都是缩写，其全名分别为：

- URL：Uniform Resource Locator
- URN：Uniform Resource Name
- URI：Uniform Resource Identifier

从历史的角度来看，URL 的标准最先出现，早期 U 代表 Universal(万用)，标准化之后代表着 Uniform(统一)。正如名称所指出，URL 的主要目的，是以文字方式来说明因特网上的资源如何取得。一般而言，URL 的主要格式为：

<协议>:<特定协议部分>

协议(scheme)指定了以何种方式取得资源。一些协议名的例子有：

- ftp(文件传输协议，File Transfer Protocol)
- http(超文本传输协议，Hypertext Transfer Protocol)
- mailto(电子邮件)
- file(特定主机文件名)

协议之后跟随冒号，特定协议部分的格式则为：

//<用户>:<密码>@<主机>:<端口号>/<路径>

举例来说，若资源放置在 HTTP 服务器上，如图 1.2 所示。

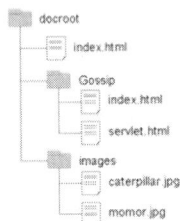

图 1.2　HTTP 服务器上的资源

若主机名为 openhome.cc，要以 HTTP 协议取得 Gossip 目录中 index.html 文件，端口号 8080，则必须使用以下 URL(如图 1.3 所示)：

```
http://openhome.cc:8080/Gossip/index.html
```

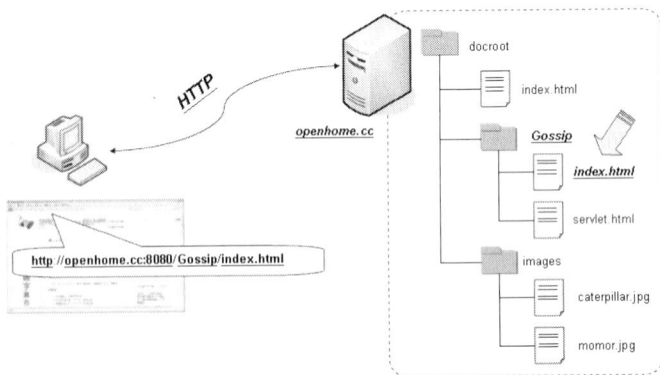

图 1.3　以 URL 指定资源位置等信息

又假设想取得计算机文件系统中 C:\workspace 下的 jdbc.pdf 文件，则可以指定如下 URL 格式：

```
file://C:/workspace/jdbc.pdf
```

简而言之，URL 代表资源的地址信息，URN 则代表某个资源独一无二的名称。举例来说，"JSP & Servlet 学习笔记(第 2 版)"的国际标准书号(International Standard Book Number，ISBN)为 ISBN 978-7-302-28366-9，这就是 URN 的一个例子。

由于 URL 或 URN 的目的，都是用来标识某个资源，后来的标准制定了 URI，而 URL 与 URN 成为 URI 的子集。在一些标准机构，如 W3C(World Wide Web Consortium) 文件中，后来就也多使用 URI 这个名词，不过许多人已习惯用 URL，所以 URL 这个名称仍广为使用，程序员口语交谈也多见使用 URL 这个旧称，所以书中还是称 URL。

如果想对 URL、URI 与 URN 的历史演进与标准发布作更多的了解，可以参考 Wikipedia(http://www.wikipedia.org/)的 Uniform Resource Identifier：

http://en.wikipedia.org/wiki/Uniform_Resource_Identifier

1.1.3 关于 HTTP

先前一直提到 HTTP，这是一种通信协议，指架构在 TCP/IP 之上应用层的一种协议。通信协议基本上就是两台计算机间对谈沟通的方式，例如客户端要跟服务器请求联机，假设就是跟服务器说声 CONNECT，服务器响应 PASSWORD 表示要求密码，客户端再进一步跟服务器说声 PASSWORD 1234，表示这是所需的密码，诸如此类，如图 1.4 所示。

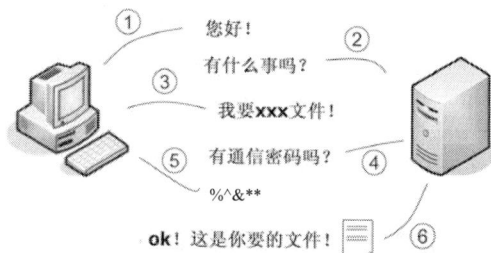

图 1.4　通信协议是计算机间沟通的一种方式

按不同的联机方式与所使用的网络服务而定，会有不同的通信协议。例如，发送信件时会使用 SMTP(Simple Mail Transfer Protocol)，传输文件时会使用 FTP，下载信件时会使用 POP3(Post Office Protocol 3)等，而浏览器跟 Web 服务器之间使用的沟通方式，则是 HTTP，它有两个基本但极为重要的特性：

- 基于请求(Request)/响应(Response)模型
- 无状态(Stateless)通信协议

HTTP 是一种基于请求/响应的通信协议，客户端对服务器发出一个取得资源的请求，服务器将要求的资源响应给客户端，每次的联机只作一次请求/响应，是一种很简单的通信协议，没有请求就不会有响应。

在 HTTP 协议之下，服务器端是个健忘的家伙，服务器响应客户端之后，就不会记得客户端的信息，更不会去维护与客户端有关的状态，因此 HTTP 又称为无状态 (Stateless)的通信协议，如图 1.5 所示。

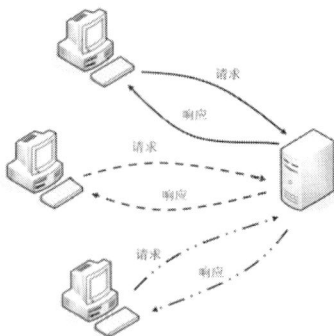

图 1.5　HTTP 是一种基于请求/响应的无状态通信协议

明白 HTTP 这两个基本特性很重要，这样才知道 Web 应用程序可以做到什么，又有哪些做不到，才能知道之后要介绍的 MVC 模式(Model-View-Controller Pattern)为何要作变化而成为 Model 2 模式，之后谈到会话管理(Session management)时，才能知道会话管理的基本原理，并针对需求采取适当的会话管理机制。

浏览器在使用 HTTP 发出请求时，可以有几种请求方法，如 GET、POST、HEAD、PUT、DELETE 等。对于编写 Servlet 或 JSP 而言，最常接触的就是 GET 与 POST(绝大多数情况下，只会用到这两个方法)。下面分别介绍 GET 与 POST 的使用方法。

1. GET 请求

GET 请求，顾名思义，就是向服务器取得(GET)指定的资源，在发出 GET 请求时，必须一并告诉服务器所请求资源的 URL，以及一些标头(Header)信息。例如，一个 GET 请求的发送范例如图 1.6 所示。

图 1.6　HTTP GET 请求范例

HTTP 所有的通信数据都是使用"字符"来进行协议交换，如果可以使用 Telnet 软件连接上 HTTP 服务器，以字符方式输入要求的协议内容，就可以取得指定的资源。

在图 1.6 中，请求标头的内容是给服务器参考的额外信息，服务器可以选择性地使用这些信息来做适当的响应处理。例如，服务器可以从 User-Agent 中得知用户使用的浏览器种类与版本，从 Accept-Language 中了解浏览器可以接收哪些语系的内容响应等。

请求参数通常是用户发送给服务器的必要信息，这个信息通常是利用窗体来进行发送，服务器必须有这些信息才可以进一步针对用户的请求作出正确的响应。请求参数是在 URL 之后跟随一个问号(?)，然后是请求参数名称(name)与请求参数值(value)，中间以等号(=)表示成对关系。若有多个请求参数，则以&字符连接。使用 GET 方式发送请求，浏览器的地址栏上也会出现请求参数信息，如图 1.7 所示。

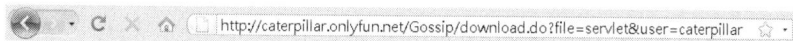

图 1.7　GET 的请求参数会出现在地址栏上

GET 请求可以发送的请求参数长度有限(这个长度根据浏览器版本而有所不同)，对于太大量的数据并不适合用 GET 方式来进行请求，这时可以改用 POST。

2. POST 请求

POST 请求，顾名思义，就是在请求时发布(POST)信息给服务器，对于大量或复杂的信息发送(如文件上传)，基本上会采用 POST 来进行发送。一个 POST 发送的范例如图 1.8 所示。

图 1.8　HTTP POST 请求范例

表面上看起来，POST 只是将请求参数移至最后的信息体(Message body)之中，由于信息体的内容长度不受限制，所以大量数据的发送都会使用 POST 方法，而由于请求参数移至信息体，地址栏上也就不会出现请求参数。对于一些较敏感的信息，即使长度不长，通常也会改用 POST 的方式发送。

3. 如何选用 GET 或 POST？

GET 请求与 POST 请求是使用 Servlet/JSP 时最常接触的两个请求方式。除了长度过长的请求数据之外，许多请求既可以使用 GET 也可以使用 POST，那么何时该选用 GET 而何时该选用 POST 呢？

从功能面上，可以用以下方式来决定该选用 GET 或 POST：

- GET 请求跟随在 URL 之后的请求参数长度是有限的，过长的请求参数，或如文件上传这类的大量数据，就不适合用 GET 请求，而应该改用 POST 请求。

- GET 请求的请求参数会出现在地址栏上，敏感性或有安全性考虑的请求参数(如信用卡号码、用户名、密码等)，就不应该使用 GET 请求来发送。

7

- POST 请求的请求参数不会出现在地址栏上，所以无法加入浏览器的书签 (Bookmark)之中，如果有些页面是根据请求参数来作不同的画面呈现(如论坛 的文章发表)，而你希望可以让用户设定书签，以便日后可以直接点击书签浏 览，则应该使用 GET 请求。

- 有些浏览器会依网址来缓存(Cache)数据，如果网址是相同的 URL，则会直接 从浏览器缓存中取出数据，而不会真正发送请求至服务器上查询最新的数据。 如果不希望服务器状态改变了，而浏览器仍从缓存中取得旧的资料，则可以 改用 POST 请求(使用 GET 请求也可以避免缓存，例如在网址上附加时间戳， 让每次 GET 请求的网址都不相同)。

另外，还有另一个非功能面上的考虑，但其实也是 HTTP 当初在设计时区分 GET 与 POST 的目的之一，就是按请求是否为等幂(idempotent)操作来决定使用 GET 或 POST。 所谓是否为等幂操作，就是请求的操作是否改变服务器状态，同一个操作重复多次， 是否传回同样的结果。

- GET 请求应该用于等幂操作。GET 请求纯粹取得资源，而不改变服务器上的 数据或状态。GET 的请求参数，只是用来告知服务器，必须进一步根据请求 参数(而不只是 URL)来标识出要响应的内容(例如查询数据库的数据)，同样的 GET 请求且使用相同的请求参数重复发送多次，都应该传回相同的结果。

- POST 请求应该用于非等幂(non-idempotent)操作。POST 请求发送的数据，可 能会影响服务器上的数据或状态，例如修改(增、删、更新)数据库的内容， 或是在服务器上保存文件。你的请求若会改变服务器的状态，则应改用 POST 请求。

就窗体发送而言，可以通过<form>的 method 属性来设定使用 GET 或 POST 方式来 发送数据，通常若不设定 method 属性，默认会使用 GET：

```
...
    <form method="get" action="sample.do" name="sample">
        名称: <input type="text" name="name"><br><br>
        <input type="button" value="送出">
    </form>
...
```

1.1.4 有关 URL 编码

刚刚谈到了 HTTP 请求参数，必须使用请求参数名称与请求参数值，中间以等号 (=)表示成对关系，现在问题来了，如果请求参数值本身包括"="符号怎么办？又或 许你想发送的请求参数值是 http://openhome.cc 这个值呢？假设是 GET 请求，则不能 直接这么在地址栏上输入：

```
http://openhome.cc/addBookmar.do?url=http://openhome.cc
```

1. 保留字符

在 URI 的规范中定义了一些保留字符(Reserved character)，如 ":"、"/"、"?"、"&"、"="、"@"、"%" 等字符，在 URI 中都有它的作用。如果要在请求参数上表达 URI 中的保留字符，必须在%字符之后以十六进制数值表示方式，来表示该字符的八个位数值。

例如，":"字符真正储存时的八个位为 00111010，用十六进制数值来表示则为 3A，所以必须使用 "%3A" 来表示 ":"; "/" 字符储存时的八个位为 00101111，用十六进制表示则为 2F，所以必须使用 "%2F" 来表示 "/" 字符，所以若发送的请求参数值是 http://openhome.cc，则必须使用以下格式：

```
http://openhome.cc/addBookmar.do?url=http%3A%2F%2Fopenhome.cc
```

这是 URI 规范中的百分比编码(Percent-Encoding)，也就是俗称的 URI 编码或 URL 编码。如果想知道某个字符的 URL 编码是什么，在 Java 中可以使用 `java.net.URLEncoder` 类的静态 `encode()` 方法来做这个编码的动作(相对地，要译码则使用 `java.net.URLDecoder` 的静态 `decode()` 方法)。例如：

```
String text = URLEncoder.encode("http://openhome.cc ", "ISO-8859-1");
```

知道这些有什么用？例如，你想给某人一段 URL，让他直接单击就可以连到你想要让他看到的网页，你给他的 URL 在请求参数部分就要注意 URL 编码。

不过在 URI 之前，HTTP 在 GET、POST 时也对保留字作了规范，这与 URI 规范的保留字有所差别。其中一个差别就是在 URI 规范中,空格符的编码为%20,而在 HTTP 规范中空白的编码为 "+"，`java.net.URLEncoder` 类的静态方法 `encode()`产生的字符串，空格符的编码就为 "+"。

2. 中文字符

另一个差别就是，URI 规范的 URL 编码，针对的是字符 UTF-8 编码的八个位数值，如果请求参数都是 ASCII 字符，那没什么问题，因为 UTF-8 编码与在 ASCII 字符的编码部分是兼容的，也就是使用一个字节，编码方式就如先前所述。

但在非 ASCII 字符方面，如中文，在 UTF-8 编码下，会使用三个字节来表示。例如，"林" 这个字在 UTF-8 编码下的三个字节，对应至十六进制数值表示就是 E6、9E、97，所以在 URI 规范下，请求参数中要包括 "林" 这个中文，表示方式就是 "%E6%9E%97"。例如：

```
http://openhome.cc/addBookmar.do?lastName=%E6%9E%97
```

有些初学者会直接打开浏览器输入图 1.9 所示内容，告诉我："URL 也可以直接打中文啊！"

图 1.9　浏览器地址栏真的可以输入中文

不过你可以将地址栏复制，粘贴到纯文本文件中，就会看到 URI 编码的结果，这其实是现在的浏览器很聪明，会自动将上述的 URI 编码显示为中文。无论如何，在 URI 规范上若如以上方式发送请求参数，服务器端处理请求参数时，必须使用 UTF-8 编码来取得正确的"林"字符。

然而在 HTTP 规范下的 URL 编码，并不限使用 UTF-8，例如在一个 BIG5 网页中，若窗体使用 GET 发送"林"这个中文字，则地址栏中会出现：

```
http://openhome.cc/addBookmar.do?lastName=%AA%4C
```

这是因为"林"这个中文字的 BIG5 编码为两个字节，若以十六进制表示，则分别为 AA、4C。如果通过窗体发送，由于网页是 BIG5 编码，则浏览器会自动将"林"编码为"%AA%4C"，服务器端处理请求参数时，就必须指定 BIG5 编码，以取得正确的"林"汉字字符。

若使用 java.net.URLEncoder 类的静态 encode() 方法来作这个编码的动作，则可以像下面这样得到"%AA%4C"的结果：

```
String text = URLEncoder.encode("林 ", "BIG5");
```

同理可推，如果网页是 UTF-8 编码，而你通过窗体发送，则浏览器会自动将"林"编码为"%E6%9E%97"。若使用 java.net.URLEncoder 类的静态 encode() 方法来作这个编码的动作，则可像下面这样得到"%E6%9E%97"的结果：

```
String text = URLEncoder.encode("林", "UTF-8");
```

知道这些要作什么？你应该感觉到了："我们会发送中文"。中文是如何编码的？到服务器端后又是如何译码的？这些问题必须先搞清楚。随便问个"为什么我收到的是乱码？"、"为什么数据库中是乱码？"，往往解决不了问题。如果具备这些基础，之后说明 Servlet/JSP 中如何接收包括中文字符的请求参数时，你才能理解，如何使用某些 API 进行正确的编码转换动作。

1.1.5 动态网页与静态网页

很可惜，现在这个世界通常不会只使用单一技术来完成一个 Web 应用程序，因此在谈到何为动态网页、静态网页时，必须作个厘清。

本书所谓"静态网页"，指的是请求服务器上的网页时，服务器不对网页文件作任何处理，读取文件之后就直接当作响应传给浏览器。而本书所谓"动态网页"，指的是服务器在响应之前，可能先依客户端的请求参数、标头或实际服务器上的状态，以程序的方式动态产生响应内容，再传回给用户。

举例来说，下面是个 JSP 的例子(见图 1.10)，当浏览器请求这个 JSP 时，会根据服务器上的时间产生响应内容：

```
<html>
  <head>
    <title>JSP Page</title>
```

```
        </head>
        <body>
            <!-- 这里会根据服务器上的时间而产生不同的响应 -->
            <h1><%= new java.util.Date() %></h1>
        </body>
    </html>
```

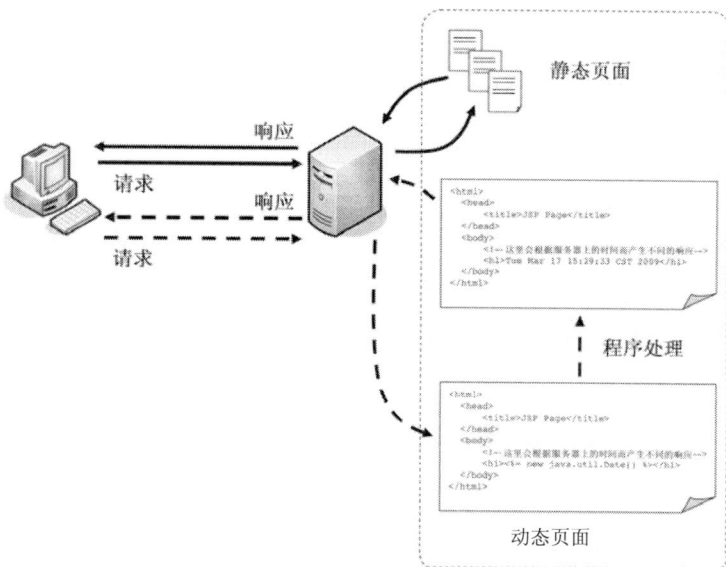

图 1.10　动态网页会根据请求的数据作处理后再传回

　　所以，动态网页实际上会再经过服务器上的程序处理，再传回实际的响应内容，这类处理动态网页的技术有 CGI(Common Gateway Interface)、PHP(Hypertext Preprocessor)、ASP(Active Server Pages)等，以及本书介绍的 Servlet/JSP (JavaServer Pages)。

　　之所以要先作这样的理清，是因为在以上的定义中，未经服务器端程序处理的纯 HTML 网页文件属于本书所谓的静态网页，但如果这个 HTML 中包括 JavaScript 程序代码，HTML 中的 JavaScript 程序代码会被"浏览器"执行(而不是服务器端程序)，这在专门介绍 JavaScript 的书中会被定义为该书所谓动态网页的范畴。

　　其实这纯粹只是静态网页、动态网页两个名词在不同书中的定义。这里真正想理清的，其实是客户端程序与服务器端程序的差别。

　　大多数分不清楚客户端程序与服务器端程序差别的学习者，通常都分不清楚 JavaScript 与 JSP 的关系，由于 JSP 中可以编写 Java 程序代码，而 JSP 文件中又可以编写 JavaScript，而 JavaScript 当初命名时，又套上了个 Java 的名字在前头，让许多学习 JavaScript 或 JSP 的人，误以为 JavaScript 与 JSP(或 Java)有直接的关系。事实上，并没有这回事。

11

如同前面所讲的，Servlet/JSP 是服务器上的一个技术，客户端通过 HTTP 协议和网络传送请求给 Servlet/JSP，服务器上的 Servlet/JSP 经过运算处理后再将响应(包括 HTML 与 JavaScript)传回给客户端，所有一切程序的处理都是在服务器上发生的。

JavaScript 则是执行于客户端浏览器中，可以让你与浏览器沟通，操作浏览器中的网页画面与行为，也可以通过 JavaScript 来要求浏览器发出请求给服务器。

所以客户端程序与服务器端程序，或说 Servlet/JSP 与 JavaScript，两者根本是执行于不同的内存地址空间(Address space)，两者无法作直接的互动，而必须通过网络通过 HTTP 来进行互动、数据交换或请求、响应，如图 1.11 所示。

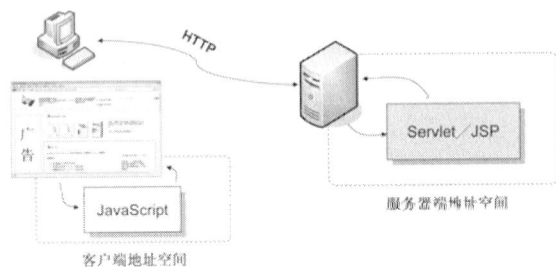

图 1.11　Servlet/JSP 程序与 JavaScript 程序是执行于不同的地址空间

在今后学习或应用 JSP 的过程中，也会在 JSP 网页中写一些内嵌的 (Inline)JavaScript，这些 JavaScript 并不是在服务器上执行的，服务器会如同处理那些 HTML 标签一样，将这些 JavaScript 原封不动地传给浏览器，浏览器收到响应后再处理标签与执行 JavaScript。

对处理 JSP 内容的服务器端而言，内嵌的 JavaScript 跟静态的 HTML 标签没有两样，如果了解两者的差别，就不会有所谓"可以直接让 JavaScript 取得 `request` 中的属性吗？"、"为什么 JSP 没有执行 JavaScript？"或"可以直接用 JavaScript 取得 JSTL 中`<c:if>`标签的 `test` 属性吗？"这样的问题。

1.2　Servlet/JSP 简介

在学习 Java 程序语言时，有个重要的概念就是："JVM(Java Virtual Machine)是 Java 程序唯一认识的操作系统，其可执行文件为.class 文件。"基于这样的概念，编写 Java 程序时，就必须了解 Java 程序如何与 JVM 这个虚拟操作系统进行通信，JVM 如何管理 Java 程序中的对象等问题。

在学习 Servlet/JSP 时，也有个重要概念："Web 容器(Container)是 Servlet/JSP 唯一认得的 HTTP 服务器。"如果希望用 Servlet/JSP 编写的 Web 应用程序可以正常运作，就必须知道 Servlet/JSP 如何与 Web 容器沟通，Web 容器如何管理 Servlet/JSP 的各种对象等问题。

1.2.1　何谓 Web 容器

对于 Java 程序而言，JVM 是其操作系统，.java 文件会编译为.class 文件，.class 对于 JVM 而言，就是其可执行文件。Java 程序基本上只认得一种操作系统，就是 JVM。

当开始编写 Servlet/JSP 程序时，必须开始接触容器(Container)的概念，容器这个名词也用在如 `List`、`Set` 这类的 `Collection` 上，也就是用来持有、保存对象的集合(Collection) 对象。对于编写 Servlet/JSP 来说，容器的概念更广，它不仅持有对象，还负责对象的生命周期与相关服务的连接。

在具体层面，容器说穿了，其实就是一个用 Java 写的程序，运行于 JVM 之上，不同类型的容器会负责不同的工作，若以 Servlet/JSP 运行的 Web 容器(Web Container)来说，也是一个 Java 写的程序。将来编写 Servlet 时，会接触 `HttpServletRequest`、`HttpServletResponse` 等对象，想想看，HTTP 那些文字性的通信协议，如何变成 Servlet/JSP 中可用的 Java 对象，其实就是容器为你剖析与转换。

在抽象层面，可以将 Web 容器视为运行 Servlet/JSP 的 HTTP 服务器。就如同 Java 程序仅认得 JVM 这个操作系统，Servlet/JSP 程序在抽象层面上，也仅认得 Web 容器这个概念上的 HTTP 服务器，只要写的 Servlet/JSP 符合 Web 容器的标准规范，Servlet/JSP 就可以在各种不同厂商实现的 Web 容器上运行，而不用理会底层真正的 HTTP 服务器是什么。

本书将会使用 Apache Tomcat(http://tomcat.apache.org)作为范例运行的 Web 容器。若以 Tomcat 为例，容器的角色位置可以用图 1.12 来表示。

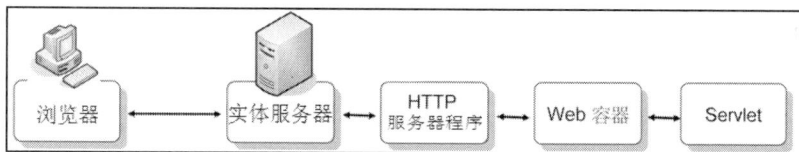

图 1.12　从请求到 Servlet 处理的线性关系

就如同 JVM 介于 Java 程序与实体操作系统之间，Web 容器是介于实体 HTTP 服务器与 Servlet 之间，也正如编写 Java 程序必须了解 JVM 与应用程序之间如何互动，编写 Servlet/JSP 也必须知道 Web 容器如何与 Servlet/JSP 互动，如何管理 Servlet 等事实(JSP 最后也是转译、编译、加载为 Servlet，在容器的世界中，真正负责请求、响应的是 Servlet)。

下面是一个请求/响应的基本例子：

(1) 客户端(大部分情况下是浏览器)对 Web 服务器发出 HTTP 请求。

(2) HTTP 服务器收到 HTTP 请求，将请求转由 Web 容器处理，Web 容器会剖析 HTTP 请求内容，创建各种对象(如 `HttpServletRequest`、`HttpServletResponse`、`HttpSession` 等)。

(3) Web 容器由请求的 URL 决定要使用哪个 Servlet 来处理请求(事先由开发人员定义)。

(4) Servlet 根据请求对象(HttpServletRequest)的信息决定如何处理，通过响应对象(HttpServletResponse)来创建响应。

(5) Web 容器与 HTTP 服务器沟通，Web 服务器将响应转换为 HTTP 响应并传回客户端。

以上是了解 Web 容器如何管理 Servlet/JSP 的一个例子。不了解 Web 容器行为容易产生问题，举例来说，Servlet 是执行在 Web 容器之中，Web 容器是由服务器上的 JVM 启动，JVM 本身就是服务器上的一个可执行程序，当一个请求来到时，Web 容器会为每个请求分配一个线程(Thread)，如图 1.13 所示。

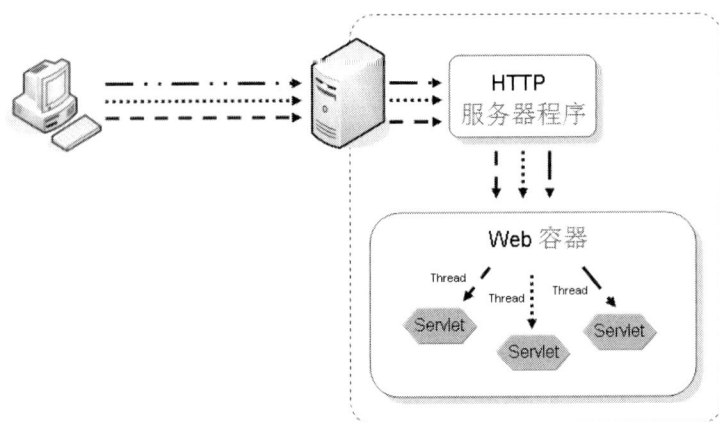

图 1.13　每个请求由 Web 容器分配一个线程

如果有多次请求进来，就只是启动多个线程来进行处理，而不是重复启动多次 JVM。线程就像是进程(Process)中的轻量级流程，由于不用重复启动多个进程，可以大幅减轻性能负担。

然而要注意的是，Web 容器可能会使用同一个 Servlet 实例来服务多个请求。也就是说，多个请求下，就相当于多个线程在共享存取一个对象，因此得注意线程安全(Thread-safe)的问题，避免引发数据错乱，如 A 用户登录后看到 B 用户的数据这类问题。

其实不仅是使用 Servlet/JSP 要了解 Web 容器，Java 各平台的解决方案，其实都对底层作了抽象化，在各平台上都会有对应的容器解决方案。编写 EJB 就要理解 EJB 容器的行为，编写 Applet 就要理解 Applet 容器的行为，容器是各解决方案面对的平台，不理解容器的行为就容易引发程序面的各种问题。图 1.14所示是摘自Java EE 6 Tutorial 中 Java EE 6 APIs 文件的容器示意。

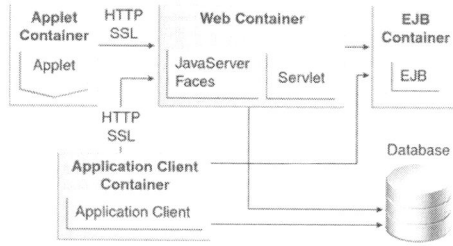

图 1.14 摘自 http://download.oracle.com/javaee/6/tutorial/doc/bnacj.html

提示 >>> Java EE 6 Tutorial 也是学习 Java EE 时不错的在线参考文件：http://download.
oracle.com/javaee/6/tutorial/doc/

1.2.2 Servlet 与 JSP 的关系

本书从开始到现在一直在谈 Servlet，但你可能关心的是怎么写 JSP。因为你急着想在上面输入 HTML 然后看看效果。事实上，JSP 会被 Web 容器转译为 Servlet 的".java"源文件、编译为 ".class" 文件，然后加载容器之中，所以最后提供服务的还是 Servlet 实例(Instance)。这也是为什么到现在一直在谈 Servlet 的原因，"要能完全掌握 JSP，也必须先对 Servlet 有相当程度的了解"，才不会一知半解，遇到错误无法解决。

先来看一个基本的 Servlet 长什么样子。

```java
package cc.openhone;

import java.io.*;
import javax.servlet.*;
import javax.servlet.http.*;

public class SimpleServlet extends HttpServlet {
    @Override
    protected void doGet(HttpServletRequest request,
                    HttpServletResponse response)
        throws ServletException, IOException {
        response.setContentType("text/html;charset=UTF-8");
        PrintWriter out = response.getWriter();

        out.println("<html>");
        out.println("<head>");
        out.println("<title>Simple Servlet</title>");
        out.println("</head>");
        out.println("<body>");
        out.println("<h1>" + new java.util.Date() + "</h1>");
        out.println("</body>");
        out.println("</html>");
        out.close();
    }
}
```

先别管这个程序中有太多细节是你还没看过的，目前只要注意两件事。第一件事是一个 Servlet 类必须继承 HttpServlet，第二件事就是要输出 HTML 时，必须通过 Java 的输入输出功能(在这里是从 HttpServletResponse 取得 PrintWriter)，并使用 Java 程序取得服务器上的时间，再用加号(+)运算符来串接为字符串进行输出。

再来看一个产生同样结果的 JSP 该如何编写：

```
<%@page contentType="text/html" pageEncoding="UTF-8"%>
<html>
<head>
    <title>SimpleJSP</title>
</head>
<body>
    <h1><%= new java.util.Date() %></h1>
</body>
</html>
```

如果从网页编辑者的角度来看待这个功能的编写，我相信你会选择 JSP 的编写方式。事实上，JSP 的功能角色，本来就是从网页编辑者的角度、方便设计网页画面来解决问题。Servlet 主要从事 Java 程序逻辑的定义，应该避免直接在 Servlet 中产生画面输出(如直接编写 HTML)。如何适当地分配 JSP 与 Servlet 的职责，需要一些经验与设计，而这也是本书之后章节会有所介绍的部分。

前面说过，JSP 网页最后还是成为 Servlet。以上面这个 JSP 为例，若使用 Tomcat 作为 Web 容器，最后由容器转译后的 Servlet 类别如下所示：

```
package org.apache.jsp;

import javax.servlet.*;
import javax.servlet.http.*;
import javax.servlet.jsp.*;

public final class index_jsp
    extends org.apache.jasper.runtime.HttpJspBase
    implements org.apache.jasper.runtime.JspSourceDependent {
    // 略...

    public void _jspInit() {
        // 略...
    }

    public void _jspDestroy() {
    }

    public void _jspService(HttpServletRequest request,
                    HttpServletResponse response)
        throws java.io.IOException, ServletException {
    // 略...
    try {
        response.setContentType("text/html;charset=UTF-8");
        //略...
        out = pageContext.getOut();
        // 略...
```

```
        out.write("\n");
        out.write("<html>\n");
        out.write("<head>\n");
        out.write("  <title>SimpleServlet</title>\n");
        out.write("</head>\n");
        out.write("<body>\n");
        out.write("  <h1>");
        out.print( new java.util.Date() );
        out.write("</h1>\n");
        out.write("</body>\n");
        out.write("</html>\n");
    } catch (Throwable t) {
        // 略 ...
    } finally {
        // 略 ...
    }
    }
}
```

篇幅限制，上例的程序代码省略了一些目前还不需要注意的细节，重点在观察这个类继承了 HttpJspBase，而 HttpJspBase 继承自 HttpServlet，而 HTML 的输出方式与先前所编写的 SimpleServlet 类是类似的。这个由容器转译的 Servlet 类会再进行编译并加载容器以提供服务，如图 1.15 所示。

```
<%@page contentType="text/html" pageEncoding="UTF-8"%>
<html>
<head>
  <title>SimpleJSP</title>
</head>
<body>
  <h1><%= new java.util.Date() %></h1>
</body>
</html>
```

```
public final class index_jsp
    extends org.apache.jasper.runtime.HttpJspBase
    implements org.apache.jasper.runtime.JspSourceDependent {

    public void _jspService(HttpServletRequest request,
                            HttpServletResponse response)
        throws java.io.IOException, ServletException {

        response.setContentType("text/html;charset=UTF-8");
        //略...
        out = pageContext.getOut();
        // 略...

        out.write("\n");
        out.write("<html>\n");
        out.write("<head>\n");
        out.write("  <title>SimpleServlet</title>\n");
        out.write("</head>\n");
        out.write("<body>\n");
        out.write("  <h1>");
        out.print( new java.util.Date() );
        out.write("</h1>\n");
        out.write("</body>\n");
        out.write("</html>\n");
    }

}
```

图 1.15 JSP 最后会转译为 Servlet

许多初学 JSP 的人会遇到许多转译、编译或执行的问题，而问题通常在于不了解 JSP 转译为 Servlet 之后，对应到哪个程序段，更有人完全不知道 JSP 与 Servlet 其实是一体两面的事实，因而遇到问题就无法解决。了解 JSP 与 Servlet 的对应关系，必要时查看一下 JSP 转译为 Servlet 后的源代码，都是 JSP 网页执行遇到错误时解决问题的重要方法之一。

1.2.3 关于 MVC/Model 2

在 Servlet 程序中夹杂 HTML 的画面输出绝对不是什么好主意，而之后介绍到 JSP 时，你会知道在 JSP 中也可以编写 Java 程序代码，但在 JSP 网页中的 HTML 间夹杂 Java 程序代码，也是极度不建议的做法。Java 程序代码与呈现画面的 HTML 等搅和在一起，一来编写不易，二来日后维护不易，三来对大型团队间的分工合作也是一大困扰。

谈及 Web 应用程序架构上的设计时，总会谈到 MVC 和 Model 2 这两个名词。MVC 是 Model、View、Controller 的缩写，这里译为模型、视图、控制器，分别代表应用程序中三种职责各不相同的对象。最原始的 MVC 模式其实是指桌面应用程序的一种设计方式，为了让同一份数据能有不同的画面呈现方式，并且当数据被变更时，画面可获得通知并根据资料更新画面呈现。通常 MVC 模式的互动示意，会使用类似图 1.16 所示的方式来表现。

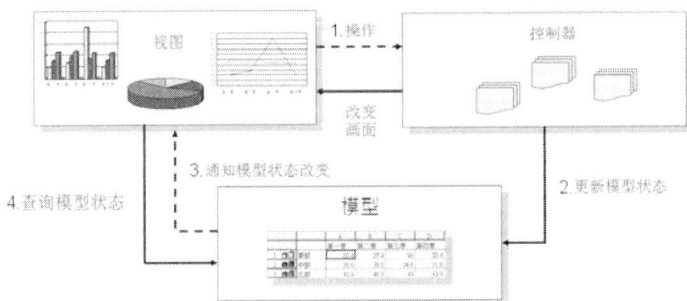

图 1.16　MVC 互动示意图

本书不是在教桌面应用程序，对于 MVC 模型最主要的是知道：

- 模型不会有画面相关的程序代码
- 视图负责画面相关逻辑
- 控制器知道某个操作必须调用哪些模型

后来有人认为，MVC 这样的职责分配，可以套用在 Web 应用程序的设计上：

- 视图部分可由网页来实现
- 服务器上的数据访问或业务逻辑(Business logic)由模型负责
- 控制器接送浏览器的请求，决定调用哪些模型来处理

然而，桌面应用程序上的 MVC 设计方式，有个与 Web 应用程序决定性的不同。还记得先前谈过，Web 应用程序是基于 HTTP，必须基于请求/响应模型，没有请求就不会有响应，也就是 HTTP 服务器不可能主动对浏览器发出响应，也就是在图 1.16 中第 3 点，在 HTTP 中是做不到的。因此，对 MVC 的行为作了变化，因而形成所谓的 Model 2 架构，如图 1.17 所示。

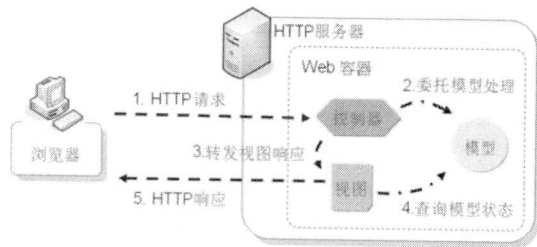

图 1.17 基于请求/响应修正 MVC 而产生 Model 2 架构

提示>>> 你听到 Model 2 这个名词可能会想到："那是不是有 Model 1？"，是的，这也是设计 Web 应用程序的一种方式，在之后说明 JSP 与 JavaBean 时，就会谈到 Model 1。

在 Model 2 的架构上，仍将程序职责分为模型(Model)、视图(View)、控制器(Controller)，这就是为什么有些人也称这个架构为 MVC，或并称为 MVC/Model 2 的原因。在 Model 2 的架构上，控制器、模型、视图各负的职责如下。

- 控制器：取得请求参数、验证请求参数、转发请求给模型、转发请求给画面，这些都使用程序代码来实现。

- 模型：接受控制器的请求调用，负责处理业务逻辑、负责数据存取逻辑等，这部分还可依应用程序功能，产生各多种不同职责的模型对象，模型使用程序代码来实现。

- 视图：接受控制器的请求调用，会从模型提取运算后的结果，根据需求呈现所需的画面，在职责分配良好的情况下，基本上可作到不出现程序代码，因此不会发生程序代码与 HTML 混杂在一起的情况。例如，图 1.18 所示的 JSP 就完全没有出现 Java 程序代码。

```jsp
<%@page contentType="text/html" pageEncoding="UTF-8"%>
<%@taglib prefix="c" uri="http://java.sun.com/jsp/jstl/core"%>
<!DOCTYPE HTML PUBLIC "-//W3C//DTD HTML 4.01 Transitional//EN"
"http://www.w3.org/TR/html4/loose.dtd">
<html>
    <head>
        <title>新建书签</title>
        <meta http-equiv="Content-Type" content="text/html; charset=UTF-8">
    </head>
<body>
    <c:if test="${requestScope.errors != null}">
        <h1>新建书签失败</h1>
        <ul style="color: rgb(255, 0, 0);">
            <c:forEach var="error" items="${requestScope.errors}">
                <li>${error}</li>
            </c:forEach>
        </ul>
    </c:if>
    <form method="post" action="add.do">
        地址  http:// <input name="url" value="${param.url}"><br>
        网页名称： <input name="title" value="${param.title}"><br>
        分    类： <select name="category">
            <c:forEach var="category"
                            items="${applicationScope.bookmarkService.categories}">
                <option value="${category}">${category}</option>
            </c:forEach>
        </select>
        新建分类： <input type="text" name="newCategory" value=""><br>
        <input value="送出" type="submit"><br>
    </form>
</body>
</html>
```

图 1.18 没有混杂 Java 程序代码的 JSP 网页

Model 2 在 Web 应用程序中是非常重要的模式，因为职责分配清楚，有助于团队合作，许多 Web 框架(Framework)都实现了 Model 2，其应用也不仅在 Java 技术实现的 Web 应用程序。要以文字方式描述 Model 2 会比较抽象，本书后面的章节会以实际程序逐步实现 Model 2 架构，你也可通过这些内容逐步了解各个角色如何分配职责。

> 提示 >>> Web 框架是什么？别急！本书最后一章会谈到框架，并说明框架与链接库(Library) 在概念上的不同点。

1.2.4 Java EE 简介

时至今日，Java 这个名词不仅代表一个程序语言的名称，更代表了一个开发平台。由于 Java 这个平台可以解决的领域非常庞大，因而区分为三大平台：Java SE(Java Platform, Standard Edition)、Java EE(Java Platform, Enterprise Edition)与 Java ME(Java Platform, Micro Edition)。

Java SE 是初学 Java 所必要的标准版本，可解决标准桌面应用程序需求，并为 Java EE 的基础，Java ME 的部分集合。Java ME 的目标则为微型装置，如手机、PDA(Personal Digital Assistant)等的解决方案，为 Java SE 的部分子集加上一些装置的特性集合。Java EE 则是全面性解决企业所可能遇到的各个领域问题之方案，即将学习的 Servlet/JSP 就在 Java EE 的范畴中。

无论 Java SE、Java EE 还是 Java ME，都是业界共同订制的标准，业界代表可参与 JCP(Java Community Process)共同参与、审核、投票决定平台应有的组件、特性、应用程序编程接口等，所制订出来的标准会以 JSR(Java Specification Requests)作为正式标准规范文件，不同的技术解决方案标准规范会给予一个编号。在 JSR 规范的标准之下，各厂商可以各自实现成品，所以同样是 Web 容器，会有不同厂商的实现产品，而 JSR 通常也会提供参考实现(Reference Implementation, RI)。

Java EE 6 平台的主要规范是在 JSR 316 文件之中，而 Java EE 平台中的特定技术，则再规范于特定的 JSR 文件之中。若对这些文件有兴趣，可以参考以下网址：

http://www.oracle.com/technetwork/java/javaee/tech/index.html

本书主要介绍的 Servlet 3.0 规范在 JSR 315，JSP 2.2/EL 2.2 规范在 JSR 245，JSR 文件规范了相关技术应用的功能。阅读完本书内容之后，建议可以试着自行阅读 JSR，其内容虽然有点生硬，但可以从中了解更多有关 Servlet/JSP 的规范细节。

> 提示 >>> 想要查询 JSR 文件，只要在"http://jcp.org/en/jsr/detail?id="加上文件编号就可以了。例如，查询 JSR 316 文件，网址就是：
>
> http://jcp.org/en/jsr/detail?id=316

也可以看到，本书即将探讨的 Servlet/JSP，其实只是 Java EE 中 Web 容器中的一个技术规范，可见整个 Java EE 体系之庞大。Servlet/JSP 在 Java EE 中，主要在接受客户端(浏览器)的请求，收集请求信息并转发后端服务对象进行处理，而处理完的信息才又交由 Servlet/JSP 来对客户端进行响应。

1.3　重点复习

URL 的主要目的，是以文字方式来说明因特网上的资源如何取得。URN 则代表某个资源独一无二的名称。URL 或 URN 目的都是标识某个资源,后来的标准制定了 URI,而 URL 与 URN 成为 URI 的子集。

HTTP 是一种基于请求/响应的通信协议，客户端对服务器发出一个取得资源的请求，服务器将要求的资源响应给客户端，每次的联机只作一次请求/响应，是一种很简单的通信协议，没有请求就不会有响应。在 HTTP 协议之下，服务器端是个健忘的家伙，服务器响应客户端之后，就不会记得客户端的信息，更不会去维护与客户端有关的状态，因此 HTTP 又称为无状态的通信协议。

请求参数是在 URL 之后跟随一个问号(?)，然后是请求参数名称与请求参数值中间以等号(=)表示成对关系。若有多个请求参数，则以&字符连接。

GET 与 POST 在使用时除了 URL 的数据长度限制、是否在地址栏上出现请求参数等表面上的功能差异之外，事实上在 HTTP 最初的设计中，该选择使用 GET 或 POST，可根据其是否为等幂操作来决定。GET 应用于等幂操作的请求，而 POST 应用于非等幂操作的请求。

在 URI 的规范中定义了一些保留字符，如 ":"、"/"、"?"、"&"、"="、"@"、"%"等字符，在 URI 中都有它的作用。如果要在请求参数上表达 URI 中的保留字符，必须在%字符之后以十六进制数值表示方式，来表示该字符的八个位数值，这是 URI 规范中的百分比编码(Percent-Encoding)，也就是俗称的 URI 编码或 URL 编码。

在 URI 规范中，空格符的编码为%20，而在 HTTP 规范中空格符的编码为 "+"。URI 规范的 URL 编码，针对的是字符 UTF-8 编码的八个位数值，在 HTTP 规范下的 URL 编码，并不限使用 UTF-8。

在学习 Servlet/JSP 时，也有个重要的概念："Web 容器(Container)是 Servlet/JSP 唯一认得的 HTTP 服务器。"如果希望用 Servlet/JSP 编写的 Web 应用程序可以正常运作，就必须知道 Servlet/JSP 如何与 Web 容器沟通，Web 容器如何管理 Servlet/JSP 的各种对象等问题。

Servlet 的执行依赖于 Web 容器所提供的服务，没有容器，Servlet 只是单纯的一个 Java 类，不能称为可提供服务的 Servlet。对每个请求，容器是创建一个线程并转发给适当的 Servlet 来处理，因而可以大幅减轻性能上的负担，但也因此要注意线程安全问题。

JSP 最后终究会被容器转译为 Servlet 并加载执行，了解 JSP 与 Servlet 中各对象的对应关系是必要的，必要时可配合适当的工具，查看 JSP 转译为 Servlet 之后的源代码内容。

Java EE 是一个由厂商共同制订的标准，厂商再遵守标准来实现出自己的产品，Java EE 的中心是由容器提供服务，了解容器的特性为学习 Java EE 的不二法门。Servlet/JSP 为 Java EE 中接收、转发、响应客户端请求的技术，是基于 Web 容器所提供的服务。

1.4　课后练习

1. 以下(　　)适合使用 GET 请求来发送。

    A. 用户名称、密码　　　　　　　B. 查看论坛页面

    C. 信用卡资料　　　　　　　　　D. 查询数据的分页

2. 以下(　　)应该使用 POST 请求来发送。

    A. 用户名、密码　　　　　　　　B. 文件上传

    C. 搜索引擎的结果页面　　　　　D. 留言版信息

3. 以下(　　)适合使用 GET 请求来发送。

    A. 查看静态页面　　　　　　　　B. 查询商品数据

    C. 添加商品数据　　　　　　　　D. 删除商品数据

4. 以下(　　)应该使用 POST 请求来发送。

    A. 查询商品数据　　　　　　　　B. 添加商品资料

    C. 更新商品数据　　　　　　　　D. 删除商品数据

5. 汉字"良"在 UTF-8 编码下，三个字节的十六进制数值表示分别为 E8、89、AF，那么在 URI 编码规范下，应表示为(　　)。

    A. E889AF　　　　　　　　　　　B. %E889AF

    C. %E8%89%AF　　　　　　　　　D. %E889AF%

6. 以下(　　)是属于客户端运行的程序。

    A. JSP　　　　　　　　　　　　　B. JavaScript

    C. Servlet　　　　　　　　　　　D. Applet

7. Servlet/JSP 主要是属于(　　)Java 平台的规范之中。

    A. Java SE　　　　　　　　　　　B. Java ME

    C. Java EE

8. Servlet/JSP 必须基于(　　　)才能提供服务。

    A. Applet 容器　　　　　　　　B. 应用程序客户端容器

    C. Web 容器　　　　　　　　　D. EJB 容器

9. Web 容器在收到浏览器请求时，会(　　　)。

    A. 使用单线程处理所有请求

    B. 一个请求就建立一个线程来处理请求

    C. 一个请求就建立一个进程来处理请求

    D. 一个请求就执行一个容器来处理请求

10. Java EE 中各技术标准最后将由(　　　)文件名订规范。

    A. JCP　　　　　　　　　　　　B. JSR

    C. JDK

编写与设置 Servlet

学习目标：

- 开发环境准备与使用
- 了解 Web 应用程序架构
- Servlet 编写与部署设置
- 了解 URL 模式对应
- 使用 web-fragment.xml

2.1　第一个 Servlet

从本章开始，会正式学习 Servlet/JSP 的编写，如果想要打好坚实基础，就别急着从 JSP 开始学，要先从 Servlet 开始了解。正如第 1 章谈过的，JSP 终究会转译为 Servlet，了解 Servlet，JSP 也就学了一半了，而且不会被看似奇怪的 JSP 错误搞得稀里糊涂。

一开始先准备开发环境，会使用 Apache Tomcat(http://tomcat. apache.org)作为容器，而本书除了介绍 Servlet/JSP 之外，也会一并介绍集成开发环境(Integrated Development Environment)的使用，简称 IDE。毕竟在了解 Servlet/JSP 的原理与编程之外，了解如何善用 IDE 这样的开发工具来加快程序开发速度也是必要的，也符合业界需求。

2.1.1　准备开发环境

第 1 章曾经谈过，从抽象层面来说，Web 容器是 Servlet/JSP 唯一认得的 HTTP 服务器，所以开发工具的准备中，自然就要有 Web 容器的存在。这里使用 Apache Tomcat 作为 Web 容器，可以从以下网址下载：

http://tomcat.apache.org/download-70.cgi

> **注意>>>**　本书要介绍的 Servlet/JSP 版本是 Servlet 3.0/JSP 2.2，支持此版本的 Tomcat 版本是 Tomcat 7.x 以上。也可以使用光盘中提供的 apache-tomcat-7.0.8.zip。

在第 1 章中看过图 2.1。

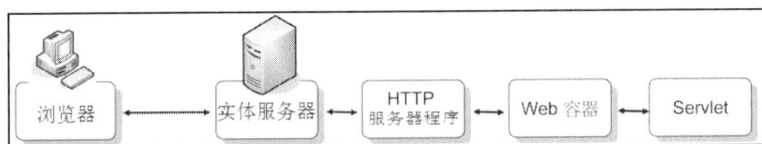

图 2.1　从请求到 Servlet 处理的线性关系

要注意的是，Tomcat 主要提供 Web 容器的功能，而不是 HTTP 服务器的功能，然而为了给开发者便利，下载的 Tomcat 会附带简单的 HTTP 服务器，相较于真正的 HTTP 服务器而言，Tomcat 附带的 HTTP 服务器功能太过简单，仅作开发用途，不建议以后直接上线服务。

接着准备 IDE。本书使用 Eclipse(http://www.eclipse.org/)，这是业界普遍采用的 IDE。可以从以下网址下载：

http://www.eclipse.org/downloads/

Eclipse 根据开发用途的不同，提供多种功能组合不同的版本。本书使用 Eclipse IDE for Java EE Developers，这个版本足以满足开发 Servlet/JSP 的需求。也可以使用光盘中提供的 eclipse-jee-helios-SR2- win32.zip。

当然，必须有 Java 运行环境，Java EE 6 搭配的版本为 Java SE 6。如果还没安装，可以从以下网址下载：

http://www.oracle.com/technetwork/java/javase/downloads/index.html

也可以直接使用光盘中附带的 jdk-6u24-windows-i586.exe。总结目前所需用到的工具有：

- JDK6
- Eclipse(建议 3.6 以上版本)
- Tomcat 7

JDK6 的安装请参考 Java 入门书籍(可参考 http://caterpillar.onlyfun.net/Gossip/JavaEssence/InstallJDK.html)。至于 Eclipse 与 Tomcat，如果愿意，可以配合本书的环境配置。本书制作范例时，将 Eclipse 与 Tomcat 都解压缩在 C:\workspace 中，如图 2.2 所示。

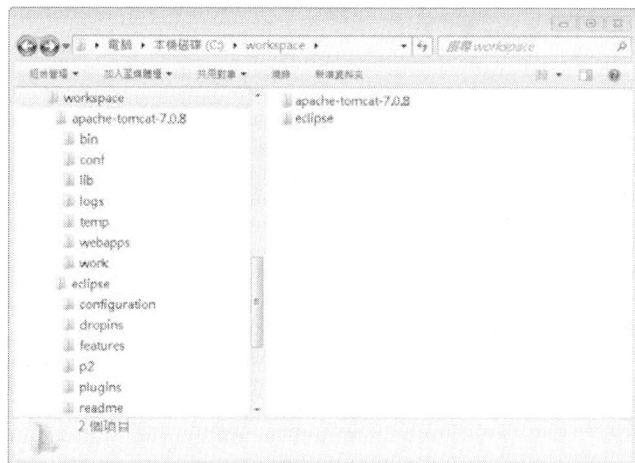

图 2.2　范例基本环境配置

提示 >>>　如果想放在别的目录中，请不要放在有中文或空格符的目录中，Eclipse 或 Tomcat 对此会有点感冒。

接着要在 Eclipse 中配置 Web 容器为 Tomcat，让以后开发的 Servlet/JSP 运行于 Tomcat 上，请按照以下步骤运行。

(1) 运行 eclipse 目录中的 eclipse.exe。

(2) 出现 Workspace Launcher 对话框时，将 Workspace:设置为 C:\workspace，单击 OK 按钮。

(3) 选择 Window | Preferences 命令，在出现的 Preferences 对话框中，展开左边的 Server 节点，并选择其中的 Runtime Environment 节点。

(4) 单击右边 Server Runtime Environments 中的 Add 按钮，在出现的 New Server Runtime Environment 对话框中选择 Apache Tomcat v7.0，单击 Next 按钮。

(5) 单击 Tomcat installation directory 旁的 Browse 按钮，选取 C:\workspace 中解压缩的 Tomcat 目录，单击"确定"按钮。

(6) 在单击 Finish 按钮后，应该会看到图 2.3 所示的画面，单击 OK 完成配置。

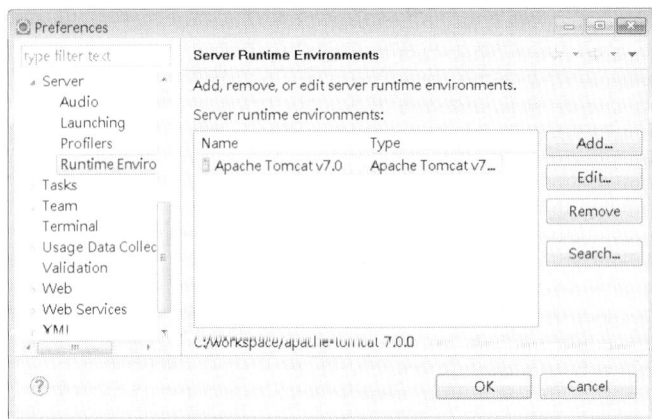

图 2.3　配置 Tomcat

接着要配置工作区(Workspace)预设的文字编码。Eclipse 默认会使用操作系统默认的文字编码，在 Windows 上就是 MS950，在这里建议使用 UTF-8。除此之外，CSS、HTML、JSP 等相关编码设置，也建议都设为 UTF-8，这可以避免日后遇到一些编码处理上的问题。请按照以下步骤进行：

(1) 选择 Window/Preferences 命令，在出现的 Preferences 对话框中，展开左边的 Workspace 节点。

(2) 在右边的 Text file encoding 中选择 Other，在下拉菜单中选择 UTF-8。

(3) 展开左边的 Web 节点，选择 CSS Files，在右边的 Encoding 选择 UTF-8。

(4) 选择 HTML Files，在右边的 Encoding 选择 UTF-8。

(5) 单击 Preferences 对话框中的 OK 按钮完成设置。

2.1.2　第一个 Servlet 程序

接着可以开始编写第一个 Servlet 程序了，目的是用 Servlet 接收用户名并显示招呼语。由于 IDE 是集成开发工具，会使用项目来管理应用程序相关资源，在 Eclipse 中则是要创建 Dynamic Web Project，之后创建第一个 Servlet。请按照以下步骤进行操作：

(1) 选择 File | New | Dynamic Web Project 命令，出现 New Dynamic Web Project 对话框，在 Project name 文本框中输入 FirstServlet。

(2) 确定 Target runtime 为刚才设置的 Apache Tomcat v7.0，单击 Finish 按钮。

(3) 展开新建项目中的 Java Resources 节点，在 src 上右击，从弹出的快捷菜单中选择 New | Servlet 命令。

(4) 弹出 Create Servlet 对话框，在 Java package 文本框中输入 cc.openhome，在 Class name 文本框中输入 HelloServlet，单击 Next 按钮。

(5) 选择 URL mappings 中的 HelloServlet，单击右边的 Edit 按钮，将 Pattern 改为 /hello.view 后，单击 OK 按钮。

(6) 单击 Create Servlet 对话框中的 Finish 按钮。

接着就可以编写第一个 Servlet 的内容了。在创建的 HelloServlet.java 中编辑以下内容：

FirstServlet   HelloServlet.java

```
package cc.openhome;

import java.io.IOException;
import java.io.PrintWriter;

import javax.servlet.ServletException;
import javax.servlet.annotation.WebServlet;
import javax.servlet.http.HttpServlet;
import javax.servlet.http.HttpServletRequest;
import javax.servlet.http.HttpServletResponse;

@WebServlet("/hello.view")
public class HelloServlet extends HttpServlet {    ← ❶ 继承 HttpServlet
    @Override
    protected void doGet(HttpServletRequest request,    ← ❷ 重新定义 doGet()
                    HttpServletResponse response)
                throws ServletException, IOException {    ❸ 设置响应内容类型器
        response.setContentType("text/html;charset=UTF-8");
        PrintWriter out = response.getWriter();    ← ❹ 取得响应输出对象
        String name = request.getParameter("name");    ❺ 取得"请求参数"

        out.println("<html>");
        out.println("<head>");
        out.println("<title>Hello Servlet</title>");
        out.println("</head>");
        out.println("<body>");
        out.println("<h1> Hello! " + name + " !</h1>");    ← ❻ 跟用户说 Hello!
        out.println("</body>");
        out.println("</html>");

        out.close();
    }
}
```

范例中继承了 `HttpServlet`❶，并重新定义了 `doGet()` 方法❷，当浏览器 GET 方法发送请求时，会调用此方法。

在 `doGet()`方法上可以看到 `HttpServletRequest` 与 `HttpServletResponse`两个参数，容器接收到客户端的 HTTP 请求后，会收集 HTTP 请求中的信息，并分别创建代表请求与响应的 Java 对象，而后在调用 `doGet()`时将这两个对象当作参数传入。可以从 `HttpServletRequest` 对象中取得有关 HTTP 请求相关信息，在范例中是通过 `HttpServletRequest` 的 `getParameter()`并指定请求参数名称，来取得用户发送的请求参数值❺。

> **注意 >>>** 范例中的@Override 是 JDK5 之后所提供的标注(Annotation)，作用是协助检查是否正确地重新定义了父类中继承下来的某个方法。就编写 Servlet 而言，没有@Override 并没有影响。

由于 `HttpServletResponse`对象代表对客户端的响应，因此可以通过其 `setContentType()`设置正确的内容类型❸。范例中是告知浏览器，返回的响应要以 text/html 解析，而采用的字符编码是 UTF-8。接着再使用 getWriter()方法取得代表响应输出的 `PrintWriter`对象❹，通过 `PrintWriter`的 `println()`方法来对浏览器输出响应的文字信息，在范例中是输出 HTML 以及根据用户名说声 Hello! ❻。

> **提示 >>>** 在 Servlet 的 Java 代码中，以字符串输出 HTML，当然是很笨的行为。别担心，在谈到 JSP 时，会有个有趣的练习，让你将 Servlet 转为 JSP，从中明了 Servlet 与 JSP 的对应。

接着要来运行 Servlet，你会对这个 Servlet 作请求，同时附上请求参数。请按照以下步骤进行：

(1) 在 HelloServlet.java 上右击，从弹出的快捷菜单中选择 Run As | Run on Server 命令。

(2) 在弹出的 Run on Server 对话框中，确定 Server runtime environment 为先前设置的 Apache Tomcat v7.0，单击 Finish 按钮。

(3) 在 Tomcat 启动后，会出现内嵌于 Eclipse 的浏览器，将地址栏设置为：

`http://localhost:8080/FirstServlet/hello.view?name=caterpillar`

按以上步骤操作之后，就会看到图 2.4 所示的画面。

图 2.4 第一个 Servlet 程序

Tomcat 默认会使用 8080 端口，注意到地址栏中，请求的 Web 应用程序路径是 FirstServlet 吗？默认项目名称就是 Web 应用程序路径，那为何请求的 URL 是 /hello.view 呢？记得 HelloServlet.java 中有这么一行吗？

```
@WebServlet("/hello.view")
```

这表示，如果请求的 URL 是/hello.view，就会由 HelloServlet 来处理请求。关于
Servlet 的设置，还有更多的细节。事实上，由于到目前为止，借助了 IDE 的辅助，有
许多细节都被省略了，所以接下来得先讨论这些细节。

2.2 在 HelloServlet 之后

现在在 IDE 中编写了 HelloServlet，并成功运行出应有的结果，那这一切是如何串
起来的，IDE 又代劳了哪些事情？你在 IDE 的项目管理中看到的文件组织结构真的是
应用程序上传之后的结构吗？

记住：Web 容器是 Servlet/JSP 唯一认得 HTTP 服务器，你要了解 Web 容器会读取
哪些设置？又要求什么样的文件组织结构？Web 容器对于请求到来，又会如何调用
Servlet？IDE 很方便，但不要过分依赖 IDE。

2.2.1 关于 HttpServlet

注意到 HelloServlet.java 中 import 的语句区段：

```
import javax.servlet.ServletException;
import javax.servlet.annotation.WebServlet;
import javax.servlet.http.HttpServlet;
import javax.servlet.http.HttpServletRequest;
import javax.servlet.http.HttpServletResponse;
```

如果要编译 HelloServlet.java，则类路径(Classpath)中必须包括 Servlet API 的相关
类，如果使用的是 Tomcat，则这些类通常是封装在 Tomcat 目录的 lib 子目录中的
servlet-api.jar。假设 HelloServlet.java 位于 src 目录下，并放置于对应包的目录中，则
可以像以下这样进行编译：

```
% cd YourWorkspace/FirstServlet
% javac -classpath Yourlibrary/YourTomcat/lib/servlet-api.jar -d ./classes
src/cc/openhome/HelloServlet.java
```

注意下划线部分必须修改为实际的目录位置，编译出的.class 文件会出现在 classes
目录中，并有对应的包层级(因为使用 javac 时加了-d 自变量)。事实上，如果遵照 2.1
节的操作，Eclipse 就会自动完成类路径设置，并完成编译等事宜。展开 Project Explorer
中的 Libraries/Apache Tomcat v7.0 节点，就会看到相关 JAR(Java ARchive)文件的类路
径设置，如图 2.5 所示。

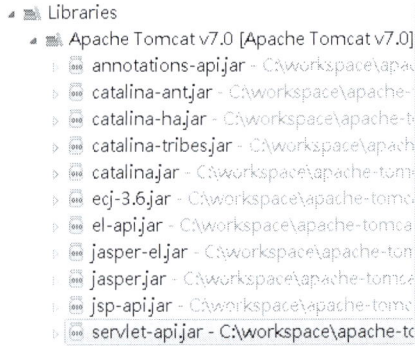

图 2.5　IDE 会自动设置项目的类路径

再进一步思考一个问题，为什么要在继承 `HttpServlet` 之后重新定义 `doGet()`？又为什么 HTTP 请求为 GET 时会自动调用 `doGet()`？首先来讨论范例中看到的相关 API 架构图，如图 2.6 所示。

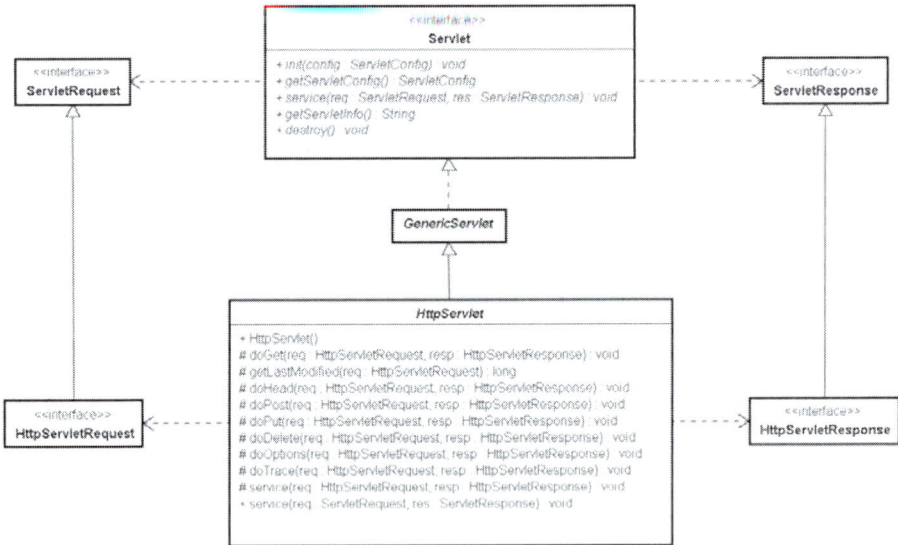

图 2.6　`HttpServlet` 相关 API 类图

首先看到 `Servlet` 接口，它定义了 Servlet 应当有的基本行为。例如，与 Servlet 生命周期相关的 `init()`、`destroy()` 方法，提供服务时所要调用的 `service()` 方法等。

实现 `Servlet` 接口的类是 GenericServlet 类，它还实现了 `ServletConfig` 接口，将容器调用 `init()` 方法时所传入的 `ServletConfig` 实例封装起来，而 `service()` 方法直接标示为 abstract 而没有任何的实现。在本章中将暂且忽略对 GenericServlet 的讨论，只需先知道有它的存在(第 5 章会加以讨论)。

在这里只要先注意到一件事，GenericServlet 并没有规范任何有关 HTTP 的相关方法，而是由继承它的 `HttpServlet` 来定义。在最初定义 Servlet 时，并不限定它只能用于 HTTP，所以并没有将 HTTP 相关服务流程定义在 GenericServlet 之中，而是定义在 `HttpServlet` 的 `service()` 方法中。

提示 »»»　可以注意到包(package)的设计，与 Servlet 定义相关的类或接口都位于 javax.servlet 包中，如 Servlet、GenericServlet、ServletRequest、ServletResponse 等。而与 HTTP 定义相关的类或接口都位于 javax.servlet.http 包中，如 HttpServlet、HttpServlet-Request、HttpServletResponse 等。

HttpServlet 的 service() 方法中的流程大致如下：

```
protected void service(HttpServletRequest req,
                       HttpServletResponse resp)
    throws ServletException, IOException {
    String method = req.getMethod(); // 取得请求的方法
    if (method.equals(METHOD_GET)) { // HTTP GET
        // 略...
        doGet(req, resp);
        // 略 ...
    } else if (method.equals(METHOD_HEAD)) { // HTTP HEAD
        // 略 ...
        doHead(req, resp);
    } else if (method.equals(METHOD_POST)) { // HTTP POST
        // 略 ...
        doPost(req, resp);
    } else if (method.equals(METHOD_PUT)) { // HTTP PUT
        // 略 ...
    }
}
```

当请求来到时，容器会调用 Servlet 的 service() 方法。可以看到，HttpServlet 的 service() 中定义的，基本上就是判断 HTTP 请求的方式，再分别调用 doGet()、doPost() 等方法，所以若想针对 GET、POST 等方法进行处理，才会只需要在继承 HttpServlet 之后，重新定义相对应的 doGet()、doPost() 方法。

注意 »»»　这其实是使用了设计模式(Design Pattern)中的 Template Method 模式。所以不建议也不应该在继承了 HttpServlet 之后，重新定义 service() 方法，这会覆盖掉 HttpServlet 中定义的 HTTP 预设处理流程。

2.2.2　使用@WebServlet

编写好 Servlet 之后，接下来要告诉 Web 容器有关于这个 Servlet 的一些信息。在 Servlet 3.0 中，可以使用标注(Annotation)来告知容器哪些 Servlet 会提供服务以及额外信息。例如在 HelloServlet.java 中：

```
@WebServlet("/hello.view")
public class HelloServlet extends HttpServlet {
```

只要在 Servlet 上设置@WebServlet 标注，容器就会自动读取当中的信息。上面的 @WebServlet 告诉容器，如果请求的 URL 是 "/hello.view"，则由 HelloServlet 的实例提供服务。可以使用@WebServlet 提供更多信息。

```
@WebServlet(
    name="Hello",
```

```
    urlPatterns={"/hello.view"},
    loadOnStartup=1
)
public class HelloServlet extends HttpServlet {
```

上面的@WebServlet告知容器，HelloServlet这个Servlet的名称是Hello，这是由**name**属性指定的，而如果客户端请求的URL是/hello.view，则由具Hello名称的Servlet来处理，这是由**urlPatterns**属性来指定的。在Java EE相关应用程序中使用标注时，可以记得的是，没有设置的属性通常会有默认值。例如，若没有设置@WebServlet的name属性，默认值会是Servlet的类完整名称。

当应用程序启动后，事实上并没有创建所有的Servlet实例。容器会在首次请求需要某个Servlet服务时，才将对应的Servlet类实例化、进行初始化操作，然后再处理请求。这意味着第一次请求该Servlet的客户端，必须等待Servlet类实例化、进行初始动作所必须花费的时间，才真正得到请求的处理。

如果希望应用程序启动时，就先将Servlet类载入、实例化并做好初始化动作，则可以使用**loadOnStartup**设置。设置大于0的值(默认值为-1)，表示启动应用程序后就要初始化Servlet(而不是实例化几个Servlet)。数字代表了Servlet的初始顺序，容器必须保证有较小数字的Servlet先初始化，在使用标注的情况下，如果有多个Servlet在设置**loadOnStartup**时使用了相同的数字，则容器实现厂商可以自行决定要如何载入哪个Servlet。

2.2.3 使用 web.xml

使用标注来定义Servlet是Java EE 6中Servlet 3.0之后才有的功能，在先前的版本中，必须在Web应用程序的WEB-INF目录中，建立一个web.xml文件定义Servlet相关信息。在Servlet 3.0中，也可以使用web.xml文件来定义Servlet。

例如，可以在先前的FirstServlet项目的Project Explorer中：

(1) 展开 WebContent/WEB-INF 节点，在 WEB-INF 节点上右击，从弹出的快捷菜单中选择 New | File 命令。

(2) 在 File name 文本框中输入 web.xml 后单击 Finish 按钮。

(3) 在打开的 web.xml 下面单击 Source 标签，并输入以下内容：

FirstServlet web.xml

```
<?xml version="1.0" encoding="UTF-8"?>
<web-app version="3.0" xmlns="http://java.sun.com/xml/ns/javaee"
 xmlns:xsi="http://www.w3.org/2001/XMLSchema-instance"
 xsi:schemaLocation="http://java.sun.com/xml/ns/javaee
http://java.sun.com/xml/ns/javaee/web-app_3_0.xsd">
  <servlet>
    <servlet-name>HelloServlet</servlet-name>
    <servlet-class>cc.openhome.HelloServlet</servlet-class>
```

```
        <load-on-startup>1</load-on-startup>
    </servlet>
    <servlet-mapping>
        <servlet-name>HelloServlet</servlet-name>
        <url-pattern>/helloUser.view</url-pattern>
    </servlet-mapping>
</web-app>
```

如这样的文件称为部署描述文件(Deployment Descriptor，简称 DD 文件)。使用 web.xml 定义是比较麻烦一些，不过 web.xml 中的设置会覆盖 Servlet 中的标注设置，可以使用标注来作默认值，而 web.xml 来作日后更改设置值之用。在上例中，若有客户端请求 /helloUser.view，则由 `HelloServlet` 这个 Servlet 来处理，这分别是由 **<servlet-mapping>** 中的 **<url-pattern>** 与 **<servlet-name>** 来定义，而 `HelloServlet` 名称的 Servlet，实际上是 `cc.openhome.HelloServlet` 类的实例，这分别是由 **<servlet>** 中的 **<servlet-name>** 与 **<servlet-class>** 来定义。如果有多个 Servlet 在设置 **<load-on-startup>** 时使用了相同的数字，则依其在 web.xml 中设置的顺序来初始 Servlet，如图 2.7 所示。

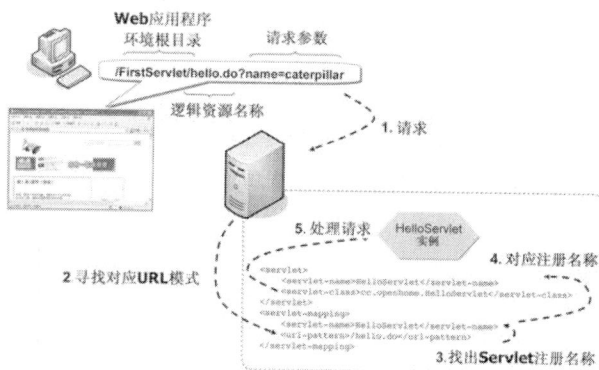

图 2.7　Servlet 的请求对应

图 2.7 中，Web 应用程序环境根目录(Context Root)是可以自行设置的，不过设置方式会因使用的 Web 应用程序服务器而有所不同。例如，Tomcat 默认会使用应用程序目录作为环境根目录，在 Eclipse 中，可以在项目上右击，从弹出的快捷菜单中选择 Properties 命令，在 Web Project Settings 中进行设置，如图 2.8 所示。

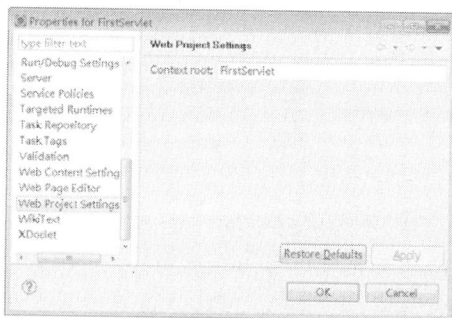

图 2.8　在 Eclipse 中设置 Context root

无论使用@WebServlet标注，还是使用web.xml设置，应该已经知道请求时的URL是个逻辑名称(Logical Name)，请求/hello.view并不是指服务器上真的有个实体文件叫hello.view，而会再由Web容器对应至实际处理请求的文件或程序实体名称(Physical Name)。如果愿意，也可以再用个像hello.jsp之类的名称来伪装资源。

到目前为止，你可以知道，一个Servlet在web.xml中会有三个名称设置：`<url-pattern>`设置的逻辑名称，`<servlet-name>`注册的Servlet名称，以及`<servlet-class>`设置的实体类名称。

注意»» 除了可将@WebServlet的设置当作默认值，web.xml用来覆盖默认值的好处外，想一下，在Servlet 3.0之前，只能使用web.xml设置时的问题。写好了一个Servlet并编译完成，现在要寄给同事或客户，你还得跟他说如何在web.xml中设置。在Servlet 3.0之后，只要在Servlet中使用@WebServlet设置好标注信息，寄给同事或客户后，他只要将编译好的Servlet放到WEB-INF/classes目录中就可以了(稍后就会谈到这个目录)，部署上简化了许多。

2.2.4　文件组织与部署

IDE为了管理项目资源，会有其项目专属的文件组织，那并不是真正上传至Web容器之后该有的架构。Web容器要求应用程序部署时，必须遵照图2.9所示结构。

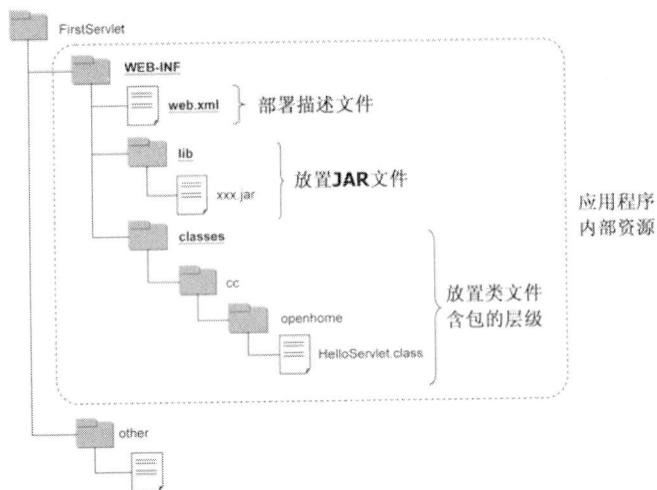

图2.9　Web应用程序文件组织

图2.9中有几个重要的目录与文件位置说明如下。

- WEB-INF：这个目录名称是固定的，而且一定是位于应用程序根目录下。放置在WEB-INF中的文件或目录，对外界来说是封闭的，也就是客户端无法使用HTTP的任何方式直接访问到WEB-INF中的文件或目录。若有这类需要，则必须通过Servlet/JSP的请求转发(Forward)。不想让外界存取的资源，可以放置在这个目录下。

- web.xml：这是 Web 应用程序部署描述文件，一定是放在 WEB-INF 根目录下，名称一定是 web.xml。

- lib：放置 JAR 文件的目录，一定是放在 WEB-INF 根目录下，名称一定是 lib。

- classes：放置编译过后.class 文件的目录，一定是放在 WEB-INF 目录下，名称一定是 classes。编译过后的类文件，必须有与包名称相符的目录结构。

如果使用 Tomcat 作为 Web 容器，则可以将符合图 2.9 的 FirstServlet 整个目录复制至 Tomcat 目录下 webapps 于目录，然后至 Tomcat 的 bin 目录下，运行 startup 命令来启动 Tomcat。接着使用以下的 URL 来请求应用程序(假设 URL 模式为 /helloUser.view)：

```
http://localhost:8080/FirstServlet/helloUser.view?name=caterpillar
```

实际上在部署 Web 应用程序时，会将 Web 应用程序封装为一个 WAR 文件，也就是一个后缀为*.war 的文件。WAR 文件可使用 JDK 所附的 jar 工具程序来建立。例如，当按图 2.9 所示的方式组织好 Web 应用程序文件之后，可进入 FirstServlet 目录，然后运行以下命令：

```
jar cvf ../FirstServlet.war *
```

这会在 FirstServlet 目录外建立一个 FirstServlet.war 文件，在 Eclipse 中，则可以直接在项目中右击，从弹出的快捷菜单中选择 Export/WAR file 命令导出 WAR 文件。

WAR 文件是使用 zip 压缩格式封装的，可以使用解压缩软件来查看其中的内容。如果使用 Tomcat，则可以将所建立的 WAR 文件复制至 webapps 目录下，重新启动 Tomcat，容器若发现 webapps 目录中有 WAR 文件，会将其解压缩，并载入 Web 应用程序。

> 提示 》》
> 不同的应用程序服务器，会提供不同的命令或接口让你部署 WAR 文件。有关 Tomcat 7 更多的部署方式，可以查看以下网址：
> http://tomcat.apache.org/tomcat-7.0-doc/deployer-howto.html

2.3 进阶部署设置

初学 Servlet/JSP，了解本章之前所说明的目录结构与部署设置已经足够，然而在 Servlet 3.0 中，确实增加了一些新的部署设置方式，可以让 Servlet 的部署更方便、更模块化、更具弹性。

由于接下来的内容是比较进阶或 Servlet 3.0 新增的功能，如果是第一次接触 Servlet，急着想要了解如何使用 Servlet 相关 API 开发 Web 应用程序，则可以先跳过这一节的内容，日后想要了解更多部署设置时再回来查看。

2.3.1 URL 模式设置

一个请求 URI 实际上是由三个部分组成的：

```
requestURI = contextPath + servletPath + pathInfo
```

1. 环境路径

可以使用 `HttpServletRequest` 的 **`getRequestURI()`** 来取得这项信息，其中 contextPath 是环境路径(Context path)，是容器用来决定该挑选哪个 Web 应用程序的依据(一个容器上可能部署多个 Web 应用程序)，环境路径的设置方式标准中并没有规范，如上一节谈过的，这依使用的应用程序服务器而有所不同。

可使用 `HttpServletRequest` 的 **`getContextPath()`** 来取得环境路径。如果应用程序环境路径与 Web 服务器环境根路径相同，则应用程序环境路径为空字符串，如果不是，则应用程序环境路径以"/"开头，不包括"/"结尾。

> 提示≫   下一章就会细谈 `HttpServletRequest`，目前你大概也可以察觉，有关请求的相关信息，都可以使用这个对象来取得。

一旦决定是哪个 Web 应用程序来处理请求，接下来就进行 Servlet 的挑选，Servlet 必须设置 URL 模式(URL pattern)。可以设置的格式分别说明如下。

- 路径映射(Path mapping)：以"/"开头但以"/*"结尾的 URL 模式。例如，若设置 URL 模式为"/guest/*"，则请求 URI 扣去环境路径的部分若为 /guest/test.view、/guest/home.view 等以/guest/作为开头的，都会交由该 Servlet 处理。

- 扩展映射(extension mapping)：以"*."开头的 URL 模式。例如，若 URL 模式设置为*.view，则所有以.view 结尾的请求，都会交由该 Servlet 处理。

- 环境根目录(Context root)映射：空字符串""是个特殊的 URL 模式，对应至环境根目录，也就是"/"的请求，但不用于设置<url-pattern>或 urlPattern 属性。例如，若环境根目录为 App，则 http://host:port/App/的请求，路径信息是"/"，而 Servlet 路径与环境路径都是空字符串。

- 预设 Servlet：仅包括"/"的 URL 模式，当找不到适合的 URL 模式对应时，就会使用预设 Servlet。

- 完全匹配(Exact match)：不符合以上设置的其他字符串，都要作路径的严格对应。例如，若设置/guest/test.view，则请求不包括请求参数部分，必须是 /guest/test.view。

如果 URL 模式在设置比对的规则在某些 URL 请求时有所重叠，例如若有/admin/login.do、/admin/*与*.do 三个 URL 模式设置，则请求时比对的原则是从最严格的 URL

模式开始符合。如果请求/admin/login.do，则一定是由 URL 模式设置为/admin/login.do 的 Servlet 来处理，而不会是/admin/*或*.do。如果请求/admin/setup.do，则是由/admin/* 的 Servlet 来处理，而不会是*.do。

2. Servlet 路径

在最上面的 requestURI 中，servletPath 的部分是指 Servlet 路径(Servlet path)，不包括路径信息(Path info)与请求参数(Request parameter)。Servlet 路径直接对应至 URL 模式信息，可使用 `HttpServletRequest` 的 **getServletPath()** 来取得，Servlet 路径基本上是以"/"开头，但"/*"与""的 URL 模式比对而来的请求除外，在"/*"与""的情况下，`getServletPath()` 取得的 Servlet 路径是空字符串。

例如，若某个请求是根据/hello.do 对应至某个 Servlet，则 `getServletPath()` 取得的 Servlet 路径就是/hello.do，如果是通过/servlet/*对应至 Servlet，则 `getServletPath()` 取得的 Servlet 路径就是/servlet，但如果是通过"/*"或""对应至 Servlet，则 `getServletPath()` 取得的 Servlet 路径就是空字符串。

3. 路径信息

在最上面的 requestURI 中，pathInfo 的部分是指路径信息(Path info)，路径信息不包括请求参数，指的是不包括环境路径与 Servlet 路径部分的额外路径信息。可使用 `HttpServletRequest` 的 **getPathInfo()** 来取得。如果没有额外路径信息，则为 `null`(扩展映射、预设 Servlet、完全匹配的情况下，`getPathInfo()` 就会取得 `null`)，如果有额外路径信息，则是一个以"/"开头的字符串。

如果编写以下 Servlet：

FirstServlet   PathServlet.java

```java
package cc.openhome;

import java.io.*;
import javax.servlet.*;
import javax.servlet.annotation.*;
import javax.servlet.http.*;

@WebServlet("/servlet/*")
public class PathServlet extends HttpServlet {
    @Override
    protected void doGet(HttpServletRequest req,
                         HttpServletResponse resp)
                    throws ServletException, IOException {
        PrintWriter out = resp.getWriter();
        out.println("<html>");
        out.println("<head>");
        out.println("<title>Servlet Pattern</title>");
        out.println("</head>");
        out.println("<body>");
        out.println(req.getRequestURI() + "<br>");
        out.println(req.getContextPath() + "<br>");
```

```
        out.println(req.getServletPath() + "<br>");
        out.println(req.getPathInfo());
        out.println("</body>");
        out.println("</html>");
        out.close();
    }
}
```

如果在浏览器中输入的 URL 为：

http://localhost:8080/FirstServlet/servlet/path.view

那么看到的结果就如图 2.10 所示。

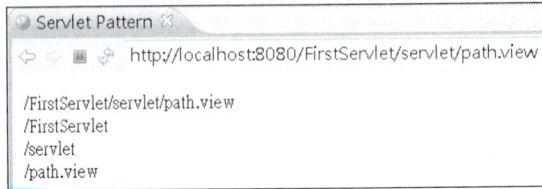

图 2.10　请求的路径信息

> 提示 >>> 这一节刚才与接下来要介绍的设置相关细节相当琐碎，实际操作中并不需要记忆，知道哪边或如何找到文件可以查询就可以了。当然，如果要应付考试，那就另当别论了。

2.3.2　Web 目录结构

在第一个 Servlet 中简要介绍过 Web 应用程序目录架构，这里再做个详细的说明。一个 Web 应用程序基本上会由以下项目组成：

- 静态资源(HTML、图片、声音等)
- Servlet
- JSP
- 自定义类
- 工具类
- 部署描述文件(web.xml 等)、设置信息(Annotation 等)

Web 应用程序目录结构必须符合规范。举例来说，如果一个应用程序的环境路径(Context path)是/openhome，则所有的资源项目必须以/openhome 为根目录依规定结构摆放。基本上根目录中的资源可以直接下载，例如若 index.html 位于/openhome 下，则可以直接以/openhome/index.html 来取得。

Web 应用程序存在一个特殊的/WEB-INF 目录，此目录中存在的资源项目不会被列入应用程序根目录中可直接访问的项。也就是说，客户端(例如浏览器)不可以直接请求/WEB-INF 中的资源(直接在网址上指明访问 /WEB-INF)，否则就是 404 Not Found 的错误结果。/WEB-INF 中的资源项目有着一定的名称与结构。例如：

- /WEB-INF/web.xml 是部署描述文件。
- /WEB-INF/classes 用来放置应用程序用到的自定义类(.class)，必须包括包 (Package)结构。
- /WEB-INF/lib 用来放置应用程序用到的 JAR 文件。

Web 应用程序用到的 JAR 文件，其中可以放置 Servlet、JSP、自定义类、工具类、部署描述文件等，应用程序的类载入器可以从 JAR 中载入对应的资源。

可以在 JAR 文件的/META-INF/resources 目录中放置静态资源或 JSP 等，例如若在/META-INF/resources 中放个 index.html，若请求的 URL 中包括 /openhome/index.html，但实际上/openhome 根目录下不存在 index.html，则会使用 JAR 中的/META-INF/resources/index.html。

如果要用到某个类，则 Web 应用程序会到/WEB-INF/classes 中试着载入类，若无，再试着从/WEB-INF/lib 的 JAR 文件中寻找类文件(若还没有找到，则会到容器实现本身存放类或 JAR 的目录中寻找，但位置视实现厂商而有所不同，以 Tomcat 而言，搜寻的路径是 Tomcat 安装目录下的 lib 目录)。

客户端不可以直接请求/WEB-INF 中的资源，但可以通过程序的控制，让程序来取得/WEB-INF 中的资源，如使用 ServletContext 的 getResource() 与 getResourceAsStream()，或是通过 RequestDispatcher 请求调派。这在之前的章节会看到实际范例。

如果 Web 应用程序的 URL 最后是以"/"结尾，而且确实存在该目录，则 Web 容器必须传回该目录下的欢迎页面，可以在部署描述文件 web.xml 中包括以下的定义，指出可用的欢迎页面名称为何。Web 容器会依序看看是否有对应的文件存在，如果有，则返回给客户端：

```
<welcome-file-list>
    <welcome-file>index.html</welcome-file>
    <welcome-file>default.jsp</welcome-file>
</welcome-file-list>
```

如果找不到以上的文件，则会尝试至 JAR 的/META-INF/resources 中寻找已放置的资源页面。如果 URL 最后是以"/"结尾，但不存在该目录，则会使用预设 Servlet(如果有定义的话，参考 2.3.1 节的说明)。

整个 Web 应用程序可以被封装为一个 WAR 文件，如 openhome.war，以便部署至 Web 容器。

2.3.3 使用 web-fragment.xml

在 Servlet 3.0 中，可以使用标注来设置 Servlet 的相关信息。实际上，Web 容器并不仅读取/WEB-INF/classes 中的 Servlet 标注信息，如果一个 JAR 文件中有使用标注的 Servlet，Web 容器也可以读取标注信息、载入类并注册为 Servlet 进行服务。

在 Servlet 3.0 中，JAR 文件可用来作为 Web 应用程序的部分模块。事实上，不仅是 Servlet，监听器、过滤器等也可以在编写、定义标注完毕后，封装在 JAR 文件中，视需要放置至 Web 应用程序的/WEB-INF/lib 中，弹性抽换 Web 应用程序的功能性。

1. web-fragment.xml

一个 JAR 文件中，除了可使用标注定义的 Servlet、监听器、过滤器外，也可以拥有自己的部署描述文件，这个文件的名称是 web-fragment.xml，必须放置在 JAR 文件的 META-INF 目录中。基本上，web.xml 中可定义的元素，在 web-fragment.xml 中也可以定义。举个例子来说，可以在 web-fragment.xml 中定义如下内容：

```xml
<?xml version="1.0" encoding="UTF-8"?>
<web-fragment xmlns="http://java.sun.com/xml/ns/javaee"
    xmlns:xsi="http://www.w3.org/2001/XMLSchema-instance"
    xsi:schemaLocation="http://java.sun.com/xml/ns/javaee
  http://java.sun.com/xml/ns/javaee/web-fragment_3_0.xsd"
  version="3.0">
  <name>WebFragment1</name>
  <servlet>
      <servlet-name>hi</servlet-name>
      <servlet-class>cc.openhome.HiServlet</servlet-class>
  </servlet>
  <servlet-mapping>
      <servlet-name>hi</servlet-name>
      <url-pattern>/hi.view</url-pattern>
  </servlet-mapping>
</web-fragment>
```

> 注意 》》 web-fragment.xml 的根标签是 `<web-fragment>` 而不是 `<web-app>`。实际上，web-fragment.xml 中所指定的类，不一定要在 JAR 文件中，也可以是在 web 应用程序的/WEB-INF/classes 中。

在 Eclipse 中内置 Web Fragment Project，如果想要尝试使用 JAR 文件部署 Servlet，或者使用 web-fragment.xml 部署的功能，可以按照以下步骤练习：

(1) 选择 File | New | Other 命令，在出现的对话框中选择 Web 节点中的 Web Fragment Project 节点，单击 Next 按钮。

(2) 在 New Web Project Fragment Project 对话框中，注意可以设置 Dynamic Web Project membership。这里可以选择 Web Fragment Project 产生的 JAR 文件，将会部署于哪一个项目中，这样就不用手动产生 JAR 文件，并将之复制至另一应用程序的 WEB-INF/lib 目录中。

(3) 在 Project name 文本框中输入 FirstWebFrag，单击 Finish 按钮。

(4) 展开新建立的 FirstWebFrag 项目中 src/META-INF 节点，可以看到预先建立的 web-fragment.xml。可以在这个项目中建立 Servlet 等资源，并设置 web-fragment.xml 的内容。

(5) 在 FirstServlet 项目上右击(刚才 Dynamic Web Project membership 设置的对象)，从弹出的快捷菜单中选择 Properties 命令，展开 Deployment Assembly 节点，可以看到 FirstWebFrag 项目建构而成的 FirstWebFrag.jar，将会自动部署至 FirstServlet 项目 WEB-INF/ib 中。

接着可以在 FirstWebFrag 中新增 Servlet 并设置标注，看看运行结果是什么，再在 web-fragment.xml 中设置相关信息，并再次实验运行结果是什么。

2. web.xml 与 web-fragment.xml

Servlet 3.0 对 web.xml 与标注的配置顺序并没有定义，对 web-fragment.xml 及标注的配置顺序也没有定义，然而可以决定 web.xml 与 web-fragment.xml 的配置顺序，其中一个设置方式是在 web.xml 中使用 `<absolute-ordering>` 定义绝对顺序。例如，在 web.xml 中定义：

```
<web-app ...>
    <absolute-ordering>
        <name>WebFragment1</name>
        <name>WebFragment2</name>
    </absolute-ordering>
    ...
</web-app>
```

各个 JAR 文件中 web-fragment.xml 定义的名称不得重复，若有重复，则会忽略掉重复的名称。另一个定义顺序的方式，是直接在每个 JAR 文件的 web- fragment.xml 中使用 `<ordering>`，在其中使用 `<before>` 或 `<after>` 来定义顺序。以下是一个例子，假设有三个 web-fragment.xml 分别存在于三个 JAR 文件中：

```
<web-fragment ...>
    <name>WebFragment1</name>
    <ordering>
        <after><name>MyFragment2</name>
    </after></ordering>
    ...
</web-fragment>

<web-fragment ...>
    <name>WebFragment2</name>
    ...
</web-fragment>

<web-fragment ...>
    <name>WebFragment3</name>
    <ordering>
        <before><others/></before>
    </ordering>
    ...
</web-fragment>
```

而 web.xml 没有额外定义顺序信息：

```
<web-app ...>
    ...
```

```
</web-app>
```

则载入定义的顺序是 web.xml，<name>名称为 WebFragment3、WebFragment2、WebFragment1 的 web-fragment.xml 中的定义。

3. metadata-complete 属性

如果将 web.xml 中<web-app>的 **metadata-complete** 属性设置为 true(默认是 false)，则表示 web.xml 中已完成 Web 应用程序的相关定义，部署时将不会扫描标注与 web-fragment.xml 中的定义，如果有<absolute-ordering>与<ordering>也会被忽略。例如：

```
<web-app xmlns="http://java.sun.com/xml/ns/javaee"
  xmlns:xsi="http://www.w3.org/2001/XMLSchema-instance"
  xsi:schemaLocation="http://java.sun.com/xml/ns/javaee
    http://java.sun.com/xml/ns/javaee/web-app_3_0.xsd" version="3.0"
        metadata-complete="true">
  ...
</web-app>
```

如果 web-fragment.xml 中指定的类可以在 web 应用程序的/WEB-INF/classes 中找到，就会使用该类。要注意的是，如果该类本身有标注，而 web-fragment.xml 又定义该类为 Servlet，则此时会有两个 Servlet 实例。如果将<web-fragment>的 metadata-complete 属性设置为 true(默认是 false)，就只会处理自己 JAR 文件中的标注信息。

可以参考 Servlet 3.0 说明书(JSR 315)中第 8 章内容，其中有更多的 web.xml、web-fragment.xml 的定义范例。

2.4　重点复习

Tomcat 提供的主要是 Web 容器的功能，而不是 HTTP 服务器的功能。然而为了给开发者便利，下载的 Tomcat 会附带一个简单的 HTTP 服务器，相较于真正的 HTTP 服务器而言，Tomcat 附带的 HTTP 服务器功能太过简单，仅作开发用途，不建议今后直接上线服务。

要编译 HelloServlet.java，类路径(Classpath)中必须包括 Servlet API 的相关类，如果使用的是 Tomcat，则这些类通常是封装在 Tomcat 目录的 lib 于目录的 servlet-api.jar 中。

要编写 Servlet 类，必须继承 HttpServlet 类，并重新定义 doGet()、doPost()等对应 HTTP 请求的方法。容器会分别建立代表请求、响应的 HttpServletRequest 与 HttpServletResponse，可以从前者取得所有关于该次请求的相关信息，从后者对客户端进行各种响应。

在 Servlet 的 API 定义中，Servlet 是个接口，其中定义了与 Servlet 生命周期相关的 init()、destroy()方法，以及提供服务的 service()方法等。GenericServlet 实现了 Servlet 接口，不过它直接将 service()标示为 abstract，GenericServlet 还实现了 ServletConfig 接口，将容器初始化 Servlet 调用 init()时传入的 ServletConfig 封装起来。

真正在 service()方法中定义了 HTTP 请求基本处理流程是 HttpServlet，而 doGet()、doPost()中传入的参数是 HttpServletRequest、HttpServletResponse，而不是通用的 ServletRequest、ServletResponse。

在 Servlet 3.0 中，可以使用@WebServlet 标注(Annotation)来告知容器哪些 Servlet 会提供服务以及额外信息，也可以定义在部署描述文件 web.xml 中。一个 Servlet 至少会有三个名称，即类名称、注册的 Servlet 名称与 URL 模式(Pattern)名称。

Web 应用程序有几个要注意的目录与结构，WEB-INF 中的数据客户端无法直接请求取得，而必须通过请求的转发才有可能访问。web.xml 必须位于 WEB-INF 中。lib 目录用来放置 Web 应用程序会使用到的 JAR 文件。classes 目录用来放置编译好的.class 文件。可以将整个 Web 应用程序使用到的所有文件与目录封装为 WAR(Web Archive)文件，即后缀为.war 的文件，再利用 Web 应用程序服务器提供的工具来进行应用程序的部署。

一个请求 URI 实际上是由三个部分组成的：

requestURI = contextPath + servletPath + pathInfo

一个 JAR 文件中，除了可使用标注定义的 Servlet、监听器、过滤器外，也可以拥有自己的部署描述文件，这个文件的名称是 web-fragment.xml，必须放置在 JAR 文件的 META-INF 目录中。基本上，web.xml 中可定义的元素，在 web-fragment.xml 中也可以定义。

Servlet 3.0 对 web.xml 与标注的配置顺序并没有定义，对 web-fragment.xml 及标注的配置顺序也没有定义，然而可以决定 web.xml 与 web-fragment.xml 的配置顺序。

如果将 web.xml 中<web-app>的 metadata-complete 属性设置为 true(默认是 false)，则表示 web.xml 中已完成 Web 应用程序的相关定义，部署时将不会扫描标注与 web-fragment.xml 中的定义。

2.5 课后练习

2.5.1 选择题

1. 若要针对 HTTP 请求编写 Servlet 类，以下(   )是正确的做法。

    A. 实现 Servlet 接口　　　　B. 继承 GenericServlet

    C. 继承 HttpServlet　　　　D. 直接定义一个结尾名称为 Servlet 的类

2. 续上题，(   )可以针对 HTTP 的 GET 请求进行处理与响应。

    A. 重新定义 service()方法　　　　B. 重新定义 doGet()方法

    C. 定义一个方法名称为 doService()　　　　D. 定义一个方法名称为 get()

3. `HttpServlet` 是定义在(　　　)包中。

    A. `javax.servlet`　　　　B. `javax.servlet.http`

    C. `java.http`　　　　D. `javax.http`

4. 在 web.xml 中定义了以下内容：

```
<servlet>
    <servlet-name>Goodbye</servlet-name>
    <servlet-class>cc.openhome.LogutServlet</servlet-class>
</servlet>
<servlet-mapping>
    <servlet-name>Goodbye</servlet-name>
    <url-pattern>/goodbye</url-pattern>
</servlet-mapping>
```

(　　　)URL 可以正确地要求 Servlet 进行请求处理。

    A. /GoodBye　　　　B. /goodbye.do

    C. /LoguotServlet　　　　D. /goodbye

5. 在 Web 容器中，以下(　　　)两个接口的实例分别代表 HTTP 请求与响应对象。

    A. `HttpRequest`　　　　B. `HttpServletRequest`

    C. `HttpServletResponse`　　　　D. `HttpPrintWriter`

6. 在 Web 应用程序中，(　　　)负责将 HTTP 请求转换为 `HttpServletRequest` 对象。

    A. Servlet 对象　　　　B. HTTP 服务器

    C. Web 容器　　　　D. JSP 网页

7. 在 Web 应用程序的文件与目录结构中，web.xml 是放置在(　　　)中。

    A. WEB-INF 目录　　　　B. conf 目录

    C. lib 目录　　　　D. classes 目录

2.5.2　实训题

1. 编写一个 Servlet，当用户请求该 Servlet 时，显示用户于几点几分从哪个 IP(Internet Protocol)地址连线至服务器，以及发出的查询字符串(Query String)。

提示 >>>　查询一下 `ServletRequest` 或 `HttpServletRequest` 的 API 帮助文档，了解有哪些方法可以使用。

2. 编写一个应用程序，可以让用户在窗体网页上输入名称、密码，若名称为 caterpillar 且密码为 123456，则显示一个 HTML 页面响应并有"登录成功"字样，否则显示"登录失败"字样，并由一个超链接连回窗体网页。注意：不可在地址栏上出现用户输入的名称、密码。

Chapter

3

请求与响应

学习目标：

- 取得请求参数与标头

- 处理中文字符请求与响应

- 设置与取得请求范围属性

- 正确使用转发、包含、重定向

3.1 从容器到 HttpServlet

在第 2 章中，我们看到了 Web 容器对 Web 应用程序要求的目录架构，以及相关的部署规范。实际上，对于第一个 Servlet 程序中 `HttpServletRequest`、`HttpServletResponse` 的使用并没有着墨，这是有关请求与响应的处理，而这是本章的重点。

Servlet 的相关 API，说多不多，说少也不算少，学习任何平台的程序编写，最忌流于 API 的背诵与范例抄写，因为这往往只知其一，不知其二，还是那句老话："Web 容器是 Servlet/JSP 唯一认识的 HTTP 服务器！"所以，你得了解在这种抽象层面下，Web 容器如何生成、管理请求/响应对象，为何会设计出这样的 API 架构，这样才不至于流于死背甚至写程序时仅会复制、粘贴的窘境。

从本章开始，将开发一个微博程序，采用逐步改进、加强这个程序的方式进行介绍，使其功能更加完备，而目标则是朝 Model 2 架构进行设计。

3.1.1 Web 容器做了什么

在第 2 章中，已经看过 Web 容器做的事情就是，创建 Servlet 实例，并完成 Servlet 名称注册及 URL 模式的对应。在请求来到时，Web 容器会转发给正确的 Servlet 来处理请求。

当浏览器请求 HTTP 服务器时，是使用 HTTP 来传送请求与相关信息(标头、请求参数、Cookie 等)。HTTP 是基于 TCP/IP 之上的协议，信息基本上都是通过文字信息来传送，然而 Servlet 本质上是个 Java 对象，运行于 Web 容器(一个 Java 写的应用程序)中。有关 HTTP 请求的相关信息，如何变成相对应的 Java 对象呢？

当请求来到 HTTP 服务器，而 HTTP 服务器转交请求给容器时，容器会创建一个代表当次请求的 `HttpServletRequest` 对象，并将请求相关信息设置给该对象。同时，容器会创建一个 `HttpServletResponse` 对象，作为稍后要对客户端进行响应的 Java 对象，如图 3.1 所示。

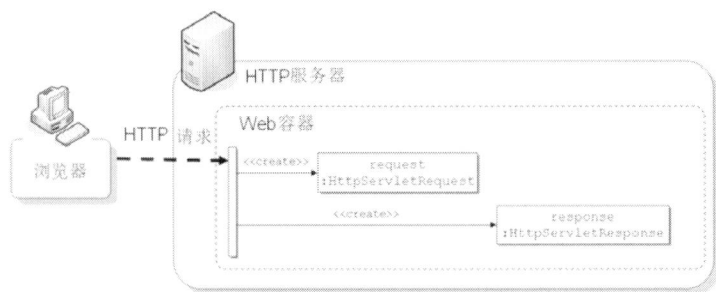

图 3.1　容器收集相关信息，并创建代表请求与响应的对象

如果查询 `HttpServletRequest`、`HttpServletResponse` 的 API 文件说明，会发现它们都是接口(interface)，实现这些接口的相关类就是由容器提供的，还记得吗？Web 容器本身就是一个 Java 所编写的应用程序。

提示 >>> 可以在以下网址查看 Servlet/JSP(Java EE 6)的 API 文件：
http://download.oracle.com/javaee/6/api/

接着，容器会根据读取的 `@WebServlet` 标注或 web.xml 的设置，找出处理该请求的 Servlet，调用它的 `service()` 方法，将创建的 `HttpServletRequest` 对象、`HttpServletResponse` 对象传入作为参数，`service()` 方法中会根据 HTTP 请求的方式，调用对应的 `doXXX()` 方法。例如，若为 GET，则调用 `doGet()` 方法，如图 3.2 所示。

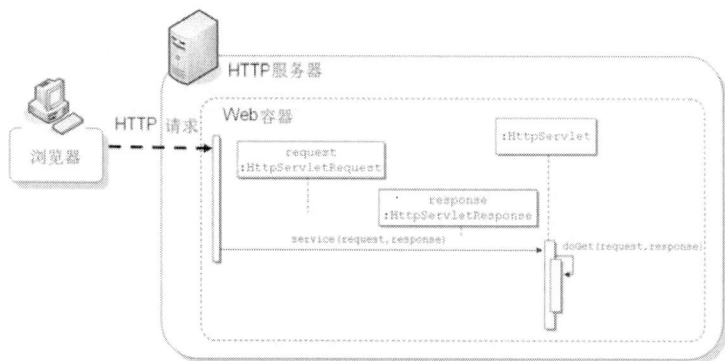

图 3.2　容器调用 Servlet 的 `service()` 方法

接着在 `doGet()` 方法中，可以使用 `HttpServletRequest` 对象、`HttpServletResponse` 对象。例如，使用 `getParameter()` 取得请求参数，使用 `getWriter()` 取得输出用的 `PrintWriter` 对象，并进行各项响应处理。对 `PrintWriter` 做的输出操作，最后由容器转换为 HTTP 响应，再由 HTTP 服务器对浏览器进行响应。之后容器将 `HttpServletRequest` 对象、`HttpServletResponse` 对象销毁回收，该次请求响应结束，如图 3.3 所示。

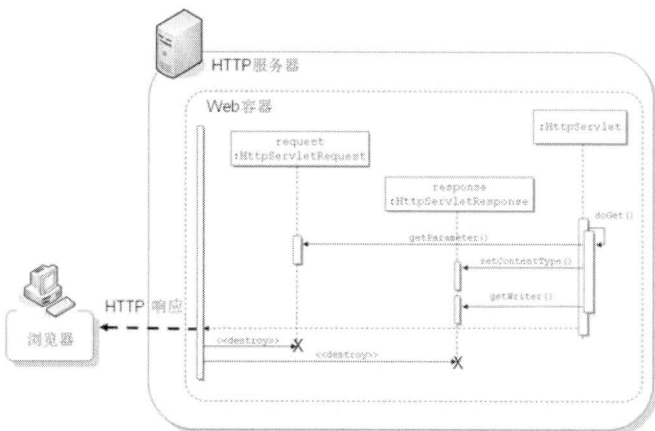

图 3.3　容器转换 HTTP 响应，并销毁、回收当次请求响应等相关对象

还记得第 1 章谈过，HTTP 是基于请求/响应、无状态的协议吗？每一次的请求/响应后，服务器端就不会记得任何客户端的信息了，对照先前所提及，容器每次请求都会创建新的 `HttpServletRequest`、`HttpServletResponse` 对象，响应后将销毁该次的 `HttpServletRequest`、`HttpServletResponse`。下次请求时创建的请求/响应对象就与上一次创建的请求/响应对象无关了，符合 HTTP 基于请求/响应、无状态的模型，所以，对 `HttpServletRequest`、`HttpServletResponse` 的设置，是不可能延续至下一次请求的。

像这类请求/响应对象的创建与销毁，也就是有关请求/响应对象的生命周期管理，也是 Web 容器提供的功能。事实上，不只请求/响应对象，之后还会看到，Web 容器管理了多种对象的生命周期，因此必须了解 Web 容器管理对象生命周期的方式，否则就会引来不必要的错误。

没有了 Web 容器，请求信息的收集；`HttpServletRequest` 对象、`HttpServletResponse` 对象等的创建；输出 HTTP 响应的转换；`HttpServletRequest` 对象、`HttpServletResponse` 对象等的销毁和回收等(见图 3.4)，都必须自己动手完成(可以想象自行用 Java SE 编写 HTTP 服务器，并完成这些功能有多麻烦)。有了容器提供这些服务(当然还有更多服务，之后章节还会陆续提到)，就可以专心在 Java 对象之间的互动来解决问题。

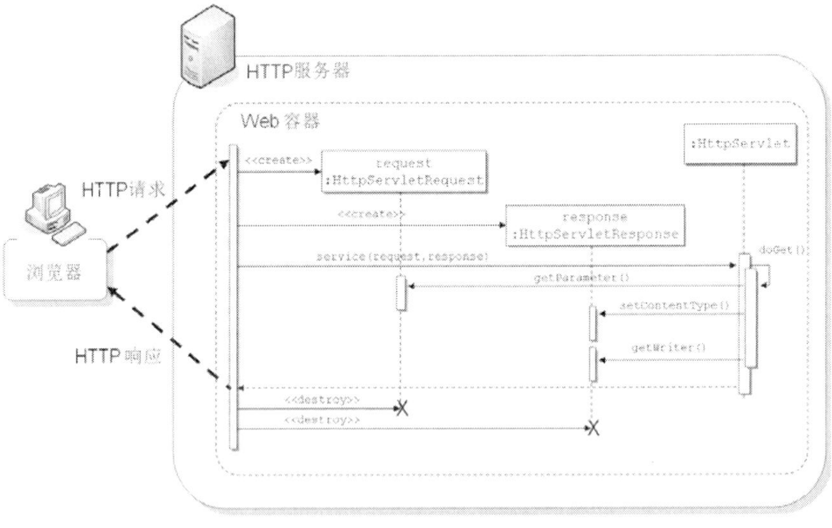

图 3.4 从请求到响应，容器内所提供的服务流程示意

3.1.2 doXXX()方法

到目前为止提过很多次了，容器调用 Servlet 的 `service()` 方法时，如果是 GET 请求就会调用 `doGet()`，如果是 POST 请求就会调用 `doPost()`，不过这中间还有一些细节可以探讨。如果细心，会留意到 `Servlet` 接口的 `service()` 方法签名(Signature)其实接受的是 `ServletRequest`、`ServletResponse`：

```
public void service(ServletRequest req, ServletResponse res)
    throws ServletException, IOException;
```

第 2 章提过，当初在定义 Servlet 时，期待的是 Servlet 不仅使用于 HTTP，所以请求/响应对象的基本行为是规范在 ServletRequest、ServletResponse(包是 javax.servlet)，而 与 HTTP 相关的行为，则分别由两者的子接口 HttpServletRequest、HttpServletResponse(包是 javax.servlet.http)定义。

Web 容器创建的确实是 HttpServletRequest、HttpServletResponse 的实现对象，而后调用 Servlet 接口的 service() 方法。在 HttpServlet 中的实现 service() 如下：

```
public void service(ServletRequest req, ServletResponse res)
    throws ServletException, IOException {
    HttpServletRequest  request;
    HttpServletResponse response;

    try {
        request = (HttpServletRequest) req;
        response = (HttpServletResponse) res;
    } catch (ClassCastException e) {
        throw new ServletException("non-HTTP request or response");
    }
    service(request, response);
}
```

上面调用的 service(request, response)，其实是 HttpServlet 新定义的方法：

```
protected void service(HttpServletRequest req,
                       HttpServletResponse resp)
    throws ServletException, IOException {
    String method = req.getMethod();
    if (method.equals(METHOD_GET)) {
        long lastModified = getLastModified(req);
        if (lastModified == -1) {
            doGet(req, resp);
        } else {
            long ifModifiedSince =
                    req.getDateHeader(HEADER_IFMODSINCE);
            if (ifModifiedSince < (lastModified / 1000 * 1000)) {
                maybeSetLastModified(resp, lastModified);
                doGet(req, resp);
            } else {
                resp.setStatus(HttpServletResponse.SC_NOT_MODIFIED);
            }
        }
    } else if (method.equals(METHOD_HEAD)) {
        long lastModified = getLastModified(req);
        maybeSetLastModified(resp, lastModified);
        doHead(req, resp);
    } else if (method.equals(METHOD_POST)) {
        doPost(req, resp);
    } else if (method.equals(METHOD_PUT)) {
        略...
}
```

这也是为什么在继承 `HttpServlet` 之后，必须实现与 HTTP 方法对应的 `doXXX()` 方法来处理请求。HTTP 定义了 GET、POST、PUT、DELETE、HEAD、OPTIONS、TRACE 等请求方式，而 `HttpServlet` 中对应的方法有：

- `doGet()`：处理 HTTP GET 请求。
- `doPost()`：处理 HTTP POST 请求。
- `doPut()`：处理 HTTP PUT 请求。
- `doDelete()`：处理 HTTP DELETE 请求。
- `doHead()`：处理 HTTP HEAD 请求。
- `doOptions()`：处理 HTTP OPTIONS 请求。
- `doTrace()`：处理 HTTP TRACE 请求。

如果客户端发出了没有实现的请求又会怎样？以 `HttpServlet` 的 `doGet()` 为例：

```
protected void doGet(HttpServletRequest req,
                     HttpServletResponse resp)
    throws ServletException, IOException {
    String protocol = req.getProtocol();
    String msg =
        lStrings.getString("http.method_get_not_supported");
    if (protocol.endsWith("1.1")) {
        resp.sendError(
            HttpServletResponse.SC_METHOD_NOT_ALLOWED, msg);
    } else {
        resp.sendError(HttpServletResponse.SC_BAD_REQUEST, msg);
    }
}
```

如果在继承 `HttpServlet` 之后，没有重新定义 `doGet()` 方法，而客户端对该 Servlet 发出了 GET 请求，则会收到错误信息，在 Tomcat 下，则会出现图 3.5 所示的画面。

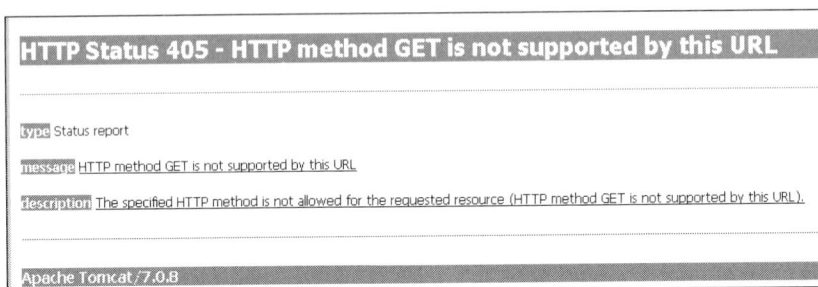

HTTP Status 405 - HTTP method GET is not supported by this URL

type Status report

message HTTP method GET is not supported by this URL

description The specified HTTP method is not allowed for the requested resource (HTTP method GET is not supported by this URL).

Apache Tomcat/7.0.8

图 3.5　默认的 `doGet()` 方法会显示的画面

而在上面 `HttpServlet` 的 `service()` 方法代码段中可以看到，对于 GET 请求，可以实现 **`getLastModified()`** 方法(默认返回-1，也就是默认不支持 if-modified-since 标头)，来决定是否调用 `doGet()` 方法，`getLastModified()` 方法返回自 1970 年 1 月 1 日凌晨至资源最后一次更新期间所经过的毫秒数，返回的这个时间如果晚于浏览器发出的 if-modified-since 标头，才会调用 `doGet()` 方法。

在 GET 与 POST 都需要相同处理的情境下，通常可以在继承 HttpServlet 之后，在 doGet()、doPost() 中都调用一个自定义的 processRequest()。例如：

```
protected void doGet(HttpServletRequest req, HttpServletResponse resp)
        throws ServletException, IOException {
    processRequest(req, resp);
}
protected void doPost(HttpServletRequest req, HttpServletResponse resp)
        throws ServletException, IOException {
    processRequest(req, resp);
}
protected void processRequest(HttpServletRequest req,
                              HttpServletResponse resp)
        throws ServletException, IOException {
    // 处理请求...
}
```

> **提示 >>>** 可以在 Tomcat 的下载页面中，找到 Tomcat 源代码的下载：
>
> http://tomcat.apache.org/download-70.cgi
>
> 可在打开后的 java 目录中找到 .java 源代码，其中的 javax 目录就是 Servlet 标准 API 的源代码。

3.2 关于 HttpServletRequest

当 HTTP 转发给 Web 容器处理时，Web 容器会收集相关信息，并产生 HttpServlet-Request 对象，可以使用这个对象取得 HTTP 请求中的信息。可以在 Servlet 中进行请求的处理，或是将请求转发(或包含)另一个 Servlet/JSP 进行处理。各个 Servlet/JSP 在同一请求周期中所需共享的资料，则可以设置在请求对象中成为属性。

3.2.1 处理请求参数与标头

请求来到服务器时，Web 容器会创建 HttpServletRequest 实例来包装请求中的相关信息，HttpServletRequest 定义了取得一些通用请求信息的方法。例如，可以使用以下方法来取得请求参数：

■ getParameter()：指定请求参数名称来取得对应的值。例如：

```
String username = request.getParameter("name");
```

getParameter() 返回的是 String 对象，若传来的是像"123"这样的字符串值，而需要的是基本数据类型，则必须使用 Integer.parseInt() 这类的方法将之剖析为基本类型。若请求中没有所指定的请求参数名称，则会返回 null。

■ getParameterValues()：如果窗体上有可复选的元件，如复选框(Checkbox)、列表(List)等，则同一个请求参数名称会有多个值(此时的 HTTP 查询字符串其实就是像 param=10&param=20&param=30)，此时可以用 getParameterValues()方法取得一个 String 数组，数组元素代表所有被选取选项的值。例如：

```
String[] values = request.getParameterValues("param");
  getParameterNames()
```

如果想要知道请求中有多少请求参数，则可以使用 getParameterNames()方法，这时就会返回一个 Enumeration 对象，其中包括所有的请求参数名称。例如，可以取得所有请求参数名称：

```
Enumeration<String> e = req.getParameterNames();
while(e.hasMoreElements()) {
    String param = e.nextElement();
    ...
}
```

- getParameterMap()：将请求参数以 Map 对象返回，Map 中的键(Key)是请求参数名称，值(Value)的部分是请求参数值，以字符串数组类型 String[]返回(因考虑有同一请求参数有多个值的情况)。

对于 HTTP 的标头(Header)信息，可以使用以下方法来取得：

- getHeader()：使用方式与 getParameter()类似,指定标头名称后可返回字符串值,代表浏览器所送出的标头信息。
- getHeaders()：使用方式与 getParameterValues()类似,指定标头名称后可返回 Enumeration, 元素为字符串。
- getHeaderNames()：使用方式与 getParameterNames()类似，取得所有标头名称，以 Enumeration 返回，内含所有标头字符串名称。

下面这个范例示范了如何取得并显示浏览器送出的标头信息：

HeaderDemo HeaderServlet.java

```
package cc.openhome;

import java.io.IOException;
import java.io.PrintWriter;
import java.util.Enumeration;

import javax.servlet.ServletException;
import javax.servlet.annotation.WebServlet;
import javax.servlet.http.HttpServlet;
import javax.servlet.http.HttpServletRequest;
import javax.servlet.http.HttpServletResponse;

@WebServlet("/header.view")
public class HeaderServlet extends HttpServlet {
    @Override
    protected void doGet(HttpServletRequest req,
                         HttpServletResponse resp)
        throws ServletException, IOException {
        PrintWriter out = resp.getWriter();
```

```
out.println("<html>");
out.println("<head>");
out.println("<title>HeaderServlet</title>");
out.println("</head>");
out.println("<body>");
out.println("<h1>HeaderServlet at " +
        req.getContextPath() + "</h1>");        ← ❶ 取得应用程序环境路径
Enumeration<String> names = req.getHeaderNames();←  ❷ 取得所有标头名称
while (names.hasMoreElements()) {
    String name = names.nextElement();
    out.println(name + ": " + req.getHeader(name) + "<br>");←
}                                                            ❸ 取得标头值
out.println("</body>");
out.println("</html>");
out.close();
    }
}
```

这个范例除了介绍 getHeaderNames()❷ 与 getHeader()❸ 方法的使用外，还示范了如何使用 getContextPath() 取得 Web 应用程序环境路径❶。程序运行结果如图 3.6 所示。

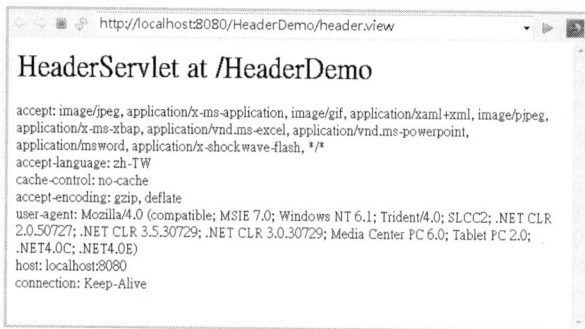

图 3.6　查看浏览器所送出的标头

如果标头值本身是个整数或日期的字符串表示法，则可以使用 getIntHeader() 或 getDateHeader() 方法分别取得转换为 int 或 Date 的值。如果 getIntHeader() 无法转换为 int，则会抛出 NumberFormatException。如果 getDateHeader() 无法转换为 Date，则会抛出 IllegalArgumentException。

3.2.2　请求参数编码处理

作为非西欧语系的国家，总是要处理编码问题。例如，你的用户会发送中文，那要如何正确处理请求参数，才可以得到正确的中文字符呢？在第 1 章曾经谈过 URL 编码的问题，这是正确处理请求参数前必须知道的基础，如果你忘了，或还没看过第 1 章的内容，请你先复习一下。

请求参数的编码处理，基本上必须分 POST 与 GET 的情况来说明。先来看 POST 的情况。

1. POST 请求参数编码处理

如果客户端没有在 Content-Type 标头中设置字符编码信息(例如浏览器可以设置 Content-Type:text/html;charset=UTF-8)，此时使用 `HttpServletRequest` 的 `getCharacter-Encoding()` 返回值会是 `null`。在这个情况下，容器若使用的默认编码处理是 ISO-8859-1 (大部分浏览器默认的字符集，可参考 http:www.w3schools.com/ tags/ref_entities.asp)，而客户端使用 UTF-8 发送非 ASCII 字符的请求参数， Servlet 直接使用 `getParameter()` 等方法取得该请求参数值，就会是不正确的结果也就是得到乱码。

可以用另一种方式，来简略表示出为什么这个过程会出现乱码。假设网页编码是 UTF-8，通过窗体使用 POST 发出"林"这个中文字符，则依第 1 章的说明，会将"林"作 URL 编码为%E6%9E%97 再送出，也就是浏览器相当于做了这个操作：

```
String text = java.net.URLEncoder.encode("林", "UTF-8");
```

在 Servlet 中取得请求参数时，容器若默认使用 ISO-8859-1 来处理编码，则相当于做了这个操作：

```
String text = java.net.URLDecoder.decode("%E6%9E%97", "ISO-8859-1");
```

这样显示出来的中文字符就不正确了。

可以使用 `HttpServletRequest` 的 **setCharacterEncoding()** 方法指定取得 POST 请求参数时使用的编码。例如，若浏览器以 UTF-8 来发送请求，则接收时也要使用 UTF-8 编码字符串，则可以在取得任何请求值之"前"，执行以下语句：

```
req.setCharacterEncoding("UTF-8");
```

这相当于要求容器作这个操作：

```
String text = java.net.URLDecoder.decode("%E6%9E%97", "UTF-8");
```

这样就可以取得正确的"林"中文字符了。记得，一定要在取得任何请求参数前执行 `setCharacterEncoding()` 方法才有作用，在取得请求参数之后，再调用 `setCharacterEncoding()` 是没有任何作用的。

2. GET 请求参数编码处理

在 `HttpServletRequest` 的 API 文件中，对 `setCharacterEncoding()` 的说明清楚提到：

Overrides the name of the character encoding used in the body of this request.

也就是说，这个方法对于请求 Body 中的字符编码才有作用，也就是基本上这个方法只对 POST 产生作用，当请求是用 GET 发送时，则没有定义这个方法是否会影响 Web 容器处理编码的方式(究其原因，是因为处理 URL 的是 HTTP 服务器，而非 Web 容器)。

例如，Tomcat 在 GET 时，使用 `setCharacterEncoding()` 方法设置编码就不会有作用，取得请求参数时仍会产生乱码。

若使用 Tomcat 并采用 GET，或没有设置 `setCharacterEncoding()`，且已取得一个请求参数字符串，另外一个处理编码的方式，则是通过 `String` 的 **`getBytes()`** 指定编码来取得该字符串的字节数组，然后再重新构造为正确编码的字符串。

例如，若浏览器使用 UTF-8 处理字符，Web 容器默认使用 ISO-8859-1 编码，则正确处理编码的方式为：

```
String name = req.getParameter("name");
String name = new String(name.getBytes("ISO-8859-1"), "UTF-8");
```

举例来说，在 UTF-8 的网页中，对"林"这个字符，若使用窗体发送 GET 请求，浏览器相当于做了这个操作：

```
String text = java.net.URLEncoder.encode("林", "UTF-8");
```

在 Servlet 中取得请求参数时，容器若默认使用 ISO-8859-1 来处理编码，则相当于做了这个操作：

```
String text = java.net.URLDecoder.decode("%E6%9E%97", "ISO-8859-1");
```

使用 `getParameter()` 取得的字符串就是上例 text 引用的字符串，可以依下面的编码转换得到正确的"林"字符：

```
text = new String(name.getBytes("ISO-8859-1"), "UTF-8");
```

以下使用范例来示范，如何正确处理编码作为总结。这里准备两个窗体，一个使用 GET，一个使用 POST：

EncodingDemo　　form-get.html

```
<!DOCTYPE html PUBLIC "-//W3C//DTD HTML 4.01 Transitional//EN"
                      "http://www.w3.org/TR/html4/loose.dtd">
<html>
  <head>
    <meta http-equiv="Content-Type" content="text/html; charset=BIG5">
  </head>
  <body>
    <form method="get" action="encoding">
        </>名称: <input type="text" name="nameGet"><br><br>
        <button>送出 GET 请求</button>
    </form>
  </body>
</html>
```

另一个使用 POST 的网页是 form-post.html。内容类似，`<form>` 的 `method` 设置为 "post"，这里就不列出了。注意，网页的编码是 BIG5。处理请求的 Servlet 如下：

EncodingDemo　　EncodingServlet.java

```
package cc.openhome;

import java.io.IOException;
import javax.servlet.ServletException;
```

```
import javax.servlet.annotation.WebServlet;
import javax.servlet.http.HttpServlet;
import javax.servlet.http.HttpServletRequest;
import javax.servlet.http.HttpServletResponse;

@WebServlet("/encoding")
public class EncodingServlet extends HttpServlet {
    protected void doGet(HttpServletRequest request,
                         HttpServletResponse response)
                            throws ServletException, IOException {
        String name = request.getParameter("nameGet");           ❶ GET 的编码处理
        name = new String(name.getBytes("ISO-8859-1"), "BIG5");
        System.out.println("GET: " + name);
    }

    protected void doPost(HttpServletRequest request,
                          HttpServletResponse response)
                            throws ServletException, IOException {
        request.setCharacterEncoding("BIG5");                     ❷ POST 的编码处理
        String name = request.getParameter("namePost");
        System.out.println("POST: " + name);
    }
}
```

因为网页是 BIG5 编码，所以 Servlet 在转换编码时，指定的就是 BIG5 编码。至于输出中文字符至浏览器是另一个话题，所以上例先将取得的字符显示在文字模式主控台(Console)下，可以看看是否能显示正确的中文字符。

> **提示 »»** 在 Servlet 中直接进行编码设置或转换，并不是最好的地方，在后面章节说明过滤器(Filter)时，会看到一个处理编码设置转换更好的位置。另外，有个问题是：如果在 BIG5 网页中输入了非 BIG5 能容纳的字符，那么 Servlet 要如何处理呢？这个问题留给你作为本章的课后练习。

3.2.3 `getReader()`、`getInputStream()`读取 Body 内容

`HttpServletRequest` 上定义有 `getReader()`方法，可以让你取得一个 `BufferedReader`，通过该对象，可以读取请求的 Body 数据。例如，可以使用下面这个范例来读取请求 Body 内容：

BodyDemo BodyServlet.java

```
package cc.openhome;

import java.io.BufferedReader;
import java.io.IOException;
import java.io.PrintWriter;

import javax.servlet.ServletException;
import javax.servlet.annotation.WebServlet;
import javax.servlet.http.HttpServlet;
```

```
import javax.servlet.http.HttpServletRequest;
import javax.servlet.http.HttpServletResponse;

@WebServlet("/body.view")
public class BodyServlet extends HttpServlet {
    protected void doPost(HttpServletRequest request,
                          HttpServletResponse response)
                             throws ServletException, IOException {
        String body = readBody(request);
        PrintWriter out = response.getWriter();
        out.println("<html>");
        out.println("<head>");
        out.println("<title>Servlet BodyView</title>");
        out.println("</head>");
        out.println("<body>");
        out.println(body);
        out.println("</body>");
        out.println("</html>");
    }

    private String readBody(HttpServletRequest request)
                              throws IOException {
        BufferedReader reader = request.getReader();        ← 取得 BufferedReader 对象
        String input = null;
        String requestBody = "";
        while((input = reader.readLine()) != null) {
            requestBody = requestBody + input + "<br>";
        }
        return requestBody;
    }
}
```

可试着对这个 Servlet 以下列窗体发出请求：

BodyDemo   form.html

```
<!DOCTYPE HTML PUBLIC "-//W3C//DTD HTML 4.01 Transitional//EN">
<html>
    <head>
        <title></title>
        <meta http-equiv="Content-Type"
                content="text/html; charset=UTF-8">
    </head>
    <body>
        <form action="body.view" method="post">
            名称: <input type="text" name="user"><br>
            密码: <input type="password" name="passwd"><br><br>
            <input type="submit" name="login" value="送出">
        </form>
    </body>
</html>
```

如果在"名称"字段输入"良葛格"，在"密码"字段输入 123456，单击"送出"
按钮后，则会看到图 3.7 所示的内容。

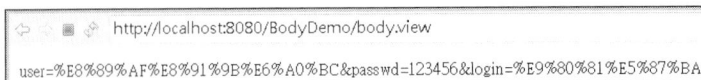

图 3.7　查看浏览器送出的请求 Body

回忆第 1 章谈到 URL 编码，可以看到 "良葛格" 三字的 URL 编码是%E8%89%AF%E8%91%9B%E6%A0%BC，而 "送出" 的 URL 编码则是%E9%80%81%E5%87%BA。

窗体发送时，如果`<form>`标签没有设置 `enctype` 属性，则默认值就是 application/x-www-form-urlencoded。如果要上传文件，则 `enctype` 属性要设为 multipart/form-data。如果使用以下窗体选择一个文件发送：

BodyDemo　upload.html

```
<!DOCTYPE HTML PUBLIC "-//W3C//DTD HTML 4.01 Transitional//EN">
<html>
    <head>
        <title></title>
        <meta http-equiv="Content-Type"
                content="text/html; charset=UTF-8">
    </head>
    <body>
        <form action="body.view" method="post"
            enctype="multipart/form-data">
            选择文件: <input type="file" name="filename" value="" /><br>
            <input type="submit" value="Upload" name="upload" />
        </form>
    </body>
</html>
```

例如，发送一个 JPG 图片，则在网页上会看到：

```
-----------------------------195582364627982
Content-Disposition: form-data; name="filename"; filename="caterpillar.jpg"
Content-Type: image/jpeg

ÿØÿà JFIF   HHÿ øICC_PROFILE   è mntrRGB XYZ ù   $-acsp öÖ ó-)ø=T¯õÙ®xBúäêƒ9 desc
DybXYZ à bTRC Ô  dmdd à^gXYZ
```

总之是一堆奇奇怪怪的字符，这些字符是实际的文件内容。

```
-----------------------------195582364627982
Content-Disposition: form-data; name="upload"

Upload
-----------------------------195582364627982-
```

加粗部分是上传文件的相关信息，另一个区段是 Upload 按钮的信息，在这里关心的是加粗部分。要取得上传的文件，基本方式就是判断文件的开始与结束区段，然后使用 `HttpServletRequest` 的 `getInputStream()` 取得 `ServletInputStream`，它是 `InputStream` 的子类，代表请求 Body 的串流对象，可以利用它来处理上传的文件区段。

注意 >>> 　在同一个请求期间，getReader() 与 getInputStream() 只能择一调用，若同一请求期间两者都有调用，则会抛出 IllegalStateException 异常。

在 Servlet 3.0 中，其实可以使用 getPart() 或 getParts() 方法，协助处理文件上传事宜，这是稍后就会介绍的内容。不过这里为了说明 getInputStream() 的使用，将实现如何使用 getInputStream() 取得上传的文件。

提示 >>> 　接下来这个范例是进阶内容，暂且跳过不看，不影响之后的内容了解。如果想要了解接下来这些进阶内容，可以到 JWork@TW 论坛全文搜索 "HTTP 文件上传机制解析"，了解文中的说明。JWork@TW 论坛网址：http://www.javaworld.com.tw

例如，可使用以下的 Servlet 来处理一个上传的文件：

BodyDemo UploadServlet.java

```java
package cc.openhome;

import java.io.DataInputStream;
import java.io.FileNotFoundException;
import java.io.FileOutputStream;
import java.io.IOException;
import javax.servlet.ServletException;
import javax.servlet.annotation.WebServlet;
import javax.servlet.http.HttpServlet;
import javax.servlet.http.HttpServletRequest;
import javax.servlet.http.HttpServletResponse;

@WebServlet("/upload.do")
public class UploadServlet extends HttpServlet {
    protected void doPost(HttpServletRequest request,
                    HttpServletResponse response)
                throws ServletException, IOException {
        // 读取请求 Body
        byte[] body = readBody(request);
        // 取得所有 Body 内容的字符串表示
        String textBody = new String(body, "ISO-8859-1");
        // 取得上传的文件名称
        String filename = getFilename(textBody);
        // 取得文件开始与结束位置
        Position p = getFilePosition(request, textBody);
        // 输出至文件
        writeTo(filename, body, p);
    }

    class Position {
        int begin;
        int end;
        Position(int begin, int end) {
            this.begin = begin;
            this.end = end;
        }
    }
```

```
    }
    private byte[] readBody(HttpServletRequest request)
                        throws IOException {
        int formDataLength = request.getContentLength();
        DataInputStream dataStream =
                new DataInputStream(request.getInputStream());   ← 取得 ServletInputStream
        byte body[] = new byte[formDataLength];                      对象
        int totalBytes = 0;
        while (totalBytes < formDataLength) {
            int bytes = dataStream.read(body, totalBytes, formDataLength);
            totalBytes += bytes;
        }
        return body;
    }

    private Position getFilePosition(HttpServletRequest request,
                        String textBody) throws IOException {
        // 取得文件区段边界信息
        String contentType = request.getContentType();
        String boundaryText = contentType.substring(
                contentType.lastIndexOf("=") + 1, contentType.length());
        // 取得实际上传文件的起始与结束位置
        int pos = textBody.indexOf("filename=\"");
        pos = textBody.indexOf("\n", pos) + 1;
        pos = textBody.indexOf("\n", pos) + 1;
        pos = textBody.indexOf("\n", pos) + 1;
        int boundaryLoc = textBody.indexOf(boundaryText, pos) - 4;
        int begin = ((textBody.substring(0,
                pos)).getBytes("ISO-8859-1")).length;
        int end = ((textBody.substring(0,
                boundaryLoc)).getBytes("ISO-8859-1")).length;
        return new Position(begin, end);
    }

    private String getFilename(String reqBody) {
        String filename = reqBody.substring(
                reqBody.indexOf("filename=\"") + 10);
        filename = filename.substring(0, filename.indexOf("\n"));
        filename = filename.substring(
                filename.lastIndexOf("\\") + 1, filename.indexOf("\""));
        return filename;
    }

    private void writeTo(String filename, byte[] body, Position p)
            throws FileNotFoundException, IOException {
        FileOutputStream fileOutputStream =
                new FileOutputStream("c:/workspace/" + filename);
        fileOutputStream.write(body, p.begin, (p.end - p.begin));
        fileOutputStream.flush();
        fileOutputStream.close();
    }
}
```

这里的代码比较冗长，比较重要的部分，直接使用注解说明了，不过除了加粗部分外，其实剩余的都是 Java I/O 处理的东西居多(可以参考 http://caterpillar. onlyfun.net/Gossip/JavaEssence/InputStreamOutputStream.html)。可以将先前的 upload.html 中，`<form>` 的 `action` 属性改为 upload.do，就可以上传文件了。范例中默认将上传的文件存在 C:\workspace 目录。

3.2.4　`getPart()`、`getParts()`取得上传文件

从上一节使用 `getInputStream()` 处理文件上传相关事宜中可以看到，处理过程算是琐碎，在 Servlet 3.0 中，新增了 **`Part`** 接口，可以让你方便地进行文件上传处理。可以通过 `HttpServletRequest` 的 **`getPart()`** 方法取得 `Part` 实现对象。例如，若有个上传窗体如下：

```
PartDemo    upload.html
```
```
<!DOCTYPE HTML PUBLIC "-//W3C//DTD HTML 4.01 Transitional//EN">
<html>
    <head>
        <title></title>
        <meta http-equiv="Content-Type"
             content="text/html; charset=UTF-8">
    </head>
    <body>
        <form action="upload.do" method="post"
             enctype="multipart/form-data">
            上传相片: <input type="file" name="photo" /><br><br>
          <input type="submit" value="上传" name="upload" />
        </form>
    </body>
</html>
```

可以编写一个 Servlet 来进行文件上传的处理，这次使用 `getPart()` 来处理上传的文件：

```
PartDemo    UploadServlet.java
```
```
package cc.openhome;

import java.io.*;

import javax.servlet.ServletException;
import javax.servlet.annotation.MultipartConfig;
import javax.servlet.annotation.WebServlet;
import javax.servlet.http.HttpServlet;
import javax.servlet.http.HttpServletRequest;
import javax.servlet.http.HttpServletResponse;
import javax.servlet.http.Part;

@MultipartConfig◀——  ❶ Tomcat 中必须设置此标注才能使用 getPart() 相关 API
@WebServlet("/upload.do")
```

```
public class UploadServlet extends HttpServlet {
    @Override
    protected void doPost(HttpServletRequest req,
                          HttpServletResponse resp)
            throws ServletException, IOException {
        Part part = req.getPart("photo");    ◀── ❷ 使用 getPart()取得 Part 对象
        String filename = getFilename(part);
        writeTo(filename, part);
    }

    private String getFilename(Part part) {  ◀── ❸ 取得上传文件名
        String header = part.getHeader("Content-Disposition");
        String filename =
                header.substring(header.indexOf("filename=\"") + 10,
                    header.lastIndexOf("\""));
        return filename;
    }
                        ┌─❹ 储存文件
    private void writeTo(String filename, Part part) throws IOException,
            FileNotFoundException {
        InputStream in = part.getInputStream();
        OutputStream out =
                new FileOutputStream("c:/workspace/" + filename);
        byte[] buffer = new byte[1024];
        int length = -1;
        while ((length = in.read(buffer)) != -1) {
            out.write(buffer, 0, length);
        }
        in.close();
        out.close();
    }
}
```

　　@MultipartConfig标注可用来设置 Servlet 处理上传文件的相关信息，在上例中仅标注@MultipartConfig而没有设置任何属性，这表示相关属性采用默认值。@MultipartConfig可用的属性如下。

- fileSizeThreshold：整数值设置，若上传文件大小超过设置门槛，会先写入缓存文件，默认值为 0。
- location：字符串设置，设置写入文件时的目录，如果设置这个属性，则缓存文件就是写到指定的目录，也可搭配 Part 的 write()方法使用，默认为空字符串。
- maxFileSize：限制上传文件大小，默认值为-1L，表示不限制大小。
- maxRequestSize：限制 multipart/form-data 请求个数，默认值为-1L，表示不限个数。

　　在 Tomcat 中要在 Servlet 上设置@MultipartConfig才能取得 Part 对象❶，否则 getPart()会得到 null 的结果。调用 getPart()时要指定名称取得对应的 Part 对象❷。上一节曾经谈过，multipart/form-data 发送的每个内容区段，都会有以下的标头信息：

```
Content-Disposition: form-data; name="filename"; filename="caterpillar.jpg"
```

```
Content-Type: image/jpeg
...
```

如果想取得这些标头信息，可以使用 Part 对象的 **getHeader()** 方法，指定标头名称来取得对应的值。所以想要取得上传的文件名称，就是取得 Content-Disposition 标头的值，然后取得 filename 属性的值❸。最后，再利用 Java I/O API 写入文件中❹。

Part 有个方便的 **write()** 方法，可以直接将上传文件指定文件名写入磁盘中，write()可指定文件名，写入的路径是相对于@MultipartConfig 的 location 设置的路径。例如，上例可以修改为：

PartDemo   UploadServlet2.java

```
package cc.openhome;

import java.io.*;

import javax.servlet.ServletException;
import javax.servlet.annotation.MultipartConfig;
import javax.servlet.annotation.WebServlet;
import javax.servlet.http.HttpServlet;
import javax.servlet.http.HttpServletRequest;
import javax.servlet.http.HttpServletResponse;
import javax.servlet.http.Part;

@MultipartConfig(location="c:/workspace")  ←──❶ 设置 location 属性
@WebServlet("/upload2.do")
public class UploadServlet2 extends HttpServlet {
    @Override
    protected void doPost(HttpServletRequest req,
                          HttpServletResponse resp)
                              throws ServletException, IOException {
        req.setCharacterEncoding("UTF-8");  ←──❷ 为了处理中文文件名
        Part part = req.getPart("photo");
        String filename = getFilename(part);
        part.write(filename);  ←──❸ 将文件写入 location 指定的目录
    }

    private String getFilename(Part part) {
        String header = part.getHeader("Content-Disposition");
        String filename = header.substring(
            header.indexOf("filename=\"") + 10,
            header.lastIndexOf("\""));
        return filename;
    }
}
```

在这个范例中，设置了@MultiPartConfig 的 location 属性❶。由于上传的文件名可能会有中文，所以调用 setCharacterEncoding()设置正确的编码❷。最后使用 Part 的 write()直接将文件写入 location 属性指定的目录❸，这可以简化文件 I/O 的处理。

如果有多个文件要上传，可以使用 getParts()方法，这会返回一个 Collection<Part>，其中是每个上传文件的 Part 对象。例如，若有个窗体如下：

```
<!DOCTYPE HTML PUBLIC "-//W3C//DTD HTML 4.01 Transitional//EN">
<html>
    <head>
        <title></title>
        <meta http-equiv="Content-Type"
                content="text/html; charset=UTF-8">
    </head>
    <body>
        <form action="upload3.do" method="post"
            enctype="multipart/form-data">
            文件 1: <input type="file" name="file1" value="" /><br>
            文件 2: <input type="file" name="file2" value="" /><br>
            文件 3: <input type="file" name="file3" value="" /><br><br>
            <input type="submit" value="上传" name="upload" />
        </form>
    </body>
</html>
```

则可以使用以下的 Servlet 来处理文件上传请求：

```
package cc.openhome;

import java.io.*;

import javax.servlet.ServletException;
import javax.servlet.annotation.MultipartConfig;
import javax.servlet.annotation.WebServlet;
import javax.servlet.http.HttpServlet;
import javax.servlet.http.HttpServletRequest;
import javax.servlet.http.HttpServletResponse;
import javax.servlet.http.Part;

@MultipartConfig(location="c:/workspace")
@WebServlet("/upload3.do")
public class UploadServlet3 extends HttpServlet {
    @Override
    protected void doPost(HttpServletRequest req,
                        HttpServletResponse resp)
            throws ServletException, IOException {
        req.setCharacterEncoding("UTF-8");
        for(Part part : req.getParts()) {      ← ❶ 迭代 Collection 中所有 Part 对象
            if(part.getName().startsWith("file")) {   ← ❷ 只处理上传文件区段
                String filename = getFilename(part);
                part.write(filename);
            }
        }
    }

    private String getFilename(Part part) {
        String header = part.getHeader("Content-Disposition");
        String filename = header.substring(
```

```
            header.indexOf("filename=\"") + 10,
            header.lastIndexOf("\""));
    return filename;
    }
}
```

在这个范例中，使用增强式 for 循环语法，逐一取得 Part 对象。由于"上传"按钮也会是其中一个 Part 对象，所以使用 if 来判断 Part 的名称是不是以 file 作开头，可以使用 Part 的 **getName()** 来取得名称。

如果要使用 web.xml 设置@MultipartConfig对应的信息，则可以如下：

```
...
<servlet>
    <servlet-name>UploadServlet</servlet-name>
    <servlet-class>cc.openhome.UploadServlet</servlet-class>
    <multipart-config>
        <location>c:/workspace</location>
    </multipart-config>
</servlet>
...
```

3.2.5 使用 RequestDispatcher 调派请求

在 Web 应用程序中，经常需要多个 Servlet 来完成请求。例如，将另一个 Servlet 的请求处理流程包含(Include)进来，或将请求转发(Forward)给别的 Servlet 处理。如果有这类的需求，可以使用 HttpServletRequest 的 **getRequestDispatcher()** 方法取得 **RequestDispatcher** 接口的实现对象实例，调用时指定转发或包含的相对 URL 网址(见图 3.8)。例如：

```
RequestDispatcher dispatcher =
    request.getRequestDispatcher("some.do");
```

<<interface>>
RequestDispatcher
+ *forward(request : ServletRequest, response : ServletResponse) : void* + *include(request : ServletRequest, response : ServletResponse) : void*

图 3.8 RequestDispatcher 接口

提示 》》 取得 RequestDispatcher 还有两个方式，通过 ServletContext 的 getRequest-Dispatcher()或 getNamedDispatcher()，之后章节谈到 ServletContext 时会再介绍。

1. 使用 include()方法

RequestDispatcher 的 **include()** 方法，可以将另一个 Servlet 的操作流程包括至目前 Servlet 操作流程之中。例如：

DispatcherDemo　Some.java

```java
package cc.openhome;

import java.io.*;
import javax.servlet.RequestDispatcher;
import javax.servlet.ServletException;
import javax.servlet.annotation.WebServlet;
import javax.servlet.http.HttpServlet;
import javax.servlet.http.HttpServletRequest;
import javax.servlet.http.HttpServletResponse;

@WebServlet("/some.view")
public class Some extends HttpServlet {
    @Override
    protected void doGet(HttpServletRequest req,
                         HttpServletResponse resp)
            throws ServletException, IOException {
        PrintWriter out = resp.getWriter();
        out.println("Some do one...");
        RequestDispatcher dispatcher =
            req.getRequestDispatcher("other.view");
        dispatcher.include(req, resp);
        out.println("Some do two...");
        out.close();
    }
}
```

other.view 实际上会依 URL 模式取得对应的 Servlet。调用 include()时，必须分别传入实现 ServletRequest、ServletResponse 接口的对象，可以是 service()方法传入的对象，或者是自定义的对象或封装器(之后章节会介绍封装器的编写)。如果被 include() 的 Servlet 是这么编写的：

DispatcherDemo　OtherServlet.java

```java
package cc.openhome;

import java.io.*;
import javax.servlet.ServletException;
import javax.servlet.annotation.WebServlet;
import javax.servlet.http.HttpServlet;
import javax.servlet.http.HttpServletRequest;
import javax.servlet.http.HttpServletResponse;

@WebServlet("/other.view")
public class OtherServlet extends HttpServlet {
    @Override
    protected void doGet(HttpServletRequest req,
                         HttpServletResponse resp)
            throws ServletException, IOException {
        PrintWriter out = resp.getWriter();
        out.println("Other do one...");
    }
}
```

则网页上见到的响应顺序是 Some do one... Other do one... Some do two...。在取得 `RequestDispatcher` 时，也可以包括查询字符串。例如：

```
req.getRequestDispatcher("other.view?data=123456")  .include(req, resp);
```

那么在被包含(或转发，如果使用的是 `forward()`)的 Servlet 中就可以使用 `getParameter("data")` 取得请求参数值。

2. 请求范围属性

在 `include()` 或 `forward()` 时包括请求参数的做法，仅适用于传递字符串值给另一个 Servlet，在调派请求的过程中，如果有必须共享的"对象"，可以设置给请求对象成为属性，称为请求范围属性(Request Scope Attribute)，图 3.9 所示。`HttpServletRequest` 上与请求范围属性有关的几个方法如下。

- `setAttribute()`：指定名称与对象设置属性。
- `getAttribute()`：指定名称取得属性。
- `getAttributeNames()`：取得所有属性名称。
- `removeAttribute()`：指定名称移除属性。

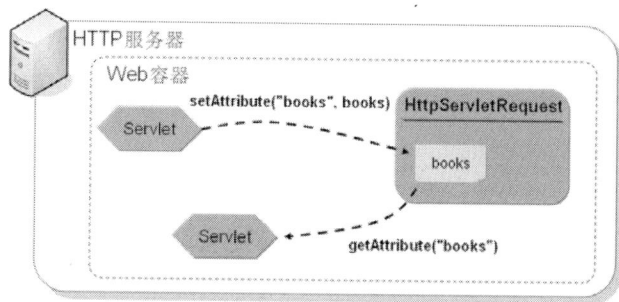

图 3.9　通过请求范围属性共享数据

例如，有个 Servlet 会根据某些条件查询数据：

```
...
    List<Book> books = bookDAO.query("ServletJSP");
    request.setAttribute("books", books);
    request.getRequestDispatcher("result.view")
       .include(request,response);
...
```

假设 result.view 这个 URL 是个负责响应的 Servlet 实例，则它可以利用 `HttpServlet-Request` 对象的 `getAttribute()` 取得查询结果：

```
...
    List<Book> books = (List<Book>) request.getAttribute("books");
...
```

由于请求对象仅在此次请求周期内有效，在请求/响应之后，请求对象会被销毁回收，设置在请求对象中的属性自然也就消失了，所以通过 `setAttribute()` 设置的属性才称为请求范围属性。

在设置请求范围属性时，需注意属性名称由 `java.` 或 `javax.` 开头的名称通常保留给规格书中某些特定意义的属性。例如，以下几个名称各有其意义：

- `javax.servlet.include.request_uri`
- `javax.servlet.include.context_path`
- `javax.servlet.include.servlet_path`
- `javax.servlet.include.path_info`
- `javax.servlet.include.query_string`

以上的属性名称在被包含的 Servlet 中，分别表示上一个 Servlet 的 Request URI、Context path、Servlet path、Path info 与取得 `RequestDispatcher` 时给定的请求参数，如果被包含的 Servlet 还包括其他的 Servlet，则这些属性名称的对应值也会被代换。

> **注意 》》** 使用 `include()` 时，被包含的 Servlet 中任何对请求标头的设置都会被忽略。被包含的 Servlet 中可以使用 `getSession()` 方法取得 `HttpSession` 对象(之后会介绍，这是唯一的例外，因为 `HttpSession` 底层默认使用 Cookie，所以响应中加一个 Cookie 请求标头)。

3. 使用 forward()方法

`RequestDispatcher` 有个 **`forward()`** 方法，调用时同样传入请求与响应对象，这表示你要将请求处理转发给别的 Servlet，"对客户端的响应同时也转发给另一个 Servlet"。

> **注意 》》** 若要调用 `forward()` 方法，目前的 Servlet 不能有任何响应确认(Commit)，如果在目前的 Servlet 中通过响应对象设置了一些响应但未确认(响应缓冲区未满或未调用任何清除方法)，则所有响应设置会被忽略，如果已经有响应确认且调用了 `forward()` 方法，则会抛出 `IllegalStateException`。

在被转发请求的 Servlet 中，也可通过以下请求范围属性名称取得对应信息：

- `javax.servlet.forward.request_uri`
- `javax.servlet.forward.context_path`
- `javax.servlet.forward.servlet_path`
- `javax.servlet.forward.path_info`
- `javax.servlet.forward.query_string`

第 1 章曾经谈过 Model 2，在了解请求调派的处理方式之后，这里先来做一个简单的 Model 2 架构应用程序，一方面应用刚才学习到的请求调派处理，另一方面初步了解 Model 2 的基本流程。首先看控制器(Controller)，它通常由一个 Servlet 来实现：

SimpleModel2　HelloController.java

```java
package cc.openhome;

import java.io.IOException;
import javax.servlet.ServletException;
import javax.servlet.annotation.WebServlet;
import javax.servlet.http.HttpServlet;
```

```
import javax.servlet.http.HttpServletRequest;
import javax.servlet.http.HttpServletResponse;

@WebServlet("/hello.do")
public class HelloController extends HttpServlet {
    private HelloModel model = new HelloModel();
    @Override
    protected void doGet(HttpServletRequest request,
                    HttpServletResponse response)
                throws ServletException, IOException {
        String name = request.getParameter("user");   ← ❶收集请求参数
        String message = model.doHello(name);   ←❷委托 HelloModel 对象处理
        request.setAttribute("message", message);   ←❸将结果信息设置至请求对
        request.getRequestDispatcher("hello.view")         象成为属性
                .forward(request, response);   ←❹转发给 hello.view 进行响应
    }
}
```

  HelloController 会收集请求参数❶并委托一个 HelloModel 对象处理❷，HelloController 中不会有任何 HTML 的出现。HelloModel 对象处理的结果，会设置为请求对象中的属性❸，之后呈现画面的 Servlet 可以从请求对象中取得该属性。接着将请求的响应工作转发给 hello.view 来负责❹。

  至于 HelloModel 类的设计很简单，利用一个 HashMap，针对不同的用户设置不同的信息：

SimpleModel2 HelloModel.java

```
package cc.openhome;

import java.util.*;

public class HelloModel {
    private Map<String, String> messages
            = new HashMap<String, String>();

    public HelloModel() {
        messages.put("caterpillar", "Hello");
        messages.put("Justin", "Welcome");
        messages.put("momor", "Hi");
    }

    public String doHello(String user) {
        String message = messages.get(user);
        return message + ", " + user + "!";
    }
}
```

  这是一个再简单不过的类。要注意的是，HelloModel 对象处理完的结果返回给 HelloController，HelloModel 类中不会有任何 HTML 的出现。也没有任何与前端呈现技术或后端储存技术的 API 出现，是个纯粹的 Java 对象。

HelloController 得到 HelloModel 对象的返回值之后，将流程转发给 HelloView 呈现画面：

SimpleModel2　HelloView.java

```java
package cc.openhome;

import java.io.IOException;
import javax.servlet.ServletException;
import javax.servlet.annotation.WebServlet;
import javax.servlet.http.HttpServlet;
import javax.servlet.http.HttpServletRequest;
import javax.servlet.http.HttpServletResponse;

@WebServlet("/hello.view")
public class HelloView extends HttpServlet {
    private String htmlTemplate =
         "<html>"
       + "  <head>"
       + "    <meta http-equiv='Content-Type'"
       + "        content='text/html; charset=UTF-8'>"
       + "    <title>%s</title>"
       + "  </head>"
       + "  <body>"
       + "    <h1>%s</h1>"
       + "  </body>"
       + "</html>";

    @Override
    protected void doGet(HttpServletRequest req,
                         HttpServletResponse resp)
                throws ServletException, IOException {
        String user = req.getParameter("user");       // ❶ 取得请求参数
        String message = (String) req.getAttribute("message");  // ❷ 取得请求属性
        String html = String.format(htmlTemplate, user, message);  // ❸ 产生 HTML 结果
        resp.getWriter().print(html);   // ❹ 输出 HTML 结果
    }
}
```

在 HelloView 中分别取得 user 请求参数❶以及先前 HelloController 中设置在请求对象中的 message 属性❷。这里特地使用字符串组成 HTML 样板，在取得请求参数与属性后，分别设置样板中的两个%s 占位符号❸，然后再输出至浏览器❹，之所以这么做在于方便与同等作用的 JSP 作对比：

```jsp
<%@page contentType="text/html" pageEncoding="UTF-8"%>
<html>
    <head>
        <meta http-equiv="Content-Type"
            content="text/html; charset=UTF-8">
        <title>${param.user}</title>   ◀—— 利用 Expression Language 取得 user 请求参数
    </head>
    <body>
        <h1>${message}</h1>   ◀—— 利用 Expression Language 取得请求范围中设置的属性值
```

```
        </body>
</html>
```

这个 JSP 网页中动态的部分，是利用 Expression Language 功能(之后学习 JSP 时就会说明)分别取得 user 请求参数以及先前 Servlet 中设置在请求对象中的 message 属性。最主要的是注意到，JSP 中没有任何 Java 代码的出现。

先来看一下一个运行时的结果画面，如图 3.10 所示。

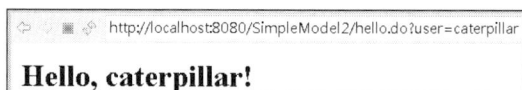

图 3.10　范例运行结果

可以看到，在 Model 2 架构的实现下，控制器、视图、模型各司其职，该呈现画面的元件就不会有 Java 代码出现(HelloView)，在负责业务逻辑的元件就不会有 HTML 输出(HelloModel)，该处理请求参数的元件就不会牵涉业务逻辑的代码(HelloController)。

当然，这只是个简单的示范，主要目的在让你对 Model 2 的实现有个基本的了解。从这章开始，将会有个综合练习，以 Model 2 架构，逐步实现一个功能更完整的应用程序，以便对 Model 2 架构与实现有更深入的体会。

3.3　关于 HttpServletResponse

可以使用 HttpServletResponse 来对浏览器进行响应。大部分的情况下，会使用 setContentType() 设置响应类型，使用 getWriter() 取得 PrintWriter 对象，而后使用 PrintWriter 的 println() 等方法输出 HTML 内容。

还可以进一步使用 setHeader()、addHeader() 等方法进行响应标头的设置，或者是使用 sendRedirect()、sendError() 方法，对客户端要求重定向网页，或是传送错误状态信息。若必要，也可以使用 getOutputStream() 取得 ServletOutputStream，直接使用串流对象对浏览器进行字节数据的响应。

基本的 HTML 响应，标头设置、重定向，甚至是使用串流对象进行响应，都将是本节所要介绍的内容。

3.3.1　设置响应标头、缓冲区

可以使用 HttpServletResponse 对象上的 **setHeader()**、**addHeader()** 来设置响应标头，setHeader() 设置标头名称与值，addHeader() 则可以在同一个标头名称上附加值。如果标头的值是整数，则可以使用 **setIntHeader()**、**addIntHeader()** 方法，如果标头的值是个日期，则可以使用 setDateHeader()、addDateHeader() 方法。

> **注意 »»** 所有的标头设置，必须在响应确认之前(Commit)，在响应确认之后设置的标头，
> 会被容器忽略。

容器可以(但非必要)对响应进行缓冲，通常容器默认都会对响应进行缓冲。可以操作 `HttpServletResponse` 以下有关缓冲的几个方法：

- `getBufferSize()`
- `setBufferSize()`
- `isCommitted()`
- `reset()`
- `resetBuffer()`
- `flushBuffer()`

`setBufferSize()` 必须在调用 `HttpServletResponse` 的 `getWriter()` 或 `getOutputStream()` 方法之前调用，所取得的 `Writer` 或 `ServletOutputStream` 才会套用这个设置。

> **注意 »»** 在调用 `HttpServletResponse` 的 `getWriter()` 或 `getOutputStream()` 方法之后调用
> `setBufferSize()`，会抛出 `IllegalStateException`。

在缓冲区未满之前，设置的响应相关内容都不会真正传至客户端，可以使用 `isCommitted()` 看看是否响应已确认。如果想要重置所有响应信息，可以调用 `reset()` 方法，这会连同已设置的标头一并清除，调用 `resetBuffer()` 会重置响应内容，但不会清除已设置的标头内容。

`flushBuffer()` 会清除(flush)所有缓冲区中已设置的响应信息至客户端，`reset()`、`resetBuffer()` 必须在响应未确认前调用。

> **注意 »»** 在响应已确认后调用 `reset()`、`resetBuffer()` 会抛出 `IllegalStateException`。

`HttpServletResponse` 对象若被容器关闭，则必须清除所有的响应内容，响应对象被关闭的时机点有以下几种：

- `Servlet` 的 `service()` 方法已结束，响应的内容长度超过 `HttpServletResponse` 的 `setContentLength()` 所设置的长度。
- 调用了 `sendRedirect()` 方法(稍后说明)。
- 调用了 `sendError()` 方法(稍后说明)。
- 调用了 `AsyncContext` 的 `complete()` 方法(之后章节说明)。

3.3.2 使用 `getWriter()` 输出字符

如果要对浏览器输出 HTML，在先前的范例中，都会通过 `HttpServletResponse` 的 `getWriter()` 取得 `PrintWriter` 对象，然后指定字符串进行输出。例如：

```
PrintWriter out = response.getWriter();
out.println("<html>");
out.println("<head>");
```

要注意的是，在没有设置任何内容类型或编码之前，`HttpServletResponse` 使用的字符编码默认是 ISO-8859-1。也就是说，如果直接输出中文，在浏览器上就会看到乱码。有几个方式可以影响 `HttpServletResponse` 输出的编码处理。

1. 设置 Locale

浏览器如果有发送 Accept-Language 标头，则可以使用 `HttpServletRequest` 的 **`getLocale()`** 来取得一个 `Locale` 对象，代表客户端可接受的语系。

可以使用 `HttpServletResponse` 的 **`setLocale()`** 来设置地区(Locale)信息，地区信息就包括了语系与编码信息。语系信息通常通过响应标头 Content-Language 来设置，而 `setLocale()` 也会设置 HTTP 响应的 Content-Language 标头。例如：

```
resp.setLocale(Locale.TAIWAN);
```

这会将 HTTP 响应的 Content-Language 设置为 zh-TW，而字符编码处理设置为 BIG5。可以使用 `HttpServletResponse` 的 **`getCharacterEncoding()`** 方法取得编码设置。

可以在 web.xml 中设置默认的区域与编码对应。例如：

```
...
<locale-encoding-mapping-list>
    <locale-encoding-mapping>
        <locale>zh_TW</locale>
        <encoding>UTF-8</encoding>
    </locale-encoding-mapping>
</locale-encoding-mapping-list>
...
```

设置好以上信息后，若使用 `resp.setLocale(Locale.TAIWAN)`，或者是 `resp.setLocale (new Locale("zh", "TW"))`，那么 `HttpServletResponse` 的字符编码处理就采用 UTF-8，`getCharacterEncoding()` 取得的结果就是 UTF-8。

2. 使用 setCharacterEncoding()或 setContentType()

也可以调用 `HttpServletResponse` 的 **`setCharacterEncoding()`** 设置字符编码：

```
resp.setCharacterEncoding("UTF-8");
```

或者是在使用 `HttpServletResponse` 的 **`setContentType()`** 时，指定 charset，charset 的值会自动用来调用 `setCharacterEncoding()`。例如，以下不仅设置内容类型为 text/html，也会自动调用 `setCharacterEncoding()`，设置编码为 UTF-8：

```
resp.setContentType("text/html; charset=UTF-8");
```

如果使用了 `setCharacterEncoding()` 或 `setContentType()` 时指定了 charset，则 `setLocale()` 就会被忽略。

> 提示 ≫≫ 如果要接收中文请求参数并在响应时通过浏览器正确显示中文，必须同时设置 `HttpServletRequest` 的 `setCharacterEncoding()` 以及 `HttpServletResponse` 的 `setCharacterEncoding()` 或 `setContentType()` 为正确的编码。

因为浏览器需要知道如何处理你的响应，所以必须告知内容类型，`setContentType()`方法在响应中设置 content-type 响应标头，你只要指定 **MIME(Multipurpose Internet Mail Extensions)**类型就可以了。由于编码设置与内容类型通常都要设置，所以调用 `setContentType()`设置内容类型时，同时指定 charset 属性是个方便且常见的做法。

常见的设置有 text/html、application/pdf、application/jar、application/x-zip、image/jpeg 等。你不用强记 MIME 形式，新的 MIME 形式也不断地在增加，必要时再使用搜索了解一下即可。对于应用程序中使用到的 MIME 类型，可以在 web.xml 中设置后缀与 MIME 类型对应。例如：

```
...
    <mime-mapping>
        <extension>pdf</extension>
        <mime-type>application/pdf</mime-type>
    </mime-mapping>
...
```

`<extension>`设置文件的后缀，而`<mime-type>`设置对应的 MIME 类型名称。如果想要知道某个文件的 MIME 类型名称，则可以使用 `ServletContext` 的 `getMimeType()`方法(之后章节会谈到如何取得与使用 ServletContext)，这个方法让你指定文件名称，然后根据 web.xml 中设置的后缀对应，取得 MIME 类型名称。

在介绍 `HttpServletRequest` 时，曾说明过如何正确取得中文请求参数，结合这里的说明，以下的范例可以通过窗体发送中文请求参数值，Servlet 可正确地接收处理并显示在浏览器中。可以使用窗体发送名称、邮件与复选项的喜爱宠物类型。首先是窗体的部分：

CharacterDemo   form.html

```html
<!DOCTYPE html PUBLIC "-//W3C//DTD HTML 4.01 Transitional//EN"
"http://www.w3.org/TR/html4/loose.dtd">
<html>
  <head>
      <title>宠物类型大调查</title>
      <meta http-equiv="Content-Type"
                  content="text/html; charset=UTF-8">
  </head>
  <body>
      <form action="pet" method="post">
          姓名: <input type="text" name="user" value=""><br>
          邮件: <input type="text" name="email" value=""><br>
          你喜爱的宠物代表: <br>
          <select name="type" size="6" multiple="true">
            <option value="猫">猫</option>
            <option value="狗">狗</option>
            <option value="鱼">鱼</option>
            <option value="鸟">鸟</option>
          </select><br>
          <input type="submit" value="送出"/>
      </form>
```

```
  </body>
</html>
```

可以在这个窗体的"姓名"字段输入中文，而下拉菜单的值，这里也故意设为中文，看看稍后是否可正确接收并显示中文。注意网页编码为 UTF-8。接着是 Servlet 的部分：

CharacterDemo   Pet.java

```java
package cc.openhome;

import java.io.*;

import javax.servlet.ServletException;
import javax.servlet.annotation.WebServlet;
import javax.servlet.http.HttpServlet;
import javax.servlet.http.HttpServletRequest;
import javax.servlet.http.HttpServletResponse;

@WebServlet("/pet")
public class Pet extends HttpServlet {
    @Override
    protected void doPost(HttpServletRequest request,
                    HttpServletResponse response)
        throws ServletException, IOException {
        request.setCharacterEncoding("UTF-8");          ❶ 设置请求对象字符编码
        response.setContentType("text/html; charset=UTF-8");  ❷ 设置内容类型

        PrintWriter out = response.getWriter();          ❸ 取得输出对象
        out.println("<html>");
        out.println("<head>");
        out.println("<title>感谢填写</title>");
        out.println("</head>");
        out.println("<body>");
        out.println("联系人: <a href='mailto:"+
            request.getParameter("email") + "'>" +        ❹ 取得请求参数值
            request.getParameter("user") + "</a>");
        out.println("<br>喜爱的宠物类型");
        out.println("<ul>");
        for(String type : request.getParameterValues("type")) {  ❺ 取得复选项
            out.println("<li>" + type + "</li>");                      请求参数值
        }
        out.println("</ul>");
        out.println("</body>");
        out.println("</html>");
        out.close();
    }
}
```

为了可以接受中文请求参数值，使用了 `setCharacterEncoding()` 方法来指定请求对象处理字符串编码的方式❶，这个动作必须在取得任何请求参数之前进行❸。为了取得多选菜单的选项，使用了 `getParameterValues()` 方法❺。HttpServletResponse 对象也调用了 `setContentType()` 方法，告知浏览器使用 UTF-8 编码来解读响应的文字❷。在范例中示范了如何在用户名称上加上超链接并设置 mailto:与所发送的电子邮件❹，如果用户直接单击链接，就会打开默认的邮件程序。如图 3.11 所示。

图 3.11 范例结果显示可正确接收中文参数值与显示中文

3.3.3 使用 `getOutputStream()`输出二进制字符

在大部分的情况下，会从 `HttpServletResponse` 取得 `PrintWriter` 实例，使用 `println()` 对浏览器进行字符输出。然而有时候，需要直接对浏览器进行字节输出，这时可以使用 `HttpServletResponse` 的 `getOutputStream()`方法取得 `ServletOutputStream` 实例，它是 `OutputStream`的子类。

举例来说，你也许会希望有个功能，用户必须输入正确的密码，才可以取得所提供的 PDF 电子书。接下来这个范例实现了这个功能。

OutputStreamDemo   Download.java

```java
package cc.openhome;

import java.io.*;

import javax.servlet.ServletException;
import javax.servlet.annotation.WebServlet;
import javax.servlet.http.HttpServlet;
import javax.servlet.http.HttpServletRequest;
import javax.servlet.http.HttpServletResponse;

@WebServlet("/download.do")
public class Download extends HttpServlet {
    @Override
    protected void doPost(HttpServletRequest request,
                          HttpServletResponse response)
                            throws ServletException, IOException {
        String passwd = request.getParameter("passwd");
        if ("123456".equals(passwd)) {
            response.setContentType("application/pdf");    ←── ❶ 设置内容类型
            InputStream in = getServletContext().getResourceAsStream(  ←❷ 取得输
                            "/WEB-INF/jdbc.pdf");                        入串流
            OutputStream out = response.getOutputStream();  ←── ❸ 取得输出串流
            writeBytes(in, out);    ←── ❹ 读取 PDF 并输出至浏览器
        }
    }
```

```
private void writeBytes(InputStream in, OutputStream out)
        throws IOException {
    byte[] buffer = new byte[1024];
    int length = -1;
    while ((length = in.read(buffer)) != -1) {
        out.write(buffer, 0, length);
    }
    in.close();
    out.close();
}
}
```

当输入的密码正确时，这个程序就会读取指定的 PDF 文件并对浏览器进行响应。由于会对浏览器写出二进制串流，浏览器必须知道如何正确处理收到的字节数据，因为对浏览器输出的是 PDF 文件，所以设置内容类型为 application/pdf❶。这样若浏览器有外挂 PDF 阅读器，就会直接使用阅读器打开 PDF(对于不知如何处理的内容类型，浏览器通常会出现另存为的提示)。

为了取得 Web 应用程序中的文件串流，可以使用 HttpServlet 的 getServletContext() 取得 ServletContext 对象，这个对象代表了目前这个 Web 应用程序(第 5 章将详细说明)，可以使用 ServletContext 的 getResourceAsStream()方法以串流程序读取文件❷，指定的路径要是相对于 Web 应用程序环境根目录。为了不让浏览器直接请求 PDF 文件，因此在这里将 PDF 文件放在 WEB-INF 目录中。

然后就是通过 HttpServletResponse 的 getOutputStream()来取得 ServletOutputStream 对象❸，接下来就是 Java IO 的概念了，从 PDF 读入字节数据，再用 ServletOutputStream 来对浏览器进行写出响应❹。如图 3.12 所示。

图 3.12　使用 ServletOutputStream 输出 PDF 文件

3.3.4　使用 sendRedirect()、sendError()

3.2.5 节中介绍过 RequestDispatcher 的 forward()方法，forward()会将请求转发至指定的 URL，这个动作是在 Web 容器中进行的，浏览器并不会知道请求被转发，地址栏也不会有所变化。如图 3.13 所示。

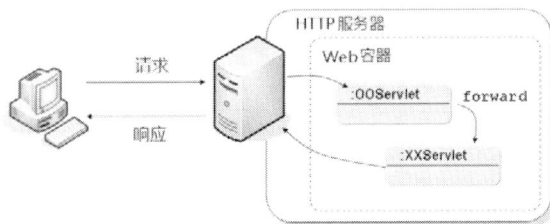

图 3.13　使用 RequestDispatcher 转发请求示意

在转发过程中，都还是在同一个请求周期，这也是为什么 `RequestDispatcher` 是由调用 `HttpServletRequest` 的 `getRequestDispatcher()` 方法取得，所以在 `HttpServletRequest` 中使用 `setAttribute()` 设置的属性对象，都可以在转发过程中共享。

可以使用 `HttpServletResponse` 的 **`sendRedirect()`** 要求浏览器重新请求另一个 URL，又称为重定向**(Redirect)**，使用时可指定绝对 URL 或相对 URL。例如：

```
response.sendRedirect("http://openhome.cc");
```

这个方法会在响应中设置 HTTP 状态码 301 以及 Location 标头，浏览器接收到这个标头，会重新使用 GET 方法请求指定的 URL，因此地址栏上会发现 URL 的变更。如图 3.14 所示。

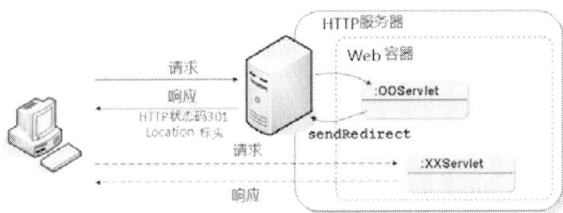

图 3.14　使用 sendRedirect() 重定向示意

注意 >>　由于是利用 HTTP 状态码与标头信息，要求浏览器重定向网页，因此这个方法必须在响应未确认输出前执行，否则会抛出 `IllegalStateException`。

如果在处理请求的过程中发现一些错误，而你想要传送服务器默认的状态与错误信息，可以使用 **`sendError()`** 方法。例如，如果根据请求参数必须返回的资源根本不存在，则可以送出错误信息：

```
response.sendError(HttpServletResponse.SC_NOT_FOUND);
```

`SC_NOT_FOUND` 会令服务器响应 404 状态码，这类常数是定义在 `HttpServletResponse` 接口上。如果想使用自定义的信息来取代默认的信息文字，则可以使用 `sendError()` 的另一个版本：

```
response.sendError(HttpServletResponse.SC_NOT_FOUND, "笔记文件");
```

以 `HttpServlet` 的 `doGet()` 为例，其默认实现就使用了 `sendError()` 方法：

```
protected void doGet(HttpServletRequest req,
                HttpServletResponse resp)
                    throws ServletException, IOException {
```

```
String protocol = req.getProtocol();
String msg = Strings.getString("http.method_get_not_supported");
if (protocol.endsWith("1.1")) {
    resp.sendError(
        HttpServletResponse.SC_METHOD_NOT_ALLOWED, msg);
} else {
    resp.sendError(HttpServletResponse.SC_BAD_REQUEST, msg);
}
```

> **注意 >>>** 由于利用到 HTTP 状态码，要求浏览器重定向网页，因此 `sendError()`方法同样必须在响应未确认输出前执行，否则会抛出 `IllegalStateException`。

3.4 综合练习

从本节开始，将逐步开发一个微博的 Web 应用程序，逐一将学习到的 Servlet/JSP 应用至这个程序中。这个应用程序将贯穿全书，随着对 Servlet/JSP 的了解更多，程序将进一步修改得更完备，无论在功能上还是技术的应用上。例如在学到 JSP 之后，将使用 JSP 来作为视图的呈现技术，而不是直接在 Servlet 中输出 HTML。

在这一节中，将实现微博的"会员注册"与"会员登录"功能，架构上将采用 Model 2，请求参数会由 Servlet 来负责。由于尚未介绍到 JSP，所以画面暂时也由 Servlet 输出 HTML，之后介绍到 JSP，会将画面的呈现改成使用 JSP 技术。

基于篇幅的限制，书中对这个应用程序的代码呈现，将只显示重要的片段，完整的代码可以参考本书附带光盘中的文件。

3.4.1 微博应用程序功能概述

首先来分析一下微博应用程序在本节将完成的两个功能："会员注册"与"会员登录"。用户首先会连接到首页，这是个纯 HTML 网页，如图 3.15 所示。

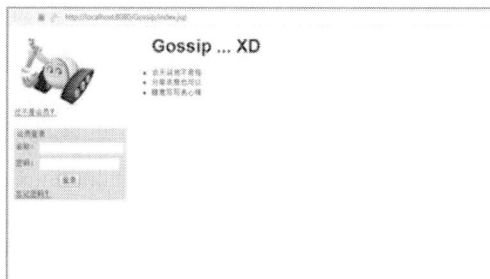

图 3.15　微博首页

用户可以在首页进行会员登录，或者是单击"还不是会员？"链接，进行新会员的注册。如果用户忘记密码，也可以单击"忘记密码？"链接，要求系统使用注册时提供的邮件地址重新寄送密码(将来学习到 Java Mail 时会实现这部分)。

图 3.16 所示是新会员注册的画面。

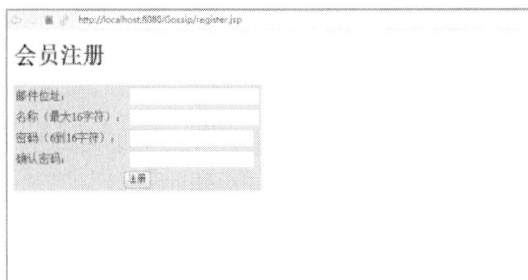

图 3.16　微博会员注册

如果注册失败，会显示相关失败原因，如图 3.17 所示。

图 3.17　会员注册失败画面

如果注册成功，则会显示注册会员的名称与成功信息，如图 3.18 所示。

图 3.18　会员注册成功画面

注册成功的用户可以返回首页进行登录，如果登录失败，会被重定向回首页进行重新登录；如果登录成功，则会进入会员功能页面，如图 3.19 所示。

图 3.19　会员登录成功画面

3.4.2　实现会员注册功能

在这里基于篇幅关系，纯 HTML 网页的部分将不在书中全部列出。例如，会员注册的窗体文件是 register.html。你可以在本书提供的范例文件中直接找到完整文件。其中有关登录窗体要知道的必要信息如下。

- `<form>`标签

  ```
  <form method='post' action='register.do'>
  ```
- 邮件地址字段

  ```
  <input type='text' name='email' size='25' maxlength='100'>
  ```
- 名称字段

  ```
  <input type='text' name='username' size='25' maxlength='16'>
  ```
- 密码与确认密码字段

  ```
  <input type='password' name='password' size='25' maxlength='16'>
  <input type='password' name='confirmedPasswd'
  size='25' maxlength='16'>
  ```

register.do 会由 Servlet 实现，作为 Model 2 架构中的控制器(Controller)，这个 Servlet 将会取得请求参数、验证请求参数。目前还没有要实现模型(Model)，所以处理请求参数的部分，也暂由 Servlet 负责。

以下是处理注册的 Register 类实现：

Gossip　Register.java

```java
package cc.openhome.controller;

import java.io.*;
import java.util.*;

import javax.servlet.ServletException;
import javax.servlet.annotation.WebServlet;
import javax.servlet.http.HttpServlet;
import javax.servlet.http.HttpServletRequest;
import javax.servlet.http.HttpServletResponse;

@WebServlet("/register.do")
public class Register extends HttpServlet {
    private final String USERS = "c:/workspace/Gossip/users";
    private final String SUCCESS_VIEW = "success.view";
    private final String ERROR_VIEW = "error.view";

    protected void doPost(HttpServletRequest request,
                          HttpServletResponse response)
                            throws ServletException, IOException {
        String email = request.getParameter("email");
        String username = request.getParameter("username");
        String password = request.getParameter("password");
        String confirmedPasswd =
                    request.getParameter("confirmedPasswd");
```

❶取得请求参数

```
        List<String> errors = new ArrayList<String>();
        if (isInvalidEmail(email)) {
            errors.add("未填写邮件或邮件格式不正确");
        }
        if (isInvalidUsername(username)) {
            errors.add("用户名称为空或已存在");
        }
        if (isInvalidPassword(password, confirmedPasswd)) {
            errors.add("请确认密码符合格式并再次确认密码");
        }
        String resultPage = ERROR_VIEW;
        if (!errors.isEmpty()) {
            request.setAttribute("errors", errors);
        } else {
            resultPage = SUCCESS_VIEW;
            createUserData(email, username, password);
        }

        request.getRequestDispatcher(resultPage)
               .forward(request, response);
    }

    private boolean isInvalidEmail(String email) {
        return email == null || !email.matches("^[_a-z0-9-]+([.]"
                + "[_a-z0-9-]+)*@[a-z0-9-]+([.][a-z0-9-]+)*$");
    }

    private boolean isInvalidUsername(String username) {
        for (String file : new File(USERS).list()) {
            if (file.equals(username)) {
                return true;
            }
        }
        return false;
    }

    private boolean isInvalidPassword(String password,
                                      String confirmedPasswd) {
        return password == null ||
               password.length() < 6 ||
               password.length() > 16 ||
               !password.equals(confirmedPasswd);
    }

    private void createUserData(String email, String username,
                   String password) throws IOException {
        File userhome = new File(USERS + "/" + username);
        userhome.mkdir();
        BufferedWriter writer = new BufferedWriter(
                new FileWriter(userhome + "/profile"));
        writer.write(email + "\t" + password);
        writer.close();
    }
}
```

❷ 验证请求参数

❸ 窗体验证出错误，设置收集错误的 List 为请求属性

❹ 创建用户资料

❺ 检查用户资料夹是否创建来确认用户是否已注册

❻ 创建用户资料次，在 profile 中储存邮件与密码

在 `Register` 的 `doPost()` 中取得请求参数之后❶，接着进行窗体验证的操作，如果发现到窗体上的值不符合规定，会使用 `List` 来收集相关错误信息❷。只要这个 `List` 不为空，就表示验证失败，于是将 `List` 设为 `errors` 请求属性❸，转发的页面默认为 error.view，如果窗体验证成功就设为 success.view，并创建用户数据❹。

由于本书目前还没介绍到如何使用 JDBC(Java DataBase Connectivity)存取数据库，所以有关注册用户的数据，先使用文件保存。默认所有用户数据保存在 C:\workspace\Gossip\users 下，检查用户名称是否已有人使用，就是看看是否有相同名称的文件夹❺。如果确定要创建用户，就以用户名称来创建文件夹，并将邮件与密码存放在 profile 文件中❻。

如果注册失败了，会转发到 `Error` 这个负责画面的 Servlet：

Gossip   Error.java

```java
package cc.openhome.view;

import java.io.*;
import java.util.List;

import javax.servlet.ServletException;
import javax.servlet.annotation.WebServlet;
import javax.servlet.http.HttpServlet;
import javax.servlet.http.HttpServletRequest;
import javax.servlet.http.HttpServletResponse;

@WebServlet("/error.view")
public class Error extends HttpServlet {
    protected void doPost(HttpServletRequest request,
                          HttpServletResponse response)
                            throws ServletException, IOException {
        response.setContentType("text/html;charset=UTF-8");    ←── ❶ 设置响应编码
        PrintWriter out = response.getWriter();
        out.println("<!DOCTYPE html PUBLIC " +
            "'-//W3C//DTD HTML 4.01 Transitional//EN'>");
        out.println("<html>");
        out.println("<head>");
        out.println("<meta content='text/html; charset=UTF-8'"
            + "http-equiv='content-type'>");
        out.println("   <title>新增会员失败</title>");
        out.println("</head>");
        out.println("<body>");
        out.println("<h1>新增会员失败</h1>");
        out.println("<ul style='color: rgb(255, 0, 0);'>");

        List<String> errors =   ←── ❷ 取得请求属性
              (List<String>) request.getAttribute("errors");
        for(String error : errors) {
           out.println("  <li>" + error + "</li>");    ←── ❸ 显示错误信息
        }

        out.println("</ul>");
        out.println("<a href='register.html'>返回注册页面</a>");
```

```
        out.println("</body>");
        out.println("</html>");
        out.close();
    }
}
```

由于 Error 这个 Servlet 主要负责画面输出，所以多为 HTML 的字符串内容，这原本应用 JSP 来实现，之后学到 JSP 后就会改写。最主要的是注意到，为了显示中文的错误信息，使用 HttpServletResponse 的 setContentType() 时顺便指定了 charset 属性❶。由于只有在失败时才会转发到这个页面，并在请求中带有 errors 属性，于是使用 HttpServletRequest 的 getAttribute() 取得属性❷，并逐一显示错误信息❸。

至于注册成功的部分则由 Success 这个 Servlet 负责：

Gossip   Success.java

```
package cc.openhome.view;
...略
@WebServlet("/success.view")
public class Success extends HttpServlet {
    protected void doPost(HttpServletRequest request,
                          HttpServletResponse response)
                            throws ServletException, IOException {
        response.setContentType("text/html;charset=UTF-8");
        PrintWriter out = response.getWriter();
        ...略
        out.println("<body>");
        out.println("<h1>会员 " +                        ← 显示用户名称与注册成功信息
            request.getParameter("username") + " 注册成功</h1>");
        out.println("<a href='index.html'>回首页登录</a>");
        out.println("</body>");
        out.println("</html>");
        out.close();
    }
}
```

由于 Success 这个 Servlet 同样主要负责画面输出，所以多为 HTML 的字符串内容，上面只显示重要的部分，也就是取得用户名称以显示注册成功信息。

3.4.3 实现会员登录功能

同样地，会员登录的首页目前是纯 HTML 实现，完整文件请直接观看本书附带光盘中的范例。有关窗体登录部分重要的信息如下：

- <form>标签

  `<form method='post' action='login.do'>`

- 名称字段

  `<input type='text' name='username'>`

- 密码字段

```
<input type='password' name='password'>
```

负责处理登录的 Servlet 是 Login，如下所示：

Gossip Login.java

```java
package cc.openhome.controller;

import java.io.*;

import javax.servlet.ServletException;
import javax.servlet.annotation.WebServlet;
import javax.servlet.http.HttpServlet;
import javax.servlet.http.HttpServletRequest;
import javax.servlet.http.HttpServletResponse;

@WebServlet("/login.do")
public class Login extends HttpServlet {
    private final String USERS = "c:/workspace/Gossip/users";
    private final String SUCCESS_VIEW = "member.view";
    private final String ERROR_VIEW = "index.html";

    protected void doPost(HttpServletRequest request,
                    HttpServletResponse response)
                        throws ServletException, IOException {
        String username = request.getParameter("username");
        String password = request.getParameter("password");
        if(checkLogin(username, password)) {
            request.getRequestDispatcher(SUCCESS_VIEW)
                .forward(request, response);                     ❶ 检查用户名称与密
        }                                                            码是否符合，若是则
        else {                                                       转发会员页面
            response.sendRedirect(ERROR_VIEW);      ❷ 名称与密码不符合，则
        }                                              重定向回首页
    }

    private boolean checkLogin(String username, String password)
                    throws IOException {
        if(username != null && password != null) {
            for (String file : new File(USERS).list()) {
                if (file.equals(username)) {
                    BufferedReader reader = new BufferedReader(
                        new FileReader(USERS + "/" + file + "/profile"));
                    String passwd = reader.readLine().split("\t")[1];
                    if(passwd.equals(password)) {
                        return true;
                    }
                }
            }
        }                                              ❸ 读取用户资料夹中
        return false;                                      的 profile 文件器
    }
}
```

检查登录基本上就是查看用户名称是否有对应的资料夹，并且看看 profile 文件中存放的密码是否符合，注意先前创建 profile 时，邮件与密码中间是用"\t"字符分隔❸。如果名称与密码不符就重定向回首页❷，让用户可以重新登录，登录信息正确的话，就转发会员网页❶。

会员网页主要也是负责画面输出，以下仅显示重要部分：

Gossip   Member.java

```
package cc.openhome.view;
...略
@WebServlet("/member.view")
public class Member extends HttpServlet {
    protected void doPost(HttpServletRequest request,
                       HttpServletResponse response)
                            throws ServletException, IOException {
        response.setContentType("text/html;charset=UTF-8");
        PrintWriter out = response.getWriter();
        ...略
        out.println("<body>");
        out.println("<h1>会员 "                          ┌─ 显示用户名称等信息
            + request.getParameter("username") + " 你好</h1>");
        out.println("</body>");
        out.println("</html>");
        out.close();
    }
}
```

就目前为止，仅可检查名称与密码正确并转发以上页面，但仍无法"记忆"用户已经登录。必须先了解如何实现"会话管理"(Session Management)，而这是下一章要说明的内容。

3.5 重点复习

HttpServletRequest 是浏览器请求的代表对象，可以利用它来取得 HTTP 请求的相关信息，如使用 getParameter() 取得请求参数，使用 getHeader() 取得标头信息等。在取得请求参数的时候，要注意请求对象处理字符编码的问题，才可以正确处理非 ASCII 编码范围的字符。

可以使用 HttpServletRequest 的 setCharacterEncoding() 方法指定取得 POST 请求参数时使用的编码，这必须在取得任何请求值之"前"执行。若采用 GET，或没有设置 setCharacterEncoding()，且已取得一个请求参数字符串，另外一个处理编码的方式，则是通过 String 的 getBytes() 指定编码来取得该字符串的字节数组，然后再重新构造为正确编码的字符串。

可以使用 HttpServletRequest 的 getRequestDispatcher() 方法取得 RequestDispatcher 对象，使用时必须指定 URL 相对路径，之后就可以利用 RequestDispatcher 对象的 forward()

或 `include()` 来进行请求转发或包括。使用 `forward()` 作请求转发，是将响应的职责转发给别的 URL，所以在这之前不可以有实际的响应，否则会发生 `IllegalStateException` 异常。

请求转发是在容器中进行的，因此可以取得 WEB-INF 中的资源，而浏览器不会知道请求被转发了，所以从地址栏上不会看到变化。使用 `HttpServletResponse` 的 `sendRedirect()` 则要求浏览器重新请求另一个 URL，又称为重定向(Redirect)，在地址栏上会发现 URL 的变更。

在进行请求转发或包含时，若有请求周期内必须共享的资源，则可以通过 `HttpServletRequest` 的 `setAttribute()` 设置为请求范围属性，而通过 `getAttribute()` 则可以将请求属性取出。

大部分情况下，会使用 `HttpServletResponse` 的 `getWriter()` 来取得 `PrintWriter` 对象，并使用其 `println()` 等方法进行 HTML 输出等字符响应。然而有时候，必须直接对浏览器输出字节数据，这时可以使用 `getOutputStream()` 来取得 `ServletOutputStream` 实例，以进行字节输出。为了让浏览器知道如何处理响应的内容，记得设置正确的 content-type 标头。

在 Servlet 3.0 中，新增了 `Part` 接口，可以方便地进行文件上传处理。可以通过 `HttpServletRequest` 的 `getPart()` 取得 `Part` 实现对象。

3.6 课后练习

3.6.1 选择题

1. 以下的空格应该填入方法(　　)。

```
response.setContentType("text/html;charset=UTF-8");
PrintWriter out = response._____;
out.println("<html>");
...
```

    A. `getPrintWriter()`   B. `getWriter()`

    C. `getBufferedWriter()`   D. `getOutputWriter()`

2. 以下的 Servlet 代码段输出结果是(　　)。

```
out.println("第一个 Servlet 程序");
out.flush();
request.getRequestDispatcher("message.jsp")
        .forward(request,response);
out.println("Hello!World!");
```

    A. 显示"第一个 Servlet 程序"后转发 message.jsp

    B. 显示"第一个 Servlet 程序"与 Hello!World!

C. 直接转发给 message.jsp 进行响应

D. 抛出 `IllegalStateException`

3. 将 secret.jsp 文件放在 WEB-INF 目录中，(   )方式或代码段可以正确地让 secret.jsp 进行响应。

A. 使用浏览器请求/WEB-INF/secret.jsp

B. `request.getRequestDispatcher("/WEB-INF/secret.jsp")`并进行 `forward()`

C. 使用 `response.sendRedirect("/WEB-INF/secret.jsp")`

D. 使用 `response.sendError("/WEB-INF/secret.jsp")`

4. 如果想知道用户使用的浏览器版本等相关信息，可以运行(   )程序代码。

A. `request.getHeaderParameter("User-Agent")`

B. `request.getParameter("User-Agent")`

C. `request.getHeader("User-Agent")`

D. `request.getRequestHeader("User-Agent")`

5. 如果想取得输出串流对象对浏览器输出位数据，应该编写程序代码(   )。

A. `ResponseStream out = response.getResponseStream();`

B. `ResponseStream out = response.getStream();`

C. `ResponseStream out = response.getOutputStream();`

D. `ServletOutputStream out = response.getOutputStream();`

6. 程序代码(   )可以取得 password 请求参数的值。

A. `request.getParameter("password");`

B. `request.getParameters("password")[0];`

C. `request.getParameterValues("password")[0];`

D. `request.getRequestParameter("password");`

7. 下面这个代码段输出的结果是(   )。

```
PrintWriter writer = response.getWriter();
writer.println("第一个 Servlet 程序");
OutputStream stream = response.getOutputStream();
stream.println("第一个 Servlet 程序".getBytes());
```

A. 浏览器会看到两段 "第一个 Servlet 程序" 的文字

B. 浏览器会看到一段 "第一个 Servlet 程序" 的文字

C. 抛出 `IllegalStateException`

D. 由于没有正确地设定内容类型(content-type)，浏览器会提示另存为

8. 如果要设置响应的内容类型标头，选项(　　)是正确的做法。

  A. `response.setHeader("Content-Type", "text/html");`

  B. `response.setContentType("text/html");`

  C. `response.addHeader("Content-Type", "text/html");`

  D. `response.setContentHeader("text/html");`

9. 下面选项(　　)可以正确地追加自定义标头"MyHead"的值。

  A. `response.setHeader("MyHeader", "Value2");`

  B. `response.appendHeader("MyHeader", "Value2");`

  C. `response.addHeader("MyHeader", "Value2");`

  D. `response.insertHeader("MyHeader", "Value2");`

10. 方法(　　)是定义在HttpServletRequest中，而不是由ServletRequest中继承而来。

  A. `getMethod()`   B. `getHeader()`

  C. `getParameter()`   D. `getCookies()`

3.6.2　实训题

1. 实现一个 Web 应用程序，可以将用户发送的 name 请求参数值画在一张图片上(参考图 3.20，底图可任选)。

提示 》》》 http://caterpillar.onlyfun.net/Gossip/ServletJSP/GetOutputStream.html

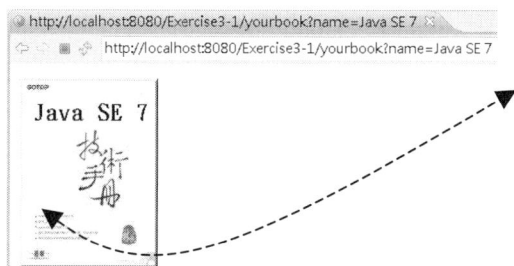

图 3.20　根据用户输入动态产生图片内容

2. 实现一个 Web 应用程序，可动态产生用户登录密码(参考图 3.21，仅需先实现动态产生密码图片功能即可，送出窗体后密码验证功能还不用实现)。

图 3.21　动态产生登录密码

3. BIG5 网页上输入了非 BIG5 字符，Servlet 要如何处理才能得到正确的中文呢？试写一个以 BIG5 为网页编码的 Web 应用程序，可以将输入的文字保存在 ex3-1.txt 中，并且要能正确显示中文(见图 3.22)。

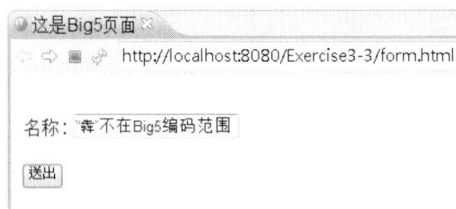

图 3.22　BIG5 网页输入"犇"怎么办？

提示》》　搜索关键字 unescapeHTML。保存时记得使用 UTF-8，才能保存像"犇"这种非 BIG5 编码范围的字符。

会话管理

学习目标：

- 了解会话管理基本原理
- 使用 Cookie 类
- 使用 HttpServlet 会话管理
- 了解容器会话管理原理
- 使用 URL 重写搭配 HttpSession

4.1 会话管理基本原理

Web 应用程序的请求与响应是基于 HTTP，为无状态的通信协议，服务器不会"记得"这次请求与下一次请求之间的关系。然而有些功能是必须由多次请求来完成，例如购物车，用户可能在多个购物网页之间采购商品，Web 应用程序必须有个方式来"得知"用户在这些网页中采购了哪些商品，这种记得此次请求与之后请求间关系的方式，就称为会话管理(Session Management)。

本节将先介绍几个实现会话管理的基本方式，如隐藏域(Hidden Field)、Cookie 与 URL 重写(URL Rewriting)的实现方式，了解这些基本会话管理的实现方式，有助于了解下一节 HttpSession 的使用方式与原理。

4.1.1 使用隐藏域

在 HTTP 协议中，服务器是没有记忆功能的，对每次请求都一视同仁，根据请求中的信息来运行程序并响应，每个请求对服务器来说都是新请求。

如果你正在制作一个网络问卷，由于问卷内容很长，因此必须分几个页面，上一页面作答完后，必须请求服务器显示下一个页面。但是在 HTTP 协议中，服务器并不会记得上一次请求的状态，那上一页的问卷结果要如何保留(其实服务器根本不会记得这次请求是之前的浏览器发送过来的)？

既然服务器不会记得两次请求间的关系，那就由浏览器在每次请求时"主动告知"服务器多次请求间必要的信息，服务器只要单纯地处理请求中的相关信息即可。

隐藏域就是主动告知服务器多次请求间必要信息的方式之一。以问卷作答的为例，上一页的问卷答案，可以用隐藏域的方式放在下一页的窗体中，这样发送下一页窗体时，就可以一并发送这些隐藏域，每一页的问卷答案就可以保留下来。

那么上一次的结果如何成为下一页的隐藏域呢？做法之一是将上一页的结果发送至服务器，由服务器将上一页结果以隐藏域的方式再响应给浏览器，如图 4.1 所示。

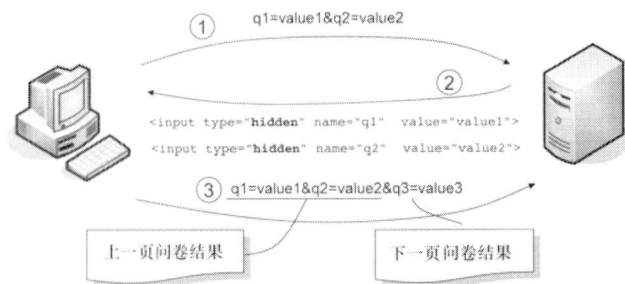

图 4.1 使用隐藏域

以下这个范例是个简单的示范，程序会有两页问卷，第一页的结果会在第二页成为隐藏域，当第二页发送后，可以看到两页问卷的所有答案。

HiddenFieldDemo　Questionnaire.java

```java
package cc.openhome;

import java.io.*;
import javax.servlet.ServletException;
import javax.servlet.annotation.WebServlet;
import javax.servlet.http.HttpServlet;
import javax.servlet.http.HttpServletRequest;
import javax.servlet.http.HttpServletResponse;

@WebServlet("/questionnaire")
public class Questionnaire extends HttpServlet {
    protected void processRequest(HttpServletRequest request,
                                  HttpServletResponse response)
                         throws ServletException, IOException {
        request.setCharacterEncoding("UTF-8");
        response.setContentType("text/html;charset=UTF-8");
        PrintWriter out = response.getWriter();
        out.println("<!DOCTYPE HTML PUBLIC '-//W3C//DTD HTML 4.01" +
                    " Transitional//EN'>");
        out.println("<html>");
        out.println("<head>");
        out.println("<title>Questionnaire</title>");
        out.println("</head>");
        out.println("<body>");
        String page = request.getParameter("page");               ❶ page 请求参数决定显
        out.println("<form action='questionnaire' method='post'>");   示哪一页问卷
        if (page == null) {
            out.println("问题一: <input type='text' name='p1q1'><br>");  ❷ 第一页问
            out.println("问题二: <input type='text' name='p1q2'><br>");     卷题目
            out.println(
                "<input type='submit' name='page' value='下一页'>");
        } else if ("下一页".equals(page)) {
            String p1q1 = request.getParameter("p1q1");             ❸ 第二页问卷题目
            String p1q2 = request.getParameter("p1q2");
            out.println("问题三: <input type='text' name='p2q1'><br>");
            out.println(
              "<input type='hidden' name='p1q1' value='" + p1q1   + "'>");
            out.println(
              "<input type='hidden' name='p1q2' value='" + p1q2 + "'>");
            out.println(
              "<input type='submit' name='page' value='完成'>");    ❹ 第一页问卷答案，使
        } else if ("完成".equals(page)) {                              用隐藏域发送答案
            out.println(request.getParameter("p1q1") + "<br>");
            out.println(request.getParameter("p1q2") + "<br>");
            out.println(request.getParameter("p2q1") + "<br>");
        }                                                          ❺ 问卷结果网页
        out.println("</form>");
        out.println("</body>");
```

```
        out.println("</html>");
        out.close();
    }

    @Override
    protected void doGet(HttpServletRequest request,
                         HttpServletResponse response)
                            throws ServletException, IOException {
        processRequest(request, response);
    }

    @Override
    protected void doPost(HttpServletRequest request,
                          HttpServletResponse response)
                            throws ServletException, IOException {
        processRequest(request, response);
    }
}
```

由于程序只使用　个 Servlet，所以利用一个 page 请求参数来区别该显示第几页问卷❶。没有发送 page 请求参数时显示第一页问卷题目❷；为下一页时，显示第二页问卷题目❸，并将前一页的答案以隐藏域的方式响应给浏览器，以便下一次可以再发送给服务器❹；page 请求参数的值为完成时，应用程序将显示问卷的所有答案❺。

在第二页问卷显示时，会返回以下的 HTML 内容：

```
<!DOCTYPE HTML PUBLIC '-//W3C//DTD HTML 4.01 Transitional//EN'>
<html>
    <head>
        <title>Questionnaire</title>
    </head>
    <body>
        <form action='questionnaire' method='post'>
            问题三: <input type='text' name='p2q1'><br>
            <input type='hidden' name='p1q1' value='1'>
            <input type='hidden' name='p1q2' value='2'>
            <input type='submit' name='page' value='完成'>
        </form>
    </body>
</html>
```

使用隐藏域的方式，在关掉网页后，显然会遗失先前请求的信息，所以仅适合用于一些简单的状态管理，如在线问卷。由于在查看网页源代码时，就可以看到隐藏域的值，因此这个方法不适合用于隐密性较高的数据。

隐藏域不是 Servlet/JSP 实际管理会话时的机制，在这边实现隐藏域，只是为了说明，由浏览器主动告知必要的信息，为实现 Web 应用程序会话管理的基本原理。

4.1.2　使用 Cookie

Web 应用程序会话管理的基本方式，就是在此次请求中，将下一次请求时服务器应知道的信息，先响应给浏览器，由浏览器在之后的请求再一并发送给应用程序，这样应用程序就可以"得知"多次请求的相关数据。

Cookie 是在浏览器存储信息的一种方式，服务器可以响应浏览器 set-cookie 标头，浏览器收到这个标头与数值后，会将它以文件的形式存储在计算机上，这个文件就称之为 Cookie，如图 4.2 所示。可以设定给 Cookie 一个存活期限，保留一些有用的信息在客户端，如果关闭浏览器之后，再次打开浏览器并连接服务器时，这些 Cookie 仍在有效期限中，浏览器会使用 cookie 标头自动将 Cookie 发送给服务器，服务器就可以得知一些先前浏览器请求的相关信息。

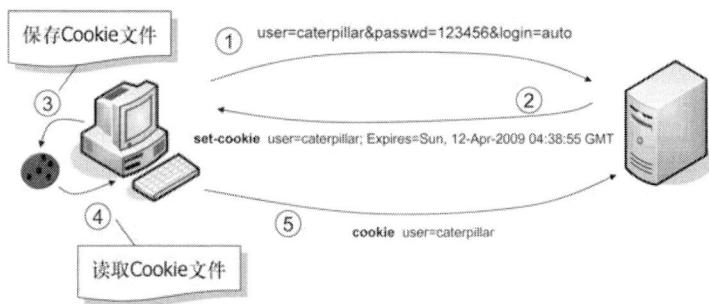

图 4.2　使用 Cookie

Cookie 可以设定存活期限，所以在客户端存储的信息可以活得更久一些(除非用户主动清除 Cookie 信息)。有些购物网站会使用 Cookie 来记录用户的浏览时间，虽然用户没有实际购买商品，但在下次用户访问时，仍可以根据 Cookie 中保持的浏览历史记录为用户建议购物清单。

Servlet 本身提供了创建、设置与读取 Cookie 的 API。如果你要创建 Cookie，可以使用 **Cookie** 类，创建时指定 Cookie 中的名称与数值，并使用 HttpServletResponse 的 **addCookie()** 方法在响应中新增 Cookie。例如：

```
Cookie cookie = new Cookie("user", "caterpillar");
cookie.setMaxAge(7 * 24 * 60 * 60); // 单位是"秒"，所以一星期内有效
response.addCookie(cookie);
```

注意》》　HTTP 中 Cookie 的设定是通过 set-cookie 标头，所以必须在实际响应浏览器之前使用 addCookie() 来新增 Cookie 实例，在浏览器输出 HTML 响应之后再运行 addCookie() 是没有作用的。

如范例中所示，创建 Cookie 之后，可以使用 **setMaxAge()** 设定 Cookie 的有效期限，设定单位是"秒"。默认关闭浏览器之后 Cookie 就失效。

如果要取得浏览器上存储的 Cookie，则可以从 HttpServletRequest 的 getCookies() 来取得，这可取得属于该网页所属域(Domain)的所有 Cookie，所以返回值是 Cookie[]

数组。取得 Cookie 对象后，可以使用 Cookie 的 **getName()**与 getValue()方法，分别取得 Cookie 的名称与数值。例如：

```
Cookie[] cookies = request.getCookies();
if(cookies != null) {
    for(Cookie cookie : cookies) {
        String name = cookie.getName();
        String value = cookie.getValue();
        ...
    }
}
```

Cookie 另一个常见的应用，就是实现用户自动登录(Login)功能。在用户登录窗体上，应该经常看到有个自动登录的选项，登录时若有选取该选项，下次再该网站时，就不用再输入名称密码，可以直接登录网页。

以下将实现一个简单的范例来示范 Cookie API 的使用。当用户访问首页时，会检查用户先前是否允许自动登录，如果是的话，就直接将转送至用户页面。

CookieDemo　Index.java

```
package cc.openhome;

import java.io.*;

import javax.servlet.ServletException;
import javax.servlet.annotation.WebServlet;
import javax.servlet.http.Cookie;
import javax.servlet.http.HttpServlet;
import javax.servlet.http.HttpServletRequest;
import javax.servlet.http.HttpServletResponse;

@WebServlet("/index.do")
public class Index extends HttpServlet {
    protected void processRequest(HttpServletRequest request,
                       HttpServletResponse response)
                throws ServletException, IOException {
        Cookie[] cookies = request.getCookies();   ← ❶ 取得 Cookie
        if(cookies != null) {
            for(Cookie cookie : cookies) {
                String name = cookie.getName();       ❷ 如果这个 Cookie
                String value = cookie.getValue();        名称与数值，表示
                if("user".equals(name) && "caterpillar".equals(value)) {  允许自动登录
                    request.setAttribute(name, value);
                    request.getRequestDispatcher("/user.view")
                            .forward(request, response);
                    return;
                }
            }
        }

        response.sendRedirect("login.html");   ← ❸ 如果没有相对应的 Cookie 名
                                                  称与数值，表示尚未允许自动
                                                  登录，重定向到登录窗体
    }
```

98

```
    @Override
    protected void doGet(HttpServletRequest request,
                    HttpServletResponse response)
                        throws ServletException, IOException {
        processRequest(request, response);
    }

    @Override
    protected void doPost(HttpServletRequest request,
                    HttpServletResponse response)
                        throws ServletException, IOException {
        processRequest(request, response);
    }
}
```

当用户访问首页时，会先取得所有的 Cookie❶。然后一个一个检查是否有 Cookie 存储名称 user 而值为 caterpillar，如果有，则表示先前用户登录时，曾经选取"自动登录"选项，因此直接转发至用户网页❷。如果没有对应的 Cookie，则表示用户是初次造访，或者先前没有选取"自动登录"选项，此时重定向到登录窗体❸，如图 4.3 所示。

图 4.3　显示自动登录窗体

登录窗体会发送至负责处理登录请求的 Servlet，其实现程序代码如下所示：

CookieDemo　Login.java

```
package cc.openhome;

import java.io.IOException;
import javax.servlet.ServletException;
import javax.servlet.annotation.WebServlet;
import javax.servlet.http.Cookie;
import javax.servlet.http.HttpServlet;
import javax.servlet.http.HttpServletRequest;
import javax.servlet.http.HttpServletResponse;

@WebServlet("/login.do")
public class Login extends HttpServlet {
    @Override
    protected void doPost(HttpServletRequest request,
                    HttpServletResponse response)
                throws ServletException, IOException {
        String user = request.getParameter("user");
        String passwd = request.getParameter("passwd");
```

```
        if("caterpillar".equals(user) && "123456".equals(passwd)) {
            String login = request.getParameter("login");
            if ("auto".equals(login)) {  ◄── ❶login 参数值为 auto，表示自动登录
                Cookie cookie = new Cookie("user", "caterpillar");
                cookie.setMaxAge(7 * 24 * 60 * 60);
                response.addCookie(cookie);
            }                              ❷ 创建 Cookie，设定
            request.setAttribute("user", user);   一星期内有效，并
            request.getRequestDispatcher("user.view")  新增至响应之中
                    .forward(request, response);
        }
        else {
            response.sendRedirect("login.html");
        }
    }
}
```

当登录名称与密码正确时，如果用户有选取"自动登录"选项，请求中会带有 login 参数且值为 auto，一旦检查到有这个请求参数❶，创建 Cookie 实例、设定 Cookie 有效期限并加入响应之中❷。下次用户再请求刚才示范的 Index 程序时，就可以取得对应的 Cookie 值，因此就可以实现自动登录的流程。

用户名与密码正确的话，还会在请求属性中设定 user 属性，而后转发至用户页面，否则，要求浏览器重定向到登录页面。接下来是用户页面的实现：

CookieDemo   User.java

```
package cc.openhome;

import java.io.*;
import javax.servlet.ServletException;
import javax.servlet.annotation.WebServlet;
import javax.servlet.http.HttpServlet;
import javax.servlet.http.HttpServletRequest;
import javax.servlet.http.HttpServletResponse;

@WebServlet("/user.view")
public class User extends HttpServlet {

    protected void processRequest(HttpServletRequest request,
            HttpServletResponse response)
            throws ServletException, IOException {
        response.setContentType("text/html;charset=UTF-8");
        if(request.getAttribute("user") == null) {  ◄── 请求中若没有"user"属
            response.sendRedirect("login.html");          性，表示用户未登录
        }

        PrintWriter out = response.getWriter();
        out.println("<!DOCTYPE HTML PUBLIC '-//W3C//DTD HTML 4.01" +
                " Transitional//EN'>");
        out.println("<html>");
        out.println("<head>");
        out.println("<title>Servlet User</title>");
        out.println("</head>");
```

```
out.println("<body>");
out.println("<h1>"
        + request.getAttribute("user") + "已登录</h1>");
out.println("</body>");
out.println("</html>");
out.close();
}

@Override
protected void doGet(HttpServletRequest request,
        HttpServletResponse response)
        throws ServletException, IOException {
    processRequest(request, response);
}

@Override
protected void doPost(HttpServletRequest request,
        HttpServletResponse response)
        throws ServletException, IOException {
    processRequest(request, response);
}
}
```

在这个范例中，无论是通过窗体登录，或使用 Cookie 自动登录，请求中一定会带有 user 属性，此时显示欢迎用户的信息，否则就重定向到登录网页。

在 Servlet 3.0 中，Cookie 类新增了 **setHttpOnly()** 方法，可以将 Cookie 标示为仅用于 HTTP，这会在 set-cookie 标头上附加 HttpOnly 属性，在浏览器支持的情况下，这个 Cookie 将不会被客户端脚本(例如 JavaScript)读取，可以使用 **isHttpOnly()** 来得知一个 Cookie 是否被 setHttpOnly() 标示为仅用于 HTTP。

4.1.3 使用 URL 重写

所谓 URL 重写(URL Rewriting)，其实就是 GET 请求参数的应用，当服务器响应浏览器上一次请求时，将某些相关信息以超链接方式响应给浏览器，超链接中包括请求参数信息，如图 4.4 所示。

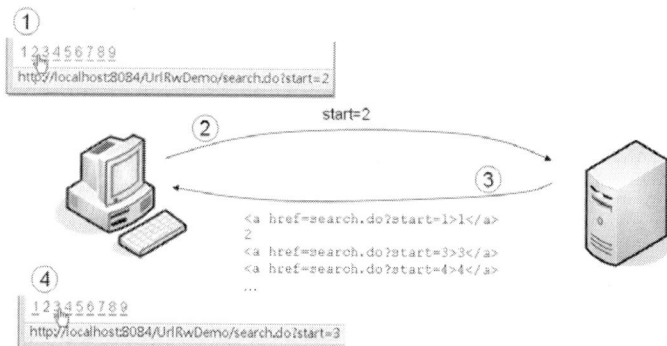

图 4.4 使用 URL 重写

在图 4.4 中模拟搜索某些数据的分页结果，服务器在响应的结果中加入了一些超链接，如图中第一个标号处，单击某个超链接时，会一并发送 start 请求参数，这样 Web 应用程序就可以知道，接下来该显示的是第几页的搜索分页结果。以下这个范例模拟了搜索的分页结果。

UrlRwDemo   Search.java

```java
package cc.openhome;

import java.io.*;

import javax.servlet.ServletException;
import javax.servlet.annotation.WebServlet;
import javax.servlet.http.HttpServlet;
import javax.servlet.http.HttpServletRequest;
import javax.servlet.http.HttpServletResponse;

@WebServlet("/search")
public class Search extends HttpServlet {
    @Override
    protected void doGet(HttpServletRequest request,
                    HttpServletResponse response)
        throws ServletException, IOException {
        response.setContentType("text/html;charset=UTF-8");
        PrintWriter out = response.getWriter();

        out.println("<!DOCTYPE HTML PUBLIC '-//W3C//DTD HTML 4.01" +
        " Transitional//EN'>");
        out.println("<html>");
        out.println("<head>");
        out.println("<title>搜索结果</title>");
        out.println("</head>");
        out.println("<body>");

        String start = request.getParameter("start");
        if (start == null) {
            start = "1";
        }

        int count = Integer.parseInt(start);
        int begin = 10 * count - 9;
        int end = 10 * count;
        out.println("第 " + begin + " 到 " + end + " 搜索结果<br>");
        out.println("<ul>");
        for(int i = 1; i <= 10; i++) {
            out.println("<li>搜寻结果" + i + "</li>");
        }
        out.println("</ul>");
        for (int i = 1; i < 10; i++) {
            if (i == count) {
                out.println(i);
                continue;
            }
            out.println("<a href='search?start=" +     ◀—— 使用 URL 重写保留分页信息
```

```
        i + "'>" + i + "</a>");
    }
    out.println("</body>");
    out.println("</html>");
    out.close();
  }
}
```

图 4.5 为执行时的参考页面。

图 4.5　用 URL 重写保留分页信息

　　显然，因为 URL 重写是在超链接之后附加信息的方式，所以必须以 GET 方式发送请求，再加上 GET 本身可以携带的请求参数长度有限，因此大量的客户端信息保留，并不适合使用 URL 重写。

　　通常 URL 重写是用在一些简单的客户端信息保留，或者是辅助会话管理(下一节即将谈到的 `HttpSession` 会话管理机制的原理之一，就与 URL 重写有关)。

4.2　HttpSession 会话管理

　　前一节简介了三个会话管理的基本方式。无论是哪个方式，都必须自行处理对浏览器的响应，决定哪些信息必须送至浏览器，以便在之后的请求一并发送相关信息，供 Web 应用程序辨识请求间的关联。

　　这一节将介绍 Servlet/JSP 中进行会话管理的机制：使用 `HttpSession`。你会看到 `HttpSession` 的基本 API 使用方式，以及其会话管理的背后原理。你可以将会话期间必须共享的数据，保存在 `HttpSession` 中成为属性。你也会看到，如果用户关掉浏览器接收 Cookie 的功能，`HttpSession` 也可以改用 URL 重写继续其会话管理功能。

4.2.1 使用 **HttpSession**

在 Servlet/JSP 中，如果想要进行会话管理，可以使用 `HttpServletRequest` 的 **getSession()** 方法取得 `HttpSession` 对象。

```
HttpSession session = request.getSession();
```

getSession()方法有两个版本，另一个版本可以传入布尔值，默认是 `true`，表示若尚未存在 `HttpSession` 实例时，直接创建一个新的对象。若传入 `false`，若尚未存在 `HttpSession` 实例，则直接返回 `null`。

`HttpSession` 上最常使用的方法大概就是 **setAttribute()** 与 **getAttribute()**，从名称上应该可以猜到，这与 `HttpServletRequest` 的 `setAttribute()` 与 `getAttribute()` 类似，可以让你在对象中设置及取得属性，这是可以存放属性对象的第二个地方(Serlvet API 中第三个可存放属性的地方是在 `ServletContext` 中)。

如果想在浏览器与 Wcb 应用程序的会话期间，保留请求之间的相关信息，可以使用 `HttpSession` 的 `setAttribute()` 方法将相关信息设置为属性。在会话期间，你就可以当作 Web 应用程序"记得"客户端的信息，如果想取出这些信息，则通过 `HttpSession` 的 `getAttribute()` 就可以取出。你完全可以从 Java 应用程序的角度出发来进行会话管理，而忽略 HTTP 无状态的事实。

以下范例是将 4.1.1 节在线问卷，从隐藏域方式改用 `HttpSession` 方式来实现会话管理(为节省篇幅，仅列出修改后需注意的部分)。

HttpSessionDemo Questionnaire.java

```java
package cc.openhome;
略...
@WebServlet("/questionnaire")
public class Questionnaire extends HttpServlet {
    protected void processRequest(HttpServletRequest request,
                        HttpServletResponse response)
        throws ServletException, IOException {
略...
    String page = request.getParameter("page");

    out.println("<form action='questionnaire' method='post'>");
    if (page == null) {
        out.println("问题一: <input type='text' name='p1q1'><br>");
        out.println("问题二: <input type='text' name='p1q2'><br>");
        out.println(
                "<input type='submit' name='page' value='下一页'>");
    } else if ("下一页".equals(page)) {
        String p1q1 = request.getParameter("p1q1");
        String p1q2 = request.getParameter("p1q2");
        HttpSession session = request.getSession();
        session.setAttribute("p1q1", p1q1);
        session.setAttribute("p1q2", p1q2);
        out.println("问题三: <input type='text' name='p2q1'><br>");
```

❶改用 HttpSession存储第一页答案

```
        out.println(
                "<input type='submit' name='page' value='完成'>");
    } else if ("完成".equals(page)) {
        HttpSession session = request.getSession();
        session.getAttribute("p1q1");
        out.println(session.getAttribute("p1q1") + "<br>");
        out.println(session.getAttribute("p1q2") + "<br>");
        out.println(request.getParameter("p2q1") + "<br>");
    }
    out.println("</form>");
    略...
}
```

❷改用
HttpSession 取
得第一页答案

程序改写时，分别利用 HttpSession 的 setAttribute() 来设置第一页的问卷答案，以及 getAttribute() 来取得第一页的问卷答案。你可以忽略 HTTP 无状态特性，省略亲手对浏览器发送隐藏域的 HTML 的操作。

默认在关闭浏览器前，取得 HttpSession 都是相同的实例(稍后说明原理就会知道为什么)。如果想在此次会话期间，直接让目前的 HttpSession 失效，可以执行 HttpSession 的 **invalidate()** 方法。一个使用的时机就是实现注销机制，如以下的范例所示的，首先是登录的 Servlet 实现。

HttpSessionDemo　Login.java

```
package cc.openhome;

import java.io.IOException;
import javax.servlet.ServletException;
import javax.servlet.annotation.WebServlet;
import javax.servlet.http.HttpServlet;
import javax.servlet.http.HttpServletRequest;
import javax.servlet.http.HttpServletResponse;

@WebServlet("/login.do")
public class Login extends HttpServlet {
    @Override
    protected void doPost(HttpServletRequest request,
                        HttpServletResponse response)
                            throws ServletException, IOException {
        String user = request.getParameter("user");
        String passwd = request.getParameter("passwd");
        if ("caterpillar".equals(user) && "123456".equals(passwd)) {
            request.getSession().setAttribute("login", user);    ◀━━设定登录字符
            request.getRequestDispatcher("/user.view")
                    .forward(request, response);
        } else {
            response.sendRedirect("login.html");
        }
    }
}
```

在登录时，如果名称与密码正确，就取得 `HttpSession` 并设定一个 login 属性，用以代表用户作完成登录的动作。其他的 Servlet/JSP，如果可以从 `HttpSession` 取得 login 属性，基本上就可以确定是个已登录的用户，这类用来识别用户是否登录的属性，通常称之为登录令牌(**Login Token**)。上面这个范例在登录成功之后，会转发至用户页面。

HttpSessionDemo　User.java

```java
package cc.openhome;
略...
@WebServlet("/user.view")
public class User extends HttpServlet {
    protected void processRequest(HttpServletRequest request,
            HttpServletResponse response)
            throws ServletException, IOException {
        HttpSession session = request.getSession();
        if (session.getAttribute("login") == null) {    ←— ❶ 无法取得登录字符，重
            response.sendRedirect("login.html");              定向到登录窗口
        } else {
            response.setContentType("text/html;charset=UTF-8");
            PrintWriter out = response.getWriter();

            out.println("<!DOCTYPE HTML PUBLIC '-//W3C//DTD HTML 4.01" +
                    " Transitional//EN'>");
            out.println("<html>");
            out.println("<head>");
            out.println("<title>欢迎 "
                    + session.getAttribute("login") + "</title>");
            out.println("</head>");
            out.println("<body>");
            out.println("<h1>用户 " +
                session.getAttribute("login") + " 已登录</h1><br><br>");
            out.println("<a href='logout.view'>注销</a>");    ←— ❷ 执行注销的超链接
            out.println("</body>");
            out.println("</html>");
            out.close();
        }
    }

    @Override
    protected void doGet(HttpServletRequest request,
                    HttpServletResponse response)
                        throws ServletException, IOException {
        processRequest(request, response);
    }

    @Override
    protected void doPost(HttpServletRequest request,
                    HttpServletResponse response)
                        throws ServletException, IOException {
        processRequest(request, response);
    }

}
```

如果有浏览器请求用户页面，程序先尝试取得 HttpSession 中的 login 属性，如果无法取得，表示用户尚未登录，要求浏览器重定向到登录窗体❶。如果可以取得 login 属性，显示用户页面，页面中有个可以执行注销的 URL 超链接❷，按下后会执行以下的程序。

HttpSessionDemo   Logout.java

```java
package cc.openhome;
略...
@WebServlet("/logout.view")
public class Logout extends HttpServlet {
    @Override
    protected void doGet(HttpServletRequest request,
                         HttpServletResponse response)
                          throws ServletException, IOException {
        response.setContentType("text/html;charset=UTF-8");
        HttpSession session = request.getSession();
        String user = (String) session.getAttribute("login");
        session.invalidate();     ← 使 HttpSession 失效

        PrintWriter out = response.getWriter();
        out.println("<!DOCTYPE HTML PUBLIC '-//W3C//DTD HTML 4.01" +
                    " Transitional//EN'>");
        out.println("<html>");
        out.println("<head>");
        out.println("<title>注销</title>");
        out.println("</head>");
        out.println("<body>");
        out.println("<h1>用户 " + user + " 已注销</h1>");
        out.println("</body>");
        out.println("</html>");
        out.close();
    }
}
```

执行 HttpSession 的 invalidate() 之后，容器就会销毁回收 HttpSession 对象，如果再次通过 HttpServletRequest 的 getSession()，取得 HttpSession 就是另一个新对象了，这个新对象当然不会有先前的 login 属性，所以再直接请求用户页面，就会因找不到 login 属性，而重定向至登录窗体。

注意 》》》   HttpSession 并非线程安全，所以必须注意属性设定时共享存取的问题。

4.2.2　HttpSession 会话管理原理

使用 HttpSession 进行会话管理十分方便，让 Web 应用程序看似可以"记得"浏览器发出的请求，连接数个请求间的关系。但无论如何，Web 应用程序基于 HTTP 协议的事实并没有改变，实际上如何"得知"数个请求之间的关系，这件工作是由 Web 容器帮你执行。

尝试运行 `HttpServletRequest` 的 `getSession()` 时，Web 容器会创建 `HttpSession` 对象，关键在于每个 `HttpSession` 对象都会有个特殊的 ID，称为 **Session ID**，你可以执行 `HttpSession` 的 **`getId()`** 来取得 Session ID。这个 Session ID 默认会使用 Cookie 存放在浏览器中。在 Tomcat 中，Cookie 的名称是 JSESSIONID，数值则是 `getId()` 所取得的 Session ID，如图 4.6 所示。

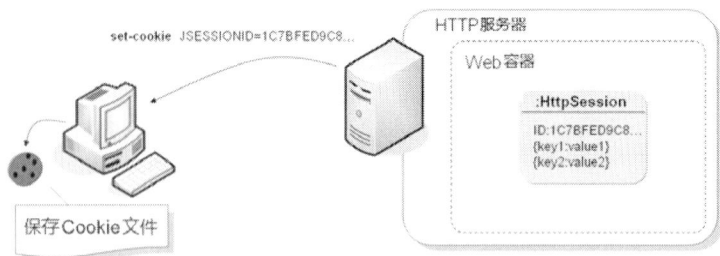

图 4.6 默认使用 Cookie 存储 Session ID

由于 Web 容器本身是执行于 JVM 中的一个 Java 程序，迪过 `getSession()` 取得 `HttpSession`，是 Web 容器中的一个 Java 对象，`HttpSession` 中存放的属性，自然也就存放于服务器端的 Web 容器之中。每一个 `HttpSession` 各有特殊的 Session ID，当浏览器请求应用程序时，会将 Cookie 中存放的 Session ID 一并发送给应用程序，Web 容器会根据 Session ID 来找出对应的 `HttpSession` 对象，这样就可以取得各浏览器个别的会话数据，如图 4.7 所示。

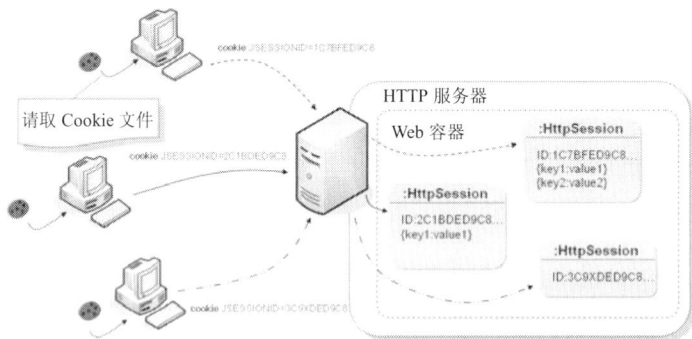

图 4.7 根据 Session ID 取得个别的 HttpSession 对象

所以使用 `HttpSession` 来进行会话管理时，设定为属性的对象是存储在服务器端，而 Session ID 默认使用 Cookie 存放于浏览器端。Web 容器存储 Session ID 的 Cookie "默认" 为关闭浏览器就失效，所以重新启动浏览器请求应用程序时，通过 `getSession()` 取得的是新的 `HttpSession` 对象。

每次请求来到应用程序时，容器会根据发送过来的 Session ID 取得对应的 `HttpSession`。由于 `HttpSession` 对象会占用内存空间，所以 `HttpSession` 的属性中尽量不要存储耗资源的大型对象，必要时将属性移除，或者不需使用 `HttpSession` 时，执行 `invalidate()` 让 `HttpSession` 失效。

注意 »» 默认关闭浏览器会马上失效的是浏览器上的 Cookie，不是 HttpSession。因为 Cookie 失效了，就无法通过 Cookie 来发送 Session ID，所以尝试 getSession() 时，容器会产生新的 HttpSession。要让 HttpSession 立即失效必须运行 invalidate()方法，否则的话，HttpSession 会等到设定的失效期间过后才会被容器销毁回收。

可以执行 HttpSession 的 **setMaxInactiveInterval()**方法，设定浏览器多久没有请求应用程序的话，HttpSession 就自动失效，设定的单位是"秒"。你也可以在 web.xml 中设定 HttpSession默认的失效时间，但要特别注意！设定的时间单位是"分钟"。例如：

```
</web-app …>
   略...
   <session-config>
      <session-timeout>30</session-timeout>
   </session-config>
</web-app>
```

注意 »» 使用 HttpSession，默认是使用 Cookie 存储 Session ID，但你不用介入操作 Cookie 的细节，容器会帮你完成相关操作。特别注意的是，执行 HttpSession 的 setMaxInactiveInterval()方法，设定的是 HttpSession 对象在浏览器多久没活动就失效的时间，而不是存储 Session ID 的 Cookie 失效时间。存储 Session ID 的 Cookie 默认为关闭浏览器就失效，而且仅用于存储 Session ID。这意味着，其他关闭浏览器后仍希望存储的信息，仍必须自行操作 Cookie 来达成。

在 Servlet 3.0 中新增了 **SessionCookieConfig** 接口，可以通过 ServletContext 的 **getSessionCookieConfig()**来取得实现该接口的对象，ServletContext 可以通过 Servlet 实例的 getServletContext() 来 取 得 (关 于 ServletContext 之后还会介绍)。通过 SessionCookieConfig实现对象，你可以设定存储 Session ID 的 Cookie 相关信息，例如可以通过 **setName()**将默认的 Session ID 名称修改为别的名称，通过 **setAge()** 设定存储 Session ID 的 Cookie 存活期限等，单位是"秒"。

但是要注意的是，设定 SessionCookieConfig 必须在 ServletContext 初始化之前，所以实际上要修改 Session ID、存储 Session ID 的 Cookie 存活期限等信息时，必须在 web.xml 中设定。例如：

```
</web-app …>
   ...
   <session-config>
      <session-timeout>30</session-timeout>
      <cookie-config>
         <name>sid-caterpillar</name>
         <http-only>true</http-only>
      </cookie-config>
   </session-config>
</web-app>
```

另一个方法是实现 ServletContextListener，容器在初始化 ServletContext 时会调用 ServletContextListener 的 contextInitialized()方法，可以在其中取得 ServletContext 进行 SessionCookieConfig 设定(关于 ServletContextListener 之后还会说明)。

4.2.3 HttpSession 与 URL 重写

HttpSession 默认使用 Cookie 存储 Session ID，如果用户关掉浏览器接收 Cookie 的功能，就无法使用 Cookie 在浏览器存储 Session ID。如果在用户禁用 Cookie 的情况下，仍打算运用 HttpSession 来进行会话管理，那么可以搭配 URL 重写的，向浏览器响应一段超链接，超链接 URL 后附加 Session ID，当用户单击超链接，将 Session ID 以 GET 请求发送给 Web 应用程序。

如果要使用 URL 重写的方式来发送 Session ID，可以使用 HttpServletResponse 的 **encodeURL()** 协助产生所需的 URL 重写。当容器尝试取得 HttpSession 实例时，若能从 HTTP 请求中取得带有 Session ID 的 Cookie，encodeURL() 会将传入的 URL 原封不动地输出。如果容器尝试取得 HttpSession 实例时，无法从 HTTP 请求中取得带有 Session ID 的 Cookie 时(通常是浏览器禁用 Cookie 的情况)，encodeURL() 会自动产生带有 Session ID 的 URL 重写。例如：

HttpSessionDemo   Counter.java

```java
package cc.openhome;

import java.io.*;
import javax.servlet.ServletException;
import javax.servlet.annotation.WebServlet;
import javax.servlet.http.HttpServlet;
import javax.servlet.http.HttpServletRequest;
import javax.servlet.http.HttpServletResponse;
import javax.servlet.http.HttpSession;

@WebServlet("/counter")
public class Counter extends HttpServlet {
    protected void doGet(HttpServletRequest req,
                         HttpServletResponse resp)
                    throws ServletException, IOException {
        resp.setContentType("text/html; charset=UTF-8");
        PrintWriter out = resp.getWriter();
        int count = 0;
        HttpSession session = req.getSession();
        if (session.getAttribute("count") != null) {
            Integer c = (Integer) session.getAttribute("count");
            count = c + 1;
        }
        session.setAttribute("count", count);
        out.println("<html>");
        out.println("<head>");
        out.println("<title>Servlet Count</title>");
        out.println("</head>");
        out.println("<body>");
        out.println("<h1>Servlet Count " + count + "</h1>");
        out.println("<a href='" +
```

```
                    resp.encodeURL("counter") + "'>递增</a>");
        out.println("</body>");
        out.println("</html>");                    ┌── 使用 encodeURL()
        out.close();
    }
}
```

这个程序会显示一个超链接，如果单击超链接，则会访问同一个 URL，在关闭浏览器前，每单击超链接都会使数字递增。如果浏览器没有禁用 Cookie，则 `encodeURL()`产生的超链接就是原本的 count.do，如果浏览器禁用 Cookie，则会生成带有 Session ID 的超链接，单击超链接后，你会在地址栏发现 Session ID 信息，如图 4.8 所示。

http://localhost:8080/HttpSessionDemo/counter;jsessionid=CB960E7ECC08BDD68F4FFA4DBD08C4D3

Servlet Count 1

递增

图 4.8   使用 URL 重写发送 Session ID

如果不使用 `encodeURL()`来产生超链接的 URL，在浏览器禁用 Cookie 的情况下，这个程序将会失效，也就是重复单击递增链接，计数也不会递增。

当再次请求时，如果浏览器没有禁用 Cookie，则容器可以从 Cookie(从 cookie 标头)取得 Session ID，则 `encodeURL()`就只会输出 index.jsp。如果浏览器禁用 Cookie，由于无法从 Cookie 中得 Session ID，此时 `encodeURL()`就会在 session ID 显示的 URL。

总而言之，当容器尝试取得 `HttpSession` 对象时，无法从 Cookie 中取得 Session ID，使用 `encodeURL()`就会为产生有 Session ID 的 URL，以便于下次单击超链接时再次发送 Session ID。另一个 `HttpServletResponse` 上的 **`encodeRedirectURL()`**方法，则可以在要求浏览器重定向时，在 URL 上显示 Session ID。

4.3 综合练习

在第 3 章的"综合练习"中，实现了"微博"应用程序的"会员注册"与"会员登录"基本功能，不过会员登录部分并没有实现会话管理。在这一节中，将以本章学习到的会话管理内容，进一步地改进微博应用程序。

这一节的综合练习成果，在查看会员网页时可以添加微博信息，微博信息将会写入文字文件，观看会员网页时，可以看到目前已储存的微博信息，也可以删除指定的信息，会员网页上也会有注销的功能。

4.3.1 修改微博应用程序

在第 3 章的练习中，并没有加入会话管理功能，因此在进行功能新增之前，必须先对负责登录检查的 Servlet 与会员网页进行修改，使之具备会话管理功能。首先是负责登录检查的 Servlet：

```
Gossip    Login.java

...
@WebServlet("/login.do")
public class Login extends HttpServlet {
    ...
    protected void doPost(HttpServletRequest request,
                    HttpServletResponse response)
                        throws ServletException, IOException {
        ...
        if(checkLogin(username, password)) {
            request.getSession().setAttribute("login", username);
            page = SUCCESS_VIEW;                    ❶ 设定"login"属性
        }
        response.sendRedirect(page);
    }
...
```

这个 Servlet 在用户名称与密码无误时，于 HttpSession 中设定 login 属性，属性值为用户名称❶。

至于负责显示会员网页的 Servlet，先作如下的修改：

```
Gossip    Login.java

...
@WebServlet("/member.view")
public class Member extends HttpServlet {
    ...
    protected void processRequest(HttpServletRequest request,
            HttpServletResponse response)
                    throws ServletException, IOException {
```

chapter 4

```
    if(request.getSession().getAttribute("login") == null) {
        response.sendRedirect(LOGIN_VIEW);
        return;
    }
    ...
}
protected void doGet(HttpServletRequest request,
                     HttpServletResponse response)
                        throws ServletException, IOException {
    processRequest(request, response);
}
protected void doPost(HttpServletRequest request,
                      HttpServletResponse response)
                         throws ServletException, IOException {
    processRequest(request, response);
}
```

❶ 若无"login"属性，直接重定向至登录网页

❷ GET 或 POST 作同样处理

　　如果用户正确登录，则 HttpSession 必然会有"login"属性，因此只要 getAttribute() 没有"login"属性的话，表示用户没有登录，此时要求重定向至登录网页进行登录❶。由于稍后要加入的新功能，可能会用 GET 或 POST 请求会员网页，因此在这边，doGet() 与 doPost() 都调用 processRequest() 作相同处理❷。

　　会员网页在画面上即将作较大地变动，因此如图 4.9 来显示会员网页修改过后的结果。

图 4.9　修改后的会员网页

　　会员网页图左上会有个"注销"链接，按下后可注销用户。图右上则可进行信息的新增，图右下可显示目前已保存的信息，每个信息包括了用户名、信息内容、日期，并附上一个"删除"链接，按下后可删除该个信息。

4.3.2 新增与删除信息

首先来处理信息的新增，如图 4.9 所示，会员网页右上方会有个文本框可新增信息，这个文本框由以下窗体构成：

```
<form method='post' action='message.do'>
    分享新鲜事...<br>
    <textarea cols='60' rows='4' name='blabla'></textarea><br>
    <button type='submit'>送出</button>
</form>
```

输入文字单击"送出"按钮后，负责新增信息的 Servlet 如下所示：

Gossip   Message.java

```java
package cc.openhome.controller;

import java.io.*;
import java.util.*;
import javax.servlet.ServletException;
import javax.servlet.annotation.WebServlet;
import javax.servlet.http.HttpServlet;
import javax.servlet.http.HttpServletRequest;
import javax.servlet.http.HttpServletResponse;

@WebServlet("/message.do")
public class Message extends HttpServlet {
    private final String USERS = "c:/workspace/Gossip/users";
    private final String LOGIN_VIEW = "index.html";
    private final String SUCCESS_VIEW = "member.view";
    private final String ERROR_VIEW = "member.view";

    protected void doPost(HttpServletRequest request,
                    HttpServletResponse response)
                        throws ServletException, IOException {
        if(request.getSession().getAttribute("login") == null) {    ┐
            response.sendRedirect(LOGIN_VIEW);
            return;
        }

        request.setCharacterEncoding("UTF-8");
        String blabla = request.getParameter("blabla");
        if(blabla != null && blabla.length() != 0) {
            if(blabla.length() < 140) {
                String username =
                    (String) request.getSession().getAttribute("login");
                addMessage(username, blabla);
                response.sendRedirect(SUCCESS_VIEW);
            }
            else {
                request.getRequestDispatcher(ERROR_VIEW)
                    .forward(request, response);
            }
        }
```

❶ 若无"login"属性，直接重定向到登录网页

❷ 如果信息在 140 字内，保存到用户目录中的文字档

❸ 否则转发会员网页

```
    else {
        response.sendRedirect(ERROR_VIEW);          ← ❹ 如果没有信息重
    }                                                    定向会员网页
}

private void addMessage(String username, String blabla)
                        throws IOException {
    String file = USERS + "/" + username + "/"
                        + new Date().getTime() + ".txt";
    BufferedWriter writer = new BufferedWriter(
        new OutputStreamWriter(new FileOutputStream(file), "UTF-8"));
    writer.write(blabla);
    writer.close();
}                                                   ❺ 信息保存至 .txt，并以
}                                                        日期毫秒数为文件名
```

为了仅让登录的用户才能新增信息，这个 Servlet 亦检查了 HttpSession 中是否会有 "login"属性❶，其实登录检查这种事，在每个 Servlet 中进行并不理想，第 5 章说明过滤器时，会介绍一个更好的地方来进行登录检查。

由于是微博，所以简单地限制用户发送的信息字数必须在 140 字内❷，如果字数在可允许范围内，将信息保存至用户文件夹中的.txt 文件，文件名为发送时间的微秒数，这亦可用来记录信息的发送时间❺，发送成功后重定向回会员网页。如果信息字数不在允许范围内，则转发会员网页❸，以显示"信息要在 140 字以内"的信息，并回填窗体(稍后实现会员网页时会看到)。为了简化用户页面流程，没有信息直接请求此 Servlet 时，也是直接重定向至会员网页❹。

在稍后即将实现的会员网页中，每个信息的 HTML 会如下所示：

```
<tr>
    <td style='vertical-align: top;'>
        caterpillar<br>
        呃！我好像把鼠标忘在客户那边了。。XD<br>
        2011 年 3 月 22 日 星期二 下午 02 时 40 分 35 秒 CST
        <a href='delete.do?message=1300776035191'>删除</a>
        <hr>
    </td>
</tr>
```

其中"删除"链接上，使用 URL 重写附上每个信息的文件名编号，单击链接后，会发送至以下的 Servlet：

Gossip Delete.java

```
package cc.openhome.controller;

import java.io.*;
import javax.servlet.ServletException;
import javax.servlet.annotation.WebServlet;
import javax.servlet.http.HttpServlet;
import javax.servlet.http.HttpServletRequest;
import javax.servlet.http.HttpServletResponse;
```

```
@WebServlet("/delete.do")
public class Delete extends HttpServlet {
    private final String USERS = "c:/workspace/Gossip/users";
    private final String LOGIN_VIEW = "index.html";
    private final String SUCCESS_VIEW = "member.view";

    protected void doGet(HttpServletRequest request,
                    HttpServletResponse response)
                        throws ServletException, IOException {
        if(request.getSession().getAttribute("login") == null) {
            response.sendRedirect(LOGIN_VIEW);
            return;
        }

        String username =
                (String) request.getSession().getAttribute("login");
        String message = request.getParameter("message");
        File file = new File(USERS + "/" + username + "/" + message + ".txt");
        if(file.exists()) {
            file.delete();
        }
        response.sendRedirect(SUCCESS_VIEW);
    }
}
```

❶ 若无"login"属性，直接重定向至登录网页

❷ 删除用户文件夹中对应文件

为了登录的用户才能新增信息，这个 Servlet 亦检查了 HttpSession 中是否会有 "login"属性❶，由于信息是每一个文件，因此删除信息就是删除用户文件夹中对应的文件❷。信息删除后，重定向至会员网页。

4.3.3 会员网页显示信息

为了简化用户页面操作流程，许多操作都会回到会员网页，会员网页的画面也较为冗长，因此以下列出会员网页中重要的部分，详细程序可参考光盘中范例文件。

Gossip Member.java

```
...
@WebServlet("/member.view")
public class Member extends HttpServlet {
    ...
    protected void processRequest(HttpServletRequest request,
            HttpServletResponse response)
                    throws ServletException, IOException {
        ...略
        String username =
            (String) request.getSession().getAttribute("login");
        ...略
        out.println(
"<img src='images/caterpillar.jpg' alt='Gossip 微博' /><br><br>");
        out.println("<a href='logout.do?username=" + username + "'>注销 "
            + username + "</a>");
```

❶ 用户注销链接

```
        out.println("</div>");
        out.println("<form method='post' action='message.do'>");
        out.println("分享新鲜事...<br>");
        String blabla = request.getParameter("blabla");
        if(blabla == null) {
            blabla = "";
        }
        else {
            out.println("信息要 140 字以内<br>");
        }
        out.println("<textarea cols='60' rows='4' name='blabla'>" +
                blabla + "</textarea>");
         ...略
        out.println("<tbody>");
        Map<Date, String> messages = readMessage(username);
        DateFormat dateFormat =
           DateFormat.getDateTimeInstance(DateFormat.FULL,
                            DateFormat.FULL, Locale.TAIWAN);

        for(Date date : messages.keySet()) {
            out.println("<tr><td style='vertical-align: top;'>");
            out.println(username + "<br>");
            out.println(messages.get(date) + "<br>");
            out.println(dateFormat.format(date));
            out.println(
          "<a href='delete.do?message=" + date.getTime() + "'>删除</a>");
            out.println("<hr></td></tr>");
        }
         ...略
    }
    // 用以过滤 .txt 文件名
    private class TxtFilenameFilter implements FilenameFilter {
        @Override
        public boolean accept(File dir, String name) {
            return name.endsWith(".txt");
        }
    }
    private TxtFilenameFilter filenameFilter = new TxtFilenameFilter();

    // TreeMap 排序用，因为希望信息的日期越近的在越上头显示
    private class DateComparator implements Comparator<Date> {
        @Override
        public int compare(Date d1, Date d2) {
            return -d1.compareTo(d2);
        }
    }
    private DateComparator comparator = new DateComparator();

    private Map<Date, String> readMessage(String username)
              throws IOException {
        File border = new File(USERS + "/" + username);
        String[] txts = border.list(filenameFilter);

        Map<Date, String> messages =
```

❷ 判断是否回填信息

❸ 读取文件并逐笔显示信息

```
                    new TreeMap<Date, String>(comparator);
        for(String txt : txts) {
            BufferedReader reader = new BufferedReader(
                    new InputStreamReader(
                            new FileInputStream(
                            USERS + "/" + username + "/" + txt), "UTF-8"));
            String text = null;
            StringBuilder builder = new StringBuilder();
            while((text = reader.readLine()) != null) {
                builder.append(text);
            }                                      ❹ 文件名就是信息发送
            Date date = new Date(                    时间
                Long.parseLong(txt.substring(0, txt.indexOf(".txt"))));
            messages.put(date, builder.toString());
            reader.close();
        }
        return messages;
    }
    ...
}
```

会员网页提供用户注销功能，这是使用 URL 重写来实现❶，如果是新增信息失败而转发至会员网页，则将请求参数回填至输入字段❷。每个信息读取出来后，基本上都会有文件名与信息内容，文件剖析回 Long 并用以创建 Date 对象，这可用来显示信息发送的时间❹。

至于注销功能，则是由以下的 Servlet 负责：

Gossip Member.java

```
package cc.openhome.controller;

import java.io.*;
import javax.servlet.ServletException;
import javax.servlet.annotation.WebServlet;
import javax.servlet.http.HttpServlet;
import javax.servlet.http.HttpServletRequest;
import javax.servlet.http.HttpServletResponse;

@WebServlet("/logout.do")
public class Logout extends HttpServlet {
    private final String LOGIN_VIEW = "index.html";
    protected void doGet(HttpServletRequest request,
                        HttpServletResponse response)
                        throws ServletException, IOException {
        if(request.getSession().getAttribute("login") != null) {
            request.getSession().invalidate();  ←—— 使 HttpSession 失效
        }
        response.sendRedirect(LOGIN_VIEW);
    }
}
```

4.4　重点复习

HTTP 本身是无状态通信协议，要进行会话管理的基本原理，就是将需要维持的状态回应给浏览器，由浏览器在下次请求时主动发送状态信息，让 Web 应用程序"得知"请求之间的关联。

隐藏字段是将状态信息以窗体中看不到的输入字段回应给浏览器，在下次发窗体时一并发送这些隐藏的输入字段值。Cookie 是保存在浏览器上的一个小文件，可设定存活期限，在浏览器请求 Web 应用程序时，会一并将属于网站的 Cookie 发送给应用程序。URL 重写是使用超链接，并在超链接的 URL 地址附加信息，以 GET 的方式请求 Web 应用程序。

如果你要创建 Cookie，可以使用 `Cookie` 类，创建时指定 Cookie 中的名称与数值，并使用 `HttpServletResponse` 的 `addCookie()` 方法在响应中新增 Cookie。可以使用 `setMaxAge()` 来设定 `Cookie` 的有效期限，预设是关闭浏览器之后 Cookie 就失效。

执行 `HttpServletRequest` 的 `getSession()` 可以取得 `HttpSession` 对象。在会话阶段，可以使用 `HttpSession` 的 `setAttribute()` 方法来设定会话期间要保留的信息，利用 `getAttribute()` 方法就可以取得信息。如果要让 `HttpSession` 失效，则可以执行 `invalidate()` 方法。

`HttpSession` 是 Web 容器中的一个 Java 对象，每个 `HttpSession` 实例都会有个独特的 Session ID。容器默认使用 Cookie 于浏览器储存 Session ID，在下次请求时，浏览器会将包括 Session ID 的 Cookie 送至应用程序，应用程序再根据 Session ID 取得相对应的 `HttpSession` 对象。

如果浏览器禁用 Cookie，则无法使用 Cookie 在浏览器储存 Session ID，此时若仍打算运用 `HttpSession` 来维持会话信息，则可使用 URL 重写机制。`HttpServletResponse` 的 `encodeURL()` 方法在容器无法从 Cookie 中取得 Session ID 时，会将设定给它的 URL 附上 Session ID，以便设定 URL 重写时的超链接信息。`HttpServletResponse` 的 `encodeRedirectURL()` 方法则可以让你要求浏览器重定向网页时，在 URL 附上 Session ID 的信息。

执行 `HttpSession` 的 `setMaxInactiveInterval()` 方法，设定的是 `HttpSession` 对象在浏览器多久没活动就失效的时间，而不是储存 Session ID 的 Cookie 失效时间。`HttpSession` 是用于当次会话阶段的状态维持，如果有相关的信息，希望在关闭浏览器后，下次开启浏览器请求 Web 应用程序时，仍可以发送给应用程序，则要使用 Cookie。

4.5　课后练习

1. 请实现一个 Web 应用程序，可动态产生用户登录密码，送出窗体后必须通过密码验证才可观看到用户页面，如图 4.10 所示。

提示 ≫　此题仍是第 3 章课后练习第 2 个练习题的延伸。

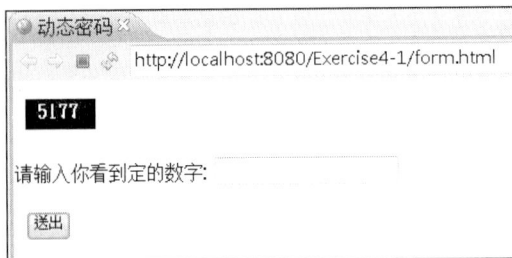

图 4.10　图片验证

2. 实现一个登录窗体，如果用户复选"记住名称、密码"，则下次造访窗体时，将会自动在名称、密码字段填入上次登录时所使用的值，如图 4.11 所示。

图 4.11　记住名称、密码

3. 实现一个购物车应用程序，可以在采购网页进行购物、显示目前采购项目数量，并可查看购物车内容，如图 4.12 和图 4.13 所示。。

图 4.12　采购网页

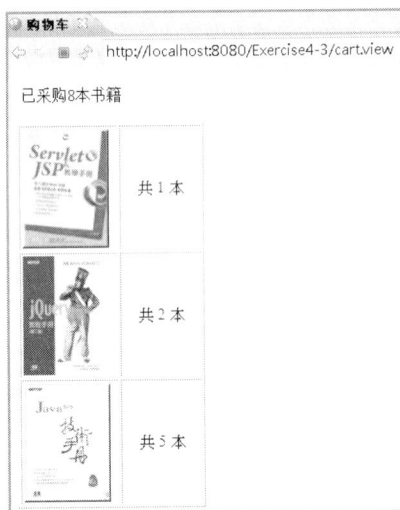

图 4.13　购物车网页

Servlet 进阶 API、过滤器与监听器

学习目标：

- 了解 Servlet 生命周期
- 使用 ServletConfig 与 ServletContext
- 各种监听器的使用
- 实现 Filter 接口来开发过滤器

5.1 Servlet 进阶 API

每个 Servlet 都必须由 web 容器读取 Servlet 设置信息(无论使用标注还是 web.xml)、初始化等，才可以真正成为一个 Servlet。对于每个 Servlet 的设置信息，web 容器会为其生成一个 `ServletConfig` 作为代表对象，你可以从该对象取得 Servlet 初始参数，以及代表整个 web 应用程序的 `ServletContext` 对象。

本节将以讨论 Servlet 的生命周期作为开始，知道 `ServletConfig` 如何设置给 Servlet，如何设置为取得 Servlet 初始参数，以及如何使用 `ServletContext`。

5.1.1 `Servlet`、`ServletConfig` 与 `GenericServlet`

在 `Servlet` 接口上，定义了与 Servlet 生命周期及请求服务相关的 `init()`、`service()` 与 `destroy()` 三个方法。3.1.1 节曾经介绍，每一次请求来到容器时，会产生 `HttpServletRequest` 与 `HttpServletResponse` 对象，并在调用 `service()` 方法时当作参数传入(参考图 3.4)。

在 Web 容器启动后，会读取 Servlet 设置信息，将 Servlet 类加载并实例化，并为每个 Servlet 设置信息产生一个 **`ServletConfig`** 对象，而后调用 `Servlet` 接口的 `init()` 方法，并将产生的 `ServletConfig` 对象当作参数传入。如图 5.1 所示。

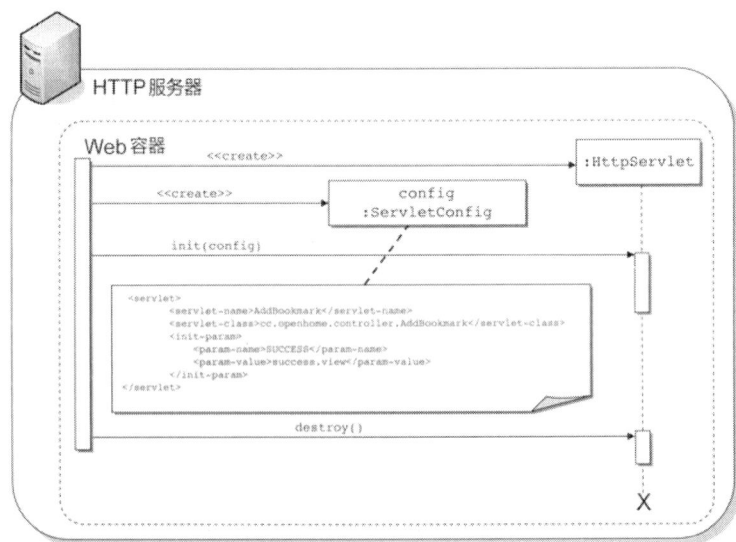

图 5.1 容器根据设置信息创建 Servlet 与 ServletConfig 实例

这个过程只会在创建 Servlet 实例后发生一次，之后每次请求到来，就如第 3 章所介绍的，调用 Servlet 实例的 `service()` 方法进行服务。

`ServletConfig` 即每个 Servlet 设置的代表对象，容器会为每个 Servlet 设置信息产生一个 `Servlet` 及 `ServletConfig` 实例。**`GenericServlet`** 同时实现了 `Servlet` 及 `Servlet-Config`。如图 5.2 所示。

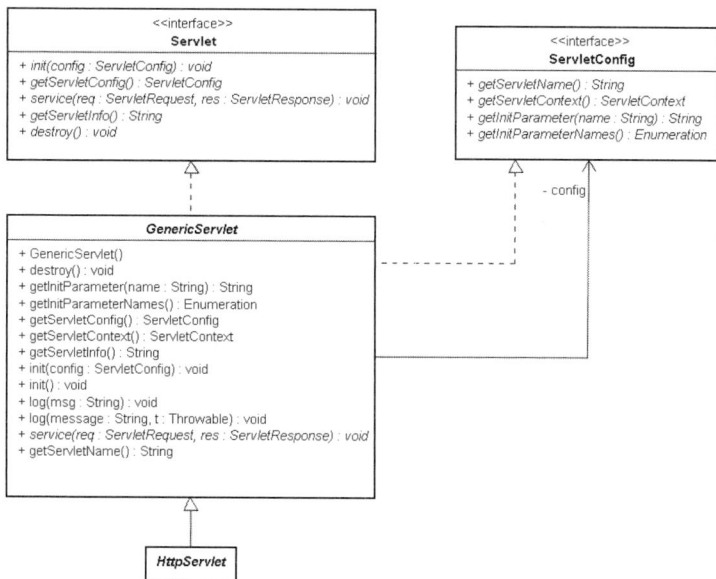

图 5.2   Servlet 类架构图

GenericServlet 主要的目的, 就是将初始 Servlet 调用 init()方法传入的 ServletConfig 封装起来：

```
private transient ServletConfig config;
public void init(ServletConfig config) throws ServletException {
    this.config = config;
    this.init();
}
public void init() throws ServletException {
}
```

GenericServlet 在实现 Servlet 的 init()方法时, 也调用了另一个无参数的 init()方法, 在编写 Servlet 时, 如果有一些初始时所要运行的动作, 可以重新定义这个无参数的 init()方法, 而不是直接重新定义有 ServletConfig 参数的 init()方法。

> **注意 »»**   当有一些对象实例化后所要运行的操作, 必须定义构造器。在编写 Servlet 时, 若想要运行与 web 应用程序资源相关的初始化动作, 则要重新定义 init()方法。举例来说, 若想要使用 ServletConfig 来作一些事情, 则不能在构造器中定义, 因为实例化 Servlet 时, 容器还没有调用 init()方法传入 ServletConfig, 所以不会有 ServletConfig 实例。

GenericServlet 也包括了 Servlet 与 ServletConfig 所定义方法的简单实现, 实现内容主要是通过 ServletConfig 来取得一些相关信息。例如：

```
public ServletConfig getServletConfig() {
    return config;
}
public String getInitParameter(String name) {
    return getServletConfig().getInitParameter(name);
}
```

```
public Enumeration getInitParameterNames() {
    return getServletConfig().getInitParameterNames();
}
public ServletContext getServletContext() {
    return getServletConfig().getServletContext();
}
```

所以在继承 HttpServlet 实现 Servlet 时，就可以通过这些方法来取得所要的相关信息，而不用直接意识到 ServletConfig 的存在。

提示>>>　　GenericServlet 还定义了 log() 方法。例如：

```
public void log(String msg) {
    getServletContext().log(getServletName() + ": "+ msg);
}
```

这个方法主要是通过 ServletContext 的 log() 方法来运行日志功能。不过因为这个日志功能简单，实际上很少使用这个 log() 方法，而会使用功能更强大的日志 API，如 JDK 本身附带的日志包或 Log4j 等。

如果是使用 Tomcat，ServletContext 的 log() 方法所保存的日志文件会存放在 Tomcat 目录的 logs 目录下。

5.1.2　使用 **ServletConfig**

ServletConfig 相当于个别 Servlet 的设置信息代表对象，这意味着可以从 ServletConfig 中取得 Servlet 设置信息。ServletConfig 定义了 **getInitParameter()**、**getInitParameterNames()** 方法，可以取得设置 Servlet 时的初始参数。

若要使用标注设置个别 Servlet 的初始参数，可以在 @WebServlet 中使用 **@WebInitParam** 设置 **initParams** 属性。例如：

```
...
@WebServlet(name="ServletConfigDemo", urlPatterns={"/conf"},
        initParams={
            @WebInitParam(name = "PARAM1", value = "VALUE1"),
            @WebInitParam(name = "PARAM2", value = "VALUE2")
        }
)
public class ServletConfigDemo extends HttpServlet {
    private String PARAM1;
    private String PARAM2;
    public void init() throws ServletException {
        PARAM1 = getServletConfig().getInitParameter("PARAM1");
        PARAM2 = getServletConfig().getInitParameter("PARAM2");
    }
    ...
}
```

若要在 web.xml 中设置个别 Servlet 的初始参数，可以在`<servlet>`标签中使用`<init-param>`等标签进行设置，web.xml 中的设置会覆盖标注的设置。例如：

```
...
<servlet>
    <servlet-name>ServletConfigDemo</servlet-name>
    <servlet-class>cc.openhome.ServletConfigDemo</servlet-class>
    <init-param>
        <param-name>PARAM1</param-name>
        <param-value>VALUE1</param-value>
    </init-param>
    <init-param>
        <param-name>PARAM2</param-name>
        <param-value>VALUE2</param-value>
    </init-param>
</servlet>
...
```

> **注意 >>>** 若要用 web.xml 覆盖标注设置，web.xml 的 `<servlet-name>` 设置必须与 `@WebServlet` 的 name 属性相同。

由于 `ServletConfig` 必须在 Web 容器将 Servlet 实例化后，调用有参数的 `init()` 方法再将之传入，是与 Web 应用程序资源相关的对象，所以在继承 `HttpServlet` 后，通常会重新定义无参数的 `init()` 方法以进行 Servlet 初始参数的取得。`GenericServlet` 定义了一些方法，将 `ServletConfig` 封装起来，便于取得设置信息，所以取得 Servlet 初始参数的代码也可以改写为：

```
...
@WebServlet(name="ServletConfigDemo", urlPatterns={"/conf"},
        initParams={
            @WebInitParam(name = "PARAM1", value = "VALUE1"),
            @WebInitParam(name = "PARAM2", value = "VALUE2")
        }
)
public class AddMessage extends HttpServlet {
    private String PARAM1;
    private String PARAM2;
    public void init() throws ServletException {
        PARAM1 = getInitParameter("PARAM1");
        PARAM2 = getInitParameter("PARAM2");
    }
    ...
}
```

> **提示 >>>** Servlet 初始参数通常作为常数设置，可以将一些 Servlet 程序默认值使用标注设为初始参数，之后若想变更那些信息，可以创建 web.xml 进行设置，以覆盖标注设置，而不用进行修改源代码、重新编译、部署的操作。

下面这个范例简单地示范如何设置、使用 Servlet 初始参数，其中登录成功与失败的网页，可以由初始参数设置来决定：

ConfigDemo   Login.java

```java
package cc.openhome;

import java.io.*;
import javax.servlet.ServletException;
import javax.servlet.annotation.WebServlet;
import javax.servlet.http.HttpServlet;
import javax.servlet.http.HttpServletRequest;
import javax.servlet.http.HttpServletResponse;
import javax.servlet.annotation.WebInitParam;

@WebServlet(
    name="Login",              ← ❶ 设置 Servlet 名称
    urlPatterns = {"/login.do"},
    initParams = {
        @WebInitParam(name = "SUCCESS", value = "success.view")
        @WebInitParam(name = "ERROR", value = "error.view")    ← ❷ 设置初
    }                                                              始参数
)
public class Login extends HttpServlet {
    private String SUCCESS_VIEW;
    private String ERROR_VIEW;

    @Override
    public void init() throws ServletException {
        SUCCESS_VIEW = getInitParameter("SUCCESS");    ← ❸ 取得初
        ERROR_VIEW = getInitParameter("ERROR");            始参数
    }

    @Override
    protected void doPost(HttpServletRequest request,
                    HttpServletResponse response)
                      throws ServletException, IOException {
        response.setContentType("text/html;charset=UTF-8");
        String name = request.getParameter("name");
        String passwd = request.getParameter("passwd");
        if ("caterpillar".equals(name) && "123456".equals(passwd)) {
            request.getRequestDispatcher(SUCCESS_VIEW)   ← ❹ 登录成功
                .forward(request, response);
        } else {
            request.getRequestDispatcher(ERROR_VIEW)    ← ❺ 登录失败
                .forward(request, response);
        }
    }
}
```

注意@WebServlet 的 name 属性设置❶，如果 web.xml 中的设置要覆盖标注设置，<servlet-name>的设置必须与@WebServlet 的 name 属性相同，如果不设置 name 属性，默认是类完整名称。程序中使用标注设置默认初始参数❷，并在 init()中读取❸，成功❹或失败❺时所发送的网页 URL 是由初始参数来决定的。如果想使用 web.xml 来覆盖这些初始参数设置，则可以如下：

ConfigDemo   web.xml

```
...
    <servlet>
        <servlet-name>Login</servlet-name>  ◄— 注意 Servlet 名称
        <servlet-class>cc.openhome.Login</servlet-class>
        <init-param>
            <param-name>SUCCESS</param-name>
            <param-value>success.html</param-value>
        </init-param>
        <init-param>
            <param-name>ERROR</param-name>
            <param-value>error.html</param-value>
        </init-param>
    </servlet>
    <servlet-mapping>
        <servlet-name>Login</servlet-name>
        <url-pattern>/login.do</url-pattern>
    </servlet-mapping>
...
```

以上设置 web.xml，你的成功与失败网页就分别设置为 success.html 及 error. html 了。

5.1.3 使用 ServletContext

ServletContext 接口定义了运行 Servlet 的应用程序环境的一些行为与观点，可以使用 ServletContext 实现对象来取得所请求资源的 URL、设置与储存属性、应用程序初始参数，甚至动态设置 Servlet 实例。

ServletContext 本身的名称令人困惑，因为它以 Servlet 名称作为开头，容易被误认为仅是单一 Servlet 的代表对象。事实上，当整个 Web 应用程序加载 Web 容器之后，容器会生成一个 ServletContext 对象作为整个应用程序的代表，并设置给 ServletConfig，只要通过 ServletConfig 的 getServletContext() 方法就可以取得 ServletContext 对象。以下则先简介几个需要注意的方法：

1. getRequestDispatcher()

用来取得 RequestDispatcher 实例，使用时路径的指定必须以 "/" 作为开头，这个斜杠代表应用程序环境根目录(Context Root)。正如 3.2.5 节中的说明，取得 RequestDispatcher 实例之后，就可以进行请求的转发(Forward)或包含(Include)。

```
context.getRequestDispatcher("/pages/some.jsp")
        .forward(request, response);
```

提示 >>> 以 "/" 作为开头有时称为环境相对(Context-relative)路径，没有以 "/" 作为开头则称为请求相对 (Request-relative)路径。实际上 HttpServletRequest 的 getRequestDispatcher()方法在实现时，若是环境相对路径，则直接委托给 ServletContext 的 getRequestDispatcher()；若是请求相对路径，则转换为环境相对路径，再委托给 ServletContext 的 getRequestDispatcher()来取得 Request-Dispatcher。

2. getResourcePaths()

如果想要知道 Web 应用程序的某个目录中有哪些文件，则可以使用 `getResourcePaths()` 方法。例如：

```
for(String avatar : getServletContext().getResourcePaths("/")) {
    // 显示 avatar 文字...
}
```

使用时指定路径必须以"/"作为开头，表示相对于应用程序环境根目录，返回的路径会如以下所示：

```
/welcome.html
/catalog/
/catalog/index.html
/catalog/products.html
/customer/
/customer/login.jsp
/WEB-INF/
/WEB-INF/web.xml
/WEB-INF/classes/com.acme.OrderServlet.class
```

可以看到，这个方法会连同 WEB-INF 的信息都列出来。如果是个目录信息，则会以"/"作结尾。以下这个范例利用了 `getResourcePaths()` 方法，自动取得 avatars 目录下的图片路径，并通过 `<img>` 标签来显示图片：

ContextDemo Avatar.java

```java
package cc.openhome;

import java.io.*;

import javax.servlet.ServletException;
import javax.servlet.annotation.WebServlet;
import javax.servlet.annotation.WebInitParam;
import javax.servlet.http.HttpServlet;
import javax.servlet.http.HttpServletRequest;
import javax.servlet.http.HttpServletResponse;

@WebServlet(
    urlPatterns = {"/avatar.view"},
    initParams = {
        @WebInitParam(name = "AVATAR_DIR", value = "/avatars")
    }
)
public class Avatar extends HttpServlet {
    private String AVATAR_DIR;

    @Override
    public void init() throws ServletException {
        AVATAR_DIR = getInitParameter("AVATAR_DIR");
    }
```

128

```
protected void doGet(HttpServletRequest request,
        HttpServletResponse response)
        throws ServletException, IOException {
    response.setContentType("text/html;charset=UTF-8");
    PrintWriter out = response.getWriter();
    out.println("<html>");
    out.println("<head>");
    out.println("<title>头像显示</title>");
    out.println("</head>");
    out.println("<body>");
    for (String avatar : getServletContext()
                    .getResourcePaths(AVATAR_DIR)) {   ◀── 取得头像路径
        avatar = avatar.replaceFirst("/", "");
        out.println("<img src='" + avatar + "'>");   ◀── 设置<img>的 src 属性
    }
    out.println("</body>");
    out.println("</html>");
    out.close();
}
}
```

3. getResourceAsStream()

如果想在 Web 应用程序中读取某个文件的内容，则可以使用 `getResourceAsStream()`方法，使用时指定路径必须以"/"作为开头，表示相对于应用程序环境根目录，或者相对是/WEB-INF/lib 中 JAR 文件里 META- INF/resources 的路径，运行结果会返回 `InputStream`实例，接着就可以运用它来读取文件内容。

在 3.3.3 节中有个读取 PDF 的范例，其中示范过 `getResourceAsStream()`方法的使用，可以直接参考该范例，这里不再重复示范。

> **注意 »»**
> 你也许会想到使用 `java.io`下的 `File`、`FileReader`、`FileInputStream`等与文件读取相关的类。使用这些类时，可以指定绝对路径或相对路径。绝对路径自然是指文件在服务器上的真实路径。必须注意的是，用相对路径指定时，此时路径不是相对于 Web 应用程序根目录，而是相对于启动 Web 容器时的命令执行目录，这是许多初学者都会有的误解。以 Tomcat 来说，若在 Servlet 中执行以下语句：
>
> `out.println(new File("filename").getAbsolutePath());`
>
> 则会显示 filename 是位于 Tomcat 目录下的 bin 目录中，例如：
> C:\Program Files\Apache Software Foundation\Apache Tomcat 7.0.8\bin\filename
> 这样的路径。

每个 Web 应用程序都会有一个相对应的 `ServletContext`，针对"应用程序"初始化时需用到的一些参数数据，可以在 web.xml 中设置应用程序初始参数，通常这会结合 `ServletContextListener` 来做。关于监听器(Listener)的使用，在下一节进行说明。

5.2　应用程序事件、监听器

Web 容器管理 Servlet/JSP 相关的对象生命周期，若对 `HttpServletRequest` 对象、`HttpSession` 对象、`ServletContext` 对象在生成、销毁或相关属性设置发生的时机点有兴趣，则可以实现对应的监听器(Listener)，做好相关的设置，这样在对应的时机点发生时，Web 容器就会调用监听器上相对应的方法，让你在对应的时机点做些处理。

5.2.1　ServletContext 事件、监听器

与 `ServletContext` 相关的监听器有 `ServletContextListener` 与 `ServletContextAttributeListener`。

1. ServletContextListener

`ServletContextListener` 是"生命周期监听器"，如果想要知道何时 Web 应用程序已经初始化或即将结束销毁，可以实现 `ServletContextListener`：

```
package javax.servlet;
import java.util.EventListener;
public interface ServletContextListener extends EventListener {
    public void contextInitialized(ServletContextEvent sce);
    public void contextDestroyed(ServletContextEvent sce);
}
```

在 Web 应用程序初始化后或即将结束销毁前，会调用 `ServletContextListener` 实现类相对应的 **contextInitialized()** 或 **contextDestroyed()**。可以在 contextInitialized() 中实现应用程序资源的准备动作，在 contextDestroyed() 实现释放应用程序资源的动作。

例如，可以实现 `ServletContextListener`，在应用程序初始过程中，准备好数据库连线对象、读取应用程序设置等动作，如放置使用头像的目录信息，就不宜将目录名称写死，以免日后目录变动名称或位置时，所有相关的 Servlet 都需要进行源代码的修改。这时可以这么做：

ContextDemo2　ContextParameterReader.java

```
package cc.openhome;

import javax.servlet.ServletContext;
import javax.servlet.ServletContextEvent;
import javax.servlet.ServletContextListener;
import javax.servlet.annotation.WebListener;          ❷ 实现 ServletContextListener

@WebListener ◄── ❶ 使用@WebListener标注
public class ContextParameterReader implements ServletContextListener {
    public void contextInitialized(ServletContextEvent sce) {
        ServletContext context = sce.getServletContext(); ◄── ❸ 取得 ServletContext
        String avatars = context.getInitParameter("AVATAR"); ◄── ❹ 取得初始参数
        context.setAttribute("avatars", avatars); ◄── ❺ 设置 ServletContext 属性
    }
```

130

```
    public void contextDestroyed(ServletContextEvent sce) {}
}
```

ServletContextListener 可以直接使用 **@WebListener** 标注 ❶ ，而且必须实现 ServletContextListener 接口❷，这样容器就会在启动时加载并运行对应的方法。当 Web 容器调用 contextInitialized()或 contextDestroyed()时，会传入 **ServletContext- Event**，其封装了 ServletContext，可以通过 ServletContextEvent 的 **getServletContext()**方法取得 ServletContext❸，通过 ServletContext 的 getInitParameter()方法来读取初始参数❹，因此 Web 应用程序初始参数常被称为 ServletContext 初始参数。

在整个 Web 应用程序生命周期，Servlet 需共享的资料可以设置为 ServletContext 属性。由于 ServletContext 在 Web 应用程序存活期间都会一直存在，所以设置为 ServletContext 属性的数据，除非主动移除，否则也是一直存活于 Web 应用程序中。

可以通过 ServletContext 的 **setAttribute()**方法设置对象为 ServletContext 属性❺，之后可通过 ServletContext 的 **getAttribute()**方法取出该属性。若要移除属性，则通过 ServletContext 的 removeAttribute()方法。

因为 @WebListener 没有设置初始参数的属性，所以仅适用于无须设置初始参数的情况。如果需要设置初始参数，可以在 web.xml 中设置：

ContextDemo2　web.xml

```
...
    <context-param>
        <param-name>AVATAR</param-name>
        <param-value>/avatars</param-value>
    </context-param>
...
```

在 web.xml 中，使用<context-param>标签来定义初始参数。由于先前的 Context-ParameterReader 读取的初始参数已设置为 ServletContext 属性，因此先前的头像范例，必须做点修改：

ContextDemo2　Avatar.java

```
import java.io.*;

import javax.servlet.ServletException;
import javax.servlet.annotation.WebServlet;
import javax.servlet.annotation.WebInitParam;
import javax.servlet.http.HttpServlet;
import javax.servlet.http.HttpServletRequest;
import javax.servlet.http.HttpServletResponse;

@WebServlet("/avatar.view") ◀──── ❶仅设置 URL 模式
public class Avatar extends HttpServlet {
    private String AVATAR_DIR;

    @Override
    public void init() throws ServletException {
```

```
    AVATAR_DIR =
        (String) getServletContext().getAttribute("avatars");  ◄── ❷ 取得 ServletContext
    }                                                                 属性
    ...
}
```

程序中仅列出了改写后需要注意的部分。主要就是不再需要设置 ServletConfig 初始参数❶，以及从 ServletContext 中取出先前所设置的属性❷。

在 Servlet 3.0 之前，ServletContextListener 实现类必须在 web.xml 中设置。例如：

```
...
    <listener>
        <listener-class>cc.openhome.ContextParameterReader</listener-class>
    </listener>
...
```

在 web.xml 中，也使用了 **<listener>**与**<listener-class>**标签来定义实现了 Servlet-ContextListener 接口的类名称。

有些应用程序的设置，必须在 Web 应用程序初始时进行，例如 4.2.2 节中谈过，若要改变 HttpSession 的一些 Cookie 设置，可以在 web.xml 中定义。另一个方式，则是取得 ServletContext 后，使用 **getSessionCookieConfig()**取得 **SessionCookieConfig** 进行设置，不过这个动作必须在应用程序初始时进行。例如：

```
...
@WebListener()
public class SomeContextListener implements ServletContextListener {
    @Override
    public void contextInitialized(ServletContextEvent sce) {
        ServletContext context = sce.getServletContext();
        context.getSessionCookieConfig()
                .setName("caterpillar-sessionId");
    }
    @Override
    public void contextDestroyed(ServletContextEvent sce) {}
}
```

2. ServletContextAttributeListener

ServletContextAttributeListener 是"监听属性改变的监听器"，如果想要对象被设置、移除或替换 ServletContext 属性，可以收到通知以进行一些操作，则可以实现 ServletContextAttributeListener。

```
package javax.servlet;
import java.util.EventListener;
public interface ServletContextAttributeListener extends EventListener{
    public void attributeAdded(ServletContextAttributeEvent scab);
    public void attributeRemoved(ServletContextAttributeEvent scab);
    public void attributeReplaced(ServletContextAttributeEvent scab);
}
```

当在 ServletContext 中添加属性、移除属性或替换属性时，相对应的 **attributeAdded()**、**attributeRemoved()** 与 **attributeReplaced()** 方法就会被调用。

如果希望容器在部署应用程序时，实例化实现 ServletContextAttributeListener 的类并注册给应用程序，同样也是在实现类上标注@WebListener，并实现 ServletContext-AttributeListener 接口：

```
...
@WebListener()
public class SomeContextAttrListener
          implements ServletContextAttributeListener {
    ...
}
```

另一个方式是在 web.xml 中设置：

```
...
  <listener>
    <listener-class>cc.openhome.SomeContextAttrListener</listener-class>
  </listener>
...
```

5.2.2 HttpSession 事件、监听器

与 HttpSession 相关的监听器有四个：HttpSessionListener、HttpSessionAttributeListener、HttpSessionBindingListener 与 HttpSessionActivationListener。

1. HttpSessionListener

HttpSessionListener 是"生命周期监听器"，如果想要在 HttpSession 对象创建或结束时，做些相对应动作，则可以实现 HttpSessionListener。

```
package javax.servlet.http;
import java.util.EventListener;
public interface HttpSessionListener extends EventListener {
    public void sessionCreated(HttpSessionEvent se);
    public void sessionDestroyed(HttpSessionEvent se);
}
```

在 HttpSession 对象初始化或结束前，会分别调用 **sessionCreated()** 与 **session-Destroyed()** 方法，可以通过传入的 **HttpSessionEvent**，使用 **getSession()** 取得 HttpSession，以针对会话对象作出相对应的创建或结束处理操作。

举个例子，有些网站为了防止用户重复登录，会在数据库中以某个字段代表用户是否登录，用户登录后，在数据库中设置该字段信息，代表用户已登录，而用户注销后，再重置该字段。如果用户已登录，在注销前尝试再用另一个浏览器进行登录，应用程序会检查数据库中代表登录与否的字段，如果发现已被设置为登录，则拒绝用户重复登录。

现在的问题在于，如果用户在注销前不小心关闭浏览器，没有确实运行注销操作，那么数据库中代表登录与否的字段就不会被重置。为此，可以实现 HttpSessionListener，由于 HttpSession 有其存活期限，当容器销毁某个 HttpSession 时，就会调用 sessionDestroyed()，就可以在当中判断要重置哪个用户数据库中代表登录与否的字段。例如：

```
...
@WebListener()
public class ResetLoginHelper implements HttpSessionListener {
    @Override
    public void sessionCreated(HttpSessionEvent se) {}
    @Override
    public void sessionDestroyed(HttpSessionEvent se) {
        HttpSession session = se.getSession();
        String user = session.getAttribute("login");
        // 修改数据库字段为注销状态
    }
}
```

如果在实现 HttpSessionListener 的类上标注@WebListener，则容器在部署应用程序时，会实例化并注册给应用程序。另一个方式是在 web.xml 中设置：

```
...
    <listener>
        <listener-class>cc.openhome.ResetLoginHelper</listener-class>
    </listener>
...
```

下面来看另一个 HttpSessionListener 的应用实例。假设有个应用程序在用户登录后会使用 HttpSession 对象来进行会话管理。例如：

SessionListenerDemo   Login.java

```
package cc.openhome;

import java.util.*;
import java.io.IOException;
import javax.servlet.ServletException;
import javax.servlet.annotation.WebServlet;
import javax.servlet.http.HttpServlet;
import javax.servlet.http.HttpServletRequest;
import javax.servlet.http.HttpServletResponse;

@WebServlet("/login.do")
public class Login extends HttpServlet {
    private Map<String, String> users;

    public Login() {
        users = new HashMap<String, String>();
        users.put("caterpillar", "123456");
        users.put("momor", "98765");
        users.put("hamimi", "13579");
    }

    @Override
    protected void doPost(HttpServletRequest request,
                    HttpServletResponse response)
```

```
                          throws ServletException, IOException {
        String name = request.getParameter("name");
        String passwd = request.getParameter("passwd");

        String page = "form.html";
        if(users.containsKey(name) && users.get(name).equals(passwd)) {
            request.getSession().setAttribute("user", name);
            page = "welcome.view";
        }
        response.sendRedirect(page);
    }
}
```

这个 Servlet 在用户验证通过后，会取得 HttpSession 实例并设置属性。如果想要在应用程序中加上显示目前已登录在线人数的功能，则可以实现 HttpSessionListener 接口。例如：

SessionListenerDemo   OnlineUserCounter.java

```
package cc.openhome;

import javax.servlet.annotation.WebListener;
import javax.servlet.http.HttpSessionEvent;
import javax.servlet.http.HttpSessionListener;

@WebListener
public class OnlineUserCounter implements HttpSessionListener {
    private static int counter;

    public static int getCounter() {
        return counter;
    }

    @Override
    public void sessionCreated(HttpSessionEvent se) {
        OnlineUserCounter.counter++;
    }

    @Override
    public void sessionDestroyed(HttpSessionEvent se) {
        OnlineUserCounter.counter--;
    }
}
```

OnlineUserCounter 中有个静态(static)变量，在每一次 HttpSession 创建时会递增，而销毁 HttpSession 时会递减，也就是通过统计 HttpSession 的实例，来作登录用户的计数功能。

只要在想要显示在线人数的页面，使用 OnlineUserCounter.getCounter()，就可以取得目前的在线人数并显示，如图 5.3 所示。例如，在登录成功的欢迎页面上，一并显示在线人数：

SessionListenerDemo   Welcome.java

```
package cc.openhome;
```

```
import java.io.*;
import javax.servlet.ServletException;
import javax.servlet.annotation.WebServlet;
import javax.servlet.http.HttpServlet;
import javax.servlet.http.HttpServletRequest;
import javax.servlet.http.HttpServletResponse;
import javax.servlet.http.HttpSession;

@WebServlet("/welcome.view")
public class Welcome extends HttpServlet {
    @Override
    protected void doGet(HttpServletRequest request,
                            HttpServletResponse response)
                        throws ServletException, IOException {
        response.setContentType("text/html;charset=UTF-8");
        PrintWriter out = response.getWriter();
        HttpSession session = request.getSession(false);
        out.println("<html>");
        out.println("<head>");
        out.println("<title>欢迎</title>");
        out.println("</head>");
        out.println("<body>");
        out.println("<h1>目前在线人数 " +
                OnlineUserCounter.getCounter() + " 人</h1>");
        if(session != null) {
            String user = (String) session.getAttribute("user");
            out.println("<h1>欢迎: " + user + "</h1>");
            out.println("<a href='logout.do'>注销</a>");
        }
        out.println("</body>");
        out.println("</html>");
        out.close();
    }
}
```

图 5.3　在线人数统计

提示》》　可以把这个例子进一步扩充，不只统计在线人数，还可以实现一个查看在线用户信息的列表。本章课后练习中，有个实训题要求实现这个功能。

2. HttpSessionAttributeListener

　　HttpSessionAttributeListener 是"属性改变监听器"，当在会话对象中加入属性、移除属性或替换属性时，相对应的 **attributeAdded()**、**attributeRemoved()** 与 **attributeReplaced()** 方法就会被调用，并分别传入 **HttpSessionBindingEvent**。

```
package javax.servlet.http;
import java.util.EventListener;
public interface HttpSessionAttributeListener extends EventListener {
    public void attributeAdded(HttpSessionBindingEvent se);
    public void attributeRemoved(HttpSessionBindingEvent se);
    public void attributeReplaced(HttpSessionBindingEvent se);
}
```

HttpSessionBindingEvent 有个 **getName()** 方法，可以取得属性设置或移除时指定的名称，而 **getValue()** 可以取得属性设置或移除时的对象。

如果希望容器在部署应用程序时，实例化实现 HttpSessionAttributeListener 的类并注册给应用程序，则同样也是在实现类上标注@WebListener：

```
...
@WebListener()
public class HttpSessionAttrListener
                implements HttpSessionAttributeListener {
...
}
```

另一个方式是在 web.xml 下进行设置：

```
...
<listener>
    <listener-class>cc.openhome.HttpSessionAttrListener</listener-class>
</listener>
...
```

3. HttpSessionBindingListener

HttpSessionBindingListener 是"对象绑定监听器"，如果有个即将加入 HttpSession 的属性对象，希望在设置给 HttpSession 成为属性或从 HttpSession 中移除时，可以收到 HttpSession 的通知，则可以让该对象实现 HttpSessionBindingListener 接口。

```
package javax.servlet.http;
import java.util.EventListener;
public interface HttpSessionBindingListener extends EventListener {
    public void valueBound(HttpSessionBindingEvent event);
    public void valueUnbound(HttpSessionBindingEvent event);
}
```

这个接口即是实现加入 HttpSession 的属性对象，不需注释或在 web.xml 中设置。当实现此接口的属性对象被加入 HttpSession 或从中移除时，就会调用对应的 **valueBound()** 与 **valueUnbound()** 方法，并传入 **HttpSessionBindingEvent** 对象，可以通过该对象的 getSession()取得 HttpSession 对象。

下面介绍这个接口使用的一个范例。假设修改前一个范例程序的登录 Servlet 如下：

SessionListenerDemo2 Login.java

```
package cc.openhome;

import java.util.*;
import java.io.IOException;
```

```java
import javax.servlet.ServletException;
import javax.servlet.annotation.WebServlet;
import javax.servlet.http.HttpServlet;
import javax.servlet.http.HttpServletRequest;
import javax.servlet.http.HttpServletResponse;

@WebServlet("/login.do")
public class Login extends HttpServlet {
    ...
    @Override
    protected void doPost(HttpServletRequest request,
                          HttpServletResponse response)
                    throws ServletException, IOException {
        ...
        String page = "form.html";
        if(users.containsKey(name) && users.get(name).equals(passwd)) {
            User user = new User(name);
            request.getSession().setAttribute("user", user);
            page = "welcome.view";
        }
        response.sendRedirect(page);
    }
}
```

当用户输入正确的名称与密码时，首先会以用户名来创建 User 实例，而后加入 HttpSession 中作为属性。希望 User 实例被加入成为 HttpSession 属性时，可以自动从数据库中加载用户的其他数据，如地址、照片等，或是在日志中记录用户登录的信息，可以让 User 类实现 HttpSessionBindingListener 接口。例如：

SessionListenerDemo2　User.java

```java
package cc.openhome;

import javax.servlet.http.HttpSessionBindingEvent;
import javax.servlet.http.HttpSessionBindingListener;

public class User implements HttpSessionBindingListener {
    private String name;
    private String data;
    public User(String name) {
        this.name = name;
    }

    public void valueBound(HttpSessionBindingEvent event) {
        this.data = name + " 来自数据库的数据...";
    }
    public void valueUnbound(HttpSessionBindingEvent event) {}

    public String getData() {
        return data;
    }
    public String getName() {
        return name;
    }
}
```

在 valueBound() 中，可以实现查询数据库的功能(也许是委托给一个负责查询数据库的服务对象)，并补齐 User 对象中的相关数据。当 HttpSession 失效前会先移除属性，或者主动移除属性时，则 valueUnbound() 方法会被调用。

4. HttpSessionActivationListener

HttpSessionActivationListener 是"对象迁移监听器"，其定义了两个方法 session-WillPassivate() 与 sessionDidActivate()。很多情况下，几乎不会使用到 HttpSessionActivation-Listener。在使用到分布式环境时，应用程序的对象可能分散在多个 JVM 中。当 HttpSession 要从一个 JVM 迁移至另一个 JVM 时，必须先在原本的 JVM 上序列化(Serialize)所有的属性对象，在这之前若属性对象有实现 HttpSession- ActivationListener，就会调用 sessionWillPassivate() 方法，而 HttpSession 迁移至另一个 JVM 后，就会对所有属性对象作反序列化，此时会调用 sessionDidActivate() 方法。

> **提示》》** 要可以序列化的对象必须实现 Serializable 接口。如果 HttpSession 属性对象中有些类成员无法作序列化，则可以在 sessionWillPassivate() 方法中做些替代处理来保存该成员状态，而在 sessionDidActivate() 方法中做些恢复该成员状态的动作。

5.2.3 `HttpServletRequest` 事件、监听器

与请求相关的监听器有三个：ServletRequestListener、ServletRequestAttri buteListener 与 AsyncListener。第三个是在 Servlet 3.0 中新增的监听器，这在之后谈到异步处理时还会说明。以下先说明前两个监听器。

1. ServletRequestListener

ServletRequestListener 是"生命周期监听器"，如果想要在 HttpServletRequest 对象生成或结束时做些相对应的操作，则可以实现 ServletRequestListener。

```
package javax.servlet;
import java.util.EventListener;
public interface ServletRequestListener extends EventListener {
    public void requestDestroyed(ServletRequestEvent sre);
    public void requestInitialized(ServletRequestEvent sre);
}
```

在 ServletRequest 对象初始化或结束前，会调用 **requestInitialized()** 与 **requestDestroyed()** 方法，可以通过传入的 **ServletRequestEvent** 来取得 ServletRequest，以针对请求对象做出相对应的初始化或结束处理动作。例如：

```
...
@WebListener()
public class SomeRequestListener implements ServletRequestListener {
    ...
}
```

如果在实现 `ServletRequestListener` 的类上标注@WebListener，则容器在部署应用程序时，会实例化类并注册给应用程序。另一个方式是在 web.xml 中进行设置：

```
...
<listener>
    <listener-class>cc.openhome.SomeRequestListener</listener-class>
</listener>
...
```

2. ServletRequestAttributeListener

`ServletRequestAttributeListener` 是"属性改变监听器"，在请求对象中加入属性、移除属性或替换属性时，相对应的 `attributeAdded()`、`attributeRemoved()` 与 `attributeReplaced()` 方法就会被调用，并分别传入 `ServletRequestAttributeEvent`。

`ServletRequestAttributeEvent` 有个 `getName()` 方法，可以取得属性设置或移除时指定的名称，而 `getValue()` 则可以取得属性设置或移除时的对象。

如果希望容器在部署应用程序时，实例化实现 `ServletRequestAttributeListener` 的类并注册给应用程序，同样也是在实现类上标注@WebListener：

```
...
@WebListener()
public class SomeRequestAttrListener
            implements ServletRequestAttributeListener {
    ...
}
```

另一个方式是在 web.xml 中进行设置：

```
...
<listener>
    <listener-class>cc.openhome.SomeRequestListener</listener-class>
</listener>
...
```

> 提示>>> 生命周期监听器与属性改变监听器都必须使用@WebListener 或在 web.xml 中设置，容器才会知道要加载、读取监听器相关设置。

5.3 过滤器

在容器调用 Servlet 的 `service()`方法前，Servlet 并不会知道有请求的到来，而在 Servlet 的 `service()`方法运行后，容器真正对浏览器进行 HTTP 响应之前，浏览器也不会知道 Servlet 真正的响应是什么。过滤器(Filter)正如其名称所示，是介于 Servlet 之前，可拦截过滤浏览器对 Servlet 的请求，也可以改变 Servlet 对浏览器的响应。

本节将介绍过滤器的运用概念，了解如何实现 `Filter` 接口来编写过滤器，如何在 web.xml 中设置过滤器、改变过滤器的顺序等，以及如何使用请求封装器(Wrapper)及响应封装器，将容器产生的请求与响应对象加以包装，针对某些请求信息或响应进行加工处理。

5.3.1 过滤器的概念

想象已经开发好应用程序的主要商务功能了，但现在有几个需求出现：

(1) 针对所有的 Servlet，产品经理想要了解从请求到响应之间的时间差。

(2) 针对某些特定的页面，客户希望只有特定几个用户才可以浏览。

(3) 基于安全方面的考量，用户输入的特定字符必须过滤并替换为无害的字符。

(4) 请求与响应的编码从 Big5 改用 UTF-8。

以第一个需求而言，也许你的直觉就是，打开每个 Servlet，在 doXXX()开头与结尾取得系统时间，计算时间差，但如果页面有上百个或上千个，怎么完成这些需求？如果产品经理在你完成需求后，又要求拿掉计算时间差的功能，你怎么办？

收到这些需求的你，在急忙打开相关源代码文档进行修改之前，请先分析一下这些需求：

(1) 运行 Servlet 的 service()方法"前"，记录起始时间，Servlet 的 service()方法运行"后"，记录结束时间并计算时间差。

(2) 运行 Servlet 的 service()方法"前"，验证是否为允许的用户。

(3) 运行 Servlet 的 service()方法"前"，对请求参数进行字符过滤与替换。

(4) 运行 Servlet 的 service()方法"前"，对请求与响应对象设置编码。

经过以上分析，可以发现这些需求，可以在真正运行 Servlet 的 service()方法"前"与 Servlet 的 service()方法运行"后"中间进行实现，如图 5.4 所示。

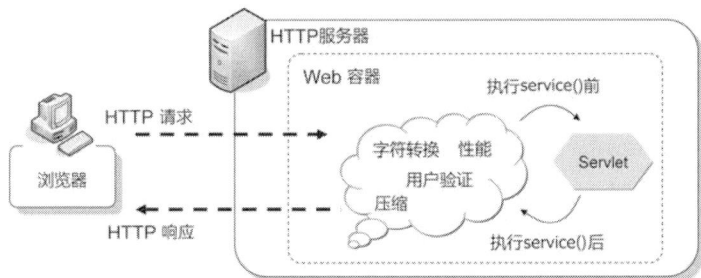

图 5.4 介于 service()方法运行前、后的需求

性能评测、用户验证、字符替换、编码设置等需求，基本上与应用程序的业务需求没有直接的关系，只是应用程序额外的元件服务之一。你可能只是短暂需要它，或者需要整个系统应用相同设置，不应该为了一时的需要而修改代码强加入原有业务流程中。例如，性能的评测也许只是开发阶段才需要的，上线之后就要拿掉性能评测的

功能，如果直接将性能评测的代码编写在业务流程中，那么要拿掉这个功能，就又得再修改一次源代码。

因此，如性能评测、用户验证、字符替换、编码设置这类的需求，应该设计为独立的元件，随时可以加入应用程序中，也随时可以移除，或随时可以修改设置而不用修改原有的程序。这类元件就像是一个过滤器，安插在浏览器与 Servlet 中间，可以过滤请求与响应而作进一步的处理，如图 5.5 所示。

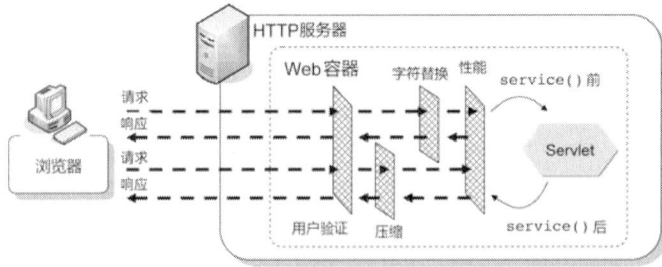

图 5.5　将服务需求设计为可抽换的元件

Servlet/JSP 提供了过滤器机制让你实现这些元件服务，就如图 5.5 所示，可以视需求抽换过滤器或调整过滤器的顺序，也可以针对不同的 URL 应用不同的过滤器。甚至在不同的 Servlet 间请求转发或包含时应用过滤器，如图 5.6 所示。

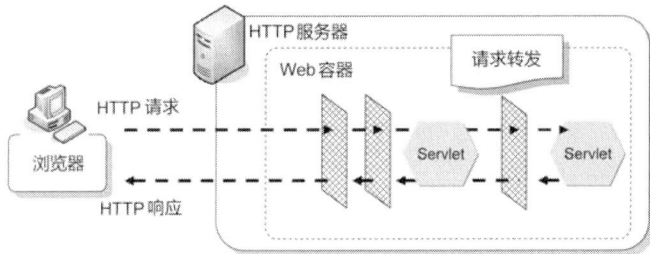

图 5.6　在请求转发时应用过滤器

5.3.2　实现与设置过滤器

在 Servlet/JSP 中要实现过滤器，必须实现 `Filter` 接口，并使用`@WebFilter`标注或在 web.xml 中定义过滤器，让容器知道该加载哪些过滤器类。`Filter` 接口有三个要实现的方法：`init()`、`doFilter()`与 `destroy()`。

```
package javax.servlet;
import java.io.IOException;
public interface Filter {
    public void init(FilterConfig filterConfig) throws ServletException;
    public void doFilter(ServletRequest request,
                    ServletResponse response,
                    FilterChain chain) throws IOException, ServletException;
    public void destroy();
}
```

FilterConfig 类似于 Servlet 接口 init()方法参数上的 ServletConfig, FilterConfig 是实现 Filter 接口的类上使用标注或 web.xml 中过滤器设置信息的代表对象。如果在定义过滤器时设置了初始参数，则可以通过 FilterConfig 的 **getInitParameter()**方法来取得初始参数。

Filter 接口的 doFilter()方法则类似于 Servlet 接口的 service()方法。当请求来到容器，而容器发现调用 Servlet 的 service()方法前，可以应用某过滤器时，就会调用该过滤器的 doFilter()方法。可以在 doFilter()方法中进行 service()方法的前置处理，而后决定是否调用 **FilterChain** 的 **doFilter()**方法。

如果调用了 FilterChain 的 doFilter()方法，就会运行下一个过滤器，如果没有下一个过滤器了，就调用请求目标 Servlet 的 service()方法。如果因为某个情况(如用户没有通过验证)而没有调用 FilterChain 的 doFilter()，则请求就不会继续交给接下来的过滤器或目标 Servlet，这时就是所谓的拦截请求(从 Servlet 的观点来看，根本不知道浏览器有发出请求)。FilterChain 的 doFilter()实现，概念上类似以下：

```
Filter filter = filterIterator.next();
if(filter != null) {
    filter.doFilter(request, response, this);
}
else {
    targetServlet.service(request, response);
}
```

在陆续调用完 Filter 实例的 doFilter()仍至 Servlet 的 service()之后，流程会以堆栈顺序返回，所以在 FilterChain 的 doFilter()运行完毕后，就可以针对 service()方法做后续处理。

```
// service()前置处理
chain.doFilter(request, response);
// service()后置处理
```

只需要知道 FilterChain 运行后会以堆栈顺序返回即可。在实现 Filter 接口时，不用理会这个 Filter 前后是否有其他 Filter，应该将之作为一个独立的元件设计。

如果在调用 Filter 的 doFilter()期间，因故抛出 UnavailableException，此时不会继续下一个 Filter，容器可以检验异常的 isPermanent()，如果不是 true，则可以在稍后重试 Filter。

提示》》 Servlet/JSP 提供的过滤器机制，其实是 Java EE 设计模式中 Interceptor Filter 模式的实现。如果希望可以弹性地抽换某功能的前置与后置处理元件(例如 Servlet/JSP 中 Servlet 的 service()方法的前置与后置处理)，就可以应用 Interceptor Filter 模式。

以下实现一个简单的性能评测过滤器，可用来记录请求与响应间的时间差，了解 Servlet 处理请求到响应所需花费的时间。

```java
package cc.openhome;

import java.io.IOException;
import javax.servlet.Filter;
import javax.servlet.FilterChain;
import javax.servlet.FilterConfig;
import javax.servlet.ServletException;
import javax.servlet.ServletRequest;
import javax.servlet.ServletResponse;
import javax.servlet.annotation.WebFilter;

@WebFilter(filterName="performance", urlPatterns={"/*"})    ←── ❶ 使用@WebFilter标注
public class PerformanceFilter implements Filter {    ←── ❷ 实现 Filter 接口
    private FilterConfig config;

    @Override
    public void init(FilterConfig config) throws ServletException {
        this.config = config;
    }

    @Override
    public void doFilter(ServletRequest request,
                         ServletResponse response,
                         FilterChain chain)
                            throws IOException, ServletException {
        long begin = System.currentTimeMillis();
        chain.doFilter(request, response);
        config.getServletContext().log("Request process in " +
            (System.currentTimeMillis() - begin) + " milliseconds");
    }

    @Override
    public void destroy() {}
}
```

当过滤器类被载入容器时并实例化后，容器会运行其 init() 方法并传入 FilterConfig 对象作为参数。在 doFilter() 的实现中，先记录目前的系统时间，接着调用 FilterChain 的 doFilter() 继续接下来的过滤器或 Servlet，当 FilterChain 的 doFilter() 返回时，取得系统时间并减去先前记录的时间，就是请求与响应间的时间差。

过滤器的设置与 Servlet 的设置很类似。@WebFilter 中的 **filterName** 设置过滤器名称，**urlPatterns** 设置哪些URL请求必须应用哪个过滤器 ❶，可应用的 URL 模式与 Servlet 基本上相同，而 "/*" 表示应用在所有的 URL 请求，过滤器还必须实现 Filter 接口 ❷。

如果要在 web.xml 中设置，则可以如下所示，标注的设置会被 web.xml 中的设置覆盖：

```xml
...
    <filter>
        <filter-name>performance</filter-name>
        <filter-class>cc.openhome.PerformanceFilter</filter-class>
    </filter>
```

```
    <filter-mapping>
        <filter-name>performance</filter-name>
        <url-pattern>/*</url-pattern>
    </filter-mapping>
...
```

<filter>标签中使用**<filter-name>**与**<filter-class>**设置过滤器名称与类名称。而在 **<filter-mapping>**中，则用**<filter-name>**与**<url-pattern>**来设置哪些 URL 请求必须应用哪个过滤器。

在过滤器的请求应用上，除了指定 URL 模式之外，也可以指定 Servlet 名称，这可以通过@WebServlet 的 **servletNames** 来设置：

```
@WebFilter(filterName="performance", servletNames={"SomeServlet"})
```

或在 web.xml 的**<filter-mapping>**中使用**<servlet-name>**来设置：

```
...
    <filter-mapping>
        <filter-name>performance</filter-name>
        <servlet-name>SomeServlet</servlet-name>
    </filter-mapping>
...
```

如果想一次符合所有的 Servlet 名称，则可以使用星号(*)。如果在过滤器初始化时，想要读取一些参数，可以在@WebFilter 中使用**@WebInitParam** 设置 **initParams**。例如：

```
...
@WebFilter(
    filterName="performance",
    urlPatterns={"/*"}, servletNames={""},
    initParams={
        @WebInitParam(name = "PARAM1", value = "VALUE1"),
        @WebInitParam(name = "PARAM2", value = "VALUE2")
    }
)
public class PerformanceFilter implements Filter {
    private String PARAM1;
    private String PARAM2;

    @Override
    public void init(FilterConfig config) throws ServletException {
        PARAM1 = config.getInitParameter("PARAM1");
        PARAM2 = config.getInitParameter("PARAM2");
    }
    ...
}
```

若要在 web.xml 中设置过滤器的初始参数，可以在**<filter>**标签中使用**<init-param>** 进行设置，web.xml 中的设置会覆盖标注的设置。例如：

```
...
    <filter>
        <filter-name>PerformanceFilter</filter-name>
        <filter-class>cc.openhome.PerformanceFilter</filter-class>
```

```xml
    <init-param>
        <param-name>PARAM1</param-name>
        <param-value>VALUE1</param-value>
    </init-param>
    <init-param>
        <param-name>PARAM2</param-name>
        <param-value>VALUE2</param-value>
    </init-param>
</filter>
...
```

触发过滤器的时机，默认是浏览器直接发出请求。如果是那些通过 RequestDispatcher 的 forward() 或 include() 的请求，设置 @WebFilter 的 **dispatcherTypes**。例如：

```java
@WebFilter(
    filterName="some",
    urlPatterns={"/some"},
    dispatcherTypes={
        DispatcherType.FORWARD,
        DispatcherType.INCLUDE,
        DispatcherType.REQUEST,
        DispatcherType.ERROR, DispatcherType.ASYNC
    }
)
```

如果不设置任何 dispatcherTypes，则默认为 **REQUEST**。**FORWARD** 就是指通过 Request-Dispatcher 的 forward() 而来的请求可以套用过滤器。**INCLUDE** 就是指通过 RequestDispatcher 的 include() 而来的请求可以套用过滤器。**ERROR** 是指由容器处理例外而转发过来的请求可以触发过滤器。**ASYNC** 是指异步处理的请求可以触发过滤器(之后还会说明异步处理)。

若要在 web.xml 中设置，则可以使用**<dispatcher>**标签。例如：

```xml
...
<filter-mapping>
    <filter-name>SomeFilter</filter-name>
    <servlet-name>*.do</servlet-name>
    <dispatcher>REQUEST</dispatcher>
    <dispatcher>FORWARD</dispatcher>
    <dispatcher>INCLUDE</dispatcher>
    <dispatcher>ERROR</dispatcher>
    <dispatcher>ASYNC</dispatcher>
</filter-mapping>
...
```

可以通过<url-pattern> 或<servlet-name>来指定，哪些 URL 请求或哪些 Servlet 可应用过滤器。如果同时具备<url-pattern>与<servlet-name>，则先比对<url-pattern>，再比对<servlet-name>。如果有某个 URL 或 Servlet 会应用多个过滤器，则根据<filter-mapping>在 web.xml 中出现的先后顺序，来决定过滤器的运行顺序。

146

5.3.3 请求封装器

以下举两个实际的例子，来说明请求封装器的实现与应用，分别是字符替换过滤器与编码设置过滤器。

1. 实现字符替换过滤器

假设有个留言版程序已经上线并正常运作中，但是现在发现，有些用户会在留言中输入一些 HTML 标签。基于安全性的考量，不希望用户输入的 HTML 标签直接出现在留言中而被浏览器当作 HTML 的一部分。例如，并不希望用户在留言中输入<a href="http://openhome.cc">OpenHome.cc</a>这样的信息，你不想信息在留言显示中直接变成超链接，让用户有机会在留言版中打广告，如图 5.7 所示。

图 5.7 留言版被拿来打广告了

希望将一些 HTML 过滤掉，如将<、>角括号置换为 HTML 实体字符<与>。如果不想直接修改留言版程序，则可以使用过滤器的方式，将用户请求参数中的角括号字符进行替换。但问题在于，虽然可以使用 HttpServletRequest 的 getParameter()取得请求参数值，但就是没有一个像 setParameter()的方法，可以将处理过后的请求参数重新设置给 HttpServletRequest。

对于容器产生的 HttpServletRequest 对象，无法直接修改某些信息，如请求参数值就是一个例子。你也许会想要亲自实现 HttpServletRequest 接口，让 getParameter()返回过滤后的请求参数值，但这么做的话，HttpServletRequest 接口定义的方法都要实现，实现所有方法非常麻烦。

所幸，有个 **HttpServletRequestWrapper** 帮你实现了 HttpServletRequest 接口，只要继承 HttpServletRequestWrapper 类，并编写想要重新定义的方法即可。相对应于 ServletRequest 接口，也有个 **ServletRequestWrapper** 类可以使用。如图 5.8 所示。

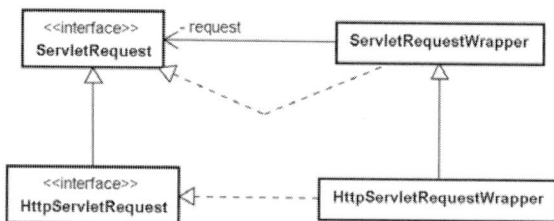

图 5.8 ServletRequestWrapper 与 HttpServletWrapper

以下的范例通过继承 HttpServletRequestWrapper 实现了一个请求封装器，可以将请求参数中的 HTML 符号替换为 HTML 实体字符。

```
package cc.openhome;

import javax.servlet.http.HttpServletRequest;
import javax.servlet.http.HttpServletRequestWrapper;      ❶ 继承
import org.apache.commons.lang.StringEscapeUtils;          HttpServletRequestWrapper

public class EscapeWrapper extends HttpServletRequestWrapper {
    public EscapeWrapper(HttpServletRequest request) {
        super(request);      ◀── ❷ 必须调用父类构造器，传入 HttpServletRequest 实例
    }

    @Override
    public String getParameter(String name) {   ◀── ❸ 重新定义 getParameter()方法
        String value = getRequest().getParameter(name);
        return StringEscapeUtils.escapeHtml(value);  ◀── ❹ 将取得的请求参数值进
    }                                                      行字符替换
}
```

EscapeWrapper 类继承了 HttpServletRequestWrapper❶，并定义了一个接受 HttpServletRequest 的构造器，真正的 HttpServletRequest 将通过此构造器传入，必须使用 super()调用 HttpServletRequestWrapper 接受 HttpServletRequest 的构造器❷，之后如果要取得被封装的 HttpServletRequest，则可以调用 getRequest()方法。

之后若有 Servlet 要取得请求参数值，都会调用 getParameter()，所以这里重新定义了 getParameter()方法❸，在此方法中，将真正从封装的 HttpServletRequest 对象上取得的请求参数值进行字符替换的动作❹。

提示 »»　在这里直接使用了 Apache Commons Lang 程序库中，StringEscapeUtils 类提供的 escapeHtml()方法来进行字符替换。可以在这里下载：

http://commons.apache.org/lang/
将下载的文件解开，将其中的 JAR 文件放至 Web 应用程序的 WEB-INF/lib 文件夹中即可。

可以使用这个请求封装器类搭配过滤器，以进行字符过滤的服务。例如：

```
package cc.openhome;

import java.io.IOException;
import javax.servlet.Filter;
import javax.servlet.FilterChain;
import javax.servlet.FilterConfig;
import javax.servlet.ServletException;
import javax.servlet.ServletRequest;
import javax.servlet.ServletResponse;
import javax.servlet.annotation.WebFilter;
import javax.servlet.http.HttpServletRequest;

@WebFilter("/*")
public class EscapeFilter implements Filter {
```

```
public void init(FilterConfig fConfig) throws ServletException {}

  public void doFilter(ServletRequest request,
                   ServletResponse response,
                   FilterChain chain)
                         throws IOException, ServletException {
    HttpServletRequest requestWrapper =
        new EscapeWrapper((HttpServletRequest) request);
    chain.doFilter(requestWrapper, response);
  }
public void destroy() {}
}
```

❶ 将原请求对象包裹至 EscapeWrapper 中

❷ 将 EscapeWrapper 对象当作请求对象传入 doFilter()

在 `Filter` 的 `doFilter()` 中，创建 `EscapeWrapper` 实例，并将原请求对象传入构造器进行封装❶。然后将 `EscapeWrapper` 实例传入 `FilterChain` 的 `doFilter()` 中作为请求对象❷。之后的 `Filter` 或 `Servlet` 实例不需要也不会知道请求对象已经被封装，在必须取得请求参数时，同样调用 `getParameter()` 即可。

当将这个过滤器挂上去之后，如果有用户试图输入 HTML 标签，由于角括号都被替换为实体字符，所以出现的留言将会变成图 5.9 所示的画面。

图 5.9 挂上过滤器并输入 HTML 标签后的留言信息

实际上输入的<a href="http://openhome.cc">OpenHome.cc</a>会被替换为 "<a href="http://openhome.cc">OpenHome.cc</a>"，浏览器会在视觉上呈现<a href="http://openhome.cc">OpenHome.cc</a>，但不会被当作 HTML 标签语法来解释。

2. 实现编码设置过滤器

在先前的范例中，如果要设置请求字符编码，都是在个别的 Servlet 中处理。可以在过滤器中进行字符编码设置，如果日后要改变编码，就不用每个 Servlet 逐一修改设置。

在 3.2.2 节中介绍字符编码设置时谈过，`HttpServletRequest` 的 `setCharacterEncoding()` 方法是针对请求 Body 内容，对于 GET 请求，必须取得请求参数的字节阵列后，重新指定编码建构字符串。这个需求与上一个范例类似，可搭配请求封装器来实现。

FilterDemo   EncodingWrapper.java

```
package cc.openhome;

import java.io.UnsupportedEncodingException;

import javax.servlet.http.HttpServletRequest;
import javax.servlet.http.HttpServletRequestWrapper;

public class EncodingWrapper extends HttpServletRequestWrapper {
```

❶继承 HttpServletRequestWrapper

149

```
    private String ENCODING;
     public EncodingWrapper(HttpServletRequest request, String ENCODING) {
        super(request);    ◄── ❷必须调用父类构造器，传入 HttpServletRequest 实例
        this.ENCODING = ENCODING;
    }

    @Override
    public String getParameter(String name) {  ◄── ❸重新定义 getParameter()方法
        String value = getRequest().getParameter(name);
        if(value != null) {
            try {
                byte[] b = value.getBytes("ISO-8859-1");  ─┐◄── ❹将取得的请求参数
                value = new String(b, ENCODING);           ─┘        值进行编码转换
            } catch (UnsupportedEncodingException e) {
                throw new RuntimeException(e);
            }
        }
        return value;
    }
}
```

　　EncodingWrapper 类的实现与上一个范例类似，其继承了 HttpServletRequest-Wrapper❶，并定义了一个接受 HttpServletRequest 的构造器，真正的 HttpServletRequest 将通过此构造器传入，必须使用 super() 调用 HttpServletRequestWrapper 接受 HttpServletRequest 的构造器❷，之后如果要取得被封装的 HttpServletRequest，则可以调用 getRequest()方法。

　　之后若有 Servlet 要取得请求参数值，都会调用 getParameter()，所以这里重新定义了 getParameter()方法❸。在此方法中，将真正从封装的 HttpServletRequest 对象上取得的请求参数值，进行编码替换的动作❹。

　　至于编码过滤器的实现，如下所示：

FilterDemo　EncodingFilter.java

```
package cc.openhome;

import java.io.IOException;
import javax.servlet.Filter;
import javax.servlet.FilterChain;
import javax.servlet.FilterConfig;
import javax.servlet.ServletException;
import javax.servlet.ServletRequest;
import javax.servlet.ServletResponse;
import javax.servlet.annotation.WebFilter;
import javax.servlet.annotation.WebInitParam;
import javax.servlet.http.HttpServletRequest;

@WebFilter(
        urlPatterns = { "/*" },
        initParams = {                              ❶ 设置过滤器初始参数
                @WebInitParam(name = "ENCODING", value = "UTF-8")
        })
```

```
public class EncodingFilter implements Filter {
    private String ENCODING;

    public void init(FilterConfig config) throws ServletException {
        ENCODING = config.getInitParameter("ENCODING");    ◀── ❷ 读取初始参数
    }

    public void doFilter(ServletRequest request,
                         ServletResponse response, FilterChain chain)
                             throws IOException, ServletException {
        HttpServletRequest req = (HttpServletRequest) request;
        if("GET".equals(req.getMethod())) {
            req = new EncodingWrapper(req, ENCODING);    ◀── ❸ GET 请求时创建封装器
        }
        else {
            req.setCharacterEncoding(ENCODING);
        }
        chain.doFilter(req, response);    ◀── ❹ 调用 FilterChain 的 doFilter()
    }
    public void destroy() {}
}
```

请求参数的编码设置是通过过滤器初始参数来设置的❶，并在过滤器初始化方法 init()中读取❷，过滤器仅在 GET 请求以创建 EncodingWrapper 实例❸，其他方法则通过 HttpServletRequest 的 setCharacterEncoding()设置编码，最后都调用 FilterChain 的 doFilter()方法传入 EncodingWrapper 实例或原请求对象。

5.3.4　响应封装器

在 Servlet 中，是通过 HttpServletResponse 对象来对浏览器进行响应的。如果想要对响应的内容进行压缩处理，就要想办法让 HttpServletResponse 对象具有压缩处理的功能。先前介绍过请求封装器的实现，而在响应封装器的部分，可以继承 HttpServlet-ResponseWrapper 类(父类 ServletResponseWrapper)来对 HttpServletResponse 对象进行封装，如图 5.10 所示。

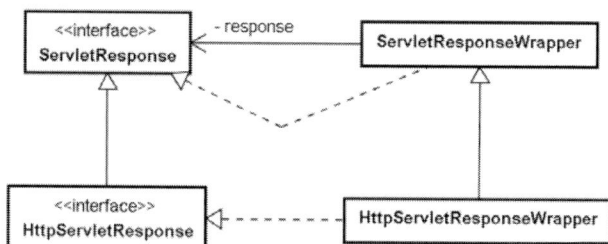

图 5.10　ServletResponseWrapper 与 HttpServletResponseWrapper

若要对浏览器进行输出响应，必须通过 getWriter()取得 PrintWriter，或是通过 getOutputStream()取得 ServletOutputStream。所以针对压缩输出的需求，主要就是继承 HttpServletResponseWrapper 之后，通过重新定义这两个方法来达成。

在这里压缩的功能将采 GZIP 格式，这是浏览器可以接受的压缩格式，可以使用 GZIPOutputStream 类来实现。由于 getWriter() 的 PrintWriter 在创建时，也是必须使用到 ServletOutputStream，所以在这里先扩展 ServletOutputStream 类，让它具有压缩的功能。

FilterDemo   GZipServletOutputStream.java

```
package cc.openhome;

import java.io.IOException;
import java.util.zip.GZIPOutputStream;
import javax.servlet.ServletOutputStream;

public class GZipServletOutputStream extends ServletOutputStream {    ❶ 继承 ServletOutputStream
    private GZIPOutputStream gzipOutputStream;                              来进行扩展

    public GZipServletOutputStream(
            ServletOutputStream servletOutputStream) throws IOException {
        this.gzipOutputStream =
            new GZIPOutputStream(servletOutputStream);    ❷ 使用 GZIPOutputStream 来
    }                                                          增加压缩功能

    public void write(int b) throws IOException {
        gzipOutputStream.write(b);    ❸ 输出时通过 GZIPOutputStream 的
    }                                      write()来压缩输出

    public GZIPOutputStream getGzipOutputStream() {
        return gzipOutputStream;
    }
}
```

GzipServletOutputStream 继承 ServletOutputStream 类❶，使用时必须传入 ServletOutputStream 类，由 GZIPOutputStream 来增加压缩输出串流的功能❷。范例中重新定义 write()方法，并通过 GZIPOutputStream 的 write()方法来作串流输出❸，GZIPOutputStream 的 write()方法实现了压缩的功能。

在 HttpServletResponse 对象传入 Servlet 的 service()方法前，必须封装它，使得调用 getOutputStream()时，可以取得这里所实现的 GZipServletOutputStream 对象，而调用 getWriter()时，也可以利用 GzipServletOutputStream 对象来构造 PrintWriter 对象。

FilterDemo   CompressionWrapper.java

```
package cc.openhome;

import java.io.*;
import java.util.zip.GZIPOutputStream;
import javax.servlet.*;
import javax.servlet.http.*;

public class CompressionWrapper extends HttpServletResponseWrapper {
    private GZipServletOutputStream gzServletOutputStream;
    private PrintWriter printWriter;

    public CompressionWrapper(HttpServletResponse resp) {
        super(resp);
    }
```

```
@Override
public ServletOutputStream getOutputStream() throws IOException {
    if(printWriter != null) {              ❶ 已调用过 getWriter()，再调用
        throw new IllegalStateException();      getOutputStream()就抛出异常
    }
    if (gzServletOutputStream == null) {
        gzServletOutputStream = new GZipServletOutputStream(
                getResponse().getOutputStream());
    }                                      ❷ 创建有压缩功能的
    return gzServletOutputStream;             GZipServletOutputStream 对象
}

@Override
public PrintWriter getWriter() throws IOException {
    if(gzServletOutputStream != null) {   ❸ 已调用过
        throw new IllegalStateException();    getOutputStream()，再调用
    }                                         getWriter()就抛出异常

    if (printWriter == null) {
        gzServletOutputStream = new GZipServletOutputStream(
                getResponse().getOutputStream());
        OutputStreamWriter osw = new OutputStreamWriter(
                gzServletOutputStream,
                getResponse().getCharacterEncoding());
        printWriter = new PrintWriter(osw);
    }                                      ❹ 创建
    return printWriter;                       GzipServletOutputStream 对
}                                             象，供构造 PrintWriter 时使用

@Override
public void setContentLength(int len) {}  ❺ 不实现此方法内容，因为
                                              真正的输出会被压缩
public GZIPOutputStream getGZIPOutputStream() {
    if (this.gzServletOutputStream == null) {
        return null;
    }
    return this.gzServletOutputStream.getGzipOutputStream();
}
}
```

在上例中要注意，由于 Servlet 规格书中规定，在同一个请求期间，getWriter()与getOutputStream()只能择一调用，否则必须抛出 IllegalStateException，因此建议在实现响应封装器时，也遵循这个规范。因此在重新定义 getOutputStream()与 getWriter()方法时，分别要检查是否已存在 PrintWriter❶ 与 ServletOutputStream 实例❷。

在 getOutputStream()中，会创建 GZipServletOutputStream 实例并返回。在 getWriter()中调用 getOutputStream()取得 GzipServletOutputStream 对象，作为构造 PrintWriter 实例时使用❹，这样创建的 PrintWriter 对象也就具有压缩功能。由于真正的输出会被压缩，忽略原来的内容长度设置❺。

接下来可以实现一个压缩过滤器，使用上面开发的 CompressionWrapper 来封装原HttpServletResponse。

FilterDemo　CompressionFilter.java

```
package cc.openhome;

import java.io.*;
import java.util.zip.GZIPOutputStream;
import javax.servlet.*;
import javax.servlet.http.*;
import javax.servlet.annotation.WebFilter;

@WebFilter(filterName="CompressionFilter", urlPatterns={"/*"})
public class CompressionFilter implements Filter {
    public void init(FilterConfig filterConfig) {}

    public void doFilter(ServletRequest request,
                         ServletResponse response,
                         FilterChain chain)
            throws IOException, ServletException {
        HttpServletRequest req = (HttpServletRequest) request;
        HttpServletResponse res = (HttpServletResponse) response;

        String encodings = req.getHeader("accept-encoding");       // ❶ 检查是否接
        if ((encodings != null) && (encodings.indexOf("gzip") > -1)) {  //    受 gzip 压缩

        CompressionWrapper responseWrapper =
                new CompressionWrapper(res);    // ❷ 创建响应封装器
            responseWrapper.setHeader("content-encoding", "gzip");

            chain.doFilter(request, responseWrapper);    // ❹ 下一个过滤器
                                                         // ❸ 设置响应内容编
            GZIPOutputStream gzipOutputStream =          //    码为 gzip 格式
                responseWrapper.getGZIPOutputStream();
            if (gzipOutputStream != null) {
                gzipOutputStream.finish();    // ❺ 调用 GZIPOutputStream 的
            }                                 //    finish()方法完成压缩输出
        }
        else {
            chain.doFilter(request, response);    // ❻ 不接受压缩，直接进行
        }                                         //    下一个过滤器
    }

    public void destroy() {}
}
```

　　浏览器是否接受 GZIP 压缩格式，可以通过检查 accept-encoding 请求标头中是否包括 gzip 字符串来判断❶。如果可以接受 GZIP 压缩，创建 CompressionWrapper 封装原响应对象❷，并设置 content-encoding 响应标头为 gzip，这样浏览器就会知道响应内容是 GZIP 压缩格式❸。接着调用 FilterChain 的 doFilter()时，传入的响应对象为 CompressionWrapper 对象❹。当 FilterChain 的 doFilter()结束时，必须调用 GZIPOutputStream 的 finish()方法，这才会将 GZIP 后的资料从缓冲区中全部移出并进行响应❺。

　　如果客户端不接受 GZIP 压缩格式，则直接调用 FilterChain 的 doFilter()❻，这样就可以让不接受 GZIP 压缩格式的客户端也可以收到原有的响应内容。

5.4 异步处理

Web 容器会为每个请求分配一个线程，默认情况下，响应完成前，该线程占用的资源都不会被释放。若有些请求需要长时间处理(例如长时间运算、等待某个资源)，就会长时间占用线程所需资源，若这类请求很多，许多线程资源都被长时间占用，会对系统的性能造成负担。

Servlet 3.0 新增了异步处理，可以先释放容器分配给请求的线程与相关资源，减轻系统负担，原先释放了容器所分配线程的请求，其响应将被延后，可以在处理完成(例如长时间运算完成、所需资源已获得)时再对客户端进行响应。

提示 »»» 异步请求本身就是个进阶话题，常需搭配其他技术来完成，如 JavaScript，初学者可先略过此节内容。

5.4.1 AsyncContext 简介

为了支持异步处理，在 Servlet 3.0 中，在 `ServletRequest` 上提供了 **startAsync()** 方法：

```
AsyncContext startAsync() throws java.lang.IllegalStateException;
AsyncContext startAsync(ServletRequest servletRequest,
                ServletResponse servletResponse)
            throws java.lang.IllegalStateException
```

这两个方法都会返回 `AsyncContext` 接口的实现对象，前者会直接利用原有的请求与响应对象来创建 `AsyncContext`，后者可以传入自行创建的请求、响应封装对象。在调用了 `startAsync()` 方法取得 `AsyncContext` 对象之后，此次请求的响应会被延后，并释放容器分配的线程。

可以通过 `AsyncContext` 的 **getRequest()**、**getResponse()** 方法取得请求、响应对象，此次对客户端的响应将暂缓至调用 `AsyncContext` 的 **complete()** 或 **dispatch()** 方法为止，前者表示响应完成，后者表示将调派指定的 URL 进行响应。

若要能调用 `ServletRequest` 的 `startAsync()` 以取得 `AsyncContext`，必须告知容器此 Servlet 支持异步处理，如果使用 @WebServlet 来标注，则可以设置其 **asyncSupported** 为 true。例如：

```
@WebServlet(urlPatterns = "/some.do", asyncSupported = true)
public class AsyncServlet extends HttpServlet {
...
```

如果使用 web.xml 设置 Servlet，则可以在 `<servlet>` 中设置 `<async-supported>` 标签为 true：

```
...
<servlet>
    <servlet-name>AsyncServlet</servlet-name>
    <servlet-class>cc.openhome.AsyncServlet</servlet-class>
    <async-supported>true</async-supported>
</servlet>
...
```

如果 Servlet 将会进行异步处理，若其前端有过滤器，则过滤器亦需标示其支持异步处理，如果使用@WebFilter，同样可以设置其 **asyncSupported** 为 true。例如：

```
@WebFilter(urlPatterns = "/some.do", asyncSupported = true)
public class AsyncFilter implements Filter{
    ...
```

如果使用 web.xml 设置过滤器，则可以设置**<async-supported>**标签为 true：

```
...
<filter>
    <filter-name>AsyncFilter</filter-name>
    <filter-class>cc.openhome.AsyncFilter</filter-class>
    <async-supported>true</async-supported>
</filter>
...
```

下面示范一个异步处理的简单例子：

AsyncContextDemo   AsyncServlet.java

```
package cc.openhome;

import java.io.*;
import java.util.concurrent.*;
import javax.servlet.*;
import javax.servlet.annotation.*;
import javax.servlet.http.*;

@WebServlet(name="AsyncServlet", urlPatterns={"/async.do"},
            asyncSupported = true)  ◀—— ❶告诉容器此 Servlet 支持异步处理
public class AsyncServlet extends HttpServlet {
    private ExecutorService executorService =
                    Executors.newFixedThreadPool(10);
    @Override
    protected void doGet(HttpServletRequest request,
                         HttpServletResponse response)
    throws ServletException, IOException {
        response.setContentType("text/html; charset=UTF8");
        AsyncContext ctx = request.startAsync(); ◀—— ❷开始异步处理，释放请求线程
        executorService.submit(new AsyncRequest(ctx)); ◀—— ❸创建 AsyncRequest，调
    }                                                        度线程

    @Override
    public void destroy() {
        executorService.shutdown(); ◀—— ❹关闭线程池
    }
}
```

首先告诉容器，这个 Servlet 支持异步处理❶，对于每个请求，Servlet 会取得其 AsyncContext❷，并释放容器所分配的线程，响应被延后。对于这些被延后响应的请求，创建一个实现 Runnable 接口的 AsyncRequest 对象，并将其调度一个线程池(Thread pool)❸，线程池的线程数量是固定的，让这些必须长时间处理的请求，在这些有限数量的线程中完成，而不用每次请求都占用容器分配的线程。

AsyncRequest 是个实现 Runnable 的类，其模拟了长时间处理：

AsyncContextDemo   AsyncRequest.java

```java
package cc.openhome;

import java.io.PrintWriter;
import javax.servlet.AsyncContext;

public class AsyncRequest implements Runnable {
    private AsyncContext ctx;
    public AsyncRequest(AsyncContext ctx) {         ◄—— ❶ 建构时接受 AsyncContext
        this.ctx = ctx;
    }

    @Override
    public void run() {
        try {
            Thread.sleep(10000);   ◄—— ❷ 模拟冗长请求
            PrintWriter out = ctx.getResponse().getWriter();
            out.println("久等了...XD");  ◄—— ❸ 输出结果
            ctx.complete();   ◄—— ❹ 对客户端完成响应
        } catch (Exception e) {
            throw new RuntimeException(e);
        }
    }
}
```

请求与响应对象都封装在 AsyncContext 中，所以 AsyncRequest 建构时必须接受 AsyncContext 实例。范例中以暂停线程的方式来模拟长时间处理❷，并输出简单的字符串作为响应文字❸，最后调用 AsyncContext 的 complete() 对客户端完成响应❹。

5.4.2　模拟服务器推播

HTTP 是基于请求、响应模型，HTTP 服务器无法直接对客户端(浏览器)传送信息，因为没有请求就不会有响应。在这种请求、响应模型下，如果客户端想要获得服务器端应用程序的最新状态，必须以定期(或不定期)方式发送请求，查询服务器端的最新状态。

持续发送请求以查询服务器端最新状态，这种方式的问题在于耗用网络流量，如果多次请求过程后，服务器端应用程序状态并没有变化，那这多次的请求耗用的流量就是浪费的。

一个解决的方式是，服务器端将每次请求的响应延后，直到服务器端应用程序状态有变化时再进行响应。当然这样的话，客户端将会处于等待响应状态，如果是浏览器，可以搭配 Ajax 异步请求技术，而用户将不会因此而被迫停止网页的操作。然而服务器端延后请求的话，若是 Servlet/JSP 技术，等于该请求占用一个线程，若客户端很多，每个请求都占用线程，将会使得服务器端的性能负担很重。

Servlet 3.0 中提供的异步处理技术，可以解决每个请求占用线程的问题，若搭配浏览器端 Ajax 异步请求技术，就可达到类似服务器端主动通知浏览器的行为，也就是所谓的服务器端推播(**Server push**)。

提示》》》　后面这个范例中会用到 Ajax，但本书不讨论 Ajax。若对 JavaScript 与 Ajax 有兴趣研究，可以参考以下网址：

http://caterpillar.onlyfun.net/Gossip/JavaScript

以下是实际的例子，模拟应用程序不定期产生最新数据。这个部分由实现 `Servlet-ContextListener` 的类负责，会在应用程序启动时进行：

ServerPushDemo　WebInitListener.java

```java
package cc.openhome;
import java.util.*;
import javax.servlet.*;
import javax.servlet.annotation.WebListener;
@WebListener()
public class WebInitListener implements ServletContextListener {
    private List<AsyncContext> asyncs = new ArrayList<AsyncContext>();
                            ❶ 所有异步请求的 AsyncContext 将储存至这个 List
    @Override
    public void contextInitialized(ServletContextEvent sce) {
        sce.getServletContext().setAttribute("asyncs", asyncs);
        new Thread(new Runnable() {
            @Override
            public void run() {
                while (true) {
                    try {                    ❷ 模拟不定时随机产生数字
                        Thread.sleep((int) (Math.random() * 10000));
                        double num = Math.random() * 10;
                        synchronized (asyncs) {
                            for(AsyncContext ctx : asyncs) {
                                ctx.getResponse().getWriter().println(num);
                                ctx.complete();
                            }                              ❸ 逐一完成
                            asyncs.clear();                   异步请求
                        }
                    } catch (Exception e) {
                        throw new RuntimeException(e);
                    }
                }
            }
        }).start();
    }
```

```
    @Override
    public void contextDestroyed(ServletContextEvent sce) {}
}
```

在这个 `ServletContextListener` 中，有个 `List` 会储存所有异步请求的 `AsyncContext`❶，并在不定时产生数字后❷，逐一对客户端响应，并调用 `AsyncContext` 的 `complete()` 来完成请求❸。

负责接受请求的 Servlet，一收到请求，就将之加入 `List` 中：

ServerPushDemo　AsyncNumServlet.java

```
package cc.openhome;

import java.io.*;
import java.util.*;
import javax.servlet.*;
import javax.servlet.annotation.*;
import javax.servlet.http.*;

@WebServlet(name="AsyncNumServlet", urlPatterns={"/asyncNum.do"},
            asyncSupported = true)
public class AsyncNumServlet extends HttpServlet {
    private List<AsyncContext>  asyncs;

    @Override
    public void init() throws ServletException {
        asyncs = (List<AsyncContext>) getServletContext()
                             .getAttribute("asyncs");   ◄────  ❶ 取得储存 AsyncContext
    }                                                            的 List

    @Override
    protected void doGet(HttpServletRequest request,
                     HttpServletResponse response)
                          throws ServletException, IOException {
        AsyncContext ctx = request.startAsync();  ◄────  ❷ 开始异步处理
        synchronized(asyncs) {
            asyncs.add(ctx);  ◄────  ❸ 加入维护 AsyncContext 的 List 中
        }
    }
}
```

由于维护 `AsyncContext` 的 `List` 是储存为 `ServletContext` 属性，所以在这个 Servlet 中，必须从 `ServletContext` 中取出❶，在每次请求来到时，调用 `HttpServletRequest` 的 `startAsync()` 进行异步处理❷，并将取得 `AsyncContext` 加入至维护 `AsyncContext` 的 `List` 中❸。

可以使用一个简单的 HTML，其中使用 Ajax 技术，发送异步请求至服务器端，这个请求会被延迟，直到服务器端完成响应后，更新网页上对应的资料，并再度发送异步请求：

```
<!DOCTYPE html PUBLIC "-//W3C//DTD HTML 4.01 Transitional//EN"
"http://www.w3.org/TR/html4/loose.dtd">
<html>
  <head>
    <title>实时资料</title>
    <meta http-equiv="Content-Type" content="text/html; charset=UTF-8">
    <script type="text/javascript">
      function asyncUpdate() {
          var xhr;
          if(window.XMLHttpRequest) {
              xhr = new XMLHttpRequest();
          }
          else if(window.ActiveXObject) {
              xhr = new ActiveXObject('Microsoft.XMLHTTP');
          }

          xhr.onreadystatechange = function() {
              if(xhr.readyState === 4) {
                if(xhr.status === 200) {
                    document.getElementById('data')
                          .innerHTML = xhr.responseText;
                    asyncUpdate();
                }
              }
          };
          xhr.open('GET', 'asyncNum.do?timestamp='
                          + new Date().getTime());
          xhr.send(null);
      }

      window.onload = asyncUpdate;
    </script>
  </head>
  <body>
    实时资料: <span id="data">0</span>
  </body>
</html>
```

可以试着使用多个浏览器视窗来请求这个页面，你会看到每个浏览器视窗的资料都是同步的。

5.4.3 更多 AsyncContext 细节

如果 Servlet 或过滤器的 asyncSupported 被标示为 true，则它们支持异步请求处理，在 不 支 持 异 步 处 理 的 Servlet 或 过 滤 器 中 调 用 startAsync()， 会 抛 出 IllegalStateException。

当在支持异步处理的 Servlet 或过滤器中调用请求对象的 startAsync() 方法时，该次请求会离开容器所分配的线程，这意味着必须响应处理流程会返回，也就是若有过

滤器，也会依序返回(也就是各自完成 FilterChain 的 doFilter()方法)，但最终的响应被
延迟。

可以调用 AsyncContext 的 complete()方法完成响应，而后调用 forward()方法，将响
应转发给别的 Servlet/JSP 处理，AsyncContext 的 forward()就如同 3.2.5 节中介绍的功能，
将请求的响应权派送给别的页面来处理，给定的路径是相对于 ServletContext 的路径。
不可以自行在同一个 AsyncContext 上同时调用 complete()与 forward()，否则会抛出
IllegalStateException。

不可以在两个异步处理的 Servlet 间派送前，连续调用两次 startAsync()，否则会
抛出 IllegalStateException。

将请求从支持异步处理的 Servlet(asyncSupported 被标示为 true)派送至一个同步处
理的 Servlet 是可行的(asyncSupported 被标示为 false)，此时，容器会负责调用
AsyncContext 的 complete()。

如果从一个同步处理的 Servlet 派送至一个支持异步处理的 Servlet，在异步处理的
Servlet 中调用 AsyncContext 的 startAsync()，将会抛出 IllegalStateException。

如果对 AsyncContext 的起始、完成、超时或错误发生等事件有兴趣，可以实现
AsyncListener。其定义如下：

```
package javax.servlet;
import java.io.IOException;
import java.util.EventListener;
public interface AsyncListener extends EventListener {
    void onComplete(AsyncEvent event) throws IOException;
    void onTimeout(AsyncEvent event) throws IOException;
    void onError(AsyncEvent event) throws IOException;
    void onStartAsync(AsyncEvent event) throws IOException;
}
```

AsyncContext 有个 addListener()方法，可以加入 AsyncListener 的实现对象，在对应
事件发生时会调用 AsyncListener 实现对象的对应方法。

如果调用 AsyncContext 的 dispatch()，将请求调派给别的 Servlet，则可以通过请求
对象的 getAttribute()取得以下属性：

- javax.servlet.async.request_uri
- javax.servlet.async.context_path
- javax.servlet.async.servlet_path
- javax.servlet.async.path_info
- javax.servlet.async.query_string

这几个属性的值分别等于调用 HttpServletRequest 的 getRequestURI()、getContextPath()、
getServletPath()、getPathInfo()与 getQueryString()所取得的结果。

5.5 综合练习

接下来要再进行综合练习，不过这次，不会在当前的微博应用程序中新增任何的功能，而是先停下来检查当前的应用程序，有哪些维护上的问题，在不改变当前应用程序的功能下，代码必须做出哪些调整，让每个代码职责上变得更为清晰，对于将来的维护更有帮助。

另外，本章谈到了一些 Servlet、ServletContext 初始参数设置，可用来设置一些共享的常数，也谈到了过滤器，介绍到如何过滤特殊字符以提升应用程序安全性，还谈过如何设置过滤器来改变请求参数的字符编码，这些都可以应用在当前的微博应用程序中。

5.5.1 创建 UserService

以微博应用程序作为综合练习，第 3 章先实现了基本的会员注册与登录功能，其中会员注册时，会通过检查用户目录是否存在，确定新注册的用户名称可否使用，若可以使用，则会创建用户目录与相关文件。这些代码位于 cc.openhome.controller. Register 这个 Servlet 中：

```
...
    private boolean isInvalidUsername(String username) {
        for (String file : new File(USERS).list()) {
            if (file.equals(username)) {
                return true;
            }
        }
        return false;
    }
    private void createUserData(String email, String username,
                    String password) throws IOException {
        File userhome = new File(USERS + "/" + username);
        userhome.mkdir();
        BufferedWriter writer = new BufferedWriter(
            new FileWriter(userhome + "/profile"));
        writer.write(email + "\t" + password);
        writer.close();
    }
...
```

第 4 章使用 HttpSession 来进行用户登录会话管理，其中在登录检查时，通过检查用户目录是否存在，并且以文件 I/O 读取用户密码确认登录确码是否正确，来判断用户登录是否成功。这是实现在 cc.openhome.controller.Login 这个 Servlet 中：

```
...
    private boolean checkLogin(String username, String password)
                    throws IOException {
        if(username != null && password != null) {
            for (String file : new File(USERS).list()) {
                if (file.equals(username)) {
                    BufferedReader reader = new BufferedReader(
                        new FileReader(USERS + "/" + file + "/profile"));
```

```
            String passwd = reader.readLine().split("\t")[1];
            if(passwd.equals(password)) {
                return true;
            }
        }
    }
    return false;
}
...
```

信息的新增，则是以文件 I/O 在用户目录中创建文件以储存信息。这是实现在 cc.
openhome.controller.Message 这个 Servlet 中：

```
...
    private void addMessage(String username, String blabla)
                            throws IOException {
        String file = USERS + "/" + username + "/"
                            + new Date().getTime() + ".txt";
        BufferedWriter writer = new BufferedWriter(
                new OutputStreamWriter(
                        new FileOutputStream(file), "UTF-8"));
        writer.write(blabla);
        writer.close();
    }
...
```

信息的删除，则是以文件 I/O 在用户目录中创建文件以储存信息。这是实现在 cc.
openhome.controller.Delete 这个 Servlet 中：

```
...
    File file = new File(USERS + "/" + username + "/" + message + ".txt");
    if(file.exists()) {
        file.delete();
    }
...
```

信息的显示，则是以文件 I/O 读取用户目录中的信息文件。这是实现在 cc.
openhome.view.Member 这个 Servlet 中：

```
...
    private class TxtFilenameFilter implements FilenameFilter {
        @Override
        public boolean accept(File dir, String name) {
            return name.endsWith(".txt");
        }
    }

    private TxtFilenameFilter filenameFilter = new TxtFilenameFilter();

    private class DateComparator implements Comparator<Date> {
        @Override
        public int compare(Date d1, Date d2) {
            return -d1.compareTo(d2);
        }
    }
```

```
    private DateComparator comparator = new DateComparator();

    private Map<Date, String> readMessage(String username)
                                 throws IOException {
        File border = new File(USERS + "/" + username);
        String[] txts = border.list( filenameFilter);

        Map<Date, String> messages =
                    new TreeMap<Date, String>(comparator);
        for(String txt : txts) {
            BufferedReader reader = new BufferedReader(
                new InputStreamReader(
                    new FileInputStream(
                        USERS + "/" + username + "/" + txt), "UTF-8"));
            String text = null;
            StringBuilder builder = new StringBuilder();
            while((text = reader.readLine()) != null) {
                builder.append(text);
            }
            Date date = new Date(
                Long.parseLong(txt.substring(0, txt.indexOf(".txt"))));
            messages.put(date, builder.toString());
            reader.close();
        }

        return messages;
    }
    ...
```

到这里为止，你发现了什么？从会员注册开始、会员登录、信息新增、读取、显示等，相关的代码都与文件 I/O 读取有关，而这些代码散落在各个 Servlet 中，这造成了维护上的麻烦。何谓维护上的麻烦？想象一下，如果将来你的会员相关信息不再以文件存储，而要改为数据库存储，那要修改几个 Servlet 中的代码？如果你的会员信息处理相关代码继续散落在各个对象中，就造成了所谓职责分散的问题，任何将来要维护会员信息处理的相关代码就会越来越难以维护。

提示》》 接下来的练习重点在重构(Refactor)，主要是在不改变应用程序现有功能的情况下，调整应用程序架构与对象职责，练习过程可用复制现有代码、粘贴到新类的方式来完成，因此请直接使用上一章的综合练习成果来作为以下练习的开始。

为了解决以上所谈到的问题，这里将以上提到的相关代码集中在一个 cc.openhome.model.UserService 类中，若有需要会员注册开始、会员登录、信息新增、读取、显示等需求，都由 UserService 类提供。UserService 类如下所示：

Gossip UserService.java

```
package cc.openhome.model;

import java.io.BufferedReader;
import java.io.BufferedWriter;
import java.io.File;
```

```java
import java.io.FileInputStream;
import java.io.FileOutputStream;
import java.io.FileReader;
import java.io.FileWriter;
import java.io.FilenameFilter;
import java.io.IOException;
import java.io.InputStreamReader;
import java.io.OutputStreamWriter;
import java.util.Comparator;
import java.util.Date;
import java.util.Map;
import java.util.TreeMap;
public class UserService {
    private String USERS;

    public UserService(String USERS) {
        this.USERS = USERS;        ◄——— ❶ 设置用户目录
    }

    public boolean isInvalidUsername(String username) {    ◄——❷ 是否为不合
        for (String file : new File(USERS).list()) {              法用户名称
            if (file.equals(username)) {
                return true;
            }
        }
        return false;
    }

    public void createUserData(String email, String username,   ◄——❸ 创建用户目录与
                        String password) throws IOException {          基本资料
        File userhome = new File(USERS + "/" + username);
        userhome.mkdir();
        BufferedWriter writer = new BufferedWriter(
            new FileWriter(userhome + "/profile"));
        writer.write(email + "\t" + password);
        writer.close();
    }

    public boolean checkLogin(String username, String password)   ◄——❹ 检查登录用户
                        throws IOException {                              名称与密码
        if (username != null && password != null) {
            for (String file : new File(USERS).list()) {
                if (file.equals(username)) {
                    BufferedReader reader = new BufferedReader(
                        new FileReader(USERS + "/" + file + "/profile"));
                    String passwd = reader.readLine().split("\t")[1];
                    if (passwd.equals(password)) {
                        return true;
                    }
                }
            }
        }
        return false;
    }
```

```java
private class TxtFilenameFilter implements FilenameFilter {
    @Override
    public boolean accept(File dir, String name) {
        return name.endsWith(".txt");
    }
}

private TxtFilenameFilter filenameFilter = new TxtFilenameFilter();

private class DateComparator implements Comparator<Date> {
    @Override
    public int compare(Date d1, Date d2) {
        return -d1.compareTo(d2);
    }
}

private DateComparator comparator = new DateComparator();

public Map<Date, String> readMessage(String username)          ◀━━❺ 读取用户的信息
                        throws IOException {
    File border = new File(USERS + "/" + username);
    String[] txts = border.list( filenameFilter);

    Map<Date, String> messages =
            new TreeMap<Date, String>(comparator);
    for(String txt : txts) {
        BufferedReader reader = new BufferedReader(
                new InputStreamReader(
                    new FileInputStream(
                        USERS + "/" + username + "/" + txt), "UTF-8"));
        String text = null;
        StringBuilder builder = new StringBuilder();
        while((text = reader.readLine()) != null) {
            builder.append(text);
        }
        Date date = new Date(
            Long.parseLong(txt.substring(0, txt.indexOf(".txt"))));
        messages.put(date, builder.toString());
        reader.close();
    }

    return messages;
}

public void addMessage(String username, String blabla)          ◀━━❻ 新增信息
                throws IOException {
    String file = USERS + "/" + username + "/"
                        + new Date().getTime() + ".txt";
    BufferedWriter writer = new BufferedWriter(
        new OutputStreamWriter(new FileOutputStream(file), "UTF-8"));
    writer.write(blabla);
    writer.close();
}

public void deleteMessage(String username, String message) {          ◀━━❼ 删除信息
    File file = new File(USERS + "/" + username + "/" + message + ".txt");
```

```
        if(file.exists()) {
            file.delete();
        }
    }
}
```

由于用户的相关数据都是存储在与用户名称相同的目录中，所有用户目录位于指定的文件夹，这个文件夹可以在构造 `UserService` 时指定❶。检查是否为合法用户名称❷、创建用户目录与基本资料❸、检查登录用户名称与密码❹、读取用户的信息❺、新增信息❻、删除信息❼等功能，都改以 `UserService` 的公开方法来提供，将来若要改变这几个功能的文件存储来源，则只需要修改 `UserService` 的源代码，这就是集中相关职责于同一对象的好处。

> **提示** 》》 将分散各处的职责集中于单一或某几个对象，是改善可维护性的一种设计方式，但并不是集中职责就一定具有可维护性，有时在对象本身所负担的职责过于庞大时，也有可能将某些职责分割，再分散于不同的专职对象。最主要的是记得，设计是一个不断检查改进的过程。

稍后会利用这个 `UserService` 来修改当前的微博应用程序，先来看看过滤器要如何应用在这个应用程序中。

5.5.2 设置过滤器

在 5.3 节中谈到了过滤器，并实现了 `EscapeFilter`、`EncodingFilter` 两个过滤器，分别用来过滤特殊字符以及改变请求参数字符编码，这可以直接应用到微博应用程序中。

除此之外，在当前的微博应用程序中，有些功能必须在用户登录之后才可使用。为了确认用户是否登录，经常会在 Servlet 中看到类似以下的代码：

```
if(request.getSession().getAttribute("login") != null) {
    // 做一些登录用户可以做的事
}
```

这样的代码在数个 Servlet 中重复出现，重复出现的代码在设计上不是好事。这个检查用户是否登录的动作，其实可以在过滤器中进行。为此，可以设计以下的过滤器：

Gossip   MemberFilter.java

```java
package cc.openhome.web;

import java.io.IOException;
import javax.servlet.Filter;
import javax.servlet.FilterChain;
import javax.servlet.FilterConfig;
import javax.servlet.ServletException;
import javax.servlet.ServletRequest;
import javax.servlet.ServletResponse;
import javax.servlet.annotation.WebFilter;
import javax.servlet.annotation.WebInitParam;
```

```
import javax.servlet.http.HttpServletRequest;
import javax.servlet.http.HttpServletResponse;

@WebFilter(
    urlPatterns = { "/delete.do", "/logout.do",
                    "/message.do", "/member.view" },
    initParams = {
        @WebInitParam(name = "LOGIN_VIEW", value = "index.html")
    }
)
public class MemberFilter implements Filter {
    private String LOGIN_VIEW;
    public void init(FilterConfig config) throws ServletException {
        this.LOGIN_VIEW = config.getInitParameter("LOGIN_VIEW");    ◀── ❶ 设置登录页面
    }

    public void doFilter(ServletRequest request,
                ServletResponse response, FilterChain chain)
                    throws IOException, ServletException {
        HttpServletRequest req = (HttpServletRequest) request;
        if(req.getSession().getAttribute("login") != null) {
            chain.doFilter(request, response);    ◀── ❷ 只有在具备 login 属性时,
        }                                                才调用 doFilter()
        else {
            HttpServletResponse resp = (HttpServletResponse) response;
            resp.sendRedirect(LOGIN_VIEW);    ◀── ❸ 否则重新定向至登录页面
        }
    }

    public void destroy() {}
}
```

如果用户未登录, 必须重定向到登录页面, 登录页面可通过初始参数来设置❶。由于登录成功的用户, HttpSession 中会有 login 属性, 所以只有在具备 login 属性时, 才调用 doFilter(), 让请求可以往后由 Servlet 处理❷, 否则重新定向至登录页面, 让用户可以进行窗体登录❸。

5.5.3　重构微博

由于先前将一些用户信息 I/O 的职责集中在 UserService 对象, 所以原先几个自行负责用户信息 I/O 的 Servlet, 将改使用 UserService 对象提供的公开方法服务, 但在这之前必须先想想, 各个 Servlet 如何取得 UserService 对象? 何时产生 UserService?

由于 UserService 是数个 Servlet 都会使用到的对象, 也由于它本身不具备状态, 可考虑将 UserService 作为整个应用程序都会使用到的一个服务对象。因此可将 UserService 对象存放在 ServletContext 属性中, 而你可以在应用程序初始时, 创建 UserService 对象, 并存放在 ServletContext 中作为属性, 这个需求可通过实现 ServletContextListener 来实现:

Gossip   GossipListener.java

```
package cc.openhome.web;

import javax.servlet.ServletContext;
import javax.servlet.ServletContextEvent;
import javax.servlet.ServletContextListener;
import javax.servlet.annotation.WebListener;
import cc.openhome.model.UserService;

@WebListener
public class GossipListener implements ServletContextListener {
    public void contextInitialized(ServletContextEvent sce) {
        ServletContext context = sce.getServletContext();
        String USERS =
                sce.getServletContext().getInitParameter("USERS");
        context.setAttribute("userService", new UserService(USERS));
    }

    public void contextDestroyed(ServletContextEvent sce) {}
}
```

用户根目录可通过 ServletContext 初始参数设置，因此创建 web.xml 设置如下：

Gossip   GossipListener.java

```
<?xml version="1.0" encoding="UTF-8"?>
<web-app xmlns:xsi="http://www.w3.org/2001/XMLSchema-instance"
        xmlns="http://java.sun.com/xml/ns/javaee"
       xmlns:web="http://java.sun.com/xml/ns/javaee/web-app_2_5.xsd"
       xsi:schemaLocation="http://java.sun.com/xml/ns/javaee
    http://java.sun.com/xml/ns/javaee/web-app_3_0.xsd" version="3.0">
  <context-param>
    <param-name>USERS</param-name>
    <param-value>c:/workspace/Gossip/users</param-value>
  </context-param>
</web-app>
```

接下来就是调整各 Servlet 的源代码，最主要的修改，就是删除原本在各 Servlet 中负责用户信息处理的 I/O 代码，改为采用从 ServletContext 取得 UserService，并调用所需的公开方法，并删除检查用户是否登录的代码，因为这个部分已经由先前设计的 MemberFilter 负责。另外，一些页面信息改为从 ServletConfig 取得。

为了节省篇幅，以下仅列出一些修改后有差异的部分代码，详细代码请参考本书配套光盘中的范例文件。首先是注册时的 Servlet：

Gossip   Register.java

```
package cc.openhome.controller;
...
@WebServlet(
    urlPatterns={"/register.do"},
    initParams={
        @WebInitParam(name = "SUCCESS_VIEW", value = "success.view"),
```

```
        @WebInitParam(name = "ERROR_VIEW", value = "error.view")
    }
)
public class Register extends HttpServlet {
    private String SUCCESS_VIEW;
    private String ERROR_VIEW;

    @Override
    public void init() throws ServletException {
        SUCCESS_VIEW = getServletConfig().getInitParameter("SUCCESS_VIEW");
        ERROR_VIEW = getServletConfig().getInitParameter("ERROR_VIEW");
    }

    protected void doPost(HttpServletRequest request,
                          HttpServletResponse response)
                throws ServletException, IOException {
        ...
        UserService userService =
         (UserService) getServletContext().getAttribute("userService");
        ...
        if (userService.isInvalidUsername(username)) {
            errors.add("用户名为空或已存在");
        }
        ...
        String resultPage = ERROR_VIEW;
        if (!errors.isEmpty()) {
            request.setAttribute("errors", errors);
        } else {
            resultPage = SUCCESS_VIEW;
            userService.createUserData(email, username, password);
        }
        ...
}
```

以下是登录用的 Servlet：

Gossip   Login.java

```
package cc.openhome.controller;
...
@WebServlet(
    urlPatterns={"/login.do"},
    initParams={
        @WebInitParam(name = "SUCCESS_VIEW", value = "member.view"),
        @WebInitParam(name = "ERROR_VIEW", value = "index.html")
    }
)
public class Login extends HttpServlet {
    private String SUCCESS_VIEW;
    private String ERROR_VIEW;
    @Override
    public void init() throws ServletException {
        SUCCESS_VIEW = getServletConfig().getInitParameter("SUCCESS_VIEW");
        ERROR_VIEW = getServletConfig().getInitParameter("ERROR_VIEW");
```

```
    }
    protected void doPost(HttpServletRequest request,
                    HttpServletResponse response)
                     throws ServletException, IOException {
        ...
        UserService userService =
         (UserService) getServletContext().getAttribute("userService");
        if(userService.checkLogin(username, password)) {
            request.getSession().setAttribute("login", username);
            page = SUCCESS_VIEW;
        }
        ...
    }
}
```

进行注销的 Servlet 主要是改用 Servlet 初始参数设置登录窗体的 URL，去掉检查 HttpSession 中是否有 login 属性的代码。

Gossip Logout.java

```
package cc.openhome.controller;
...
@WebServlet(
    urlPatterns={"/logout.do"},
    initParams={
        @WebInitParam(name = "LOGIN_VIEW", value = "index.html")
    }
)
public class Logout extends HttpServlet {
    private String LOGIN_VIEW;

    @Override
    public void init() throws ServletException {
        LOGIN_VIEW = getServletConfig().getInitParameter("LOGIN_VIEW");
    }

    protected void doGet(HttpServletRequest request,
                    HttpServletResponse response)
                     throws ServletException, IOException {
        request.getSession().invalidate();
        response.sendRedirect(LOGIN_VIEW);
    }
}
```

新增信息的 Servlet 不需要调用请求对象的 setCharacterEncoding() 来设置字符编码，因为这改由过滤器负责了。修改后的重点部分如下：

Gossip Message.java

```
package cc.openhome.controller;
...
@WebServlet(
    urlPatterns={"/message.do"},
```

```
        initParams={
            @WebInitParam(name = "SUCCESS_VIEW", value = "member.view"),
            @WebInitParam(name = "ERROR_VIEW", value = "member.view")
        }
)
public class Message extends HttpServlet {
    private String SUCCESS_VIEW;
    private String ERROR_VIEW;

    @Override
    public void init() throws ServletException {
        SUCCESS_VIEW = getServletConfig().getInitParameter("SUCCESS_VIEW");
        ERROR_VIEW = getServletConfig().getInitParameter("ERROR_VIEW");
    }

    protected void doPost(HttpServletRequest request,
                    HttpServletResponse response)
                        throws ServletException, IOException {
        ...
        if(blabla != null && blabla.length() != 0) {
            if(blabla.length() < 140) {
                UserService userService = (UserService)
                  getServletContext().getAttribute("userService");
              userService.addMessage(username, blabla);
              response.sendRedirect(SUCCESS_VIEW);
            }
        ...
}
```

删除信息的 Servlet 如下所示:

Gossip Delete.java

```
package cc.openhome.controller;
    ...
@WebServlet(
    urlPatterns={"/delete.do"},
    initParams={
        @WebInitParam(name = "SUCCESS_VIEW", value = "member.view")
    }
)
public class Delete extends HttpServlet {
    private String SUCCESS_VIEW;
      @Override
    public void init() throws ServletException {
        SUCCESS_VIEW = getServletConfig().getInitParameter("SUCCESS_VIEW");
    }

    protected void doGet(HttpServletRequest request,
                    HttpServletResponse response)
                        throws ServletException, IOException {
        ...
        UserService userService =
        (UserService) getServletContext().getAttribute("userService");
        userService.deleteMessage(username, message);
```

```
            response.sendRedirect(SUCCESS_VIEW);
        }
}
```

会员网页的 Servlet 如下所示：

```
package cc.openhome.view;
...
@WebServlet("/member.view")
public class Member extends HttpServlet {
    protected void processRequest(HttpServletRequest request,
                                 HttpServletResponse response)
                            throws ServletException, IOException {
        ...
        UserService userService =
         (UserService) getServletContext().getAttribute("userService");
        Map<Date, String> messages = userService.readMessage(username);
    ...
}
```

原本未修改前，只有控制器与视图，也因此一些非控制器负责的代码散落在各控制器中，在相关职责集中至 UserService 后，UserService 就担任模型的角色，而各 Servlet 专心负责取得请求参数、验证请求参数、转发请求等职责，担任视图的 Member，也从 UserService 中取得信息资料并加以显示。

在经过这些修改后，其实已经可以略为看出 MVC/Model 2 的雏形与流程。由于目前视图的部分，依旧由 Servlet 来负责，所以还无法完全看出 MVC/Model 2 的好处，在之后学到 JSP、JSTL 之后，会用 JSP 与 JSTL 等来改写目前负责画面显示的部分，那时就可以更加深刻地看到 MVC/Model 2 的样子与好处。

5.6 重点复习

Servlet 接口上，与生命周期及请求服务相关的三个方法是 init()、service() 与 destroy() 方法。当 Web 容器加载 Servlet 类并实例化之后，会生成 ServletConfig 对象并调用 init() 方法，将 ServletConfig 对象当作参数传入。ServletConfig 相当于 Servlet 在 web.xml 中的设置代表对象，可以利用它来取得 Servlet 初始参数。

GenericServlet 同时实现了 Servlet 及 ServletConfig，主要的目的，就是将初始 Servlet 调用 init() 方法所传入的 ServletConfig 封装起来。

当希望编写代码在 Servlet 初始化时运行，要重新定义无参数的 init() 方法，而不是有 ServletConfig 参数的 init() 方法或构造器。

ServletConfig 上还定义了 getServletContext()方法，这可以取得 ServletContext 实例，这个对象代表了整个 Web 应用程序，可以从这个对象取得 ServletContext 初始参数，或是设置、取得、移除 ServletContext 属性。

每个 Web 应用程序都会有一个相对应的 ServletContext，针对应用程序初始化时所需用到的一些参数资料，可以在 web.xml 中设置应用程序初始参数，设置时使用 <context-param>标签来定义。每一对初始参数要使用一个<context-param>来定义。

在整个 Web 应用程序生命周期，Servlet 所需共享的资料可以设置为 ServletContext 属性。由于 ServletContext 在 Web 应用程序存活期间都会一直存在，所以设置为 ServletContext 属性的资料，除非主动移除，否则也是一直存活于 Web 应用程序中。

监听器顾名思义，就是可监听某些事件的发生，然后进行一些想做的事情。在 Servlet/JSP 中，如果想要在 ServletRequest、HttpSession 与 ServletContext 对象创建、销毁时收到通知，则可以实现以下相对应的监听器：

- ServletRequestListener
- HttpSessionListener
- ServletContextListener

Servlet/JSP 中可以设置属性的对象有 ServletRequest、HttpSession 与 Servlet-Context。如果想在这些对象被设置、移除、替换属性时收到通知，则可以实现以下相对应的监听器：

- ServletRequestAttributeListener
- HttpSessionAttributeListener
- ServletContextAttributeListener

Servlet/JSP 中如果某个对象即将加入 HttpSession 中成为属性，而你想要该对象在加入 HttpSession、从 HttpSession 移除、HttpSession 对象在 JVM 间迁移时收到通知，则可以在将成为属性的对象上，实现以下相对应的监听器：

- HttpSessionBindingListener
- HttpSessionActivationListener

在 Servlet/JSP 中要实现过滤器，必须实现 Filter 接口，并在 web.xml 中定义过滤器，让容器知道加载哪个过滤器类。Filter 接口有三个要实现的方法，init()、doFilter() 与 destroy()，三个方法的作用与 Servlet 接口的 init()、service()与 destroy()类似。

Filter 接口的 init()方法的参数是 FilterConfig，FilterConfig 为过滤器定义的代表对象，可以通过 FilterConfig 的 getInitParameter()方法来取得初始参数。

当请求来到过滤器时，会调用 Filter 接口的 doFilter()方法，doFilter()上除了 ServletRequest 与 ServletResponse 之外，还有一个 FilterChain 参数。如果调用了 FilterChain 的 doFilter()方法，就会运行下一个过滤器，如果没有下一个过滤器了，就调用请求目标 Servlet 的 service()方法。如果因为某个条件(例如用户没有通过验证)而不调用 FilterChain 的 doFilter()，则请求就不会继续至目标 Servlet，这时就是所谓的拦截请求。

在实现 Filter 接口时，不用理会这个 Filter 前后是否有其他 Filter，完全作为一个独立的元件进行设计。

对于容器产生的 HttpServletRequest 对象，无法直接修改某些信息，如请求参数值。可以继承 HttpServletRequestWrapper 类(父类 ServletRequestWrapper)，并编写想要重新定义的方法。对于 HttpServletResponse 对象，则可以继承 HttpServletResponse- Wrapper 类(父类 ServletResponseWrapper)来对 HttpServletResponse 对象进行封装。

5.7 课后练习

5.7.1 选择题

1. 如果是整个应用程序会共享的数据，则适合存放在(　　　)对象中成为属性。

   A. ServletConfig　　　　　　B. ServletContext

   C. ServletRequest　　　　　　D. Session

2. 如果要取得 ServletContext 初始参数，则可以执行(　　　)方法。

   A. getContextParameter()

   B. getParameter()

   C. getInitParameter()

   D. getAttribute()

3. 假设有段程序代码如下，其中 PARAM 为设定于 web.xml 中的初始参数：

```
public class SomeServlet extends HttpServlet {
    private String param;
    public SomeServlet() {
        param = getInitParameter("PARAM");
    }
    ...
}
```

   以下正确的是(　　　)。

   A. param 被设定为 web.xml 中的初始参数值

   B. 无法通过编译

   C. 应该改用 getServletParameter() 方法

   D. 发生 NullPointerException

4. 继承 HttpServlet 之后，若要进行 Servlet 初始化，重新定义(　　　)方法才是正确的做法。

   A. public void init(ServletConfig config) throws ServletException

B. `public void init() throws ServletException`

C. `public String getInitParameter(String name)`

D. `public Enumeration getInitParameterNames()`

5. 提供 `getAttribute()`方法的对象有(　　　)。

   A. `ServletRequest`　　　　　　B. `HttpSession`

   C. `ServletConfig`　　　　　　　D. `ServletContext`

6. 关于过滤器的描述，正确的是(　　　)。

   A. `Filter`接口定义了 `init()`、`service()`与 `destroy()`方法

   B. 会传入 `ServletRequest` 与 `ServletResponse` 至 `Filter`

   C. 要执行下一个过滤器，必须执行 `FilterChain` 的 `next()`方法

   D. 如果要取得初始参数，要使用 `FilterConfig` 对象

7. 关于 `FilterChain` 的描述，正确的是(　　　)。

   A. 如果不调用 `FilterChain` 的 `doFilter()`方法，则请求略过接下来的过滤器而直接交给 Servlet

   B. 如果有下一个过滤器，调用 `FilterChain` 的 `doFilter()`方法，会将请求交给下一个过滤器

   C. 如果没有下一个过滤器，调用 `FilterChain` 的 `doFilter()`方法，会将请求交给 Servlet

   D. 如果没有下一个过滤器，调用 FilterChain 的 doFilter()方法没有作用

8. 关于 `FilterConfig` 的描述，错误的是(　　　)。

   A. 会在 Filter 接口的 init()方法调用时传入

   B. 为@WebServlet、web.xml 中<filter>设定的代表对象

   C. 可读取<servlet>标签中<init-param>设定的初始参数

   D. 可使用 getInitParameter()方法读取初始参数

9. 以下的程序代码将实现请求封装器：

```
public class MyRequestWrapper _____ {
    public MyRequstWrapper(HttpServletRequest request) {
        super(requset);
    }
    …
}
```

请问空白处应该填上代码段(　　　)。

   A. `implements ServletRequest`

   B. `extends ServletRequestWrapper`

C. implements HttpServletRequest

D. extends HttpServletRequestWrapper

10. 关于请求封装器，以下描述正确的是(　　)。

A. 可以实现 ServletRequest 接口

B. 可以继承 ServletRequestWrapper 类

C. 一定要继承 ServletRequestWrapper 类

D. HttpServletRequestWrapper 是 ServletRequestWrapper 的子类

11. 关于 HttpServletRequestWrapper 与 HttpServletResponseWrapper 的描述，有误的是(　　)。

A. 分别实现了 HttpServletRequest 接口与 HttpServletResponse 接口

B. 分别继承了 ServletRequestWrapper 与 ServletResponseWrapper 类

C. 实现时，至少要重新定义一个父类中的方法

D. 实现时必须在构造器中调用父类构造器

12. 在开发过滤器时，以下说法正确的是(　　)。

A. 必须考虑前后过滤器之间的关系

B. 挂上过滤器后不改变应用程序原有的功能

C. 设计 Servlet 时必须考虑到未来加装过滤器的需求

D. 每个过滤器要设计为独立互不影响的组件

13. 关于 Filter 接口上的 doFilter() 方法的说明，有误的是(　　)。

A. 会传入两个参数 ServletRequest、ServletResponse

B. 会传入三个参数 ServletRequest、ServletResponse、FilterChain

C. 前一个过滤器调用 FilterChain 的 doFilter() 后，会执行目前过滤器的 doFilter() 方法

D. 前一个过滤器的 doFilter() 执行过后，会执行目前过滤器的 doFilter() 方法

14. 你有一段代码：

```
HttpSession session = request.getSession();
User user = new User();
session.setAttrubute("user", user);
```

以下的做法(　　)，可以在不修改代码的情况下，实现统计在线人数。

A. 实现 HttpSessionBindingListener
B. 实现 HttpSessionListener
C. 实现 HttpSessionActivationListener
D. 以上皆非

15. 以下监听器中，不需要使用`@WebListener`或在 web.xml 中设定的是(　　)。

    A. `HttpSessionListener`　　　　　　B. `HttpSessionBindingListener`

    C. `ServletContextListener`　　　　　D. `ServletAttributeListener`

5.7.2　实训题

1. 扩充 5.2.2 节中的范例，不仅统计在线人数，还可以在页面上显示目前登录用户的名称、浏览器信息、最后活动时间，如图 5.11 所示。

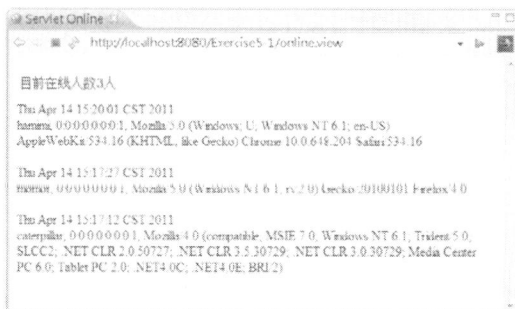

图 5.11　在线用户信息

2. 在 5.2.2 节中，使用 `HttpSessionBindingListener` 在用户登录后进行数据库查询功能，请改用 `HttpSessionAttributeListener` 来实现这个功能。

3. 你的应用程序不允许用户输入 HTML 标签，但可以允许用户输入一些代码做些简单的样式。例如：

- [b]粗体[/b]
- [i]斜体[/i]
- [big]放大字体[/big]
- [small]缩小字体[/small]

HTML 的过滤功能，可以直接使用本章所开发的字符过滤器，并基于该字符过滤器进行扩充。

4. 在 5.3.3 节开发的字符替换过滤器与编码设置过滤器，继承 `HttpServlet-RequestWrapper` 后都仅重新定义了 `getParameter()` 方法。事实上，为了完整性，`getParameterValues()`、`getParameterMap()` 等方法也要重新定义，请加强 5.3.3 节中的字符替换过滤器与替换设置过滤器，针对 `getParameterValues()`、`getParameterMap()` 重新定义。

使 用 JSP

学习目标：

- 了解 JSP 生命周期
- 使用 JSP 语法元素
- 使用 JSP 标准标签
- 了解何谓 Model 1 架构
- 使用表达式语言(EL)
- 自定义 EL 函数

6.1 从 JSP 到 Servlet

在 Servlet 中编写 HTML 实在太麻烦了，你应该使用 JSP(JavaServer Pages)。尽管 JSP 中可以直接编写 HTML，使用了指示、声明、脚本(scriptlet)等许多元素来堆砌各种功能，但 JSP 最后还会成为 Servlet。你只要对 Servlet 的各种功能及特性有所了解，编写 JSP 时就不会被这些元素所迷惑。

本小节将介绍 JSP 的生命周期，了解各种元素的作用和使用方式，以及一些元素与 Servlet 中各对象的对应。

6.1.1 JSP 生命周期

JSP 与 Servlet 是一体的两面。基本上 Servlet 能实现的功能，使用 JSP 也都做得到，因为 JSP 最后还是会被容器转译为 Servlet 源代码、自动编译为.class 文件、载入.class 文件，然后生成 Servlet 对象，如图 6.1 所示。

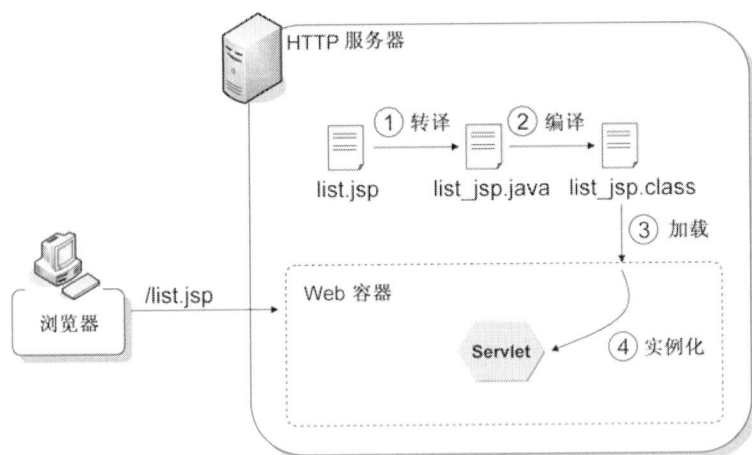

图 6.1　从 JSP 到 Servlet

在 1.2.2 节曾经稍微提过 JSP 与 Servlet 的关系，这里再以下面这个简单的 JSP 作为范例：

```
<html>
    <head>
        <title>Hello Servlet</title>
    </head>
    <body>
        <h1> Hello! World!</h1>
    </body>
</html>
```

JSP 网页最后还是会转化成为 Servlet，在第一次请求 JSP 时，容器会进行转译、编译与加载的操作(所以第一次请求 JSP 页面会慢许多才得到响应)。以上面这个 JSP

为例，若使用 Tomcat 7 或 Glassfish v3 作为 Web 容器，最后由容器转译后的 Servlet
类如下所示：

```
package org.apache.jsp;

import javax.servlet.*;
import javax.servlet.http.*;
import javax.servlet.jsp.*;

public final class hello_jsp
                extends org.apache.jasper.runtime.HttpJspBase
    implements org.apache.jasper.runtime.JspSourceDependent {
    略...
    public void _jspInit() {
        // 略...
    }
    public void _jspDestroy() {
    }

    public void _jspService(HttpServletRequest request,
                            HttpServletResponse response)
            throws java.io.IOException, ServletException {
        PageContext pageContext = null;
        HttpSession session = null;
        ServletContext application = null;
        ServletConfig config = null;
        JspWriter out = null;
        Object page = this;
        JspWriter _jspx_out = null;
        PageContext _jspx_page_context = null;

        try {
            ...略
            out.write("<html>\n");
            out.write("    <head>\n");
            out.write("        <title>Hello Servlet</title>\n");
            out.write("    </head>\n");
            out.write("    <body>\n");
            out.write("        <h1> Hello! World!</h1>\n");
            out.write("    </body>\n");
            out.write("</html>");
        } catch (Throwable t) {
            ...略
        } finally {
            ...略
        }
    }
}
```

基于篇幅限制，仅列出重要的代码，请将目光集中在_jspInit()、_jspDestroy()与
_jspService()三个方法。

在编写 Servlet 时，可以重新定义 init()方法作 Servlet 的初始化，重新定义 destroy()
进行 Servlet 销毁前的收尾工作。JSP 在转译为 Servlet 并载入容器生成对象之后，会调

用_jspInit()方法进行初始化工作，而销毁前则是调用_jspDestroy()方法进行善后工作。在 Servlet 中，每个请求到来时，容器会调用 service()方法，而在 JSP 转译为 Servlet 后，请求的到来则是调用_jspService()方法，如图 6.2 所示。

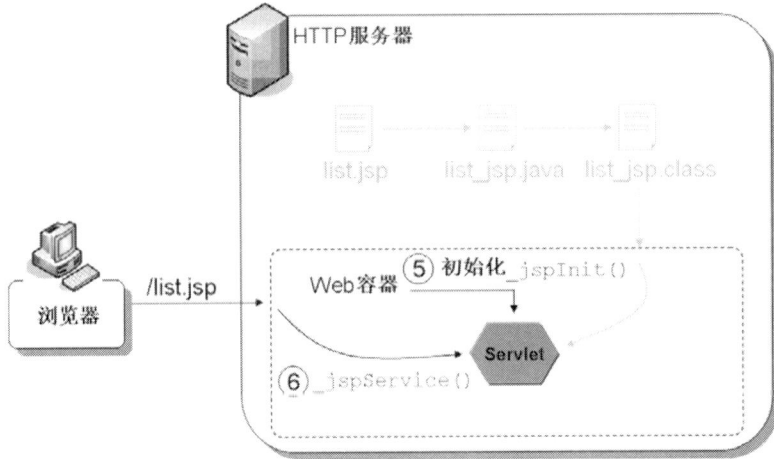

图 6.2　JSP 的初始化与服务方法

至于为什么是分别调用_jspInit()、_jspDestroy()与_jspService()三个方法，如果是在 Tomcat 或 Glassfish 中，由于转译后的 Servlet 是继承自 HttpJspBase 类，所以打开该类的源代码，就可以发现为什么。

```java
package org.apache.jasper.runtime;
// 略...
public abstract class HttpJspBase extends HttpServlet
                    implements HttpJspPage {
    // 略...
    public final void init(ServletConfig config)
                            throws ServletException {
        super.init(config);
        jspInit();
        _jspInit();
    }
    // 略...
    public final void destroy() {
        jspDestroy();
        _jspDestroy();
    }
    public final void service(HttpServletRequest request,
                        HttpServletResponse response)
                            throws ServletException, IOException {
        _jspService(request, response);
    }
    public void jspInit() {    }
    public void _jspInit() {    }
    public void jspDestroy() {    }
    protected void _jspDestroy() {    }
    public abstract void _jspService(HttpServletRequest request,
```

```
                    HttpServletResponse response)
              throws ServletException, IOException;
    }
```

从源代码中可以看到，Servlet 的 init()中调用了 **jspInit()** 与_jspInit()，其中 _jspInit()是转译后的 Servlet 会重新定义，之后会学到如何在 JSP 中定义方法，如果想要在 JSP 网页载入执行时做些初始化操作，则可以重新定义 **jspInit()** 方法。同样地，Servlet 的 destroy()中调用了 **jspDestroy()** 与_jspDestroy()方法，其中_jspDestroy()方法是转译后的 Servlet 会重新定义，如果想要做一些收尾操作，则可以重新定义 **jspDestroy()** 方法。

当请求到来而容器调用 service()方法时，其中又调用了_jspService()方法，也因此在 JSP 转译后的 Servlet 源代码中，会看到所定义的代码是转译在_jspService()中。

> **注意》》** 之后就会学到如何在 JSP 中定义方法。注意到_jspInit()、_jspDestroy()与 _jspService()方法名称上有个下划线，表示这些方法是由容器转译时维护，不应该重新定义这些方法。如果想要做些 JSP 初始化或收尾动作，则应定义 jspInit()或 jspDestroy()方法。

在先前转译过后的 hello_jsp 中，还可以看到 request、response、pageContext、session、application、config、out、page 等变量，目前只要先知道，这些变量对应于 JSP 中的隐式对象(Implicit object)，之后还会加以说明。

6.1.2　Servlet 至 JSP 的简单转换

Servlet 与 JSP 是一体的两面，JSP 会转换为 Servlet，Servlet 可实现的功能也可以用 JSP 实现，通常 JSP 会作为画面显示用。在这里，将用一个显示画面的 Servlet，将之转换为 JSP，从中了解各元素的对照。

假设原本有个 Servlet 负责画面显示如下：

```java
package cc.openhome.view;

import cc.openhome.model.Bookmark;
import cc.openhome.model.BookmarkService;
import java.io.*;
import java.util.*;
import javax.servlet.*;
import javax.servlet.http.*;

public class ListBookmark extends HttpServlet {
    @Override
    protected void doGet(HttpServletRequest request,
                    HttpServletResponse response)
                throws ServletException, IOException {
        response.setContentType("text/html;charset=UTF-8");
        PrintWriter out = response.getWriter();
        out.println(
    "<!DOCTYPE html PUBLIC '-//W3C//DTD HTML 4.01 Transitional//EN'>");
```

```
        out.println("<html>");
        out.println("<head>");
        out.println(
"<meta content='text/html; UTF-8' http-equiv='content-type'>");
        out.println("<title>查看在线书签</title>");
        out.println("</head>");
        out.println("<body>");
        out.println(
          "<table style='text-align: left; width: 100%;' border='0' >");
        out.println("  <tbody>");
        out.println("  <tr>");
        out.println(
  "  <td style='background-color: rgb(51, 255, 255); '>网页</td>");
        out.println(
  "  <td style='background-color: rgb(51, 255, 255); '>分类</td>");
        out.println("  </tr>");

        BookmarkService bookmarkService = (BookmarkService)
                getServletContext().getAttribute("bookmarkService");
        for(Bookmark bookmark : bookmarkService.getBookmarks()) {
            out.println("    <tr>");
            out.println("      <td><a href='http://" + bookmark.getUrl() +
            "'>" + bookmark.getTitle() + "</a></td>");
            out.println("      <td>" + bookmark.getCategory() + "</td>");
            out.println("    </tr>");
        }
        out.println("  </tbody>");
        out.println("</table>");
        out.println("</body>");
        out.println("</html>");
        out.close();
    }
}
```

可以创建一个文件，后缀为.jsp。首先把 `doGet()` 中所有的代码粘贴上去，接着看到第一行：

```
response.setContentType("text/html;charset=UTF-8");
```

这可以使用 JSP 的指示(**Directive**)元素在 JSP 页面的第一行写下：

```
<%@page contentType="text/html" pageEncoding="UTF-8"%>
```

这告诉容器在将 JSP 转换为 Servlet 时，使用 UTF-8 读取.jsp 转译为.java，然后编译时使用 UTF-8，并设置内容类型为 text/html。

接着看到以下这行：

```
PrintWriter out = response.getWriter();
```

这行可以直接删除，这是因为 JSP 中有隐式对象(**Implicit object**)，`out` 这个名称就是一个隐式对象名称。所以原先 `out.println()` 的部分，都可以仅保留字符串值，也就是修改如下：

```
<!DOCTYPE HTML PUBLIC "-//W3C//DTD HTML 4.01 Transitional//EN"
```

```
"http://www.w3.org/TR/html4/loose.dtd">
<html>
    <head>
        <meta http-equiv='Content-Type'
              content='text/html; charset=UTF-8'>
        <title>查看在线书签</title>
    </head>
    <body>
        <table style='text-align: left; width: 100%;' border='0'>
            <tbody>
                <tr>
                    <td style='background-color: rgb(51, 255, 255); '>网页</td>
                    <td style='background-color: rgb(51, 255, 255); '>分类</td>
                </tr>
```

这就是为什么要用 JSP 处理画面的原因,因为不必用""包括字符串来做那些 HTML 的输出了。接下来这个部分:

```
BookmarkService bookmarkService =
    (BookmarkService) getServletContext().getAttribute("bookmarkService");
for(Bookmark bookmark : bookmarkService.getBookmarks()) {
```

可以直接用 **Scriptlet** 元素，也就是用 `<%` 与 `%>` 包括起来。在 JSP 中要编写 Java 代码，就是这么做的:

```
<%
    BookmarkService bookmarkService =
        (BookmarkService) application.getAttribute("bookmarkService");
    for(Bookmark bookmark : bookmarkService.getBookmarks()) {
%>
```

在上面可以看到，`ServletContext` 的取得，在 JSP 中是通过 `application` 隐式对象，而 `BookmarkService` 与 `Bookmark`，其完整名称其实必须包括 `cc.openhome.model` 包名，在 JSP 中，若要做到与 Servlet 中 `import` 同样的目的，可以使用指示元素，告诉容器转译时，必须包括的 `import` 语句，也就是在 JSP 的开头写下:

```
<%@page import="cc.openhome.model.*, java.util.*" %>
```

接下来的这些代码:

```
out.println("    <tr>");
out.println("        <td><a href=\"http://" +
  bookmark.getUrl() + "\">" + bookmark.getTitle() + "</a></td>");
out.println("        <td>" + bookmark.getCategory() + "</td>");
out.println("    </tr>");
```

其中夹杂了 HTML 与 Java 对象取值的操作，这可以转换为以下:

```
<tr>
    <td><a href="http://<%= bookmark.getUrl()%>">
        <%= bookmark.getTitle()%></a></td>
    <td><%= bookmark.getCategory()%></td>
</tr>
```

HTML 的部分直接编写即可,至于Java对象取值的操作,可以通过运算**(Expression)** 元素，也就是 `<%=` 与 `%>` 来包括。注意到，之前用 `<%` 与 `%>` 包括的部分，`for` 循环的区块

185

语法并没有完成，因为还少了个 }，所以必须再
补上：

```
<%
    }
%>
```

最后看到的代码：

```
out.println("  </tbody>");
out.println("</table>");
out.println("</body>");
out.println("</html>");
out.close();
```

可以在 JSP 中直接写下：

```
            </tbody>
        </table>
    </body>
</html>
```

完成的 JSP 页面完整结果如下：

```
<%@page contentType="text/html" pageEncoding="UTF-8"%>
<%@page import="cc.openhome.model.*, java.util.*" %>
<!DOCTYPE HTML PUBLIC "-//W3C//DTD HTML 4.01 Transitional//EN"
"http://www.w3.org/TR/html4/loose.dtd">
<html>
    <head>
        <meta http-equiv="Content-Type"
                content="text/html; charset=UTF-8">
        <title>查看在线书签</title>
    </head>
    <body>
        <table style="text-align: left; width: 100%;" border="0">
            <tbody>
                <tr>
                    <td style="background-color: rgb(51, 255, 255);">网页</td>
                    <td style="background-color: rgb(51, 255, 255);">分类</td>
                </tr>
<%
    BookmarkService bookmarkService =
        (BookmarkService) application.getAttribute("bookmarkService");
    for(Bookmark bookmark : bookmarkService.getBookmarks()) {
%>
                <tr>
                    <td><a href="http://<%= bookmark.getUrl()%>">
                            <%= bookmark.getTitle()%></a></td>
                    <td><%= bookmark.getCategory()%></td>
                </tr>
<%
    }
%>
            </tbody>
```

```
      </table>
   </body>
</html>
```

虽然 HTML 与 Java 代码夹杂的情况仍在，但至少 HTML 编写的部分轻松多了。如果想要进一步消除 Java 代码，则可以尝试使用 JSTL 之类的自定义标签，这在之后还会说明。

最主要的是了解，每个 JSP 中的元素，都可以对照至 Servlet 中某个元素或代码，如指示元素、隐式元素、Scriptlet 元素、操作数元素等，都与 Servlet 有实际的对应，所以要了解 JSP，必先了解 Servlet。也可以尝试查看这个 JSP 转译后的 Servlet 代码，就更能了解两者之间的关系。

6.1.3　指示元素

JSP 指示(Directive)元素的主要目的，在于指示容器将 JSP 转译为 Servlet 源代码时，一些必须遵守的信息。指示元素的语法如下所示：

```
<%@ 指示类型 [属性="值"]* %>
```

在 JSP 中有三种常用的指示类型：**page**、**include** 与 **taglib**。page 指示类型告知容器如何转译目前的 JSP 网页。include 指示类型告知容器将别的 JSP 页面包括进来进行转译。taglib 指示类型告知容器如何转译这个页面中的标签库(Tag Library)。在这里将先说明 page 与 include 指示类型的使用，taglib 则会在之后章节进行说明。

指示元素中可以有多对的属性/值，必要时，同一个指示类型可以用数个指示元素来设置。直接以实际的例子来说明比较清楚。首先说明 page 指示类型：

JSPDemo　pageDemo.jsp

```
<%@page import="java.util.Date" %>
<%@page contentType="text/html" pageEncoding="UTF-8"%>
<!DOCTYPE HTML PUBLIC "-//W3C//DTD HTML 4.01 Transitional//EN"
"http://www.w3.org/TR/html4/loose.dtd">
<html>
   <head>
      <meta http-equiv="Content-Type"
            content="text/html; charset=UTF-8">
      <title>Page 指示元素</title>
   </head>
   <body>
      <h1>现在时间: <%= new Date() %> </h1>
   </body>
</html>
```

上例使用了 page 指示类型的 **import**、**contentType** 与 **pageEncoding** 三个属性。

page 指示类型的 `import` 属性告知容器转译 JSP 时，必须在源代码中包括的 `import` 陈述，范例中的 `import` 属性在转译后的 Servlet 源代码中会产生：

```
import java.util.Date;
```

也可以在同一个 `import` 属性中，使用逗号分隔数个 `import` 的内容：

```
<%@page import="java.util.Date,cc.openhome.*" %>
```

page 指示类型的 `contentType` 属性告知容器转译 JSP 时，必须使用 `HttpServletRequest` 的 `setContentType()`，调用方法时传入的参数就是 `contentType` 的属性值。`pageEncoding` 属性则告知这个 JSP 网页中的文字编码，以及内容类型附加的 **charset** 设置。如果网页中包括非 ASCII 编码范围中的字符(如中文)，就要指定正确的编码格式，才不会出现乱码。根据范例中 `contentType` 与 `pageEncoding` 属性的设置，转译后的 Servlet 源代码必须包括这行代码：

```
response.setContentType("text/html;charset=UTF8");
```

可以在使用 page 类型时一行一行编写，也可以编写在同一个元素中。例如：

```
<%@page import="java.util.Date"
        contentType="text/html" pageEncoding="UTF-8" %>
```

`import`、`contentType` 与 `pageEncoding` 大概是最常用到的三个属性。page 指示类型还有一些可以设置的属性，以下稍微做个说明，你不一定会全部用到，大致了解有这些属性的存在即可。

- `info` 属性：用于设置目前 JSP 页面的基本信息，这个信息最后会转换为 Servlet 程序中使用 `getServletInfo()` 所取得的信息。

- `autoFlush` 属性：用于设置输出串流是否要自动清除，默认是 `true`。如果设置为 `false`，而缓冲区满了却还没调用 `flush()` 将数据送出至客户端，则会产生异常。

- `buffer` 属性：用于设置至客户端的输出串流缓冲区大小，设置时必须指定单位，例如 `buffer="16kb"`。默认是 8kb。

- `errorPage` 属性：用于设置当 JSP 执行错误而产生异常时，该转发哪一个页面处理这个异常，这在 6.1.7 节中会加以说明。

- `extends` 属性：用来指定 JSP 网页转译为 Servlet 程序之后，该继承哪一个类。以 Tomcat 为例，默认是继承自 `HttpJspBase`(`HttpJspBase` 又继承自 `HttpServlet`)。基本上几乎不会使用到这个属性。

- `isErrorPage` 属性：设置 JSP 页面是否为处理异常的页面，这个属性要与 `errorPage` 配合使用，这在 6.1.7 节中会加以说明。

- language 属性：指定容器使用哪种语言的语法来转译 JSP 网页，言下之意是 JSP 基本上可使用其他语言来转译，不过事实上目前只能使用 Java 的语法(默 认使用 java)。

- session 属性：设置是否在转译后的 Servlet 源代码中具有创建 HttpSession 对 象的语句。默认是 true，若某些页面不需作进程跟踪，设成 false 可以增加一 些效能。

- isELIgnored 属性：设置 JSP 网页中是否忽略表达式语言(Expression Language)，默认是 false，如果设置为 true，则不转译表达式语言。这个设置会覆盖 web.xml 中的<el-ignored>设置，表达式语言将在 6.3 节介绍。

- isThreadSafe 属性：告知容器编写 JSP 时是否注意到线程安全，默认值是 true。如果设置为 false，则转译之后的 Servlet 会实现 SingleThreadModel 接口，每次 请求时将创建一个 Servlet 实例来服务请求。虽然可以避免线程安全问题，这 会引起性能问题，极度不建议设置为 false。

接着介绍 include 指示类型，它用来告知容器包括另一个网页的内容进行转译。直 接来看个范例：

JSPDemo　includeDemo.jsp

```
<%@page contentType="text/html" pageEncoding="UTF-8"%>
<%@include file="/WEB-INF/jspf/header.jspf"%>
    <h1>include 示范本体</h1>
<%@include file="/WEB-INF/jspf/foot.jspf"%>
```

上面这个程序在第一次执行时，将会把 header.jspf 与 foot.jspf 的内容包括进来作 转译。假设这两个文件的内容分别是：

JSPDemo　header.jspf

```
<%@ page pageEncoding="UTF-8" %>
<!DOCTYPE HTML PUBLIC "-//W3C//DTD HTML 4.01 Transitional//EN"
   "http://www.w3.org/TR/html4/loose.dtd">
<html>
   <head><title>include 示范开头</title></head>
   <body>
```

JSPDemo　foot.jspf

```
<%@ page pageEncoding="UTF-8" %>
  </body>
</html>
```

实际执行时，容器会组合 includeDemo.jsp、header.jspf 与 foot.jspf 的内容后，再转译为 Servlet，也就是说，相当于转译这个 JSP：

```
<%@page contentType="text/html" pageEncoding="UTF-8"%>
<!DOCTYPE HTML PUBLIC "-//W3C//DTD HTML 4.01 Transitional//EN"
    "http://www.w3.org/TR/html4/loose.dtd">
<html>
    <head><title>include 示范开头</title></head>
    <body>
    <h1>include 示范本体</h1>
    </body>
</html>
```

所以最后会生成一个 Servlet(而不是三个)，也就是说，使用指令元素 `include` 来包括其他网页内容时，会在转译时期就决定转译后的 Servlet 内容，是一种静态的包括方式。之后会介绍`<jsp:include>`标签的使用，则是运行时动态包括别的网页执行流程进行响应的方式，使用`<jsp:include>`的网页与被`<jsp:include>`包括的网页，各自都生成一个独立的 Servlet。

可以在 web.xml 中统一默认的网页编码、内容类型、缓冲区大小等。例如：

```
<web-app …>
    ...
    <jsp-config>
        <jsp-property-group>
            <url-pattern>*.jsp</url-pattern>
            <page-encoding>UTF-8</page-encoding>
            <default-content-type>text/html</default-content-type>
            <buffer>16kb</buffer>
        </jsp-property-group>
    </jsp-config>
</web-app>
```

也可以声明指定的 JSP 开头与结尾要包括的网页：

```
<web-app …>
    ...
    <jsp-config>
        <jsp-property-group>
            <url-pattern>*.jsp</url-pattern>
            <include-prelude>/WEB-INF/jspf/pre.jspf</include-prelude>
            <include-coda>/WEB-INF/jspf/coda.jspf</include-coda>
        </jsp-property-group>
    </jsp-config>
</web-app>
```

另外，注意到指示元素如果如下编写：

```
<%@page import="java.util.Date" %>
<%@page contentType="text/html" pageEncoding="UTF-8"%>
Hello!
```

因为在编写 JSP 指示元素时，换行了两次，这两次换行的字符也会输出，所以最后产生的 HTML 会有两个换行字符，接着才是"Hello!"这个字符串输出。一般来说，这不会有什么问题，但如果想要忽略这样的换行，则可以在 web.xml 中设置：

```
<web-app …>
    ...
    <jsp-config>
        <jsp-property-group>
            <url-pattern>*.jsp</url-pattern>
            <trim-directive-whitespaces>true</trim-directive-whitespaces>
        </jsp-property-group>
    </jsp-config>
</web-app>
```

6.1.4 声明、Scriptlet 与表达式元素

JSP 网页会转译为 Servlet 类，转译后的 Servlet 类应该包括哪些类成员、方法声明或哪些语句，在编写 JSP 时，可以使用声明**(Declaration)**元素、**Scriptlet** 元素及表达式**(Expression)**元素来指定。

首先来看声明元素的语法：

```
<%! 类成员声明或方法声明 %>
```

在`<%!`与`%>`之间声明的代码，都将转译为 Servlet 中的类成员或方法，之所以称为声明元素，是指它用来声明类成员与方法。举个例子来说，如果在 JSP 中编写以下片段：

```
<%!
    String name = "caterpillar";
    String password = "123456";

    boolean checkUser(String name, String password) {
        return this.name.equals(name) &&
                this.password.equals(password);
    }
%>
```

则转译后的 Servlet 代码，将会有以下内容：

```
package org.apache.jsp;
// 略...
public final class index_jsp
                extends org.apache.jasper.runtime.HttpJspBase
        implements org.apache.jasper.runtime.JspSourceDependent {
    String name = "caterpillar";
    String password = "123456";

    boolean checkUser(String name, String password) {
        return this.name.equals(name) &&
                this.password.equals(password);
    }
    // 略...
}
```

所以使用<%!与%>声明变量时，必须小心数据共享与线程安全的问题。先前曾经谈过，容器默认会使用同一个 Servlet 实例来服务不同用户的请求，每个请求是一个线程，而<%!与%>间声明的变量对应至类变量成员，因此会有线程共享访问的问题。

先前曾经提过，如果有一些初始化操作，想要在 JSP 载入时执行，则可以重新定义 jspInit()方法，或是在 jspDestroy()中定义结尾动作。定义 jspInit()与 jspDestroy()的方法，就是在<%!与%>之间进行，这样转译后的 Servlet 源代码，就会有相对应的方法片段出现。例如：

```
<%!
    public void jspInit() {
        // 初始化动作
    }
    public void jspDestroy() {
        // 结尾动作
    }
%>
```

再来谈到 Scriptlet 元素。先看看其语法：

```
<% Java 语句 %>
```

注意到<%后没有惊叹号(!)。在声明元素中可以编写 Java 语句，就如同在 Java 的方法中编写语句一样。事实上，<%与%>之间所包括的内容，将被转译为 Servlet 源代码 _jspService()方法中的内容。举个例子来说：

```
<%
    String name = request.getParameter("name");
    String password = request.getParameter("password");
    if(checkUser(name, password)) {
%>
    <h1>登录成功</h1>
<%
    }
    else {
%>
    <h1>登录失败</h1>
<%
    }
%>
```

这段 JSP 中的 Scriptlet，在转译为 Servlet 后，会有以下对应的源代码：

```
package org.apache.jsp;
// 略...
public final class login_jsp
    extends org.apache.jasper.runtime.HttpJspBase
    implements org.apache.jasper.runtime.JspSourceDependent {
    // 略...
  public void _jspService(HttpServletRequest request,
                          HttpServletResponse response)
        throws java.io.IOException, ServletException {
    // 略…
    String name = request.getParameter("name");
```

```
        String password = request.getParameter("password");
        if(checkUser(name, password)) {
            out.write("\n");
            out.write("    <h1>登录成功</h1>\n");
        }
        else {
            out.write("\n");
            out.write("    <h1>登录失败</h1>\n");
        }
        // 略...
    }
}
```

直接在 JSP 中编写的 HTML，都会变成 out 对象所输出的内容。Scriptlet 出现的顺序，也就是在转译为 Servlet 后，语句出现在_jspService()中的顺序。

再来谈到表达式元素。其语法如下：

```
<%= Java 表达式 %>
```

可以在表达式元素中编写 Java 表达式，表达式的运算结果将直接输出为网页的一部分。例如之前看过的范例中，使用到一段表达式元素：

```
现在时间: <%= new Date() %>
```

注意，表达式元素中不用加上分号(;)。这个表达式元素在转译为 Servlet 之后，会在_jspService()中产生以下语句：

```
out.print(new Date());
```

简单地说，表达式元素中的表达式，会直接转译为 out 对象输出时的指定内容(这也是为什么表达式元素中不用加上分号的原因)。

下面这个范例综合了以上的说明，实现了一个简单的登录程序，其中使用了声明元素、Scriptlet 元素与表达式元素。

JSPDemo   login.jsp

```
<%@page contentType="text/html" pageEncoding="UTF-8"%>
<%!
    String name = "caterpillar";                         ┐
    String password = "123456";                          │ 使用声明元素
                                                          │ 声明类成员
    boolean checkUser(String name, String password) {    │
        return this.name.equals(name) &&                 │
                this.password.equals(password);           │
    }                                                     ┘
%>
<!DOCTYPE HTML PUBLIC "-//W3C//DTD HTML 4.01 Transitional//EN"
    "http://www.w3.org/TR/html4/loose.dtd">
<html>
    <head>
        <meta http-equiv="Content-Type"
              content="text/html; charset=UTF-8">
        <title>登录页面</title>
    </head>
```

```
    <body>
<%
    String name = request.getParameter("name");
    String password = request.getParameter("password");
    if(checkUser(name, password)) {
%>
    <h1><%= name %> 登录成功</h1>
<%
    } else {
%>
    <h1>登录失败</h1>
<%
    }
%>
    </body>
</html>
```

使用表达式元素
输出运算结果

使用 Scriptlet 编写
Java 代码段

如果请求参数验证无误就会显示用户名称及登录成功的字样,否则显示登录失败。一个执行时的参考画面如图 6.3 所示。

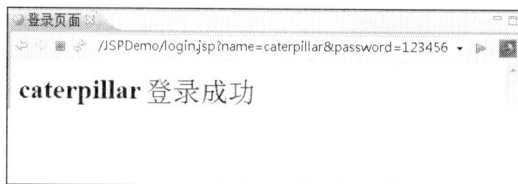

图 6.3 JSP 范例运行画面

<%与%>在 JSP 中会用来作为一些元素的开头与结尾符号,如果要在 JSP 网页中输出<%符号或%>符号,不能直接写下<%或%>,以免转译时被误为是某个元素的起始或结尾符号。例如,若 JSP 网页中包括下面这段,就会发生错误:

```
<%
    out.println("JSP 中 Java 语法结束符号%>");
%>
```

如果要在 JSP 中输出<%或%>符号,要将角括号置换为其他字符。例如,想输出<%时可使用<%; 而输出%>时,可以使用%>或使用%\>。例如:

```
<%
    out.println("&lt;%与%\>被用来作为 JSP 中 Java 语法的部分");
%>
```

如果想禁用 JSP 上的 Scriptlet,则可以在 web.xml 中设置:

```
<web-app …>
    ...
    <jsp-config>
        <jsp-property-group>
            <url-pattern>*.jsp</url-pattern>
            <scripting-invalid>true</scripting-invalid>
        </jsp-property-group>
    </jsp-config>
</web-app>
```

会想禁用 Scriptlet 的情况，是在不想让 Java 代码与 HTML 标记混合的时候，一个网页通过适当的规划，切割业务逻辑与呈现逻辑的话，JSP 网页可以通过标准标签、EL 或 JSTL 自定义标签等，消除网页上的 Scriptlet。

6.1.5　注释元素

JSP 网页中可以在`<%`与`%>`之间直接使用 Java 语法编写程序，所以可在其中使用 Java 的注释方式来编写注释文件，也就是可以使用`//`或`/*`与`*/`来编写注释。例如：

```
<%
    // 单行注释
    out.println("随便显示一段文字");
    /* 多行注释 */
%>
```

在转译为 Servlet 源代码之后，`<%`与`%>`之间设置的注释，在 Servlet 源代码中对应的位置也会有对应的注释文字。若想观察 JSP 转换为 Servlet 后的某段特定源代码，可以使用这种注释方式来当作一种标记，方便直接看到转换后的代码位于哪一行。

另一个是 HTML 网页使用的注释方式`<!--`与`-->`，这并不是 JSP 的注释。例如这段网页中的注释：

```
<!-- 网页注释 -->
```

在转译为 Servlet 之后，只是产生这样的一行语句：

```
out.write("<!-- 网页注释 -->");
```

所以这个注释文字也会输出至浏览器成为 HTML 注释，在查看 HTML 源代码时，也就可以看到注释文字。

JSP 有一个专用的注释，即`<%--`与`--%>`。例如：

```
<%-- JSP 注释 --%>
```

容器在转译 JSP 至 Servlet 时，会忽略`<%--`与`--%>`之间包括的文字，生成的 Servlet 中不会包括注释文字，也不会输出至浏览器。

6.1.6　隐式对象

在之前的范例中，曾经在 Scriptlet 中写下 `out` 与 `request` 等字眼，然后直接操作一些方法。像 `out`、`request` 这样的字眼，在转译为 Servlet 之后，会直接对应于`_jspService()`中的某个局部变量，例如 `request` 就引用到 `HttpServletRequest` 对象。像 `out`、`request` 这样的字眼，通常称为隐式对象(Implicit Object)或隐式变量(Implicit Variable)。

以下先列表对照 JSP 中的隐式对象与转译后的类型(见表 6.1)，有一些部分也许是第一次看到的类型，将在稍后详加说明。

表 6.1　JSP 隐式对象

隐式对象	说　　明
out	转译后对应 JspWriter 对象，其内部关联一个 PrintWriter 对象
request	转译后对应 HttpServletRequest 对象
response	转译后对应 HttpServletResponse 对象
config	转译后对应 ServletConfig 对象
application	转译后对应 ServletContext 对象
session	转译后对应 HttpSession 对象
pageContext	转译后对应 PageContext 对象，它提供了 JSP 页面资源的封装，并可设置页面范围属性
exception	转译后对应 Throwable 对象，代表由其他 JSP 页面抛出的异常对象，只会出现于 JSP 错误页面(isErrorPage 设置为 true 的 JSP 页面)
page	转译后对应 this

注意》》 隐式对象只能在<%与%>之间，或<%=与%>之间使用，因为正如先前所提，隐式对象在转译为 Servlet 后，是_jspService()中的局部变量，无法在<%!与%>之间使用隐式对象。

　　大部分的隐式对象，在转译后所对应的 Servlet 相关对象，先前讲解 Servlet 的文件都做过说明。page 隐式对象则是对应于转译后 Java 类中的 this 对象，主要是让不熟悉 Java 的网页设计师，在必要时可以用较直觉的 page 名称来存取。exception 隐式对象将在之后谈到 JSP 错误处理时再加以说明。

　　至于 out、pageContext、exception 这些隐式对象，转译后的类型可能是第一次看到，以下先针对这些隐式对象进行说明。

　　out 隐式对象不直接对应于先前说明 Servlet 时，由 HttpServletResponse 取得的 PrintWriter 对象。out 隐式对象在转译之后，会对应于 **javax.servlet.jsp.JspWriter** 类的实例，JspWriter 则直接继承 java.io.Writer 类。JspWriter 主要模拟了 BufferedWriter 与 PrintWriter 的功能。

　　JspWriter 在内部也是使用 PrintWriter 来进行输出，但 JspWriter 具有缓冲区功能。当使用 JspWriter 的 print()或 println()进行响应输出时，如果 JSP 页面没有缓冲，则直接创建 PrintWriter 来输出响应，如果 JSP 页面有缓冲，则只有在清除(flush)缓冲区时，才会真正创建 PrintWriter 对象进行输出。

　　对页面进行缓冲处理，表示在缓冲区满的时候，可能有两种处理方式：

- 累积缓冲区的容量后再一次输出响应，所以缓冲区满了就直接清除。
- 你也许是想控制输出的量在缓冲区容量之内，所以缓冲区满了表示有错误，此时要抛出异常。

在编写 JSP 页面时，可以通过 `page` 指示元素的 **buffer** 属性来设置缓冲区的大小，默认值是 8kb。缓冲区满了之后该采取哪种行为，则是由 **autoFlush** 属性决定值，默认值是 `true`，表示满了就直接清除。如果设置为 `false`，则要自行调用 JspWriter 的 `flush()` 方法来清除缓冲区，如果缓冲区满了却还没调用 `flush()` 将数据送出至客户端，调用 `println()` 时将会抛出 `IOException` 异常。

接着说明 `pageContext` 隐式对象。`pageContext` 隐式对象转译后对应于 **javax.servlet.jsp.PageContext** 类型的对象，这个对象将所有 JSP 页面的信息封装起来，转译后的 Servlet 可通过 `pageContext` 来取得所有的 JSP 页面信息。例如在转译后的 Servlet 代码中，要取得对应 JSP 页面的 `ServletContext`、`ServletConfig`、`HttpSession` 与 `JspWriter` 对象时，是通过以下的代码来取得：

```
application = pageContext.getServletContext();
config = pageContext.getServletConfig();
session = pageContext.getSession();
out = pageContext.getOut();
```

所有的隐式对象都可以通过 `pageContext` 来取得。除了封装所有的 JSP 页面信息之外，还可以使用 `pageContext` 来设置页面范围属性。在先前的文件中，你知道 Servlet 中可以设置属性的对象有 `HttpServletRequest`、`HttpSession` 与 `ServletContext`，可分别用来设置请求范围、会话范围与应用程序范围属性。在学到 JSP 时，则会多认识一个用 `pageContext` 来设置的页面范围属性，同样是使用 `setAttribute()`、`getAttribute()` 与 `removeAttribute()` 来进行设置。默认是可设置或取得页面范围属性，页面范围属性表示作用范围仅限同一页面中。

来举自行设置页面范围属性的一个例子。想要先检查页面范围属性中，是否曾被设置过某个属性，如果有就直接取用，如果没有就直接生成，且设置为页面属性。例如：

```
<%
    Some some = pageContext.getAttribute("some");
    if(some == null) {
        some = new Some();
        pageContext.setAttribute("some", some);
    }
%>
```

事实上，可以通过 `pageContext` 设置四种范围属性，而不用使用个别的 `pageContext`、`request`、`session`、`application` 来进行设置。以 `pageContext` 提供单一的 API 来管理属性作用范围，可以使用以下方法来进行设置：

```
getAttribute(String name, int scope)
setAttribute(String name, Object value, int scope)
removeAttribute(String name, int scope)
```

其中的 `scope` 可以使用以下的常数来进行指定：**pageContext.PAGE_SCOPE**、**pageContext.REQUEST_SCOPE**、**pageContext.SESSION_SCOPE**、**pageContext.APPLICATION_SCOPE**。分别表示页面、请求、会话与应用程序范围。例如，要设置会话范围的属性：

```
pageContext.setAttribute("login",
            "caterpillar", pageContext.SESSION_SCOPE);
```

要取得会话范围的属性时，可以使用以下方式：

```
String attr = (String) pageContext.getAttribute("login",
                        pageContext.SESSION_SCOPE);
```

当不知道属性的范围时，也可以使用 `pageContext` 的 `findAttribute()`方法来找出属性，只要指定属性名称即可。`findAttribute()`会依序从页面、请求、会话、应用程序范围寻找看看有无对应的属性，先找到就返回。例如：

```
Object attr = pageContext.findAttribute("attr");
```

6.1.7 错误处理

刚开始编写 JSP 时，总是会被 JSP 的调试信息所困扰，如果初学者不了解 JSP 与 Servlet 之间运作关系，看到的只是一堆转译、编译、甚至执行时的异常信息，这些信息虽然包括详细的错误信息，但对于初学者而言在阅读上却是不友好、不易理解的。其实，只要了解 JSP 与 Servlet 之间的运作关系，并了解 Java 编译信息与异常处理，要了解在编写 JSP 网页时，因错误而产生的错误报告页面就不是件难事。

JSP 终究会转译为 Servlet，所以错误可能发生在三个时候。

- JSP 转换为 Servlet 源代码时。如果在 JSP 页面中编写了一些错误语法，而使得容器在转译 JSP 时不知道该怎么将那些语法转译为 Servlet 的.java 文件，就会发生错误。例如，在 `page` 指令元素中指定了错误的选项，如 `buffer` 属性指定错误：

```
<%@page contentType="text/html" buffer="16"%>
```

实际上指定 `buffer` 属性时必须指定单位，如"16Kb"。如果直接将这个 JSP 文件放到容器上，在请求 JSP 时容器无法转译，在 Tomcat 下就会出现类似图 6.4 所示的画面错误。

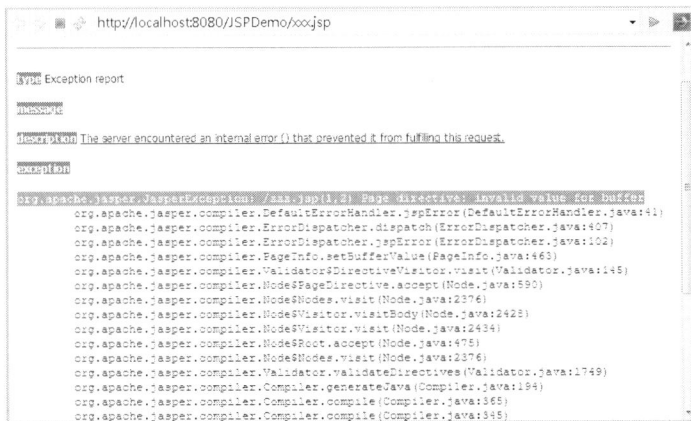

图 6.4　JSP 转译为 Servlet 时的错误范例

容器通常会提示无法转译的原因。确定是否为这类错误的一个原则，就是查看图 6.4 中反白区段，通常会告知语法不合法的信息。

提示 »»» 如果使用的集成开发工具(IDE)有检查 JSP 语法的功能，在编辑器上就可以直接看到错误语法的提示。若初学者在没有 JSP 语法检查功能的编辑器上编写 JSP，就很容易遇到这类错误。

- Servlet 源代码进行编译时。如果 JSP 语法没有问题，则容器可以将 JSP 转译为 Servlet 的.java 程序，接着就会尝试将.java 编译为.class 文件。如果此时编译器因为某个原因而无法完成编译，则会出现编译错误。例如，JSP 中使用了某些类，但部署至服务器时，忘了将相关的类也部署上去，使得初次请求 JSP 时，虽然转译可以完成，但编译时就会出错，此时(在 Tomcat 下)就会出现类似图 6.5 所示的画面错误。

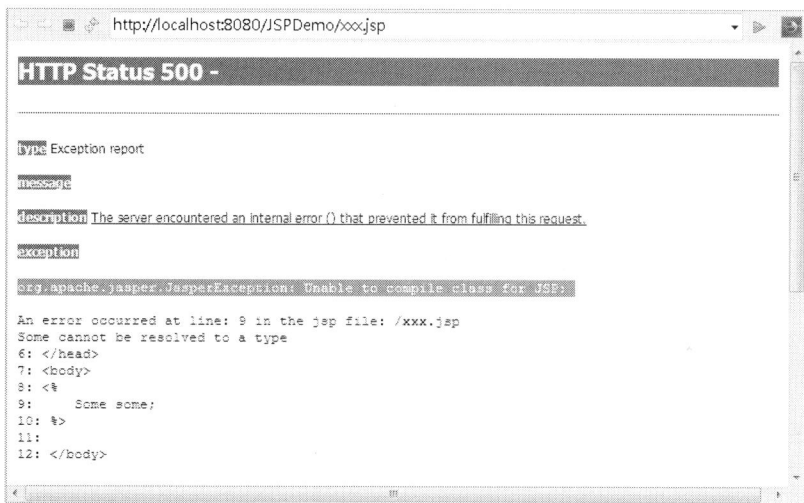

图 6.5 Servlet 进行编译时的错误范例

这个错误信息比较容易确认，例如使用 Tomcat 容器的话，若出现 Unable to compile 之类的信息，通常就是在编译阶段发生了错误。

提示 »»» 如果使用的集成开发工具(IDE)有检查 JSP 语法的功能，在编辑器上可能会看到编译方面的错误提示。但有时会像这里举的例子，开发阶段与部署阶段的运行环境不同，而使得找不到类的情况发生时，使得部署后请求 JSP 时出现这类错误。

- Servlet 载入容器进行服务但发生运行时错误时。如果 Servlet 进行编译成功，接下来就可以载入容器开始执行，但仍有可能在运行时因找不到某个资源、程序逻辑上的问题而发生错误。例如最常见的 NullPointerException 就是一个例子。

运行时的错误信息也较容易确认，例如使用 Tomcat 容器的话，若出现 An exception occurred processing JSP page 之类的信息，通常就是运行时发生了错误，如图 6.6 所示。

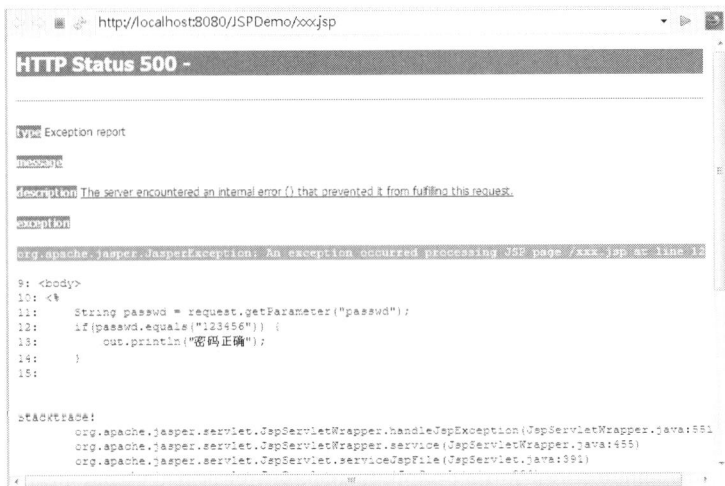

图 6.6　Servlet 进行编译时的错误范例

这类错误由于是运行时错误，集成开发工具检查不出来。虽然容易确认是运行时错误，但运行时的错误可能原因就非常多了，在 IDE 的主控台(Console)中，通常也会出现异常的堆栈跟踪(Stacktrace)信息，如图 6.7 所示。

图 6.7　运行时异常的堆栈跟踪

提示 >>>　此时对异常继承架构与处理方式是否了解，以及如何善用异常的堆栈跟踪来找出原因，就非常重要了(这是学习 Java SE 所应创建的基础)。

可以自定义运行时异常发生时的处理页面，只要使用 page 指示元素时，设置 errorPage 属性来指定错误处理的 JSP 页面。例如：

JSPDemo add.jsp

```
<%@page contentType="text/html"
        pageEncoding="UTF-8" errorPage="error.jsp"%>  ◄── 设置 errorPage 属性
<!DOCTYPE HTML PUBLIC "-//W3C//DTD HTML 4.01 Transitional//EN"
   "http://www.w3.org/TR/html4/loose.dtd">
<html>
<head>
    <meta http-equiv="Content-Type" content="text/html; charset=UTF-8">
    <title>加法网页</title>
</head>
<body>
<%
    String a = request.getParameter("a");
    String b = request.getParameter("b");
    out.println("a + b = " +
            (Integer.parseInt(a) + Integer.parseInt(b))
        );
%>
</body>
</html>
```

这是一个简单的加法网页，从请求参数中取得 a 与 b 的值后进行相加。如果有错误时，想要直接转发至 error.jsp 显示错误，则在 JSP 页面将 isErrorPage 属性设置为 true 即可。例如：

JSPDemo error.jsp

```
<%@page contentType="text/html" pageEncoding="UTF-8"
        isErrorPage="true"%>  ◄── 设置 isErrorPage 属性
<%@page import="java.io.PrintWriter"%>
<html>
<head><title>错误</title></head>
<body>
  <h1>网页发生错误: </h1><%= exception %>
  <h2>显示异常堆栈跟踪: </h2>
<%
   exception.printStackTrace(new PrintWriter(out));
%>
</body>
</html>
```

exception 对象是 JSP 的隐式对象，由 add.jsp 抛出的异常对象信息就包括在 exception 中，而且只有 isErrorPage 设置为 true 的页面才可以使用 exception 隐式对象。在这个 error.jsp 中的标题上，只是简单地显示 exception 调用 toString()之后的信息，也就是<%=exception%>显示的内容；另外也可将异常堆栈跟踪显示出来。printStackTrace() 接受一个 PrintWriter 对象作为参数，所以使用 out 隐式对象构造 PrintWriter 对象，然后再使用 exception 的 printStackTrace()方法来显示异常堆栈跟踪。

图 6.8 所示为请求参数 b 无法剖析为整数，add.jsp 因而发生 NumberFormatException 而将响应转发 error.jsp 时的一个结果画面。

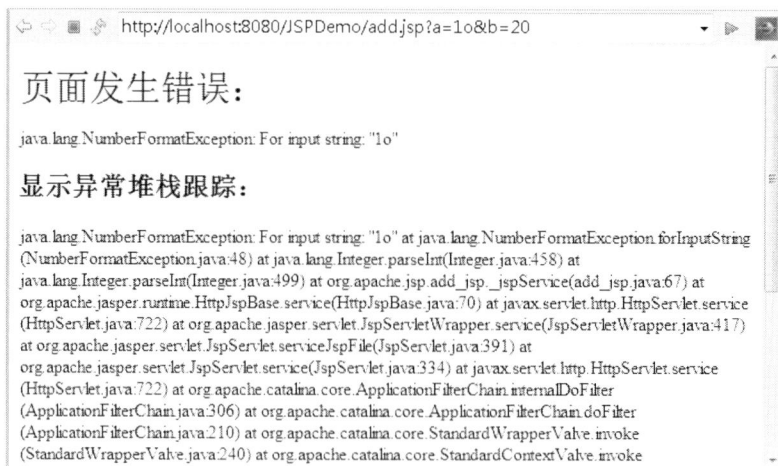

图 6.8　错误页面的示范

如果在存取应用程序的时候发生了异常或错误，而没有在 Servlet/JSP 中处理这个异常或错误，则最后会由容器加以处理，一般容器就是直接显示异常信息与堆栈跟踪信息。如果希望容器发现这类异常或错误时，可以自动转发至某个 URL，则可以在 web.xml 中使用**<error-page>**进行设置。

例如，若想要在容器收到某个类型的异常对象时进行转发，则可以在<error-page>中使用**<exception-type>**指定：

```
<web-app …>
    <error-page>
        <exception-type>java.lang.NullPointerException</exception-type>
        <location>/report.view</location>
    </error-page>
</web-app>
```

如果在**<location>**中设置的是 JSP 页面，则该页面必须设置 isErrorPage 属性为 true，才可以使用 exception 隐式对象。

如果想要基于 HTTP 错误状态码转发至处理页面，则是搭配**<error-code>**来设置。例如，在找不到文件而发出 404 状态码时，希望都交由某个页面处理：

```
<web-app …>
    <error-page>
        <error-code>404</error-code>
        <location>/404.jsp</location>
    </error-page>
</web-app>
```

这个设置，在自行使用 HttpServletResponse 的 sendError()送出错误状态码时也有作用，因为 sendError()只是告知容器，以容器的默认方式或 web.xml 中的设置来产生错误状态码的信息。

6.2　标准标签

在 JSP 的规范中提供了一些标准标签(Standard Tag)，所有容器都支持这些标签，可协助编写 JSP 时减少 Scriptlet 的使用。所有标准标签都使用 **jsp:** 作为前置。

这些标准标签是在 JSP 早期规范中提出的，虽然后来提出的 JSTL(JavaServer Pages Standard Tag Library)与表达式语言(Expression Language)在许多功能上，都可以取代原有的标准标签，但某些场合仍会见到这些标准标签的使用，所以仍必须对这些标准标签有所认识。

6.2.1　`<jsp:include>`、`<jsp:forward>`标签

在 6.1.3 节介绍过 `include` 指示元素，可以在 JSP 转译为 Servlet 时，将另一个 JSP 包括进来进行转译的动作，这是静态地包括另一个 JSP 页面，也就是被包括的 JSP 与原 JSP 合并在一起，转译为一个 Servlet 类，你无法在运行时依条件动态地调整想要包括的 JSP 页面。

如果想要在运行时，依条件动态地调整想要包括的 JSP 页面，则可以使用 **`<jsp:include>`** 标签。例如：

```
<jsp:include page="add.jsp">
    <jsp:param name="a" value="1" />
    <jsp:param name="b" value="2" />
</jsp:include>
```

在这个片段中使用了 **`<jsp:param>`** 标签，指定了动态包括 add.jsp 时所要给该页面的请求参数。如果在 JSP 页面中包括以上的标签，则会将 add.jsp 动态包含进来。目前的页面会自己生成一个 Servlet 类，而被包括的 add.jsp 也会自己独立生成一个 Servlet 类。事实上，目前页面转译而成的 Servlet 中，会取得 `RequestDispatcher` 对象，并执行 `include()` 方法，也就是将请求时转交给另一个 Servlet，而后再回到目前的 Servlet。

如果想要将请求转发给另一个 JSP 页面处理，则可以使用另一个标准标签 **`<jsp:forward>`**。例如：

```
<jsp:forward page="add.jsp">
    <jsp:param name="a" value="1" />
    <jsp:param name="b" value="2" />
</jsp:forward>
```

同样地，目前页面会生成一个 Servlet，而被转发的 add.jsp 也是生成一个 Servlet。目前页面转译而成的 Servlet 中，会取得 `RequestDispatcher` 对象，并执行 `forward()` 方法，也就是将请求时转发给另一个 Servlet，而后再回到目前的 Servlet。

所以，`<jsp:include>` 或 `<jsp:forward>` 标签，在转译为 Servlet 源代码之后，底层也是取得 `RequestDispatcher` 对象，并执行对应的 `forward()` 或 `include()` 方法，因此在使用时

的作用和注意事项与 3.2.5 节中说明的如何使用 `RequestDispatcher` 对象进行请求转发时的作用和注意事项都是相同的。

提示》》 pageContext 隐式对象其实也具有 forward() 与 include()方法，使用的时机是方便在 Scriptlet 中编写。

6.2.2 `<jsp:useBean>`、`<jsp:setProperty>` 与`<jsp:getProperty>`简介

`<jsp:useBean>`标签是用来搭配 JavaBean 元件的标准标签，这里指的 JavaBean 并非桌面系统或 EJB(Enterprise JavaBeans)中的 JavaBean 元件,而是只要满足以下条件的纯粹 Java 对象:

- 必须实现 java.io.Serializable接口
- 没有公开(public)的类变量
- 具有无参数的构造器
- 具有公开的设值方法(Setter)与取值方法(Getter)

举个实际的范例来说，以下的类就是一个 JavaBean 元件:

JSPDemo   User.java

```java
package cc.openhome;

import java.io.Serializable;

public class User implements Serializable {
    private String name;
    private String password;

    public String getName() {
        return name;
    }
    public void setName(String name) {
        this.name = name;
    }
    public String getPassword() {
        return password;
    }
    public void setPassword(String password) {
        this.password = password;
    }

    public boolean isValid() {
        return "caterpillar".equals(name) && "123456".equals(password);
    }
}
```

提示》》》 没有定义任何构造器时，编译器会自动加上一个无自变量没有任何内容的构造器。

虽然可以在 JSP 页面上编写 Scriptlet 来直接使用这个 JavaBean，如以下代码段：

```
<%@page import="cc.openhome.*"
        contentType="text/html" pageEncoding="UTF-8"%>
<%
    User user = (User) request.getAttribute("user");
    if(user == null) {
        user = new User();
        request.setAttribute("user", user);
    }
    user.setName(request.getParameter("name"));
    user.setPassword(request.getParameter("password"));
%>
    // 略...
    <body>
<%
    if(user.isValid()) {
%>
    <h1><%= user.getName() %> 登录成功</h1>
<%
    }
    else {
%>
    <h1>登录失败</h1>
<%
    }
%>
    </body>
</html>
```

但使用 JavaBean 在于减少 JSP 页面上 Scriptlet 的使用。应该搭配`<jsp:useBean>`来使用这个 JavaBean，并使用`<jsp:setProperty>`与`<jsp:getProperty>`来对 JavaBean 进行设值与取值的动作。例如：

JSPDemo login2.jsp

```
<%@page contentType="text/html" pageEncoding="UTF-8"%>    ◄── ❶使用<jsp:useBean>
<jsp:useBean id="user" class="cc.openhome.User"/>    ◄── ❷使用<jsp:setProperty>
<jsp:setProperty name="user" property="*"/>
<!DOCTYPE HTML PUBLIC "-//W3C//DTD HTML 4.01 Transitional//EN"
  "http://www.w3.org/TR/html4/loose.dtd">
<html>
    <head>
        <meta http-equiv="Content-Type"
              content="text/html; charset=UTF-8">
        <title>登录页面</title>
    </head>
    <body>
<%
    if(user.isValid()) {    ◄── ❸user 名称是根据<jsp:useBean>上的 id名称而来
%>
```

205

```
    <h1><jsp:getProperty name="user" property="name"/> 登录成功</h1>
<%
    }                          ❹ 使用<jsp:getProperty>
    else {
%>
    <h1>登录失败</h1>
<%
    }
%>
    </body>
</html>
```

<jsp:useBean>标签用来取得或创建 JavaBean。**id** 属性用于指定 JavaBean 实例的参考名称，之后在使用<jsp:setProperty>或<jsp:getProperty>标签时，就可以根据这个名称来取得所创建的 JavaBean 名称。**class** 属性用以指定实例化哪一个类。**scope** 指定可先查找看看哪个属性范围是否有 JavaBean 的属性存在。

<jsp:setProperty>标签用于设置 JavaBean 的属性值。**name** 属性用于指定要使用哪个名称取得 JavaBean 实例。在 **property** 属性设置为"*"时，表示将自动寻找符合 JavaBean 中设值方法名称的请求参数值。如果请求参数名称为 xxx，就将请求参数值使用 setXxx() 方法设置给 JavaBean 实例。

<jsp:getProperty>用来取得 JavaBean 的属性值。**name** 属性用于指定要使用哪个名称取得 JavaBean 实例。**property** 属性则指定要取得哪一个属性值。如果指定为 xxx，则使用 getXxx()方法取得 JavaBean 属性值并显示在网页上。

在上面这个 JSP 中，首先使用<jsp:useBean>创建 User 类的实例❶，而后使用<jsp:setProperty>来设置 JavaBean 的值❷，由于 property 属性设置为"*"，所以会自动寻找请求参数中是否有 name 与 password 参数。如果有的话，将请求参数值通过 setName() 及 setPassword()方法设置给 JavaBean 实例。

由于使用<jsp:useBean>时，指定了 id 属性为 user 名称，因此在接下来的页面中若有 Scriptlet，也可以使用 user 名称来操作 JavaBean 实例。程序中调用了 isValid()方法❸，看看用户的名称及密码是否正确。如果正确，<jsp:getProperty>指定 property 属性为 name 以取得 JavaBean 中储存的用户名称❹，并显示登录成功字样。

6.2.3 深入`<jsp:useBean>`、`<jsp:setProperty>` 与`<jsp:getProperty>`

JSP 网页最终将转换为 Servlet，所谓的 JavaBean，实际上也是 Servlet 中的一个对象实例。当使用<jsp:useBean>时，实际上就是在声明一个 JavaBean 的对象，id 属性即是用以指定参考名称与属性名称，而 class 属性则是类型名称。例如，若在 JSP 的页面中编写以下内容：

```
    <jsp:useBean id="user" class="cc.openhome.User" />
```

实际在转译为 Servlet 之后，会产生以下代码段：

```
cc.openhome.User user = null; // id="user" 就是产生这里的 user 参考名称
synchronized (request) {
    user = (cc.openhome.User) _jspx_page_context.getAttribute(
        "user", PageContext.PAGE_SCOPE); // 以及属性名称
    if (user == null){
        user = new cc.openhome.User();
        _jspx_page_context.setAttribute(
                "user", user, PageContext.PAGE_SCOPE);
    }
}
```

其中 _jspx_page_context 引用至 PageContext 对象，也就是说，使用 <jsp:useBean> 标签时，会在属性范围(默认是 page 范围)中寻找有无 id 名称所指定的属性。如果找到就直接使用，如果没有找到就创建新的对象。

可以在使用 <jsp:useBean> 标签时，使用 scope 属性指定储存的属性范围，可以指定的值有 **page**(默认)、**request**、**session** 与 **application**。例如：

```
<jsp:useBean id="user" class="cc.openhome.User" scope="session"/>
```

则转译后的 Servlet 中将会有以下的代码段，也就是改为从会话范围中寻找指定的属性：

```
cc.openhome.User user = null;
synchronized (request) {
    user = (cc.openhome.User) _jspx_page_context.getAttribute(
                "user", PageContext.SESSION_SCOPE);
    if (user == null){
        user = new cc.openhome.User();
        _jspx_page_context.setAttribute(
                "user", user, PageContext.SESSION_SCOPE);
    }
}
```

注意 >>> 如果使用 <jsp:useBean> 标签时没有指定 scope，默认"只"在 page 范围中寻找 JavaBean，找不到就创建新的 JavaBean 对象(不会再到 request、session 与 application 中寻找)。

在转译后的 Servlet 代码中，如果想指定声明 JavaBean 时的类型，则可以使用 **type** 属性。例如：

```
<jsp:useBean id="user"
            type="cc.openhome.BaseUser"
              class="cc.openhome.User"
            scope="session"/>
```

这样产生的 Servlet 代码中，将会有以下片段：

```
cc.openhome.BaseUser user = null;
synchronized (request) {
    user = (cc.openhome.BaseUser) _jspx_page_context.getAttribute(
                "user", PageContext.SESSION_SCOPE);
```

```
    if (user == null){
        user = new cc.openhome.User();
        _jspx_page_context.setAttribute(
                "user", user, PageContext.SESSION_SCOPE);
    }
}
```

type 属性的设置可以是一个抽象类，也可以是一个接口。如果只设置 type 而没有设置 class 属性，则必须确定在某个属性范围中已经存在所要的对象，否则会发生 InstantiationException 异常。

标签的目的是减少 JSP 中 Script 的使用，所以反过来说，如果发现 JSP 中有 Scriptlet，编写的是从某个属性范围中取得对象，则可以思考一下，是否可以用 <jsp:useBean>来消除 Scriptlet 的使用。

在使用<jsp:useBean>标签取得或创建 JavaBean 实例之后，若要设值给 JavaBean，则可以使用<jsp:setProperty>标签，可以使用几个方式来进行设置。例如：

```
<jsp:setProperty name="user" property="password" value="123456" />
```

这会在产生的 Servlet 代码中，使用 PageContext 的 findAttribute()，从 page、request、session、application 依序查找看看有无 name 指定的属性名称，找到的话，再通过反射 (Reflection)机制找出 JavaBean 上的 setPassword()方法，调用并将 value 的指定值设置给 JavaBean。

如果想要将请求参数的值设置给 JavaBean 的某个属性，则以下是个范例：

```
<jsp:setProperty name="user" param="password" property="password" />
```

如果请求参数中包括 password，则会通过 JavaBean 的 setPassword()方法设置给 JavaBean 实例。也可以不指定请求参数名称，而由 JSP 的自省(Introspection)机制来判断是否有相同的请求参数名称，如果有的话就自动找出对应的设值方法并调用以设值给 JavaBean。例如，以下会查找看看有无 password 请求参数，有的话就设置给 JavaBean：

```
<jsp:setProperty name="user" property="password" />
```

<jsp:setProperty>有个最有弹性的写法，就是将请求参数名称与 JavaBean 的属性名称交给自省机制来自动匹配。例如：

```
<jsp:setProperty name="user" property="*" />
```

如果 JavaBean 属性是整数、浮点数之类的基本类型，自省机制可以自动转换请求参数字符串为对应属性的基本资料类型。

也可以在使用<jsp:useBean>时一并设置属性值。例如：

```
<jsp:useBean id="user" class="cc.openhome.User" scope="session">
    <jsp:setProperty name="user" property="*" />
</jsp:useBean>
```

这样，如果在属性范围中找不到 user，则会新建一个对象并设置其属性值；如果可以找到对象，就直接使用。也就是转译后产生以下代码：

```
cc.openhome.User user = null;
synchronized (request) {
```

```
user = (cc.openhome.User) _jspx_page_context.getAttribute(
            "user", PageContext.SESSION_SCOPE);
    if (user == null){
        user = new cc.openhome.User();
        _jspx_page_context.setAttribute(
                "user", user, PageContext.SESSION_SCOPE);
        org.apache.jasper.runtime.JspRuntimeLibrary.introspect(
            _jspx_page_context.findAttribute("user"), request);
    }
}
```

这与编写以下内容是有点不同的：

```
<jsp:useBean id="user" class="cc.openhome.User" scope="session"/>
<jsp:setProperty name="user" property="*" />
```

如果使用以上写法，则无论找到还是新建 JavaBean 对象，都一定会使用内省机制来设值，也就是转译的 Servlet 代码中会有以下片段：

```
cc.openhome.User user = null;
synchronized (request) {
    user = (cc.openhome.User) _jspx_page_context.getAttribute(
                "user", PageContext.SESSION_SCOPE);
    if (user == null){
        user = new cc.openhome.User();
        _jspx_page_context.setAttribute(
                "user", user, PageContext.SESSION_SCOPE);
    }
}
org.apache.jasper.runtime.JspRuntimeLibrary.introspect(
        _jspx_page_context.findAttribute("user"), request);
```

标签的目的是减少 JSP 中 Scriptlet 的使用，所以反过来说，如果发现 JSP 中有 Scriptlet，有通过设值方法(Setter)对 JavaBean 作设值的动作，则可考虑使用 <jsp:setProperty> 来消除 Scriptlet 的使用。

<jsp:getProperty> 的使用比较单纯，在使用 <jsp:useBean> 标签取得或创建 JavaBean 实例之后，基本上就只有一种用法：

```
<jsp:getProperty name="user" property="name"/>
```

这会使用通过 PageContext 的 findAttribute() 找出 user 属性，并通过 getName() 方法取得值以显示在网页上，也就是转译后的 Servlet 源代码中会有以下片段：

```
out.write(org.apache.jasper.runtime.JspRuntimeLibrary.toString(((
    (cc.openhome.User)_jspx_page_context.findAttribute("user"))
                            .getName()
)));
```

在使用 <jsp:useBean> 标签取得或创建 JavaBean 实例之后，由于 <jsp:setProperty> 与 <jsp:getProperty> 转译后，都是使用 PageContext 的 findAttribute() 来寻找属性，因此寻找的顺序是页面、请求、会话、应用程序范围。

标签的目的是减少 JSP 中 Script 的使用，所以反过来说，如果发现 JSP 中有 Scriptlet，有通过取值方法(Getter)对 JavaBean 作取值的动作，则可考虑使用 <jsp:getProperty>来消除 Scriptlet 的使用。

6.2.4 谈谈 Model 1

在 1.2.3 节曾经简介过 MVC/Model 2 架构，而在之前章节的综合练习中，也一直朝着 Model 2 架构来设计一个微博应用程序。为了比较 Model 2 与这里即将介绍的 Model 1，再将图 1.17 放到这里来，如图 6.9 所示。

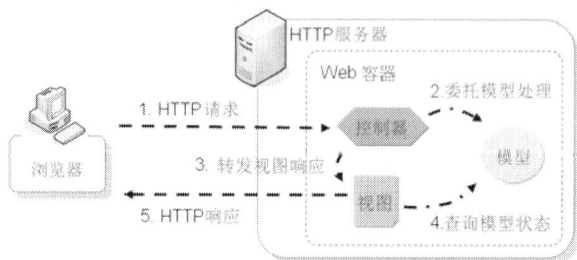

图 6.9　基于请求/响应修正 MVC 而产生 Model 2 架构

在 1.2.3 节中谈过在 Model 2 架构中，请求处理、业务逻辑以及画面呈现被区分为三个不同的角色职责，在应用程序庞大而需要不同团队分工并互相合作时，使用 Model 2 架构可理清职责界限。例如，让网页设计人员专心设计网页，而不用担心如何编写 Java 代码或处理请求；让 Java 程序设计人员专心设计商务模型元件，而不用理会画面上如何呈现。

在前一章的微博应用程序综合练习中，已经可以看出 Model 2 架构的流程与实现基本样貌。先前为了练习 Servlet，视图部分都由 Servlet 来实现画面输出，在本章稍后的综合练习中，会将视图部分改为使用 JSP，也就是各角色将会分别由以下的技术来实现，其中 POJO 全名为 Plain Old Java Object，也就是纯粹的 Java 对象，相当于第 5 章微博应用程序中 UserService 对象所担负的角色。如图 6.10 所示。

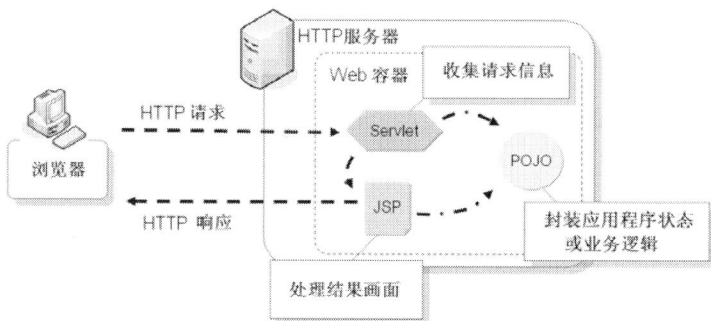

图 6.10　Servlet/JSP 的 Model 2 架构实现

　　然而使用 Model 2 架构，代表了更多的请求转发流程控制、更多的元件设计和更多的代码。对于中小型应用程序来说，前期必须花费更多的时间与设计成本，在开发上不见得比较划算(有时该思考一下，是否真的需要使用到 Model 2 架构所带来的弹性？)。

　　在 6.2.2 节示范的登录程序中，使用了 JSP 结合 JavaBean，其实就是俗称 Model 1 架构的一个简单范例。如图 6.11 所示。

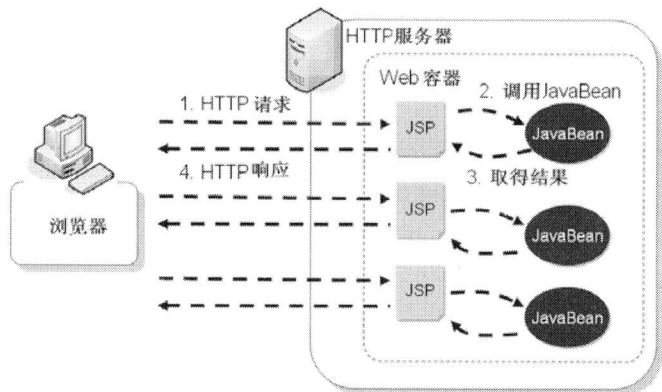

图 6.11　JSP 与 JavaBean 的 Model 1 架构实现

　　在 Model 1 架构上，用户会直接请求某个 JSP 页面(而非通过控制器的转发)，JSP 会收集请求参数并调用 JavaBean 来处理请求。业务逻辑的部分封装至 JavaBean 中，JavaBean 也许还会调用一些后端的元件(如操作数据库)。JavaBean 处理完毕后，JSP 会再从 JavaBean 中提取结果，进行画面的呈现处理。如图 6.12 所示。

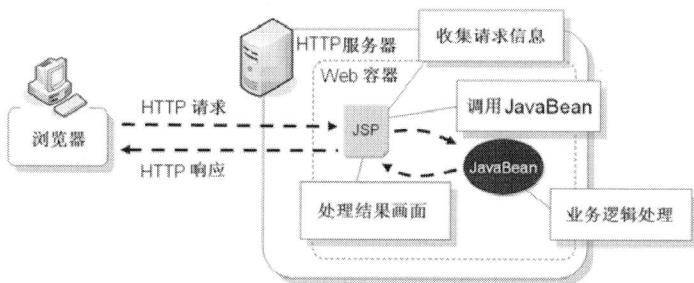

图 6.12　Model 1 架构的职责分工

　　由于 Model 1 架构中，JSP 页面还负责了收集请求参数与调用 JavaBean 的职责，维护 JSP 的人工作加重。JSP 中如果夹杂 HTML 与 Java 程序，也不利于 Java 程序设计人员与网页设计人员的分工合作。即使通过之后将介绍的表达式语言(EL)及 JSTL 标签来处理画面逻辑，有些情况下可能仍无法避免使用 Scriptlet。也就是说，JSP 页面中有些情况下，仍不免有与页面呈现无关的逻辑存在，而必须靠 Java 代码来实现这部分。

　　但使用 Model 1 可以减少请求转发的流程设计与角色区隔，在中小型应用程序需快速开发上有其优点。

JSP & Servlet
学习笔记(第2版)

若使用 Model 2 架构，由于请求参数处理、请求转发、画面呈现转发等都放在控制器中，因此在画面部分可以做到只存在与画面相关的逻辑，而这些画面相关逻辑，则可以使用 EL、JSTL 或其他自定义标签来完全处理掉，也就是可以做到画面设计时完全不出现 Scriptlet。EL、JSTL 或其他自定义标签对于网页设计人员来说，相对比较容易学习与使用，因此对于严格界定职责与分工合作的应用程序来说，一般都鼓励使用 Model 2 架构。

6.2.5　XML 格式标签

可以使用 XML 格式标签来编写 JSP，每个 JSP 元素都有对应的 XML 标签。绝大多数情况下不会使用这种格式，除非想要某个 XML 工具可以了解 JSP 内容。基本上，只要知道有这些标签的存在即可。以下列表直接说明一些范例对应，如表 6.2 所示。

表 6.2　JSP 的 XML 格式标签

JSP 语法	XML 格式语法
`<%@page import="java.util.*" %>`	`<jsp:directive.page` `import="java.util.*"/>`

`<%! String name; %>`	`<jsp:declaration>`
	`  String name;`
	`</jsp:declaration>`

`<% name = "caterpillar"; %>`	`<jsp:scriptlet>`
	`  name = "caterpillar";`
	`</jsp:scriptlet>`

`<%= name %>`	`<jsp:expression>`
	`  name`
	`</jsp:expression>`

网页文字	`<jsp:text>`
	`  网页文字`
	`</jsp:text>`

举个实际的例子，6.1.3 节中的 pageDemo.jsp，若改用 XML 格式标签来编写，则如以下所示：

JSPDemo　xmlDemo.jspx

```
<?xml version="1.0" encoding="UTF-8"?>
<jsp:root xmlns:jsp="http://java.sun.com/JSP/Page" version="2.0">
    <jsp:directive.page import="java.util.Date"/>
    <jsp:directive.page contentType="text/html" pageEncoding="UTF-8"/>
    <jsp:element name="text">
        <jsp:body>
<html>
    <head>
        <meta http-equiv="Content-Type"
            content="text/html; charset=UTF-8"/>
        <title>Page 指示元素</title>
```

```
</head>
<body>
    <h1>现在时间<jsp:expression>new Date()</jsp:expression></h1>
</body>
</html>
    </jsp:body>
  </jsp:element>
</jsp:root>
```

还有一些 JSP 标准标签尚未介绍，如<jsp:doBody>、<jsp:invoke>等，它们与自定义标签的使用有关。这将在第 7 章中介绍。

6.3　表达式语言(EL)

可以将业务逻辑编写在 JavaBean 元件中，然后搭配<jsp:useBean>、<jsp:setProperty>、<jsp:getProperty>来取得、生成 JavaBean 对象，设置或取得 JavaBean 的值，这样有助于减少页面上 Scriptlet 的分量。

对于 JSP 中一些简单的属性、请求参数、标头与 Cookie 等信息的取得，一些简单的运算或判断，则可以试着使用表达式语言(EL)来处理，甚至可以将一些常用的公用函数编写为 EL 函数，这对于网页上的 Scriptlet 又可以有一定分量的减少。

6.3.1　EL 简介

JSP 中若有用 Scriptlet 编写 Java 代码，以进行属性、请求参数、标头与 Cookie 等信息的取得，或一些简单的运算或判断，可以试着使用 EL 来取代，以减少 JSP 页面上 Scriptlet 的使用。

直接来改写 6.1.7 节中使用到的 add.jsp 范例页面，当时的 JSP 页面中，编写了以下 Scriptlet：

```
<%
    String a = request.getParameter("a");
    String b = request.getParameter("b");
    out.println("a + b = " +
            (Integer.parseInt(a) + Integer.parseInt(b))
        );
%>
```

如果使用 EL，则可以优雅地用一行代码来改写，甚至加强这段 Scriptlet。例如：

JSPDemo　add2.jsp

```
<%@page contentType="text/html" pageEncoding="UTF-8"
        errorPage="error.jsp"%>
<!DOCTYPE HTML PUBLIC "-//W3C//DTD HTML 4.01 Transitional//EN"
    "http://www.w3.org/TR/html4/loose.dtd">
<html>
```

```html
<head>
    <meta http-equiv="Content-Type"
          content="text/html; charset=UTF-8">
    <title>加法网页</title>
</head>
<body>
    ${param.a} + ${param.b} = ${param.a + param.b}◄── 使用 EL
</body>
</html>
```

在这个简单的例子中可以看到几个 EL 元素。EL 是使用${与}来包括所要进行处理的表达式，可使用点运算符(.)指定要存取的属性，使用加号(+)运算符进行加法运算。`param` 是 EL 隐式对象之一，表示用户的请求参数，`param.a` 表示取得用户所发出的请求参数 a 的值。

可以试着执行这个网页以查看结果，如图 6.13 所示。

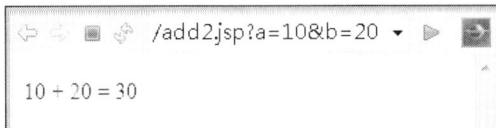

图 6.13　范例运行结果之一

在结果画面中可以看到，输入的请求参数自动转换为基本类型并进行运算，且在结果中还增加了显示操作数的功能。原来的 **add.jsp** 要有这样的结果，还得再增加 Java 代码。再来看另一个运行结果，如图 6.14 所示。

图 6.14　范例运行结果之二

EL 优雅地处理了 `null` 值的情况，对于 `null` 值直接以空字符串加以显示，而不是直接显示 `null` 值，在进行运算时，也不会因此发生错误而抛出异常。

EL 的点运算符还可以连续存取对象，就如同在 Java 代码中一般。例如，原先需要这么编写：

```
方法：<%= ((HttpServletRequest) pageContext.getRequest()).getMethod() %><br>
参数：<%= ((HttpServletRequest) pageContext.getRequest()).getQueryString() %><br>
IP：<%= ((HttpServletRequest) pageContext.getRequest()).getRemoteAddr() %><br>
```

若是使用 EL，则可以这么编写：

```
方法：${pageContext.request.method}<br>
参数：${pageContext.request.queryString}<br>
IP：${pageContext.request.remoteAddr}<br>
```

pageContext 也是 EL 的隐式对象之一，通过点运算符之后接上 xxx 名称，表示调用 getXxx()方法。如果必须转换类型，EL 也会自行处理，而不用像编写 JSP 表达式元素时，必须自行做转换类型的动作。

可以使用 page 指示元素的 **isELIgnored** 属性(默认是 false)，来设置 JSP 网页是否使用 EL。会这么做的原因可能在于，网页中已含有与 EL 类似的 ${} 语法功能存在，例如使用了某个模板(Template)框架之类。

也可以在 web.xml 中设置 **<el-ignored>** 标签为 true 来决定不使用 EL。例如：

```
<web-app …>
    ...
    <jsp-config>
        <jsp-property-group>
            <url-pattern>*.jsp</url-pattern>
            <el-ignored>true</el-ignored>
        </jsp-property-group>
    </jsp-config>
</web-app>
```

web.xml 中的 <el-ignored> 是用来默认符合 <url-pattern> 的 JSP 网页是否使用 EL。

如果 web.xml 中的 <el-ignored> 与 page 指令元素的 isELIgnored 设置都没有设置，如果 web.xml 是 2.3 或以下的版本，则不会执行 EL，如果是 2.4 或以上的版本，则会执行 EL。

如果设置 web.xml 中的 <el-ignored> 为 false，但不设置 page 指令元素的 isELIgnored，则会执行 EL。如果设置 web.xml 中的 <el-ignored> 为 true，但不设置 page 指令元素的 isELIgnored，则不会执行 EL。

如果 JSP 网页使用 page 指令元素的 isELIgnored 设置是否支持 EL，则以 page 指令元素的设置为主，不管 web.xml 中的 <el-ignored> 的设置是什么。

6.3.2　使用 EL 取得属性

可以在 JSP 中将对象设置至 page、request、session 或 application 范围中作为属性，基本上是通过 setAttribute()方法设置属性，使用 getAttribute()取得属性，但这些方法调用必须在 Scriptlet 中进行。如果不想编写 Scriptlet，可以考虑使用 <jsp:useBean>、<jsp:setProperty> 与 <jsp:getProperty>。

不过 <jsp:getProperty> 在使用上，语法仍是较为冗长。如果只是要"取得"属性，使用 EL 则可以更为简洁。例如：

```
<h1><jsp:getProperty name="user" property="name"/>登录成功</h1>
```

如果使用 EL 来编写，则可以修改如下：

```
<h1>${user.name}登录成功</h1>
```

在 EL 中，可以使用 EL 隐式对象指定范围来存取属性，EL 隐式对象将在稍后介绍。若不指定属性的存在范围，则默认是以 page、request、session、application 的顺序来寻找 EL 中所指定的属性。以上例而言，就是在 page 范围中找到了 user 属性，点运算符后跟随着 name，表示利用对象的 getName() 方法取得值，而后显示在网页上。

如果 EL 访问的对象是个数组对象，则可以使用[]运算符来指定索引以存取数组中的元素。例如，若网页的某处在请求范围中设置了数组作为属性：

```
<%
    String[] names = {"caterpillar", "momor", "hamimi"};
    request.setAttribute("array", names);
%>
```

如果现在打算取出属性，并访问数组中的每个元素，则可以如下使用 EL：

```
名称一:${array[0]} <br>
名称二:${array[1]} <br>
名称三:${array[2]} <br>
```

不仅数组对象可以在[]中指定索引来访问元素，如果属性是个 List 类型的对象，也可以使用[]运算符指定索引来进行访问元素。

点运算符(.)与[]运算符需要特别说明。在某些情况下，可以使用点运算符(.)的场合，也可以使用[]运算符。以下先进行归纳：

- 如果使用点(.)运算符，则左边可以是 JavaBean 或 Map 对象。
- 如果使用[]运算符，则左边可以是 JavaBean、Map、数组或 List 对象。

所以不只可以使用点(.)运算符来取得 JavaBean 属性，也可以使用[]运算符。例如，可以用点(.)运算符取得 User 的 name 属性：

```
${user.name}
```

也可以使用[]运算符来取得 User 的 name 属性：

```
${user["name"]}
```

如果想取得 Map 对象中的值，点(.)运算符或[]运算符都可以使用。例如，网页中若有某个地方有以下代码：

```
<%
    Map<String, String> map = new HashMap<String, String>();
    map.put("user", "caterpillar");
    map.put("role", "admin");
    request.setAttribute("login", map);
%>
```

则可以在网页某处使用点运算符取得 Map 中的值：

```
User: ${login.user}<br>
Role: ${login.role}<br>
```

也可以在网页某处使用[]运算符取得 Map 中的值：

```
User: ${login["user"]}<br>
Role: ${login["role"]}<br>
```

基本上，当左边是 Map 对象时，建议使用 [] 运算符，因为如果设置 Map 时的键名称有空白或点字符时，这是可以正确取得值的方式。例如：

```
<%
    Map<String, String> map = new HashMap<String, String>();
    map.put("user name", "caterpillar");
    map.put("local.role", "admin");
    request.setAttribute("login", map);
%>
...
User: ${login["user name"]}<br>
Role: ${login["local.role"]}<br>
```

[] 运算符的右边，除了可以是 JavaBean、Map 外，也可以是数组或 List 类型的对象。之前示范过数组的例子，以下则是一个 List 的例子：

```
<%
    List<String> names = new ArrayList<String>();
    names.add("caterpillar");
    names.add("momor");
    request.setAttribute("names", names);
%>
...
User 1: ${names[0]}<br>
User 2: ${names[1]}<br>
```

虽然可以在指定索引时使用双引号，如 ${names["0"]}，不过一般指定索引不会这么特别写。事实上，当 [] 运算符是使用双引号(")指定时，就是作为键名或索引来使用。如果 [] 运算符中不是使用双引号，则会尝试做运算，结果再给 [] 来使用。例如：

```
%
    List<String> names = new ArrayList<String>();
    names.add("caterpillar");
    names.add("momor");
    request.setAttribute("names", names);
%>
...
User : ${names[param.index]}<br>
```

在这个范例的 EL 中，使用了 param.index，param 是 EL 隐式对象，表示请求参数，这个范例会先寻找请求参数中 index 的值，然后再作为索引值给 [] 使用。所以如果请求时使用了 index=0，则显示"caterpillar"，若使用 index=1，则显示"momor"。所以，[] 中也可以进行嵌套。例如：

```
<%
    List<String> names = new ArrayList<String>();
    names.add("caterpillar");
    names.add("momor");
    request.setAttribute("names", names);
    Map<String, String> datas = new HashMap<String, String>();
    datas.put("caterpillar", "caterpillar's data");
    datas.put("momor", "momor's data");
```

```
        request.setAttribute("datas", datas);
%>
// ...
User data: ${datas[names[param.index]]}<br>
```

根据 EL，如果请求时使用了 index=0，则会取得 names 中索引 0 的值"caterpillar"，然后用取得的值作为键，再从 datas 中取得对应的"caterpillar's data"。

6.3.3 EL 隐式对象

在 EL 中提供有 11 个隐式对象，其中除了 pageContext 隐式对象对应 PageContext 之外，其他隐式对象都是对应 Map 类型。

- pageContext 隐式对象：对应于 PageContext 类型，PageContext 本身就是个 JavaBean，只要是 getXxx()方法，就可以用${pageContext.xxx}来取得。

- 属性范围相关隐式对象，与属性范围相关的 EL 隐式对象有 pageScope、requestScope、sessionScope 与 applicationScope，分别可以取得使用 JSP 隐式对象 pageContext、request、session 与 application 的 setAttribute()方法所设置的属性对象。如果不使用 EL 隐式对象指定作用范围，则默认从 pageScope 的属性开始寻找。

注意》》 EL 隐式对象 pageScope、requestScope、sessionScope 与 applicationScope 不等同于 JSP 隐式对象 pageContext、request、session 与 application。EL 隐式对象 pageScope、requestScope、sessionScope 与 applicationScope 仅仅代表作用范围。

- 请求参数相关隐式对象：与请求参数相关的 EL 隐式对象有 param 与 paramValues。举例来说，${param.user}其作用相当于<%= request.getParameter("user") %>。paramValues 则相当于 request.getParameterValues()，可以取得窗体复选项的值，由于返回的是多个值，可以使用[]运算符来指定取得哪个元素，例如 ${paramValues. favorites[0]} 就相当于 <%= request.getParameterValues("favorites")[0] %>。

- 标头(Header)相关隐式对象：如果要取得用户请求的表头数据，则可以使用 header 或 headerValues 隐式对象。例如，${header["User-Agent"]}相当于<%= request.getHeader("User-Agent") %>，headerValues 则相当于 request.getHeaders()方法。

- cookie 隐式对象：cookie 隐式对象可以用来取得用户的 Cookie 设置值。如果在 Cookie 中设置了 username 属性，则可以使用${cookie.username}来取得值。

- 初始参数隐式对象：initParam 可以用来取得 web.xml 中设置的 ServletContext 初始参数，也就是在<context-param>中设置的初始参数。例如，${initParam. initCount}的作用相当于<%= servletContext.getInitParameter("initCount") %>。

6.3.4　EL 运算符

使用 EL 可以直接进行一些算术运算、逻辑运算与关系运算，就如同在一般常见的程序语言中的运算。

算术运算符有加法(+)、减法(-)、乘法(*)、除法(/或 div)与求模(%或 mod)。表 6.3 所示是算术运算的一些例子。

表 6.3　EL 算术运算符范例

表 达 式	结　　果
${1}	1
${1 + 2}	3
${1.2 + 2.3}	3.5
${1.2E4 + 1.4}	120001.4
${-4 - 2}	-6
${21 * 2}	42
${3/4}或${3 div 4}	0.75
${3/0}	Infinity
${10%4}或${10 mod 4}	2
${(1==2) ? 3 : 4}	4

?:是个三元运算符，如表 6.3 最后一个例子，?前为 true 就返回:前的值，若为 false 就返回:后的值。

逻辑运算符有 and、or、not。一些例子如表 6.4 所示。

表 6.4　EL 逻辑运算符范例

表 达 式	结　　果
${true and false}	false
${true or false}	true
${not true}	false

关系运算符有表示"小于"的<及 lt(Less-than)，表示"大于"的>及 gt(Greater-than)，表示"小于或等于"的<=及 le(Less-than-or-equal)，表示"大于或等于"的>=及 ge(Greater-than-or-equal)，表示"等于"的==及 eq(Equal)，表示"不等于"的!=及 ne(Not-equal)。关系运算符也可以用来比较字符或字符串，而==、eq 与!=、ne 也可以用来判断取得的值是否为 null。表 6.5 所示是一些实际的例子。

表 6.5　EL 关系运算符范例

表 达 式	结　　果
${1 < 2} 或 ${1 lt 2}	true

表 达 式	结 果
`${1 > (4/2)}` 或 `${1 gt (4/2)}`	false
`${4.0 >= 3}` 或 `${4.0 ge 3}`	true
`${4 <= 3}` 或 `${4 le 3}`	false
`${100.0 == 100}` 或 `${100.0 eq 100}`	true
`${(10*10) != 100}` 或 `${(10*10) ne 100}`	false
`${'a' < 'b'}`	true
`${"hip" > "hit"}`	false
`${'4' > 3}`	true

其中比较运算用于字符比较时,是根据字符编码表的编码数字进行比较。例如`${'a' < 'b'}`时, 由于 ASCII 编码表中'a'编码为 97, 'b'编码为 98, 所以结果会是 true。如果比较运算用于字符串比较,则逐位依据编码表进行比较,直到某个位可确定 true 或 false 为止。例如`${"hip" > "hit"}`, 由于前两个字符相同,在比较第三个字符时, 'p'编码为 112, 't'编码为 116, 所以结果会是 false。

如果操作数是一个代表数字的字符串,则会尝试剖析为数值再进行运算。例如`${'4' > 3}`, '4'会剖析为数值 4, 再与 3 进行比较运算, 结果就是 true。

EL 运算符的执行优先级与 Java 运算符对应,也可以使用括号()来自行决定先后顺序。

6.3.5 自定义 EL 函数

如果设计了一个 `Util` 类, 其中有个 `length()` 静态方法可以将传入的 `Collection` 长度返回。例如, 原先可能这么使用它:

```
<%= Util.length(reqeust.getAttribute("someList")) %>
```

如果 `someList` 实际上是个 `List` 界面实现, 而其长度为 10, 则会返回结果 10。但是这样要编写 Scriptlet, 如果函数的部分也可以使用 EL 来调用, 以下也许是想要的编写方式:

```
${ util:length(requestScope.someList) }
```

这样的写法着实简洁许多, 如果这是想要的需求, 则可以自定义 EL 函数来满足这项需求。自定义 EL 函数的第一步是编写类, 它必须是个公开(public)类, 而想要调用的方法必须是公开且为静态方法。例如, `Util` 类可能是这么编写的:

JSPDemo Util.java

```
package cc.openhome;

import java.util.Collection;

public class Util {
```

```
public static int length(Collection collection) {
    return collection.size();
}
}
```

Web 容器必须知道如何将这个类中的 `length()` 方法当作 EL 函数来使用，所以必须编写一个标签程序库描述(Tag Library Descriptor, TLD)文件，这个文件是个 XML 文件，后缀为*.tld。例如：

JSPDemo　openhome.tld

```
<?xml version="1.0" encoding="UTF-8"?>
<taglib version="2.1" xmlns="http://java.sun.com/xml/ns/javaee"
    xmlns:xsi="http://www.w3.org/2001/XMLSchema-instance"
    xsi:schemaLocation="http://java.sun.com/xml/ns/javaee
    http://java.sun.com/xml/ns/javaee/web-jsptaglibrary_2_1.xsd">
  <tlib-version>1.0</tlib-version>
  <short-name>openhome</short-name>
  <uri>http://openhome.cc/util</uri>    ◄── 设置 uri 对应名称
  <function>
    <description>Collection Length</description>
    <name>length</name>    ◄── 自定义的 EL 函数名称
    <function-class>
        cc.openhome.Util    ◄── 对应的哪个类
    </function-class>
    <function-signature>
        int length(java.util.Collection)    ◄── 对应至该类的哪个方法
    </function-signature>
  </function>
</taglib>
```

在 TLD 文件中，重要的部分已在代码中直接标示。`${util.length(...)}`的例子中，`length` 名称就对应于**<name>**标签的设置，而实际上 `length` 名称背后执行的类与真正的静态方法则分别由**<function-class>**与**<function-signature>**来设置。至于**<uri>**标签则在 JSP 网页中会使用到，稍后就会了解其作用。

可以将这个 TLD 文件直接放在 WEB-INF 文件夹下，这样容器会自动找到 TLD 文件并载入。如果要放在 JAR 文件中，设置的方式在第 8 章介绍如何自定义标签库时还会说明。在这里为了简化，先将 TLD 文件放在 WEB-INF 文件夹下。接着可以编写一个 JSP 来使用这个自定义 EL 函数。例如：

JSPDemo　elfunction.jsp

```
<%@page contentType="text/html" pageEncoding="UTF-8"%>
<%@taglib prefix="util" uri="http://openhome.cc/util"%>   ◄── 使用 taglib 指示元素
<!DOCTYPE HTML PUBLIC "-//W3C//DTD HTML 4.01 Transitional//EN"
    "http://www.w3.org/TR/html4/loose.dtd">
<html>
    <head>
        <meta http-equiv="Content-Type"
                content="text/html; charset=UTF-8">
        <title>自定义 EL 函数</title>
    </head>
    <body>
```

```
        ${ util:length(requestScope.someList) }  ◀——  使用自定义 EL
    </body>
</html>
```

在这里使用 `taglib` 指示元素告诉容器，在转译这个 JSP 时，会用到对应 uri 属性的自定义 EL 函数，容器会寻找读入的 TLD 中，`<uri>` 标签设置中有对应 uri 属性的名称，这就是刚才在 openhome.tld 中定义 `<uri>` 标签的目的。至于 `prefix` 属性则是设置前置名称，这样若 JSP 中有多个来自不同设计者的 EL 自定义函数，就可以避免名称冲突的问题。所以要使用这个自定义 EL 函数时，就可以用 `${util:length(...)}` 的方式。

> **提示 》》》** 实际上在 JSTL 中包括 EL 函数库，它提供一些常用的 EL 函数，在 JSTL 的 EL 函数库不再使用时，就可以用这里的方式来自定义 EL 函数。JSTL 是标准自定义标签库，这会在第 7 章中介绍如何使用。至于在 JSTL 不再使用时如何自定义标签，则会在第 8 章中说明。

6.4　综合练习

无论如何，在 Servlet 中编写 HTML 绝对是件很麻烦且痛苦的事(在 JSP 中 HTML 夹杂 Java 代码也是)。在这一节中，将使用 JSP 改写先前综合练习中使用 Servlet 所实现的视图网页。

由于还没有学到 JSTL 与自定义标签，所以这节的综合练习完成后，JSP 中仍有 HTML 夹杂 Java 代码的情况，在第 7 章的综合练习中会应用 JSTL 来解决这个问题。

6.4.1　改用 JSP 实现视图

在先前的综合练习中，负责画面输出的三个 Servlet 分别是 `cc.openhome.view.Success`、`cc.openhome.view.Error` 与 `cc.openhome.view.Member`，分别负责注册成功、注册失败与会员页面三个画面。这里不急着新增或修改功能，而是先让这三个 Servlet 改为 JSP 来实现。

> **提示 》》》** 接下来的练习重点是将 Servlet 改写为 JSP，因此请直接使用上一章的综合练习成果来作为以下练习的开始。

1. 设置内容类型

在开始实现各个 JSP 之前，先注意到，原先三个 Servlet 中，都有这么一行代码指定内容类型信息：

```
response.setContentType("text/html;charset=UTF-8");
```

这原本可在实现各个 JSP 时，在每个 JSP 页面上使用 `page` 指示元素：

```
<%@page contentType="text/html" pageEncoding="UTF-8"%>
```

但要在每个 JSP 页面中都编写相同的设置，也有点麻烦，因此这里先在 web.xml 中指定内容类型信息：

Gossip web.xml

```
<?xml version="1.0" encoding="UTF-8"?>
<web-app ...>
    ...
  <jsp-config>
      <jsp-property-group>
          <url-pattern>*.jsp</url-pattern>
          <page-encoding>UTF-8</page-encoding>
          <default-content-type>text/html</default-content-type>
      </jsp-property-group>
  </jsp-config>
 </web-app>
```

2. 用 JSP 实现注册成功网页

接下来要将 cc.openhome.view.Success 改用 JSP 实现，这是最容易改写为 JSP 的 Servlet。可以根据 6.1.2 节的说明进行修改，结果如下所示：

Gossip success.jsp

```
<!DOCTYPE html PUBLIC '-//W3C//DTD HTML 4.01 Transitional//EN'>
<html>
    <head>
        <meta content='text/html; charset=UTF-8'
            http-equiv='content-type'>
        <title>会员注册成功</title>
    </head>
    <body>
        <h1>会员${param.username}注册成功</h1>
        <a href='index.html'>回首页登录</a>
    </body>
</html>
```

若根据 6.1.2 节的说明，其中${param.username}的部分，原本会使用以下表达式元素：

```
<%= request.getParameter("username") %>
```

在练习时，可以先根据 6.1.2 节的说明进行各个 JSP 的改写，再看看哪些元素可以使用 EL 更简洁地表示。

3. 用 JSP 实现注册失败网页

接下来要将 cc.openhome.view.Error 改用 JSP 实现，如下所示：

Gossip error.jsp

```
<%@page import="java.util.List"%>
<!DOCTYPE html PUBLIC '-//W3C//DTD HTML 4.01 Transitional//EN'>
<html>
    <head>
```

```
            <meta content='text/html; charset=UTF-8
                http-equiv='content-type'>
            <title>新增会员失败</title>
    </head>
    <body>
            <h1>新增会员失败</h1>
            <ul style='color: rgb(255, 0, 0);'>
<%
    List<String> errors = (List<String>) request.getAttribute("errors");
      for (String error : errors) {
%>
            <li><%= error %></li>
<%
      }
%>
            </ul>
            <a href='register.html'>返回注册页面</a>
    </body>
</html>
```

相较于 success.jsp，这里的 error.jsp 呈现了 HTML 与 Java 代码夹杂的情况，不过这还不是最复杂的页面，但已经可以略为看出维护上的麻烦。

4. 用 JSP 实现会员网页

接下来要将 cc.openhome.view.Member 改用 JSP 实现，如下所示：

Gossip member.jsp

```
<%@page
   import="java.util.*, java.text.*, cc.openhome.model.UserService"%>
<%
    String username =
        (String) request.getSession().getAttribute("login");
%>
<!DOCTYPE html PUBLIC '-//W3C//DTD HTML 4.01 Transitional//EN'>
<html>
    <head>
        <meta content='text/html;charset=UTF-8'
                http-equiv='content-type'>
        <title>Gossip 微博</title>
        <link rel='stylesheet' href='css/member.css' type='text/css'>
    </head>
    <body>
        <div class='leftPanel'>
            <img src='images/caterpillar.jpg' alt='Gossip 微博' />
            <br><br>
            <a href='logout.do?username="<%=username%>'>
                注销 <%=username%></a>
        </div>
        <form method='post' action='message.do'>
        分享新鲜事...<br>
<%
```

```
    String blabla = request.getParameter("blabla");
    if (blabla == null) {
        blabla = "";
    } else {
%>
        信息要在 140 字以内<br>
<%
    }
%>
        <textarea cols='60' rows='4' name='blabla'>
            <%= blabla %></textarea><br>
        <button type='submit'>送出</button>
    </form>
    <table style='text-align: left; width: 510px; height: 88px;'
        border='0' cellpadding='2' cellspacing='2'>
        <thead>
            <tr>
                <th><hr></th>
            </tr>
        </thead>
        <tbody>
<%
    UserService userService =
        (UserService) getServletContext().getAttribute("userService");
    Map<Date, String> messages = userService.readMessage(username);
    DateFormat dateFormat = DateFormat.getDateTimeInstance(
            DateFormat.FULL, DateFormat.FULL, Locale.TAIWAN);
    for(Date date : messages.keySet()) {
%>
            <tr>
                <td style='vertical-align: top;'>
                    <%=username%> <br>
                    <%=messages.get(date)%><br>
                    <%=dateFormat.format(date)%>
                <a href='delete.do?message=<%=date.getTime()%>'>删除</a>
                    <hr>
                </td>
            </tr>
<%
    }
%>
        </tbody>
    </table>
    <hr style='width: 100%; height: 1px;'>
    </body>
</html>
```

　　这是目前综合练习程序中最复杂的 JSP 页面，呈现出 HTML 与 Java 代码夹杂时难以维护的状况。在第 7 章学习 JSTL 后，会尝试将 Java 代码的部分使用 JSTL 的标签库来实现，届时整个页面就会只剩下标签，维护上就会清楚许多。

接下来，可以将 `cc.openhome.view` 这个包及其下的三个 Servlet 删除，并将 `cc.openhome.controller` 中有设置.view 的 URL 模式，改设置为.jsp，`cc.openhome.web` 下有设置.view 的过滤器也改设置为.jsp。修改完成后，就可以试着运行应用程序，看看结果呈现是否正确。

6.4.2　重构 `UserService` 与 member.jsp

至此已经将 `cc.openhome.view` 下的所有 Servlet 改用 JSP 实现，在继续之前，先注意到最后 member.jsp 中的以下片段：

```
<%
    UserService userService =
       (UserService) getServletContext().getAttribute("userService");
    Map<Date, String> messages = userService.readMessage(username);
    DateFormat dateFormat = DateFormat.getDateTimeInstance(
                DateFormat.FULL, DateFormat.FULL, Locale.TAIWAN);
    for (Date date : messages.keySet()) {
%>
            <tr>
              <td style='vertical-align: top;'>
                 <%=username%> <br>
                 <%=messages.get(date)%><br>
                 <%=dateFormat.format(date)%>
              <a href='delete.do?message=<%=date.getTime()%>'>删除</a>
                 <hr>
              </td>
           </tr>
<%
    }
%>
```

粗体字的部分主要在将 `username` 请求信息转交 `userService` 的 `readMessage()` 方法，取得带有用户信息的 `Map` 之后，使用 `for` 循环将 `Map` 的键(Key)取出，逐一取得 `Map` 的值(Value)并显示出来。

取得请求信息并转交请求，这显然是 MVC/Model 2 中控制器的职责，现在却出现在负责画面的 JSP 中，这让 JSP 中混入了非画面相关的逻辑。这个部分在之后使用 JSTL 时，将会无法使用自定义标签来取代。这里要将这个部分移至控制器中，而信息以 `Map<Date, String>` 返回，对于后续画面的处理并不方便，所以要创建一个 `Blah` 类，其中包括了用户、日期与信息的信息。

首先定义 `Blah` 类，这是个纯粹的 JavaBean：

Gossip　Blah.java

```
package cc.openhome.model;

import java.io.Serializable;
import java.util.*;
```

```
public class Blah implements Serializable {
    private String username;
    private Date date;
    private String txt;

    public Blah() {}

    public Blah(String username, Date date, String txt) {
        this.username = username;
        this.date = date;
        this.txt = txt;
    }

    public String getUsername() {
        return username;
    }
    public Date getDate() {
        return date;
    }
    public String getTxt() {
        return txt;
    }
    public void setUsername(String username) {
        this.username = username;
    }
    public void setDate(Date date) {
        this.date = date;
    }
    public void setTxt(String txt) {
        this.txt = txt;
    }
}
```

Blah 最主要是使用 username、date 与 txt 包装用户名称、日期与信息文字等信息。接着重构 UserService：

Gossip   UserService.java

```
package cc.openhome.model;
...
public class UserService {
    ...                  ❶改返回 List        ❷传入 Blah
    public List<Blah> getBlahs(Blah blah) throws IOException {
        ...
        List<Blah> blahs = new ArrayList<Blah>();
        for (Date date : messages.keySet()) {            ❸ 使用 List
            String txt = messages.get(date);                收集用户
            blahs.add(new Blah(blah.getUsername(), date, txt));  信息
        }

        return blahs;
    }
                            ❹传入 Blah
    public void addBlah(Blah blah) throws IOException {
```

```
        String file = USERS + "/" + blah.getUsername() + "/" +
                        blah.getDate().getTime() + ".txt";
        BufferedWriter writer = new BufferedWriter(
          new OutputStreamWriter(new FileOutputStream(file), "UTF-8"));
        writer.write(blah.getTxt());
        writer.close();
    }
                            ❺ 传入 Blah
    public void deleteBlah(Blah blah) {
        File file = new File(USERS + "/" + blah.getUsername() + "/" +
                        blah.getDate().getTime() + ".txt");
        if(file.exists()) {
            file.delete();
        }
    }
}
```

基于篇幅限制，这里仅列出重要修改的代码。由于画面在取得用户信息之后，其实最主要的就是循序取得信息并加以显示，因此原先使用 Map 返回并不适当，这里改使用 List❸来收集用户信息并返回❶。调用方法时，直接将前端取得的请求参数传入方法中也并不适合，因此改传入 Blah，让方法调用时的参数精简❷❹❺。

原先负责处理信息新增的 Servlet 为 Message，必须配合 UserService 而做出对应的修改：

Gossip Message.java

```
package cc.openhome.controller;
...
@WebServlet(urlPatterns = {
    "/message.do" },
    initParams = {
        @WebInitParam(
            name = "MEMBER_VIEW", value = "member.jsp"
        )
    }
)
public class Message extends HttpServlet {
    private String MEMBER_VIEW;
    @Override
    public void init() throws ServletException {       ❶ 信息新增成功、失败或观
        MEMBER_VIEW =                                       看信息，都返回同一页面
            getServletConfig().getInitParameter("MEMBER_VIEW");
    }

    protected void processRequest(HttpServletRequest request,
                            HttpServletResponse response)
                        throws ServletException, IOException {
        String username =
            (String) request.getSession().getAttribute("login");
        UserService userService = (UserService) getServletContext()
                .getAttribute("userService");
```

```
        Blah blah = new Blah();  ◄──── ❷ 收集请求信息为 Blah 对象
        blah.setUsername(username);

        String blabla = request.getParameter("blabla");
        if (blabla != null && blabla.length() != 0) {
            if (blabla.length() < 140) {
                blah.setDate(new Date());
                blah.setTxt(blabla);
                userService.addBlah(blah);  ◄──── ❸ 调用 addBlah()新增信息
            }
            else {
                request.setAttribute("blabla", blabla);
            }
        }

        List<Blah> blahs = userService.getBlahs(blah); ◄──── ❹ 取得信息列表
        request.setAttribute("blahs", blahs); ◄──── ❺ 设置为请求范围属性
        request.getRequestDispatcher(MEMBER_VIEW)
            .forward(request, response);  ◄──── ❻ 设置为请求范围属性
    }

    protected void doGet(HttpServletRequest request,
                    HttpServletResponse response)
                        throws ServletException, IOException {
        processRequest(request, response);
    }

    protected void doPost(HttpServletRequest request,
                    HttpServletResponse response)
                        throws ServletException, IOException {
        processRequest(request, response);
    }
}
```

Message 现在负责信息的新增与取得，信息新增成功、失败或查看信息，都返回会员页面❶，相关请求信息会收集为 Blah 对象❷。如果请求参数中包括 blah，调用 UserService 的 addBlah()方法新增信息❸。由于无论如何都会返回会员页面，必须在会员页面中呈现信息列表，所以最后会调用 getBlahs()取得信息列表❹，并将列表设置为请求范围属性❺，以及在转发会员网页后❻，可以从请求范围中取得信息列表并显示。

接着来重构 member.jsp：

Gossip　member.jsp

```
<%@page pageEncoding="UTF-8"
    import="java.util.*, java.text.*, cc.openhome.model.Blah"%>
<!DOCTYPE html PUBLIC '-//W3C//DTD HTML 4.01 Transitional//EN'>
<html>
    <head>
        <meta content='text/html;charset=UTF-8'
            http-equiv='content-type'>
        <title>Gossip 微博</title>
        <link rel='stylesheet' href='css/member.css' type='text/css'>
    </head>
```

```
<body>
    <div class='leftPanel'>
        <img src='images/caterpillar.jpg' alt='Gossip 微博' />
        <br><br>
        <a href='logout.do?username="${ sessionScope.login }">
            注销 ${ sessionScope.login }</a>
    </div>
    <form method='post' action='message.do'>
    分享新鲜事...<br>
<%
    String blabla = (String) request.getAttribute("blabla");
    if (blabla != null) {
%>
        信息要在 140 字以内<br>
<%
    }
%>
        <textarea cols='60'
         rows='4' name='blabla'>${ requestScope.blabla }</textarea><br>
        <button type='submit'>送出</button>
    </form>
    <table style='text-align: left; width: 510px; height: 88px;'
            border='0' cellpadding='2' cellspacing='2'>
        <thead>
            <tr>
                <th><hr></th>
            </tr>
        </thead>
        <tbody>
<%
    DateFormat dateFormat = DateFormat.getDateTimeInstance(
        DateFormat.FULL, DateFormat.FULL, Locale.TAIWAN);
    List<Blah> blahs = (List<Blah>) request.getAttribute("blahs");
    for(Blah blah : blahs) {
%>
            <tr>
                <td style='vertical-align: top;'>
                    <%= blah.getUsername() %> <br>
                    <%= blah.getTxt() %><br>
                    <%= dateFormat.format(blah.getDate()) %>
    <a href='delete.do?message=<%= blah.getDate().getTime() %>'>删除</a>
                    <hr>
                </td>
            </tr>
            <%
    }
            %>
        </tbody>
    </table>
    <hr style='width: 100%; height: 1px;'>
</body>
</html>
```

└─ 从请求范围中取得信息列表

member.jsp 最主要的修改，是用 EL 来取代一些表达式元素，这在代码中以粗体标示了。还有就是从请求范围中取得信息列表，直接使用 for 循环逐一取得列表并显示出来。

信息删除的 Servlet 也要因 UserService 而修改，如下所示：

Gossip   member.jsp

```
package cc.openhome.controller;
...
public class Delete extends HttpServlet {
    ...
    protected void doGet(HttpServletRequest request,
                       HttpServletResponse response)
                         throws ServletException, IOException {
        ...
        Blah blah = new Blah();
        blah.setUsername(username);
        blah.setDate(new Date(Long.parseLong(message)));
        userService.deleteBlah(blah);
        response.sendRedirect(SUCCESS_VIEW);
    }
}
```

虽然也可以将信息删除的职责合并至 Message 这个 Servlet 中，但基于范例呈现上比较简洁，信息的删除仍另外放在 Delete 这个 Servlet 中。

由于现在要呈现信息前，都必须通过 Message 这个 Servlet 来取得信息列表，因此 6.4.1 节中练习原先初始参数为 member.jsp 的设置，现在要改写为 member. do，如 Delete、Login 这两个 Servlet。

图 6.15 所示是目前所完成的会员网页画面范例。

图 6.15   微博应用程序会员网页

6.4.3 创建 register.jsp、index.jsp、user.jsp

再回头看看会员注册的功能。先前注册失败时，会发送至 error.jsp 并显示错误信息，用户必须单击超链接重新回到注册窗体网页，重新填写注册信息，这是因为先前注册窗体是使用静态 HTML。可以将之改用 JSP，在注册失败时返回原窗体，在原窗体呈现错误信息：

Gossip   register.jsp

```
<%@page pageEncoding="UTF-8" import="java.util.*" %>
<!DOCTYPE html PUBLIC "-//W3C//DTD HTML 4.01 Transitional//EN"
"http://www.w3.org/TR/html4/loose.dtd">
<html>
    <head>
        <meta http-equiv="Content-Type"
            content="text/html; charset=UTF-8">
        <title>Gossip 微博</title>
    </head>
    <body>
<%
    List<String> errors = (List<String>) request.getAttribute("errors");
    if(errors != null) {
%>
        <h1>新增会员失败</h1>
        <ul style='color: rgb(255, 0, 0);'>
<%
        for (String error : errors) {
%>
        <li><%= error %></li>
<%
        }
%>
        </ul><br>
<%
    }
%>
        <h1>会员注册</h1>
        <form method='post' action='register.do'>
            <table bgcolor=#cccccc>
                <tr>
                    <td>邮件地址: </td>
                    <td><input type='text' name='email'
                    value='${param.email}' size='25' maxlength='100'>
                    </td>
                </tr>
                <tr>
                    <td>名称(最大 16 字符): </td>
                    <td><input type='text' name='username'
                    value='${param.username}' size='25' maxlength='16'></td>
                </tr>
                ...
```

❶ 如果有错误信息
列表则显示

❷ 填写字段值

❸ 填写字段值

```
            </table>
        </form>
    </body>
</html>
```

　　如果因窗体填写错误而回到 register.jsp，则请求范围中就会有 `errors` 属性，此时将信息逐一取出并显示出来❶，并在邮件与用户名称字段填写字段值❷❸。

　　原先负责注册的 `Register` 中，请求失败的页面现在改设置为 register.jsp，原先 error.jsp 与 register.html 两个文件已没有作用，可以删除。首页链接注册网页的 register.html 亦要改为 register.jsp。图 6.16 所示为注册失败的画面示范。

图 6.16　注册失败的画面参考

　　同样地，首页目前是 index.html，如果登录失败回到首页，无法显示登录失败的原因，也无法填写字段值，因此这里也将首页改为 index.jsp：

Gossip　**index.jsp**

```
<%@page pageEncoding="UTF-8" %>
<!DOCTYPE html PUBLIC "-//W3C//DTD HTML 4.01 Transitional//EN"
"http://www.w3.org/TR/html4/loose.dtd">
<html>
    ...
    <div>
        <a href='register.jsp'>还不是会员？</a><p>
        <div style='color: rgb(255, 0, 0);'>
            ${ requestScope.error }</div>   ◄── ❶ 如果有错误信息列表则显示
        <form method='post' action='login.do'>
            <table bgcolor='#cccccc'>
                <tr>
                    <td colspan='2'>会员登录</td>
                </tr>
                <tr>
                    <td>名称: </td>                    ❷ 填写字段值
                    <td><input type='text'
                  name='username' value="${ param.username }"></td>
                </tr>
                ...
</html>
```

如果登录失败，请求范围中会有 error 属性，此时将之显示出来❶，如果请求参数中有用户名称，亦填写至用户字段❷。原先处理登录的 Login，在登录失败时，会设置请求范围的 error 属性。修改的代码如下：

Gossip　Login.java

```
package cc.openhome.controller;
...
public class Login extends HttpServlet {
    ...
    protected void doPost(HttpServletRequest request,
                          HttpServletResponse response)
                          throws ServletException, IOException {
        String username = request.getParameter("username");
        String password = request.getParameter("password");
        String page;
        UserService userService =
        (UserService) getServletContext().getAttribute("userService");
        if(userService.checkLogin(username, password)) {
            request.getSession().setAttribute("login", username);
            page = SUCCESS_VIEW;
        }
        else {
            request.setAttribute("error", "名称或密码错误");
            page = ERROR_VIEW;
        }
        request.getRequestDispatcher(page).forward(request, response);
    }
}
```

原先各个设置 index.html 的 Servlet 或 JSP，现在也都要改设置为 index.jsp。一个登录错误参考画面如图 6.17 所示。

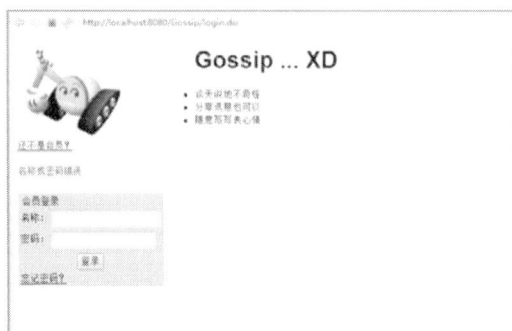

图 6.17　登录失败的画面参考

写微博当然不能只是孤芳自赏，接下来要增加一个新功能，可以指定查看哪个用户的微博。例如，若链接以下网址：

http://localhost:8080/Gossip/user/caterpillar

则可查看用户 caterpillar 的微博。为此，编写以下 Servlet：

```
package cc.openhome.controller;
...
@WebServlet(
    urlPatterns = { "/user/*" },          ❶ 处理/user/开头的请求
    initParams = {
        @WebInitParam(name = "USER_VIEW", value = "/user.jsp")
    }
)
public class User extends HttpServlet {
    private String USER_VIEW;

    @Override
    public void init() throws ServletException {
        USER_VIEW = getServletConfig().getInitParameter("USER_VIEW");
    }
     protected void doGet(HttpServletRequest request,
                     HttpServletResponse response)
                        throws ServletException, IOException {
        UserService userService =
        (UserService) getServletContext().getAttribute("userService");

        String username = request.getPathInfo().substring(1);   ❷ 根据路径信息
        if(userService.isUserExisted(username)) {                  取得用户名称
            Blah blah = new Blah();
            blah.setUsername(username);                         ❸ 如果用户存在则
            List<Blah> blahs = userService.getBlahs(blah);        取得信息, 列表,
            request.setAttribute("blahs", blahs);                 并设为请求范围
        }                                                         属性
        request.setAttribute("username", username);
        request.getRequestDispatcher(USER_VIEW)
                .forward(request, response);
    }
}
```

这个 Servlet 会处理所有 URL 为/user/开头的请求❶，而用户名称则是通过 URL 上的路径信息得知❷。如果用户存在，则会创建 Blah 对象以查询用户信息列表，并设置为请求范围属性❸，最后转发至显示用户的页面：

```
<%@page pageEncoding="UTF-8"
   import="java.util.*, java.text.*, cc.openhome.model.*"%>
   ...
   <body>
<%
   List<Blah> blahs = (List<Blah>) request.getAttribute("blahs");
   if(blahs != null) {    ❶ 如果用户信息列表存在, 则在网页上显示信息
%>
       <div class='leftPanel'>
           <img src='../images/caterpillar.jpg' alt='Gossip 微博' />
           <br><br>${ requestScope.username } 的微博
       </div>
       <table style='text-align: left; width: 510px; height: 88px;'
```

```
                     border='0' cellpadding='2' cellspacing='2'>
           <thead>
             <tr>
                <th><hr></th>
             </tr>
           </thead>
           <tbody>
<%
    DateFormat dateFormat = DateFormat.getDateTimeInstance(
       DateFormat.FULL, DateFormat.FULL, Locale.TAIWAN);
    for(Blah blah : blahs) {
%>
             <tr>
                <td style='vertical-align: top;'>
                    <%= blah.getUsername() %> <br>
                    <%= blah.getTxt() %><br>
                    <%= dateFormat.format(blah.getDate()) %>

                    <hr>
                </td>
             </tr>
<%
    }
%>

           </tbody>
       </table>
       <hr style='width: 100%; height: 1px;'>
<%
    }
    else {
%>
       <h1 style='color: rgb(255, 0, 0);'>
           ${ requestScope.username } 用户不存在</h1>
<%
    }
%>
    </body>
</html>
```

❷ 逐一从信息列表中取得每个信息并加以显示

❸ 信息列表不存在，显示无该用户

URL 上可能指定了不存在的用户，判断的依据是看看请求范围属性中是否有信息列表，如果有的话，使用 for 循环逐一取得信息并显示出来，否则显示该用户不存在的画面。一个执行时的参考画面如图 6.18 所示。

图 6.18　查看用户的微博

6.5　重点复习

JSP 最后还是会被容器转译为 Servlet 源代码、自动编译为.class 文件、加载.class 文件，然后生成 Servlet 对象。JSP 在转译为 Servlet 并载入容器生成对象之后，会调用 _jspInit() 方法进行初始化工作，而销毁前则是调用 _jspDestroy() 方法进行善后工作。在 Servlet 中，每个请求到来时，容器会调用 service() 方法，而在 JSP 转译为 Servlet 后，请求的到来则是调用 _jspService() 方法。

如果想要在 JSP 网页载入执行时做些初始化操作，则可以重新定义 jspInit() 方法。如果在 JSP 实例从容器移除前想要做一些收尾动作，则可以重新定义 jspDestroy() 方法。

JSP 指示(Directive)元素的主要目的,在于指示容器将 JSP 转译为 Servlet 源代码时，一些必须遵守的信息。page 指示类型的 import 属性告知容器转译 JSP 时，必须在源代码中包括的 import 语句。contentType 属性告知容器转译 JSP 时，必须使用 HttpServletRequest 的 setContentType()，调用方法时传入的参数就是 contentType 的属性值。pageEncoding 属性则告知容器转译和编译如何处理这个 JSP 网页中的文字编码，以及内容类型附加的 charset 设置。include 指示类型用来告知容器包括另一个网页的内容进行转译。

JSP 转译后的 Servlet 类应该包括哪些类成员、方法声明或哪些语句，在编写 JSP 时，可以使用声明(Declaration)元素、Scriptlet 元素及表达式(Expression)元素来指定。在<%!与%>之间声明的代码，都将转译为 Servlet 中的类成员或方法。<%与%>之间包括的内容，将被转译为 Servlet 源代码_jspService()方法中的内容。在<%=与%>表达式元素中编写 Java 表达式，表达式的运算结果将直接输出为网页的一部分。

JSP 中像 out、request 这样的字眼，在转译为 Servlet 之后，会直接对应于 Servlet 中的某个对象，例如 request 就对应 HttpServletRequest 对象。像 out、request 这样的字眼，称为隐式对象(Implicit Object)或隐式变量(Implicit Variable)。

out 隐式对象在转译之后,会对应于 javax.servlet.jsp.JspWriter 类的实例。JspWriter 在内部也是使用 PrintWriter 来进行输出,但 JspWriter 具有缓冲区功能。当使用 JspWriter 的 print() 或 println() 进行响应输出时,如果 JSP 页面没有缓冲,则直接创建 PrintWriter 来输出响应，如果 JSP 页面有缓冲，则只有在清除(flush)缓冲区时，才会真正创建 PrintWriter 对象进行输出。

JSP 终究会转译为 Servlet，所以错误可能发生在三个时候：JSP 转换为 Servlet 源代码时、Servlet 源代码进行编译时，以及 Servlet 载入容器进行服务但发生运行时错误时。只有 isErrorPage 设置为 true 的页面才可以使用 exception 隐式对象。

<jsp:include>或<jsp:forward>标签，在转译为 Servlet 源代码之后，底层也是取得 RequestDispatcher 对象，并执行对应的 forward() 或 include() 方法。

JSP 中的 JavaBean 元件，指的是只要满足以下条件的纯粹 Java 对象：

- 必须实现 java.io.Serializable 接口

- 没有公开(public)的类变量
- 具有无参数的构造器
- 具有公开的设值方法(Setter)与取值方法(Getter)

使用 JavaBean 的目的，基本上是在于减少 JSP 页面上 Scriptlet 的使用。可以搭配 `<jsp:useBean>` 来 使 用 JavaBean， 并 使 用 `<jsp:setProperty>` 与 `<jsp:getProperty>` 存 取 JavaBean 的属性。

对于 JSP 中一些简单的属性、请求参数、标头与 Cookie 等信息的取得，一些简单的运算或判断，可以试着使用表达式语言(EL)来处理，甚至可以将一些常用的公用函数编写为 EL 函数，这对于网页上的 Scriptlet 又可以有一定分量的减少。

EL 在某些情况下，可以使用点运算符(.)的场合，也可以使用[]运算符：

- 如果使用点(.)运算符，则左边可以是 JavaBean 或 Map 对象。
- 如果使用[]运算符，则左边可以是 JavaBean、Map、数组或 List 对象。

6.6 课后练习

6.6.1 选择题

1. 关于 JSP 的描述，正确的是( )。
   A. JSP 是直译式的网页，与 Servlet 无关
   B. JSP 会先转译为.java，然后编译为.class 载入容器
   C. JSP 会直接由容器动态生成 Servlet 实例，无须转译
   D. JSP 是丢到浏览器端，由浏览器进行直译

2. 关于 JSP 的描述，正确的是( )。
   A. 要在 JSP 中编写 Java 程序代码，必须重新定义 `_jspService()`
   B. 重新定义 `jspInit()` 来作 JSP 初次加载容器的初始化动作
   C. 重新定义 `jspDestroy()` 来作 JSP 从容器销毁时的结尾动作
   D. 要在 JSP 中编写 Java 程序代码，必须重新定义 `service()`

3. 如果想要在 JSP 中定义方法，应该使用的 JSP 元素是( )。
   A. `<% %>`   B. `<%= %>`
   C. `<%! %>`   D. `<%-- --%>`

4. 当 JSP 中编写中文时，而运行结果出现乱码，必须检查 page 指示元素的( )。属性设定是否正确。
   A. `contentType`   B. `language`
   C. `extends`   D. `pageEncoding`

5. JSP 隐含对象( )转译后对应 `ServletContext` 对象。

  A. `pageContext`   B. `config`

  C. `page`   D. `application`

6. 在会话范围中以名称 bean 放置了一个 JavaBean 属性，JavaBean 上有个 `getMessage()`方法，则方式( )调用 `getMessage()`以取得信息并显示出来。

  A. `<jsp:getProperty name="bean" property="message">`

  B. `${requestScope.bean.message}`

  C. `<%= request.getBean().getMessage() %>`

  D. `${bean.message}`

7. 在 Web 应用程序中有以下的程序代码，执行后转发至某个 JSP 网页：

```
Map<String, String> map = new HashMap<String, String>();
map.put("user", "caterpillar");
map.put("role", "admin");
request.setAttribute("login", map);
```

以下选项( )可以正确地使用 EL 取得 map 中的值。

  A. `${map.user}`   B. `${map["role"]}`

  C. `${login.user}`   D. `${login[role]}`

8. 在 Web 应用程序中有以下的程序代码，执行后转发至某个 JSP 网页：

```
Map<String, String> map = new HashMap<String, String>();
map.put("local.role", "admin");
request.setAttribute("login", map);
```

以下选项( )可以正确地使用 EL 取得 map 中的值。

  A. `${map.local.role}`   B. `${login.local.role}`

  C. `${map["local.role"]}`   D. `${login["local.role"]}`

9. 在 Web 应用程序中有以下的程序代码，执行后转发至某个 JSP 网页：

```
List<String> names = new ArrayList<String>();
names.add("caterpillar");
request.setAttribute("names", names);
```

以下选项( )可以正确地使用 EL 取得 List 中的值。

  A. `${names.0}`   B. `${names[0]}`

  C. `${names.[0]}`   D. `${names["0"]}`

10. 以下不是 EL 隐式对象的是( )。

  A. `param`   B. `request`

  C. `pageContext`   D. `cookie`

6.6.2　实训题

JSP 终究会转译为 Servlet，Servlet 做得到的事，JSP 都做得到，试着将本章节微博综合练习中，`cc.openhome.controller` 套件所有的 Servlet 全使用 JSP 来改写。注意，需要在 web.xml 中设置初始参数、URL 模式等。

使 用 JSTL

学习目标:

- 了解何谓 JSTL
- 使用 JSTL 核心标签库
- 使用 JSTL 格式标签库
- 使用 JSTL XML 标签库
- 使用 JSTL 函数标签库

7.1 JSTL 简介

在 Servlet 中编写 HTML 进行页面输出当然是件麻烦的事，第 6 章学过 JSP 后，终于可以在 JSP 中直接写 HTML。然而，在 JSP 中写 Scriptlet 放入 Java 代码也不是什么好事，这跟在 Servlet 中编写 HTML 相比其实是半斤八两。

JSP 提供了<jsp:xxx>开头的标准标签及 EL，可以减少 JSP 页面上的 Scriptlet 使用，将请求处理与业务逻辑封装至 Servlet 或 JavaBean 中，网页中仅留下与页面相关的呈现逻辑。然而即使只留下页面逻辑，就目前学到的技术，无论如何还是得在 JSP 中使用 Scriptlet 编写 Java 代码，才可以让画面呈现出想要的结果。

例如，需要依据某个条件来决定是否显示某个网页片段，或是需要使用循环来显示表格内容。然而，HTML 或 JSP 本身并没有什么<if>标签，更没有什么<for>标签达到这个目的。

所幸这些跟页面呈现相关的逻辑判断标签在 Java EE 技术中是存在的，可由 Java EE 平台中的 JSTL 提供。JSTL 不仅提供了条件判断的逻辑标签，还提供了对应 JSP 标准标签的扩展标签以及更多的功能标签。JSTL 提供的标签库分为五个大类。

- 核心标签库：提供条件判断、属性访问、URL 处理及错误处理等标签。
- I18N 兼容格式标签库：提供数字、日期等的格式化功能，以及区域(Locale)、信息、编码处理等国际化功能的标签。
- SQL 标签库：提供基本的数据库查询、更新、设置数据源(DataSource)等功能的标签，这会在第 9 章说明 JDBC 时再介绍。
- XML 标签库：提供 XML 解析、流程控制、转换等功能的标签。
- 函数标签库：提供常用字串处理的自定义 EL 函数标签库。

JSTL 是另一个标准规范，并非在 JSP 的规范中，所以必须另外下载 JSTL 实现：

http://www.oracle.com/technetwork/java/index-jsp-135995.html

可以通过上面这个网页找到 JSTL 的相关下载与 API 文件说明。如果想要直接下载 JSTL，则可以在这个网址找到：

https://jstl.dev.java.net/

下载了 JSTL 实现(封装好的 JAR 文件)之后，必须放置到 Web 应用程序的 WEB-INF/lib 文件夹中，JSTL 1.2 实现的文件名称是 jstl-impl-1.2.jar。如果需要 API 文件说明，则可以在这个网址找到：

http://download.oracle.com/docs/cd/E17802_01/products/products/jsp/jstl/1.1/docs/tlddocs/

提示 >>> 　如果使用 Tomcat 作为 Web 容器，在 Tomcat 的范例 webapps\examples 中的 WEB-IN\lib，可以找到 JSTL 1.1。有两个文件 jstl.jar 与 standard.jar，前者是 JSTL 标准接口与类，后者是实现(如果使用 jstl-impl-1.2.jar，也需要搭配 jstl.jar)。JSTL 1.2 与 1.1 的差别主要在于，1.2 对 JSF 的支持更完整。就标签 库本身的功能而言，1.2 与 1.1 两者并没有什么差别。JSTL 1.2 要支持 Servlet 2.5 的容器上才可以使用，1.1 只要支持 Servlet 2.4 的容器就可以使用。

在 Eclipse 中，虽然可以直接将 JAR 文件复制至项目的/WEB-INF/lib 目录中，但 每个项目各自拥有自己的 JAR 文件，管理上会很麻烦。可以将 JAR 文件统一放置在某 个目录中，再通过 Eclipse 的 Deployment Assembly 设置使用 JAR 文件，在创建新的项 目后，请按照以下步骤进行操作：

(1) 在项目上右击，从弹出的快捷菜单中选择 Properties 命令，在出现的项目属性 对话框上，选择 Deployment Assembly。

(2) 单击 Web Deployment Assembly 右边的 Add 按钮，在出现的 New Assembly Directive 对话框中，选择 Archives from File System 后单击 Next 按钮。

(3) 单击 Add 按钮，选择文件系统中的 JAR 文件来源后，单击 Finish 按钮。

(4) 单击 Web Deployment Assembly 中的 OK 按钮。

(5) 在项目的 Java Resources/Libraries 节点中，可以发现 Web App Libraries 下已设 置了 JAR 文件。

JSTL 的标签种类也蛮多的，本章将先说明 JSTL 核心标签库、格式标签库 XML 标签库与函数标签库，第 9 章介绍 JDBC 后再说明 SQL 标签库。

要使用 JSTL 标签库，必须在 JSP 网页上使用 **taglib** 指示元素定义前置名称与 uri 参考。例如，要使用核心标签库，可以如下定义：

```
<%@taglib prefix="c" uri="http://java.sun.com/jsp/jstl/core"%>
```

前置名称设置了这个标签库在此 JSP 网页中的名称空间，以避免与其他标签库的 标签名称发生冲突，惯例上使用 JSTL 核心标签库时，会使用 c 作为前置名称。uri 引 用则告知容器，如何引用 JSTL 标签库实现(如 6.3.5 节定义 TLD 时的作用，可先参考 该节内容，第 8 章说明自定义标签时还会看到相关说明)。

注意 >>> 　如果必须使用 JSTL 1.0(适用于 JSP 1.2、J2EE 1.3 环境)，除了要将 jstl.jar 与 standard.jar 复制至 WEB- INF/lib 文件夹，还需复制 TLD 文件，并在 web.xml 中设置 TLD 文件的位置。例如，若要使用核心标签库，需在 web.xml 中设置：

```
<taglib>
    <taglib-uri>http://java.sun.com/jstl/core</taglib-uri>
    <taglib-location>/WEB-INF/tlds/c.tld</taglib-uri>
</taglib>
```

注意 uri 名称与 JSTL 1.1 之后不一样(1.1 之后的 uri 是 http://java.sun.com/jsp/ jstl/core)。在 JSP 网页上，同样也要使用 taglib 指示元素定义前置文字与 uri。

```
<%@taglib prefix="c" uri="http://java.sun.com/jstl/core"%>
```

7.2 核心标签库

JSTL 核心标签库主要包括流程处理标签，如<c:if>、<c:forEach>等，可处理页面呈现逻辑。错误处理标签可捕捉异常，网页导入、重定向标签提供比原有<jsp:include>、<jsp:forward>更强的功能，属性处理标签可提供比原有<jsp:setProperty>更多的设置功能，其他还有输出处理标签、URL 处理标签等，让页面逻辑的处理更富弹性。

7.2.1 流程处理标签

当 JSP 网页必须根据某个条件来安排网页输出时，则可以使用流程标签。例如，想要依用户输入的名称、密码请求参数，来决定是否显示某个画面，或是想要用表格输出十个数据等。

首先介绍<c:if>标签的使用(假设标签前置使用"c")，这个标签可根据某个表达式的结果，决定是否显示 Body 内容。直接来看个范例：

```
JSTLDemo login.jsp
<%@page contentType="text/html" pageEncoding="UTF-8"%>
<%@taglib prefix="c" uri="http://java.sun.com/jsp/jstl/core"%>
<!DOCTYPE HTML PUBLIC "-//W3C//DTD HTML 4.01 Transitional//EN"
   "http://www.w3.org/TR/html4/loose.dtd">
<html>
    <head>
        <meta http-equiv="Content-Type"
                content="text/html; charset=UTF-8">
        <title>登录页面</title>
    </head>
    <body>
        <c:if test="${param.name == 'momor' && param.password == '1234'}">
            <h1>${param.name} 登录成功</h1>
        </c:if>
    </body>
</html>
```

<c:if>标签的 test 属性中可以放置 EL 表达式，如果表达式的结果是 true，则会将<c:if>Body 输出。就上面这个范例来说，如果用户发送的请求参数中，用户名与密码正确，就会显示用户名称与登录成功的信息。

提示>>> 为了避免流于语法说明的琐碎细节，本章不会试图说明 JSTL 每个标签上所有属性的作用。这些属性基本上都不难，可以在需要的时候，参考 JSTL 的在线文件说明或 JSTL 规格书 JSR52。

      `<c:if>`标签仅在 `test` 的结果为 `true` 时显示 Body 内容,不过并没有相对应的`<c:else>`标签。如果想在某条件式成立时显示某些内容,不成立时就显示另一内容,则可以使用`<c:choose>`、`<c:when>`及`<c:otherwise>`标签。同样以实例来说明:

JSTLDemo　login2.jsp

```
<%@page contentType="text/html" pageEncoding="UTF-8"%>
<%@taglib prefix="c" uri="http://java.sun.com/jsp/jstl/core"%>
<jsp:useBean id="user" class="cc.openhome.User" />
<jsp:setProperty name="user" property="*" />
<!DOCTYPE HTML PUBLIC "-//W3C//DTD HTML 4.01 Transitional//EN"
  "http://www.w3.org/TR/html4/loose.dtd">
<html>
    <head>
        <meta http-equiv="Content-Type"
              content="text/html; charset=UTF-8">
        <title>登录页面</title>
    </head>
    <body>
        <c:choose>
            <c:when test="${user.valid}">
                <h1>
                    <jsp:getProperty name="user" property="name"/>登录成功
                </h1>
            </c:when>
            <c:otherwise>
                <h1>登录失败</h1>
            </c:otherwise>
        </c:choose>
    </body>
</html>
```

      这个范例改写自 6.2.2 节的用户登录网页范例。在 6.2.2 节时,使用了 Scriptlet 编写 Java 代码,判断用户是否发送正确的名称和密码,以分别显示登录成功或失败的画面。在学到`<c:choose>`、`<c:when>`及`<c:otherwise>`标签之后,就可以不使用 Scriptlet 而实现这个需求。

      `<c:when>` 及`<c:otherwise>`必须放在`<c:choose>`中。当`<c:when>`的 **test** 运算结果为 `true` 时,会输出`<c:when>`的 Body 内容,而不理会`<c:otherwise>`的内容。`<c:choose>`中可以有多个`<c:when>`标签,此时会从上往下进行测试。如果有个`<c:when>`标签的 `test` 运算结果为 `true` 就输出其 Body 内容,之后的`<c:when>`就不会做测试。如果所有`<c:when>`测试都不成立,则会输出`<c:otherwise>`的内容。

      如果打算使用循环来产生一连串的数据输出,例如有个简单的留言板程序,使用 JavaBean 从数据库中取得留言,留言可能有数十则,以数组方式返回:

JSTLDemo　MessageService.java

```
package cc.openhome;

public class MessageService {
```

```
    private Message[] fakeMessages;

    public MessageService() {
        // 放些假数据，假装这些数据是来自数据库
        fakeMessages = new Message[3];
        fakeMessages[0] = new Message("caterpillar", "caterpillar's message!");
        fakeMessages[1] = new Message("momor", "momor's message!");
        fakeMessages[2] = new Message("hamimi", "hamimi's message!");
    }

    public Message[] getMessages() {
        return fakeMessages;
    }
}
```

Message 对象有 name 与 text 属性，分别表示留言者名称与留言文字。你打算在网页上使用表格来显示每一则留言，若不想使用 Scriptlet 编写 Java 代码的 for 循环，则可以使用 JSTL 的<c:forEach>标签来实现这项需求。例如：

JSTLDemo　message.jsp

```jsp
<%@page contentType="text/html" pageEncoding="UTF-8"%>
<%@taglib prefix="c" uri="http://java.sun.com/jsp/jstl/core"%>
<!DOCTYPE HTML PUBLIC "-//W3C//DTD HTML 4.01 Transitional//EN"
    "http://www.w3.org/TR/html4/loose.dtd">
<jsp:useBean id="messageService"
            class="cc.openhome.MessageService"/>
<html>
    <head>
        <meta http-equiv="Content-Type"
                content="text/html; charset=UTF-8">
        <title>留言板</title>
    </head>
    <body>
        <table style="text-align: left; width: 100%;" border="1">
            <tr>
                <td>名称</td><td>信息</td>
            </tr>
            <c:forEach var="message" items="${messageService.messages}">
                <tr>
                    <td>${message.name}</td><td>${message.text}</td>
                </tr>
            </c:forEach>
        </table>
    </body>
</html>
```

<c:forEach>标签的 items 属性可以是数组、Collection、Iterator、Enumeration、Map 与字符串，每次会依序从 items 指定的对象中取出一个元素，并指定给 var 属性设置的变量，之后就可以在<c:forEach>标签 Body 中使用 var 属性所设置的变量来取得该元素。这个范例的运行画面如图 7.1 所示。

图 7.1　<c:forEach>范例网页运行结果

如果 items 指定的是 Map，则设置给 var 的对象会是 Map.Entry，这个对象有 getKey()
与 getValue()方法，可以让你取得键与值。例如：

```
<c:forEach var="item" items="${someMap}">
    Key: ${item.key}<br>
    Value: ${item.value}<br>
</c:forEach>
```

如果 items 指定的是字符串，则必须是个以逗号区隔的值，<c:forEach>会自动以逗
号来切割字符串，每个切割出来的字符串指定给 var。例如：

```
<c:forEach var="token" items="Java,C++,C,JavaScript">
    ${token} <br>
</c:forEach>
```

以上会显示"Java"、"C++"、"C"与"JavaScript"四个字符串，如果希望自行指定切
割依据，则可以使用**<c:forTokens>**。例如：

```
<c:forTokens  var="token" delims=":" items="Java:C++:C:JavaScript">
    ${token} <br>
</c:forTokens>
```

这个简单的片段，会将"Java:C++:C:JavaScript"这个字符串，依指定的 **delims** 进行
切割，所以分出来的字符分别是"Java"、"C++"、"C"与"JavaScript"四个字符串。

7.2.2　错误处理标签

在 6.3.1 节介绍 EL 时，曾使用一个简单的加法网页来示范。在该范例中使用了
errorPage="error.jsp"设置当错误发生时，转发至 error.jsp 显示错误，若用户输入的并
非数字时，EL 无法解析为基本类型进行加法时，就会发生错误，而转发 error.jsp。

如果不想在错误发生时，转发其他网页来显示错误信息，而打算在目前网页捕捉
异常，并显示相关信息，那该如何进行？

这个问题的答案似乎很简单，编写 Scriptlet，在其中使用 Java 的 try-catch 语法捕
捉异常就可以解决这个需求。但若实在不希望再出现 Scriptlet，那该怎么办？

可以使用 JSTL 的<c:catch>标签。直接来看如何改写 6.3.1 节的加法网页，再来进
行说明：

JSTLDemo　add.jsp

```
<%@page contentType="text/html" pageEncoding="UTF-8"%>
<%@taglib prefix="c" uri="http://java.sun.com/jsp/jstl/core"%>
```

247

```
<!DOCTYPE HTML PUBLIC "-//W3C//DTD HTML 4.01 Transitional//EN"
    "http://www.w3.org/TR/html4/loose.dtd">
<html>
    <head>
        <meta http-equiv="Content-Type"
                content="text/html; charset=UTF-8">
        <title>加法网页</title>
    </head>
    <body>
        <c:catch var="error">
            ${param.a} + ${param.b} = ${param.a + param.b}
        </c:catch>
        <c:if test="${error != null}">
            <br><span style="color: red;">${error.message}</span>
            <br>${error}
        </c:if>
    </body>
</html>
```

如果要在发生异常的网页直接捕捉异常对象，可以使用`<c:catch>`将可能产生异常的网页段落包起来。若异常真的发生，这个异常对象会设置给`var`属性所指定的名称，这样才有机会使用这个异常对象。例如范例中，使用了`<c:if>`标签测试 error 是否参考至异常对象。如果是的话，由于异常都是 Throwable 的子类别，都拥有 getMessage() 方法，因此才能通过${error.message}的方式取得异常相关信息。

> 注意》》 只有设置 isErrorPage="true"的 JSP 网页才会有 exception 隐式对象，代表错误发生的来源网页传进来的 Throwable 对象，所以不可以在上面的范例中，直接使用 exception 隐式对象。

这个范例执行时如果发生异常，结果画面如图 7.2 所示。

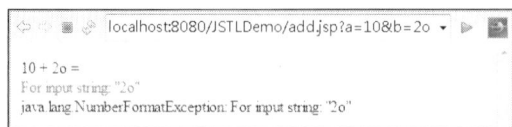

图 7.2　<c:catch>范例网页运行结果

7.2.3　网页导入、重定向、URL 处理标签

到目前为止学过了两种包括其他 JSP 网页至目前网页的方式。一个是通过 include 指示元素，它在转译时直接将另一 JSP 网页合并至目前网页进行转译。例如：

```
<%@include file="/WEB-INF/jspf/header.jspf"%>
```

另一个方式是通过`<jsp:include>`标签，可在运行时按条件，动态决定是否包括另一个网页，该网页执行完毕后，再回到目前网页。在包括另一网页时还可以带有参数。例如：

```
<jsp:include page="add.jsp">
    <jsp:param name="a" value="1" />
    <jsp:param name="b" value="2" />
</jsp:include>
```

在 JSTL 中，有个<c:import>标签，可以视作是<jsp:include>的加强版，可以在运行时动态导入另一个网页，也可以搭配<c:param>在导入另一网页时带有参数。例如上面的<jsp:include>范例片段，也可以改写为以下使用 JSTL 的版本：

```
<c:import url="add.jsp">
    <c:param name="a" value="1" />
    <c:param name="b" value="2" />
</c:import>
```

除了可以导入目前 Web 应用程序中的网页之外，<c:import>标签还可以导入非目前 Web 应用程序中的网页。例如：

```
<c:import url="http://openhome.cc" charEncoding="BIG5"/>
```

其中，**charEncoding** 属性用来指定要导入的网页的编码，如果要被导入的网页编码与目前网页编码不同，就必须使用 charEncoding 属性加以指定，导入的网页才不至于产生乱码。

再来介绍<c:redirect>标签。在 Servlet/JSP 中，如果要以编程的方式进行重定向，必须使用 HttpServletResponse 的 sendRedirect() 方法。<c:redirect>标签的作用，就如同 sendRedirect() 方法，这样不用编写 Scriptlet 来使用 sendRedirect() 方法，也可以达到重定向的作用。如果重定向时需要参数，也可以通过<c:param>来设置。

```
<c:redirect url="add.jsp">
    <c:param name="a" value="1"/>
    <c:param name="b" value="2"/>
</c:redirect>
```

曾经谈过使用 response 的 encodeURL() 方法来作 URL 重写，以在用户关闭 Cookie 功能时，仍可以继续利用 URL 重写来维持使用 session 进行会话管理。

如果不想使用 Scriptlet 编写 response 的 encodeURL() 方法来作 URL 重写，则可以使用 JSTL 的<c:url>，它会在用户关闭 Cookie 功能时，自动用 Session ID 作 URL 重写。例如以下范例改写自 4.2.3 节的计数程序，把 Servlet 改为 JSP 实现，并使用 JSTL：

JSTLDemo   count.jsp

```
<%@page contentType="text/html" pageEncoding="UTF-8"%>
<%@taglib prefix="c" uri="http://java.sun.com/jsp/jstl/core"%>
<!DOCTYPE HTML PUBLIC "-//W3C//DTD HTML 4.01 Transitional//EN"
 "http://www.w3.org/TR/html4/loose.dtd">
<c:set var="count" value="${sessionScope.count + 1}" scope="session"/>
<html>
    <head>
        <meta http-equiv="Content-Type"
            content="text/html; charset=UTF-8">
        <title>JSP Count</title>
    </head>
```

```
<body>
    <h1>JSP Count ${sessionScope.count} </h1>
    <a href="<c:url value='count.jsp'/>">递增</a>
</body>
</html>
```

在上面的范例中，使用到<c:set>标签，这是属性设置标签，稍后就会说明，目前先注意到<c:url>的使用即可。当关闭浏览器 Cookie 功能时，这个 JSP 网页仍可以有计数功能。

如果需要在 URL 上携带参数，则可以搭配<c:param>标签，参数将被编码后附加在 URL 上。例如就以下这个片段而言，最后的 URL 将成为 some.jsp?name= Justin+Lin：

```
<c:url value="some.jsp">
    <c:param name="name" value="Justin Lin"/>
</c:url>
```

7.2.4　属性处理与输出标签

JSP 的<jsp:setProperty>功能有限，只能用来设置 JavaBean 的属性。如果想要在 page、request、session、application 等范围设置一个属性，或者想要设置 Map 对象的键与值，则可以使用<c:set>标签。

例如用户登录后，想要在 session 范围中设置一个 login 属性，代表用户已经登录，则可以如下编写：

```
<c:set var="login" value="caterpillar" scope="session"/>
```

var 用来设置属性名称，而 value 用来设置属性值。这段标签设置的作用相当于：

```
<% session.setAttribute("login", "caterpillar"); %>
```

也可以使用 EL 来进行设置。例如：

```
<c:set var="login" value="${user}" scope="session"/>
```

如果${user}运算的结果是 User 类的实例，则保存的属性就是 User 对象，也就是相当于以下这段代码：

```
<%
    // user 是 User 所声明的指针名称，引用至 User 对象
    session.setAttribute("login", user);
%>
```

<c:set>标签也可以将 value 的设置改为 Body 的方式，在设置的属性值冗长时，采用 Body 的方式会比较容易编写。例如：

```
<c:set var="details" scope="session">
    caterpillar,openhome.cc,caterpillar.onlyfun.net
</c:set>
```

<c:set> 不设置 scope 时，则会以 page、request、session、application 的范围寻找属性名称，如果在某个范围找到属性名称，则在该范围设置属性。如果在所有范围都没

有找到属性名称，则会在 page 范围中新增属性。如果要移除某个属性，则可以使用
<c:remove>标签。例如：

```
<c:remove var="login" scope="session"/>
```

<c:set>也可以用来设置 JavaBean 的属性或 Map 对象的键/值，要设置 JavaBean 或
Map 对象，必须使用 **target** 属性进行设置。例如：

```
<c:set target="${user}" property="name" value="${param.name}"/>
```

如果${user}运算出来的结果是个 JavaBean，则上例就如同调用 setName()并将请求
参数 name 的值传入。如果${user}运算出来的结果是个 Map，则上例就是以 property 属
性作为键，而 value 属性作为值来调用 Map 对象的 put()方法。

下面这个范例改写 4.2.1 节的问卷网页，把 Servlet 改为 JSP 实现，并且使用 JSTL
来设置属性。

JSTLDemo question.jsp

```
<%@page contentType="text/html" pageEncoding="UTF-8"%>
<%@taglib prefix="c" uri="http://java.sun.com/jsp/jstl/core"%>
<!DOCTYPE HTML PUBLIC "-//W3C//DTD HTML 4.01 Transitional//EN"
"http://www.w3.org/TR/html4/loose.dtd">
<c:set target="${pageContext.request}"
       property="characterEncoding" value="UTF-8"/>  ← ❶ 设置 request 的
                                                            字符编码
<html>
   <head>
      <meta http-equiv="Content-Type"
            content="text/html; charset=UTF-8">
      <title>Questionnaire</title>
   </head>
   <body>
      <form action="question.jsp" method="post">
         <c:choose>
            <c:when test="${param.page == 'page1'}">
               问题一: <input type="text" name="p1q1"><br>
               问题二: <input type="text" name="p1q2"><br>
               <input type="submit" name="page" value="page2">
            </c:when>
            <c:when test="${param.page == 'page2'}">
               <c:set var="p1q1"
                      value="${param.p1q1}" scope="session"/>     ❷ 设置
               <c:set var="p1q2"                                     session
                      value="${param.p1q2}" scope="session"/>        范围属性
               问题三: <input type="text" name="p2q1"><br>
               <input type="submit" name="page" value="finish">
            </c:when>
            <c:when test="${param.page == 'finish'}">
               ${sessionScope.p1q1}<br>
               ${sessionScope.p1q2}<br>
               ${param.p2q1}<br>
            </c:when>
         </c:choose>
      </form>
```

```
      </form>
    </body>
</html>
```

因为问卷的答案可能是用中文填写，为了顺利取得中文，必须设置 request 的字符编码处理方式，也就是调用 setCharacterEncoding() 方法设置编码。在这里使用 ${pageContext.request} 取得 request 对象，并通过 <c:set> 来进行设置❶。程序中需要判断显示哪些问题时，则使用之前学习过的 <c:choose> 与 <c:when> 标签。问卷过程中需储存至 session 的答案，则使用 <c:set> 来进行设置❷。

再来介绍 <c:out> 对象。它可以让你输出指定的文字。例如：

```
<c:out value="${param.message}"/>
```

你也许会想这有什么意思？为什么不直接写 ${param.message}，还要加上 <c:out> 标签，这不是多此一举吗？如果 ${param.message} 是来自用户在留言板所发送的信息，而用户故意打了 HTML 在信息，则 <c:out> 会自动将角括号、单引号、双引号等字符用替代字符取代。这个功能是由 <c:out> 的 **escapeXml** 属性来控制，默认是 true，如果设置为 false，就不会作替代字符的取代。

EL 运算结果为 null 时，并不会显示任何值，这原本是使用 EL 的好处，但如果希望在 EL 运算结果为 null 时，可以显示一个默认值，就目前所学习到的 JSTL 标签，可能会这么做：

```
<c:choose>
    <c:when test="${param.a != null}">
        ${param.a}
    </c:when>
    <c:otherwise>
        0
    </c:otherwise>
</c:choose>
```

如果使用 <c:out>，则可以更简洁地达到这个目的，可以使用 **default** 属性设置 EL 运算结果为 null 时的默认显示值：

```
<c:out value="${param.a}" defalut="0"/>
```

7.3   I18N 兼容格式标签库

应用程序根据不同国家的用户，呈现不同的语言、数字格式、日期格式等，这称为本地化(**Localization**)。例如，345 987.246 这个数字，针对法国的用户呈现 345 987 246 的格式，针对德国的用户呈现 345.987 246，而针对美国的用户则要呈现 345 987.246。

如果一个应用程序在设计时，可以在不修改应用程序的情况下，根据不同的用户直接采用不同的语言、数字格式、日期格式等，这样的设计考量称为国际化(**internationalization**)，简称 **I18N**(因为 internationalization 有 18 个字母)。

JSTL 提供了 I18N 兼容格式标签库，可协助 Web 应用程序完成国际化功能，提供数字、日期等格式功能，以及区域(Locale)、信息、编码处理等国际化功能的标签。

7.3.1 I18N 基础

在正式介绍 JSTL 对 I18N 的支持之前，先来谈谈应该知道的一些基础。这里从 Java 的字符串开始谈起。

1. 关于 Java 字符串

任何一本 Java 入门的书都会谈道，Java 的字符串是 Unicode，所以写下一个英文字符或写下一个中文字符，都是两个位元组，那么你是否想过，明明你的文本编辑器是 Big5 编码，为什么写下的字符串在 JVM 中会是 Unicode？如果在一个 Main.java 中写下以下代码并编译：

```
public class Main {
    public static void main(String[] args) {
        System.out.println("Hello");
        System.out.println("哈啰");
    }
}
```

如果操作系统默认编码是 Big5，而文本编辑器是使用 Big5 编码，那么执行编译：

```
> javac Main.java
```

生成的.class 文件，使用任何的反编译工具还原回来的代码中，可能会看到以下内容：

```
public class Main {
    public static void main(String args[]) {
        System.out.println("Hello");
        System.out.println("\u54C8\u56C9");
    }
}
```

其中"\u54C8\u56C9"就是"哈啰"的 Unicode 编码表示，JVM 在载入.class 之后，就是读取 Unicode 编码并产生对应的字符串对象，而不是最初在源代码中写下的"哈啰"。

那么编译器怎么知道要将中文字符转为哪个 Unicode 编码？当使用 javac 脚本没有指定-encoding 选项时，会使用操作系统默认编码。如果文本编译器是使用 UTF-8 编码，那么编译时就要指定-encoding 为 UTF-8，这样编译器才会知道用何种编译读取.java 的内容。例如：

```
> javac -encoding UTF-8 Main.java
```

2. 关于 ResourceBundle

在程序中有很多字符串信息会被写死在程序中，如果想要改变某个字符串信息，必须修改代码然后重新编译。例如，简单显示"Hello!World!"的程序就是像如下所示：

```
public class Hello {
    public static void main(String[] args) {
        System.out.println("Hello!World!");
    }
}
```

就这个程序来说，如果日后想要改变"Hello!World!"为"Hello!Java!"，就要修改代码中的文字信息并重新编译。

对于日后可能变动的文字信息，可以考虑将信息移至程序之外，方法是使用 java.util.ResourceBundle 来作信息绑定。首先要准备一个 .properties 文件，例如 messages.properties，而文件内容如下：

```
cc.openhome.welcome=Hello
cc.openhome.name=World
```

.properties 文件必须放置在 Classpath 的路径设置下，文件中编写的是键(Key)、值(Value)配对，之后在程序中可以使用键来取得对应的值。例如：

```
import java.util.ResourceBundle;
public class Hello {
    public static void main(String[] args) {
        ResourceBundle res = ResourceBundle.getBundle("messages");
        System.out.print(res.getString("cc.openhome.welcome") + "!");
        System.out.println(res.getString("cc.openhome.name") + "!");
    }
}
```

ResourceBundle 的静态 getBundle() 方法会取得一个 ResourceBundle 的实例，所给定的自变量名称是信息文件的主档名，getBundle() 会自动找到对应的 .properties 文件，取得 ResourceBundle 实例后，可以使用 getString() 指定键来取得文件中对应的值。如果日后想要改变显示的信息，只要改变 .properties 文件的内容就可以了。

3. 关于国际化

国际化的三个重要概念是地区(Locale)信息、资源包(Resource bundle)与基础名称(Base name)。

地区信息代表了特定的地理、政治或文化区，地区信息可由一个语言编码(Language code)与可选的地区编码(Country code)来指定。其中语言编码是 ISO-639 (http://www.ics.uci.edu/pub/ietf/http/related/iso639.txt)定义，由两个小写字母代表。例如，"ca"表示加拿大文(Catalan)，"zh"表示中文(Chinese)。地区编码则由两个大写字母表示，定义在 ISO-3166(http://www.chemie.fu-berlin.de/diverse/doc/ISO_3166.html)。例如，IT 表示意大利(Italy)、UK 表示英国(United Kingdom)。

在 3.3.2 节曾提过地区(Locale)信息的对应类 Locale，在创建 Locale 时，可以指定语言编码与地区编码。例如，创建代表中国的 Locale，可以如下：

```
Locale locale = new Locale("zh", "CN");
```

资源包中包括了特定地区的相关信息，先前所介绍的 ResourceBundle 对象，就是 JVM 中资源包的代表对象。代表同一组信息但不同地区的各个资源包共享相同的基础名称，使用 ResourceBundle 的 getBundle() 时指定的名称，就是在指定基础名称。例如，ResourceBundle 的 getBundle() 时若指定 "messages"，则尝试用默认的 Locale(由 Locale.getDefault() 取得的值)取得.properties 文件。例如，若默认的 Locale 代表 zh_CN，则 ResourceBundle 的 getBundle() 时若指定 "messages"，则会尝试取得 messages_zh_CN.properties 文件中的信息，若找不到，再尝试找 messages.properties 文件中的信息。

先前谈过 Java 中字符串的处理，如果希望创建一个 messages_zh_CN. properties，在其中创建中文的信息，并在 messages_zh_CN.properties 中编写中文，且必须使用 Unicode 编码表示，则可以通过 JDK 工具程序 **native2ascii** 来协助转换。例如，可以在 messages_zh_CN.txt 中编写以下内容：

```
cc.openhome.welcome=哈啰
cc.openhome.name=世界
```

如果编辑器使用 Big5 编码，那么可以像下面这样执行 native2ascii 程序：

```
> native2ascii -encoding Big5 messages_zh_CN.txt messages_zh_CN.properties
```

这样就会生成 messages_zh_CN.properties 文件。内容如下：

```
cc.openhome.welcome=\u54c8\u56c9
cc.openhome.name=\u4e16\u754c
```

也就是 native2ascii 程序会将非 ASCII 字符转换为 Unicode 编码表示，如果想将 Unicode 编码表示的.properties 转回中文，则可以使用**-reverse** 自变量。例如，将上面的程序转回中文，并使用 UTF-8 编码文件保存：

```
> native2ascii -reverse -encoding UTF-8 messages_zh_CN.properties messages_zh_CN.txt
```

如果执行先前的 Hello 类，而系统默认 Locale 为 zh_CN，则会显示"哈啰!世界!"的结果。如果提供 messages_en_US.properties：

```
cc.openhome.welcome=Hello
cc.openhome.name=World
```

ResourceBundle 的 getBundle() 可以指定 Locale 对象。如果编写程序：

```
Locale locale = new Locale("en", "US");
ResourceBundle res = ResourceBundle.getBundle("messages", locale);
System.out.print(res.getString("cc.openhome.welcome") + "!");
System.out.println(res.getString("cc.openhome.name") + "!");
```

则 ResourceBundle 会尝试取得 messages_en_US.properties 中的信息，结果就是显示 "Hello!World!"。

7.3.2　信息标签

要使用 JSTL 的 I18N 兼容格式标签库，必须在 JSP 网页上使用 taglib 指示元素定义前置名称与 uri 引用。惯例上使用 I18N 兼容格式标签库时，会使用 fmt 作为前置名称，JSTL 1.1 格式标签库的 uri 引用则为 http://java.sun.com/jsp/jstl/fmt。例如：

```
<%@taglib prefix="fmt" uri="http://java.sun.com/jsp/jstl/fmt"%>
```

首先来看最基本的 **<fmt:bundle>**、**<fmt:message>** 如何使用。假设准备了一个 messages1.properties 文件如下：

JSTLDemo　messages1.properties

```
cc.openhome.title=Welcome
cc.openhome.forGuest=Hello! Guest!
```

这个.properties 文件必须放在 Web 应用程序的/WEB-INF/classes 中，在 Eclipse 中，可以在项目的 Java Resources/src 下新建文件。接着创建 JSP 文件：

JSTLDemo　fmt1.jsp

```
<%@ page contentType="text/html; charset=UTF-8" pageEncoding="UTF-8"%>
<%@taglib prefix="fmt" uri="http://java.sun.com/jsp/jstl/fmt"%>  ←❶定义前置名
<!DOCTYPE html PUBLIC "-//W3C//DTD HTML 4.01 Transitional//EN"          称与 uri
  "http://www.w3.org/TR/html4/loose.dtd">
<fmt:bundle basename="messages1">←❷使用<fmt:bundle>
<html>
   <head>
      <meta http-equiv="Content-Type"
            content="text/html; charset=UTF-8">
      <title><fmt:message key="cc.openhome.title" /></title>  ←❸使用
   </head>                                                      <fmt:message
   <body>
      <h1><fmt:message key="cc.openhome.forGuest" /></h1>
   </body>
</html>
</fmt:bundle>
```

首先使用 taglib 指示元素定义前置名称与 uri❶，然后使用 <fmt:bundle> 指定 **basename** 属性为"messages1"❷，这表示默认的信息文件为 messages1.properties，国际化的问题稍后再讨论，使用 <fmt:message> 的 **key** 属性则指定信息文件中的哪条信息❸。图 7.3 所示为运行时的一个参考画面。

图 7.3　范例网页运行结果

如果将`<fmt:bundle>`的 basename 设置为"messages2"，并且另外准备一个 messages2. properties：

```
cc.openhome.title=Aloha
cc.openhome.forGuest=Hi! New Guest!
```

那么显示出来的画面中，信息内容就是来自 messages2.properties，如图 7.4 所示。

图 7.4　范例网页运行结果

也可以使用`<fmt:setBundle>`标签设置 basename 属性，设置的作用域默认是整个页面都有作用。如果额外有`<fmt:bundle>`设置，则会以`<fmt:bundle>`的设置为主。例如：

```
<%@ page contentType="text/html; charset=UTF-8" pageEncoding="UTF-8"%>
<%@taglib prefix="fmt" uri="http://java.sun.com/jsp/jstl/fmt"%>
<!DOCTYPE html PUBLIC "-//W3C//DTD HTML 4.01 Transitional//EN"
  "http://www.w3.org/TR/html4/loose.dtd">
<fmt:setBundle basename="messages1"/>  ←── ❶ 使用<fmt:setBundle>
<html>
    <head>
        <meta http-equiv="Content-Type"
            content="text/html; charset=UTF-8">
        <title><fmt:message key="cc.openhome.title" /></title>
    </head>
    <body>
        <h1><fmt:message key="cc.openhome.forGuest" /></h1>
        <fmt:bundle basename="messages2">  ←── ❷ 使用<fmt:bundle>
            <h1><fmt:message key="cc.openhome.forGuest" /></h1>
        </fmt:bundle>
    </body>
</html>
```

这个 JSP 一开始使用`<fmt:setBundle>`设置 basename 为"messages1"❶，所以第一个`<fmt:message>`取得的信息就是来自 messages1.properties，另一个被`<fmt:bundle>`包括的`<fmt:message>`，取得的信息就是来自 messages2.properties❷。

如果信息中有些部分必须动态决定，则可以使用占位字符先代替。例如：

```
cc.openhome.title=Hello
cc.openhome.forUser=Hi! {0}! It is {1, date, long} and {2, time ,full}.
```

在上面的信息文件中，粗体字部分就是占位字符，号码从 0 开始，分别代表第几个占位字符。在指定时可以指定类型与格式，使用的格式是由 `java.text.MessageFormat` 定义，可参考 `java.text.MessageFormat` 的 API 文件说明。

如果想设置占位字符的真正内容，则使用**`<fmt:param>`**标签。例如：

JSTLDemo   fmt3.jsp

```
<%@ page contentType="text/html; charset=UTF-8" pageEncoding="UTF-8"%>
<%@taglib prefix="fmt" uri="http://java.sun.com/jsp/jstl/fmt"%>
<jsp:useBean id="now" class="java.util.Date"/>   ◀——❶ 创建 Date 取得目前时间
<!DOCTYPE html PUBLIC "-//W3C//DTD HTML 4.01 Transitional//EN"
  "http://www.w3.org/TR/html4/loose.dtd">
<fmt:setBundle basename="messages3"/>  ◀—— ❷ 指定信息文件
<html>
    <head>
        <meta http-equiv="Content-Type"
              content="text/html; charset=UTF-8">
        <title><fmt:message key="cc.openhome.title" /></title>
    </head>
    <body>
        <fmt:message key="cc.openhome.forUser">
            <fmt:param value="${param.username}"/>
            <fmt:param value="${now}"/>             ❸ 逐一设置占位字符
            <fmt:param value="${now}"/>
        </fmt:message>
    </body>
</html>
```

在这个 JSP 中，使用`<jsp:useBean>`创建 Date 对象以取得目前系统时间，并设置为属性，信息文件的基础名称设置为"messages3"，而信息文件中每个占位字符，则使用`<fmt:param>`逐一设置。执行的结果画面如图 7.5 所示。

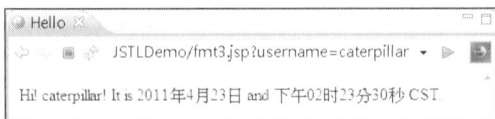

图 7.5   范例网页运行结果

7.3.3   地区标签

之前的范例示范了如何设置信息文件基础名称，如何取得信息文件中的各个信息，以及如何设置占位字符，但还没有处理国际化的问题。在正式开始介绍之前，先看看 Java SE 中，使用 ResourceBundle 时如何根据基础名称取得对应的信息文件：

(1) 使用指定的 Locale 对象取得信息文件。

(2) 使用 Locale.getDefault()取得的对象取得信息文件。

(3) 使用基础名称取得信息文件。

在 JSTL 中则略有不同，简单地说，JSTL 的 I18N 兼容性标签，会尝试从属性范围中取得 `javax.servlet.jsp.jstl.fmt.LocalizationContext` 对象，借以决定资源包与地区信息。具体来说，决定信息文件的顺序如下：

(1) 使用指定的 `Locale` 对象取得信息文件。

(2) 根据浏览器 Accept-Language 标头指定的偏好地区(Prefered locale)顺序，这可以使用 `HttpServletRequest` 的 `getLocales()` 来取得。

(3) 根据后备地区(fallback locale)信息取得信息文件。

(4) 使用基础名称取得信息文件。

例如，先前的范例并没有指定 `Locale`，而浏览器指定的偏好地区为"zh_CN"，所以会尝试寻找 messages3_zh_CN.properties 文件，结果没有找到，而范例并没有设置偏好地区，所以才寻找 messages.properties 文件。

`<fmt:message>`标签有个 **bundle** 属性，可用以指定 `LocalizationContext` 对象，可以在创建 `LocalizationContext` 对象时指定 `ResourceBundle` 与 `Locale` 对象。例如，下面的代码会尝试从四个不同的信息文件中取得信息并显示出来：

JSTLDemo fmt4.jsp

```
<%@ page contentType="text/html; charset=UTF-8" pageEncoding="UTF-8"%>
<%@ page import="java.util.*, javax.servlet.jsp.jstl.fmt.*"%>
<%@taglib prefix="fmt" uri="http://java.sun.com/jsp/jstl/fmt"%>
<!DOCTYPE html PUBLIC "-//W3C//DTD HTML 4.01 Transitional//EN"
  "http://www.w3.org/TR/html4/loose.dtd">
<%
    // 假设这里的 Java 代码是在另一个控制器中完成的
    ResourceBundle zh_TW = ResourceBundle.getBundle("hello",
                            new Locale("zh", "TW"));
    ResourceBundle zh_CN = ResourceBundle.getBundle("hello",
                            new Locale("zh", "CN"));
    ResourceBundle ja_JP = ResourceBundle.getBundle("hello",
                            new Locale("ja", "JP"));
    ResourceBundle en_US = ResourceBundle.getBundle("hello",
                            new Locale("en", "US"));
    pageContext.setAttribute("zh_TW", new LocalizationContext(zh_TW));
    pageContext.setAttribute("zh_CN", new LocalizationContext(zh_CN));
    pageContext.setAttribute("ja_JP", new LocalizationContext(ja_JP));
    pageContext.setAttribute("en_US", new LocalizationContext(en_US));
%>
                                        ❶ 创建 LocalizationContext
<html>
    <head>
        <meta http-equiv="Content-Type"
              content="text/html; charset=UTF-8">
    </head>
    <body>              ❷ 指定 LocalizationContext

        <fmt:message bundle="${zh_TW}" key="cc.openhome.hello"/><br>
        <fmt:message bundle="${zh_CN}" key="cc.openhome.hello"/><br>
```

```
            <fmt:message bundle="${ja_JP}" key="cc.openhome.hello"/><br>
            <fmt:message bundle="${en_US}" key="cc.openhome.hello"/>
    </body>
</html>
```

在这个 JSP 中，分别使用四个不同的 `ResourceBundle` 创建了四个 `LocalizationContext`，并指定为 `page` 属性范围❶，而在使用 `<fmt:message>` 时，指定 `bundle` 属性为不同的 `LocalizationContext`❷。范例还准备了四个不同的.properties，分别代表简体中文的 hello_zh_CN.properties、繁体中文的 hello_zh_TW.properties、日文的 hello_ja_JP.properties 与美式英文的 hello_en_US.properties，内容是通过 native2ascii 工具转换过后的 Unicode 编码表示。结果如图 7.6 所示。

图 7.6　显示不同信息文件的信息

如果要共享 Locale 信息，则可以使用 `<fmt:setLocale>` 标签，在 **value** 属性上指定地区信息，这是最简单的方式。例如：

JSTLDemo　fmt5.jsp

```
<%@ page contentType="text/html; charset=UTF-8" pageEncoding="UTF-8"%>
<%@taglib prefix="fmt" uri="http://java.sun.com/jsp/jstl/fmt"%>
<fmt:setLocale value="zh_TW"/>
<fmt:setBundle basename="hello"/>
<!DOCTYPE html PUBLIC "-//W3C//DTD HTML 4.01 Transitional//EN"
  "http://www.w3.org/TR/html4/loose.dtd">
<html>
    <head>
        <meta http-equiv="Content-Type"
                content="text/html; charset=UTF-8">
    </head>
    <body>
        <fmt:message key="cc.openhome.hello"/>
    </body>
</html>
```

这个 JSP 会使用 hello_zh_TW.properties 网页，结果就是显示"哈啰"文字。

`<fmt:setLocale>` 会调用 `HttpServletResponse` 的 `setLocale()` 设置响应编码。事实上，`<fmt:bundle>`、`<fmt:setBundle>` 或 `<fmt:message>` 也会调用 `HttpServletResponse` 的 `setLocale()` 设置响应编码。不过要注意的是，正如 3.3.2 节所提到的，在 Servlet 规范中，如果使用了 `setCharacterEncoding()` 或 `setContentType()` 时指定了 charset，则 `setLocale()` 就会被忽略。

<fmt:requestEncoding>用来设置请求对象的编码处理，它会调用 HttpServletRequest 的 setCharacterEncoding()，所以必须在取得任何请求参数之前使用。

提示 >>>　对于初学者，使用<fmt:setLocale>与<fmt:setBundle>来设置地区与信息文件基础名称就足够了，不过 JSTL I18N 的功能与弹性蛮大的。接下来要说明的内容比较进阶，初学者可以暂时忽略。

<fmt::message> 等 标 签 会 使 用 LocalizationContext 取 得 地 区 与 资 源 包 信 息，<fmt:setLocale>其实就会在属性范围中设置 LocalizationContext，如果想使用代码设置 LocalizationContext 对象，则可以通过 javax.servlet.jsp.jstl.core.Config 的 set()方法来设置。例如：

JSTLDemo　fmt6.jsp

```
<%@ page contentType="text/html; charset=UTF-8" pageEncoding="UTF-8"%>
<%@ page import="java.util.*,javax.servlet.jsp.jstl.core.*"%>
<%@ page import="javax.servlet.jsp.jstl.fmt.*"%>
<%@taglib prefix="fmt" uri="http://java.sun.com/jsp/jstl/fmt"%>
<%
   Locale locale = new Locale("ja", "JP");
   ResourceBundle res = ResourceBundle.getBundle("hello", locale);
   Config.set(pageContext, Config.FMT_LOCALIZATION_CONTEXT,
       new LocalizationContext(res), PageContext.PAGE_SCOPE);
%>
<!DOCTYPE html PUBLIC "-//W3C//DTD HTML 4.01 Transitional//EN"
  "http://www.w3.org/TR/html4/loose.dtd">
<html>
    <head>
       <meta http-equiv="Content-Type"
             content="text/html; charset=UTF-8">
    </head>
    <body>
        <fmt:message key="cc.openhome.hello"/>
    </body>
</html>
```

在这个 JSP 中，并没有使用<fmt:setLocale>也没有指定<fmt:message>的 bundle 属性，所 以 会 使 用 默 认 的 LocalizationContext ， 如 粗 体 字 的 程 序 所 示 。 在 设 置 LocalizationContext 时可以指定属性范围，<fmt:message>会自动在四个属性范围中依次搜寻 LocalizationContext，找到的话就使用，如果后续有使用<fmt:setLocale>或指定<fmt:message>的 bundle 属性，则以后续指定为主。

另一个指定默认 LocalizationContext 的方式，就是直接指定属性名称。例如，也许在 ServletContextListener 中如下指定：

```
...
    public void contextInitialized(ServletContextEvent sce) {
        Locale locale = new Locale("ja", "JP");
        ResourceBundle res = ResourceBundle.getBundle("hello", locale);
        ServletContext context = sce.getServletContext();
```

```
    context.setAttribute(
        "javax.servlet.jsp.jstl.fmt.LocalizationContext.application",
        new LocalizationContext(res));
    }
...
```

属性名称开头是"javax.servlet.jsp.jstl.fmt.localizationContext"并加上一个范围后缀，四个范围的后缀是".page"、".request"、".session"与".application"。事实上，若使用`<fmt:setBundle>`，就会设置这个属性，范围可由 scope 属性来决定，默认值是"page"。

`<fmt:setLocale>`可以设置地区信息，如果想使用代码来设置地区信息，则可以使用 Config 的 set()进行设置：

```
<%
    ...
    Config.set(pageContext, Config.FMT_LOCALE,
        new Locale("ja", "JP"), PageContext.PAGE_SCOPE);
%>
```

或者直接指定属性名称。例如，也许在 `ServletContextListener` 中进行指定：

```
...
    public void contextInitialized(ServletContextEvent sce) {
        ServletContext context = sce.getServletContext();
        context.setAttribute(
        " javax.servlet.jsp.jstl.fmt.locale.application",
        new Locale("ja", "JP"));
    }
...
```

属性名称开头是"javax.servlet.jsp.jstl.fmt.locale"并加上一个范围后缀，四个范围的后缀是".page"、".request"、".session"与".application"。若使用`<fmt:setLocale>`时，就会设置这个属性，范围可由 scope 属性来决定，默认值是"page"。

如果想要设置后备地区信息，则可以使用 Config 的 set()进行设置：

```
<%
    ...
    Config.set(pageContext, Config.FMT_FALLBACK_LOCALE,
        new Locale("ja", "JP"), PageContext.PAGE_SCOPE);
%>
```

或者直接指定属性名称。例如，也许在 `ServletContextListener` 中进行指定：

```
...
    public void contextInitialized(ServletContextEvent sce) {
        ServletContext context = sce.getServletContext();
        context.setAttribute(
        " javax.servlet.jsp.jstl.fmt.fallbackLocale.application",
        new LocalizationContext(new Locale("ja", "JP")));
    }
...
```

属性名称开头是"javax.servlet.jsp.jstl.fmt.fallbackLocale"并加上一个范围后缀字，四个范围的后缀是".page"、".request"、".session"与".application"。

Locale、LocalizationContext 或后备地区信息会分别被哪个标签所使用或设置，在 JSTL 的规格书 JSR52 中做了不错的整理，以下摘录表格内容，如表 7.1～表 7.3 所示。

表 7.1 Locale 的设置与使用

隐 式 对 象	说　明
属性名称前置	javax.servlet.jsp.jstl.fmt.locale
Java 常数	Config.FMT_LOCALE
设置类型	Locale 或 String
由哪个标签设置	<fmt:setLocale>
被哪些标签使用	<fmt:bundle>、<fmt:setBundle>、<fmt:message>、<fmt:formatNumber>、<fmt:parseNumber>、<fmt:formatDate>、 <fmt:parseDate>

表 7.2 后备地区的设置与使用

隐 式 对 象	说　明
属性名称前置	javax.servlet.jsp.jstl.fmt.fallbackLocale
Java 常数	Config.FMT_FALLBACK_LOCALE
设置类型	Locale 或 String
由哪个标签设置	无
被哪些标签使用	<fmt:bundle>、<fmt:setBundle>、<fmt:message>、<fmt:formatNumber>、<fmt:parseNumber>、<fmt:formatDate>、 <fmt:parseDate

表 7.3 LocalizationContext 的设置与使用

隐 式 对 象	说　明
属性名称前置	javax.servlet.jsp.jstl.fmt.localizationContext
Java 常数	Config.FMT_LOCALIZATION_CONTEXT
设置类型	LocalizationContext 或 String
由哪个标签设置	<fmt:setBundle>
被哪些标签使用	<fmt:message>、<fmt:formatNumber>、<fmt:parseNumber>、<fmt:formatDate>、 <fmt:parseDate>

> 提示 >>> I18N 本身就是个很复杂的议题，JSR 52 中第 8 单元是个不错的参考文件，建议阅读。其中对于各标签的属性使用也有相关说明。

7.3.4　格式标签

　　JSTL 的格式标签可以让你针对数字、日期与时间，搭配地区设置或指定的格式来进行格式化，也可以进行数字、日期与时间的解析。以日期、时间格式化为例：

JSTLDemo　fmt7.jsp

```
<%@ page contentType="text/html; charset=UTF-8" pageEncoding="UTF-8"%>
<%@taglib prefix="fmt" uri="http://java.sun.com/jsp/jstl/fmt"%>
<jsp:useBean id="now" class="java.util.Date"/>
<!DOCTYPE html PUBLIC "-//W3C//DTD HTML 4.01 Transitional//EN"
```

```
                 "http://www.w3.org/TR/html4/loose.dtd">
<html>
    <head>
        <meta http-equiv="Content-Type"
                content="text/html; charset=UTF-8">
    </head>
    <body>
        <fmt:formatDate value="${now}"/><br>
        <fmt:formatDate value="${now}" dateStyle="full"/><br>
        <fmt:formatDate value="${now}"
                        type="time" timeStyle="full"/><br>
        <fmt:formatDate value="${now}" pattern="dd.MM.yy"/><br>
        <fmt:timeZone value="GMT+1:00">
            <fmt:formatDate value="${now}" type="both"
                            dateStyle="full" timeStyle="full"/><br>
        </fmt:timeZone>
    </body>
</html>
```

`<fmt:formatDate>`默认用来格式化日期，可根据不同的地区设置来呈现不同的格式。这个范例并没有指定地区设置，所以会根据浏览器的 Accept-Language 标头来决定地区。

`dateStyle` 属性用来指定日期的详细程度，可设置的值有"default"、"short"、"medium"、"long"、"full"。如果想显示时间，则要在 type 属性上指定"time"或"both"，默认是"date"。`timeStyle` 属性用来指定时间的详细程度，可设置的值同样有"default"、"short"、"medium"、"long"、"full"。

`pattern` 属性则可自定义格式，格式的指定方式与 java.text.SimpleDateFormat 的指定方式相同，可参考 SimpleDateFormat 的 API 文件说明。

`<fmt:timeZone>`可指定时区，可使用字符串或 java.util.TimeZone 对象指定，字符串指定的方式可参考 TimeZone 的 API 文件说明。如果需要全局的时区指定，则可以使用`<fmt:setTimeZone>`标签。`<fmt:formatDate>`本身亦有个 `timeZone` 属性可以进行时区设置，也可以通过属性范围或 Config 对象来设置。属性名称、常数名称与会应用时区设置的标签如表 7.4 所示。

表 7.4　时区设置与使用

隐　式　对　象	说　　　明
属性名称前置	javax.servlet.jsp.jstl.fmt.timeZone
Java 常数	Config.FMT_TIMEZONE
设置类型	java.util.TimeZone 或 String
由哪个标签设置	`<fmt:setTimeZone>`
被哪些标签使用	`<fmt:formatDate>`、`<fmt:parseDate>`

图 7.7 所示为范例的运行结果。

图 7.7　不同的日期、时间格式设置范例

接着来看一些数字格式化的例子：

```
<%@ page contentType="text/html; charset=UTF-8" pageEncoding="UTF-8"%>
<%@taglib prefix="fmt" uri="http://java.sun.com/jsp/jstl/fmt"%>
<jsp:useBean id="now" class="java.util.Date"/>
<!DOCTYPE html PUBLIC "-//W3C//DTD HTML 4.01 Transitional//EN"
  "http://www.w3.org/TR/html4/loose.dtd">
<html>
  <head>
    <meta http-equiv="Content-Type"
          content="text/html; charset=UTF-8">
  </head>
  <body>
    <fmt:formatNumber value="12345.678"/><br>
    <fmt:formatNumber value="12345.678" type="currency"/><br>
    <fmt:formatNumber value="12345.678"
                   type="currency" currencySymbol="新台币"/><br>
    <fmt:formatNumber value="12345.678" type="percent"/><br>
    <fmt:formatNumber value="12345.678" pattern="#,#00.0#"/>
  </body>
</html>
```

`<fmt:formatNumber>`默认用来格式化数字，可根据不同的地区设置来呈现不同的格式。这个范例并没有指定地区配置，所以会根据浏览器的 Accept-Language 标头来决定地区。

`type` 属性可设置的值有"number"(默认)、"currency"、"percent"，指定"currency"时会将数字按货币格式进行格式化，`currencySymbol` 属性可指定货币符号。`type` 指定为"percent"时，会以百分比格式进行格式化。也可以指定 `pattern`属性，指定格式的方式与 `java.text.DecimalFormat` 的说明相同，可参考 `DecimalFormat` 的 API 文件说明。

图 7.8 所示为范例的运行结果。

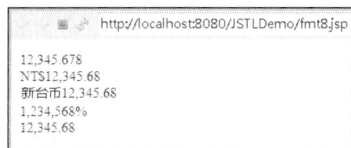

图 7.8　不同的数字格式设置范例

`<fmt:parseDate>`与`<fmt:parseNumber>`则是用来解析日期，可以在 `value`属性上指定要被解析的数值，可以依指定的格式将数值解析为原有的日期、时间或数字类型。

格式化标签会使用`<fmt:bundle>`标签指定的地区信息，格式化标签也会设法在可取得的 `LocalizationContext` 中寻找地区信息(如使用`<fmt:setLocale>`设置)。如果格式化标签无法从 `LocalizationContext` 取得地区信息，则会自行创建地区信息。具体来说，格式化标签寻找地区信息的顺序是：

(1) 使用`<fmt:bundle>`指定的地区信息。

(2) 寻找 `LocalizationContext` 中的地区信息，也就是属性范围中有无 javax.servlet.jsp.jstl.fmt.localizationContext 属性(参考 7.3.2 节与表 7.3 及相关说明)。

(3) 使用浏览器 Accept-Language 标头指定的偏好地区。

(4) 使用后备地区信息(参考 7.3.2 节与表 7.2 及相关说明)。

接着来看一些搭配地区设置的例子：

JSTLDemo　fmt9.jsp

```
<%@ page contentType="text/html; charset=UTF-8" pageEncoding="UTF-8"%>
<%@taglib prefix="fmt" uri="http://java.sun.com/jsp/jstl/fmt"%>
<jsp:useBean id="now" class="java.util.Date"/>
<!DOCTYPE html PUBLIC "-//W3C//DTD HTML 4.01 Transitional//EN"
  "http://www.w3.org/TR/html4/loose.dtd">
<html>
    <head>
        <meta http-equiv="Content-Type"
              content="text/html; charset=UTF-8">
    </head>
    <body>
        <fmt:setLocale value="zh_TW"/>
        <fmt:formatDate value="${now}" type="both"/><br>
        <fmt:formatNumber value="12345.678" type="currency"/><br>
        <fmt:setLocale value="en_US"/>
        <fmt:formatDate value="${now}" type="both"/><br>
        <fmt:formatNumber value="12345.678" type="currency"/><br>
        <fmt:setLocale value="ja_JP"/>
        <fmt:formatDate value="${now}" type="both"/><br>
        <fmt:formatNumber value="12345.678" type="currency"/><br>
    </body>
</html>
```

图 7.9 所示为范例的运行结果。

图 7.9　不同地区设置下的格式范例

7.4 XML 标签库

若要直接使用 Java 处理 XML，会有一定的复杂度。JSTL 提供了 XML 标签库，让你无须了解 DOM 或 SAX 等 XML 相关 API，也可以进行简单的 XML 文件解析、输出等动作。

7.4.1 XPath、XSLT 基础

XML 格式标签库主要搭配 XPath 及 XSLT。这里先针对 XPath 与 XSLT 做些基本介绍，以作为后续了解 XML 格式标签库的基础。

1. XPath 路径表示

简单来说，XPath 是用来寻找 XML 文件中特定信息的语言，它使用路径表示来定义 XML 文件中的特定位置，以取得想要的信息。JSTL 中就是搭配 XPath 路径表示来进行相关操作。XPath 最常用的几个路径表示符号如表 7.5 所示。

表 7.5　XPath 常用路径表示

路 径 表 示	说　　明
节点名称	选择指定名称节点的所有子节点
/	从根节点开始选择
//	从符合选择的目前节点开始选择节点，无论其出现位置
.	选择目前节点
..	选择目前节点的父节点
@	选择属性

以上的路径表示符号可以彼此搭配使用。例如，若有份 XML 文件如下：

```xml
<?xml version="1.0" encoding="UTF-8"?>
<bookmarks>
    <bookmark id="1">
        <title encoding="Big5">良葛格网站</title>
        <url>http://openhome.cc</url>
        <category>程序设计</category>
    </bookmark>
    <bookmark id="2">
        <title encoding="UTF8">JWorld@TW</title>
        <url>http://www.javaworld.com.tw</url>
        <category>技术论坛</category>
    </bookmark>
</bookmarks>
```

表 7.6 所示是一些路径选择的范例。

表 7.6　XPath 常用路径表示范例

路 径 表 示	说　　明
bookmarks	选择<bookmarks>所有子节点
/bookmarks	选择<bookmarks>根节点
//bookmark	选择所有<bookmark>节点
/bookmarks/bookmark/title	选择第一个<bookmark>下的<title>节点
//@id	选择属性名称为 id 的所有属性值

可以在路径表示上加上谓语(Predicate)，指定寻找特定位置、属性、值的节点，谓语是用[]来表示。表 7.7 所示是一些加上谓语的范例。

表 7.7　XPath 谓词表示范例

路 径 表 示	说　　明
//bookmark[2]	选择第二个<bookmark>节点
//bookmark[last()]	选择最后一个<bookmark>节点
//bookmark[last() - 1]	选择倒数第二个<bookmark>节点
//title[position() < 3]	选择倒数第三个节点前的所有<title>节点
//title[@encoding]	选择具有 encoding 属性的<title>节点
//title[@encoding='Big5']	选择 encoding 属性值为 Big5 的<title>节点
//bookmark[category]	选择具<category>子元素的<bookmark>元素

若不指定节点名称或属性名称，也可以使用*万用字元(Wildcard)。例如，title[@*]表示有任意属性的<title>元素。/bookmarks/*表示选择<bookmarks>节点下的所有子元素。若要同时使用两个不同的表示式，则可以使用|符号。例如，//bookmark/title | //bookmark/url 表示选择<bookmark>中<title>元素与<url>元素。

> 提示》》　这里的介绍应该足够让你了解 XPath 的作用是什么，更多 XPath 的语法说明，可以参考以下网址：
>
> http://www.w3schools.com/xpath/xpath_intro.asp

2. XSLT 基础

XSLT 是指 XSL 转换(T 就是指 Transformation)，主要是将 XML 文件转换为另一份 XML 文件、HTML 或 XHTML 的语言。举个例子来说，若要将刚才看到的 XML 文件，依某个模板转换为 HTML，可以定义以下的 XSLT 文件：

JSTLDemo　bookmarks.xsl

```
<?xml version="1.0" encoding="UTF-8"?>
<xsl:stylesheet version="1.0"
    xmlns:xsl="http://www.w3.org/1999/XSL/Transform">
    <xsl:template match="/">
```

```
<html>
    <head>
        <meta http-equiv="Content-Type"
            content="text/html; charset=UTF-8"/>
    </head>
    <body>
        <h2>在线书签</h2>
        <table border="1">
            <tr bgcolor="#00ff00">
                <th align="left">名称</th>
                <th align="left">网址</th>
                <th align="left">分类</th>
            </tr>
            <xsl:for-each select="bookmarks/bookmark">
            <tr>
                <td><xsl:value-of select="title"/></td>
                <td><xsl:value-of select="url"/></td>
                <td><xsl:value-of select="category"/></td>
            </tr>
            </xsl:for-each>
        </table>
    </body>
    </html>
    </xsl:template>
</xsl:stylesheet>
```

XSLT 在选择元素时，使用 XPath 表示式。上面这个 XSLT 文件，使用**<xsl:template>**定义模板，使用**<xsl:for-each>**逐一选择先前范例 XML 文件的<bookmark>节点，使用**<xsl:value-of>**取出其中的<title>、<url>与<category>节点。

先前的 XML 文件，可以链接 XSLT 文件。例如：

JSTLDemo bookmarks.xml

```
<?xml version="1.0" encoding="UTF-8"?>
<?xml-stylesheet type="text/xsl" href="bookmarks.xsl"?>
<bookmarks>
    <bookmark id="1">
        <title encoding="Big5">良葛格网站</title>
        <url>http://openhome.cc</url>
        <category>程序设计</category>
    </bookmark>
    <bookmark id="2">
        <title encoding="UTF8">JWorld@TW</title>
        <url>http://www.javaworld.com.tw</url>
        <category>技术论坛</category>
    </bookmark>
</bookmarks>
```

如果使用浏览器查看这份 XML 文件，将会依 bookmarks.xsl 定义的模板，显示出如图 7.10 所示的画面。

图 7.10　利用 XSLT 转换 XML

提示 >>>　完整说明 XSLT 语法已超出本书范围，可以参考以下网址：
http://www.w3schools.com/xsl/

7.4.2　解析、设置与输出标签

若要使用 JSTL 的 XML 标签库，必须使用 `taglib` 指示元素进行定义：

```
<%@taglib prefix="x" uri="http://java.sun.com/jsp/jstl/xml"%>
```

提示 >>>　在 Tomcat 中，若要使用 XML 标签库，还必须使用 Xalan 程序库，可以在以下网址下载：
http://xml.apache.org/xalan-j/

要使用 XML 标签库处理 XML 文件，首先必须先解析 XML 文件。这通过 **`<x:parse>`** 标签来完成，解析的文件来源可以是字符串或 `Reader` 对象。例如：

```
<c:import var="xml" url="bookmarks.xml" charEncoding="UTF-8"/>
<x:parse var="bookmarks" doc="${xml}"/>
```

若要指定 `String` 或 `Reader` 作为 XML 文件来源，必须使用 `<x:parse>` 的 **`doc`** 属性，**`var`** 属性指定了解析结果要储存的属性名称，默认会储存在 `page` 属性范围，可以使用 **`scope`** 来指定保存范围。也可以在 `<x:parse>` 的 Body 放置 XML 进行解析。例如：

```
<x:parse var="bookmarks" >
    <bookmarks>
        <bookmark id="1">
            <title encoding="Big5">良葛格网站</title>
            <url>http://openhome.cc</url>
            <category>程序设计</category>
        </bookmark>
    </bookmarks>
</x:parse>
```

或者是：

```
<x:parse var="bookmarks" >
    <c:import url="bookmarks.xml" charEncoding="UTF-8"/>
</x:parse>
```

完成 XML 文件的解析后，若要取得 XML 文件中的某些信息并加以输出，则可以使用 **`<x:out>`** 标签。例如：

```
<x:out select="$bookmarks//bookmark[2]/title"/>
```

select 属性必须指定 XPath 表示式，以 $ 作为开头，后面接着<x:parse>解析结果储存时的属性名称，默认会从 page 范围取得解析结果。以上例而言，会取得第二个<bookmark>节点下的<title>节点并显示其值。如果想指定从某个属性范围取得解析结果，则可以使用 XPath 隐式变量绑定语法。例如：

```
<x:out select="$pageScope:bookmarks//bookmark[2]/title"/>
```

XPath 隐式变量绑定语法中的隐式变量名称，不仅可使用 pageScope、requestScope、sessionScope 与 applicationScope，还可以使用其他 EL 隐式变量名称。例如，也许希望通过请求参数来指定选择哪一个<bookmark>节点，则可以如下：

```
<x:out select="$bookmarks//bookmark[@id=$param:id]/title"/>
```

如果只是要取得值并储存至某个属性范围，则可以使用**<x:set>**标签，使用方式与**<x:out>**是类似的。例如：

```
<x:set var="title" select="$bookmarks//bookmark[2]/title"/>
<x:set var="title" select="$bookmarks//bookmark[@id=$param:n]/title"
    scope="session"/>
```

<x:set>默认将取得的结果储存至 page 属性范围，可以使用 scope 来指定为其他属性范围。

7.4.3 流程处理标签

JSTL 核心标签库为了协助处理页面逻辑，提供了<c:if>、<c:forEach>、<c:choose>、<c:when>、<c:otherwise>等标签。类似地，XML 标签库为了方便直接根据 XML 来处理页面逻辑，提供了**<x:if>**、**<x:forEach>**、**<x:choose>**、**<x:when>**、**<x:otherwise>**等标签。

<x:if>标签类似<c:if>在条件成立时会执行，只不过<x:if>是在 select 属性指定选择的元素存在时执行。例如，若根据请求参数 id 来选择想显示的书签名称，只在指定的书签存在时予以显示，才不会发生错误，那就可以这么编写：

```
<x:if select="$bookmarks//bookmark[@id=$param:id]/title">
    <x:out select="$bookmarks//bookmark[@id=$param:id]/title"/>
</x:if>
```

如果想要有 Java 语法中 if...else 的类似作用，则可以使用<x:choose>、<x:when>、<x:otherwise>，使用上与<c:choose>、<c:when>、<c:otherwise>类似。例如：

```
<x:choose>
    <x:when select="$bookmarks//bookmark[@id=$param:id]/title">
        <x:out select="$bookmarks//bookmark[@id=$param:id]/title"/>
    </x:when>
    <x:otherwise>
        指定的书签 id = ${param.id} 不存在
    </x:otherwise>
</x:choose>
```

如果选择的元素不只有一个，想要逐一取出元素做某些处理，则可以使用
`<x:forEach>`标签。例如，下面这个 JSP 使用`<x:forEach>`与`<x:out>`，显示出图 7.10 所示的
结果：

JSTLDemo　bookmarks.jsp

```
<%@ page contentType="text/html; charset=UTF-8" pageEncoding="UTF-8"%>
<%@taglib prefix="c" uri="http://java.sun.com/jsp/jstl/core"%>
<%@taglib prefix="x" uri="http://java.sun.com/jsp/jstl/xml"%>
<!DOCTYPE html PUBLIC "-//W3C//DTD HTML 4.01 Transitional//EN"
    "http://www.w3.org/TR/html4/loose.dtd">
<html>
    <head>
        <meta http-equiv="Content-Type"
                content="text/html; charset=UTF-8">
        <title>在线书签</title>
    </head>
    <body>
        <c:import var="xml" url="bookmarks.xml" charEncoding="UTF-8" />
        <x:parse var="bookmarks" doc="${xml}" />
        <h2>在线书签</h2>
        <table border="1">
            <tr bgcolor="#00ff00">
                <th align="left">名称</th>
                <th align="left">网址</th>
                <th align="left">分类</th>
            </tr>
        <x:forEach var="bookmark" select="$bookmarks//bookmark">
            <tr>
                <td><x:out select="$bookmark/title"/></td>
                <td><x:out select="$bookmark/url"/></td>
                <td><x:out select="$bookmark/category"/></td>
            </tr>
        </x:forEach>
        </table>
    </body>
</html>
```

7.4.4　文件转换标签

如果已经定义好 XSLT 文件，则可以使用`<x:transform>`、`<x:param>`直接进行 XML
文件转换。例如，有两份 XSLT 分别定义如下：

JSTLDemo　bookmarksTable.xsl

```
<?xml version="1.0" encoding="UTF-8"?>
<xsl:stylesheet version="1.0"
  xmlns:xsl="http://www.w3.org/1999/XSL/Transform">
  <xsl:param name="headline"/>
  <xsl:template match="/">
      <h2><xsl:value-of select="$headline"/></h2>
```

```
        <table border="1">
            <tr bgcolor="#00ff00">
                <th align="left">名称</th>
                <th align="left">网址</th>
                <th align="left">分类</th>
            </tr>
            <xsl:for-each select="bookmarks/bookmark">
            <tr>
                <td><xsl:value-of select="title"/></td>
                <td><xsl:value-of select="url"/></td>
                <td><xsl:value-of select="category"/></td>
            </tr>
            </xsl:for-each>
        </table>
    </xsl:template>
</xsl:stylesheet>
```

JSTLDemo   bookmarksTable.xsl

```
<?xml version="1.0" encoding="UTF-8"?>
<xsl:stylesheet version="1.0"
    xmlns:xsl="http://www.w3.org/1999/XSL/Transform">
    <xsl:param name="headline"/>
    <xsl:template match="/">
        <h2><xsl:value-of select="$headline"/></h2>
        <ul>
            <xsl:for-each select="bookmarks/bookmark">
            <li><xsl:value-of select="title"/></li>
            <ul>
                <li><xsl:value-of select="url"/></li>
                <li><xsl:value-of select="category"/></li>
            </ul>
            </xsl:for-each>
        </ul>
    </xsl:template>
</xsl:stylesheet>
```

这两份 XSLT 文件可用来转换先前定义过的 bookmarks.xml，若 JSP 打算通过请求参数决定使用哪一份 XSLT 文件，则可以如下编写：

JSTLDemo   bookmarks2.jsp

```
<%@ page contentType="text/html; charset=UTF-8" pageEncoding="UTF-8"%>
<%@taglib prefix="c" uri="http://java.sun.com/jsp/jstl/core"%>
<%@taglib prefix="x" uri="http://java.sun.com/jsp/jstl/xml"%>
<html>
    <head>
        <meta http-equiv="Content-Type" content="text/html; charset=UTF-8"/>
    </head>
    <body>
        <c:import var="xml" url="bookmarks.xml" charEncoding="UTF-8"/>
        <c:import var="xslt" url="${param.xslt}" charEncoding="UTF-8"/>
        <x:transform doc="${xml}" xslt="${xslt}">
            <x:param name="headline" value="在线书签"/>
        </x:transform>
    </body>
</html>
```

<x:transform>的 **doc** 属性是 XML 文件，**xslt** 属性是 XSLT 文件。在这个例子中，XSLT 文件来源是通过请求参数 xslt 决定。**<x:param>**可以将指定值传入 XSLT 以设置 <xsl:param>的值。例如，若请求参数指定 bookmarksTable.xsl，则画面如图 7.10 所示，若指定使用 bookmarksBulletin.xsl，则画面如图 7.11 所示。

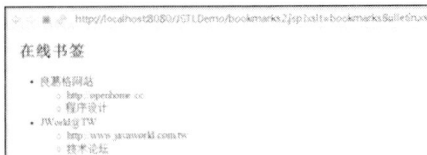

图 7.11　通过请求参数改变排版

7.5　函数标签库

在 6.3.5 节介绍过如何自定义 EL 函数，实际上，JSTL 就提供有许多 EL 公用函数。举例来说，6.3.5 节所定义的 length() 函数，在 JSTL 中就有提供，而且对象可以是数组、Collection 或字符串，目的是取得数组、Collection 或字符串的长度。例如：

JSTLDemo　fun1.jsp

```
<%@ page contentType="text/html; charset=UTF-8" pageEncoding="UTF-8"%>
<%@taglib prefix="fn" uri="http://java.sun.com/jsp/jstl/functions"%>
<!DOCTYPE html PUBLIC "-//W3C//DTD HTML 4.01 Transitional//EN"
  "http://www.w3.org/TR/html4/loose.dtd">
<html>
    <head>
       <meta http-equiv="Content-Type"
            content="text/html; charset=UTF-8">
    </head>
    <body>
            参数：${param.text}<br>
            长度：${fn:length(param.text)}
    </body>
</html>
```

要使用 EL 函数库，必须使用 taglib 指示元素进行定义：

```
<%@taglib prefix="fn" uri="http://java.sun.com/jsp/jstl/functions"%>
```

接着使用 EL 语法(而不是标签语法)来指定使用哪个 EL 函数。上面这个范例可显示请求参数 text 的值与长度，如图 7.12 所示。

图 7.12　显示请求参数 text 的值与长度

　　除了 `length()` 函数之外，其他函数都以字符串处理为主，主要是作为 JSTL 其他标签辅助处理。例如，下面这个函数检查请求参数中是否以"caterpillar"字符串作为开头，如果是，就用指定的字符串取代：

JSTLDemo　fun2.jsp

```
<%@ page contentType="text/html; charset=UTF-8" pageEncoding="UTF-8"%>
<%@taglib prefix="c" uri="http://java.sun.com/jsp/jstl/core"%>
<%@taglib prefix="fn" uri="http://java.sun.com/jsp/jstl/functions"%>
<!DOCTYPE html PUBLIC "-//W3C//DTD HTML 4.01 Transitional//EN"
  "http://www.w3.org/TR/html4/loose.dtd">
<html>
    <head>
        <meta http-equiv="Content-Type"
            content="text/html; charset=UTF-8">
    </head>
    <body>
     <c:choose>
         <c:when test="${fn:startsWith(param.text, 'caterpillar')}">
             ${fn:replace(param.text, 'caterpillar', '良葛格')}
         </c:when>
         <c:otherwise>
             ${param.text}
          </c:otherwise>
     </c:choose>
    </body>
</html>
```

运行的一个结果范例如图 7.13 所示。

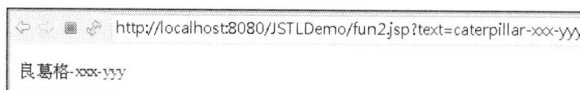

图 7.13　范例运行结果

字符串处理相关函数，简单地整理如下：

- 改变字符串大小写：toLowerCase、toUpperCase

- 取得子字符串：substring、substringAfter、substringBefore

- 裁剪字符串前后空白：trim

- 字符串取代：replace

- 检查是否包括子字符串：startsWith、endsWith、contains、containsIgnoreCase

- 检查子字符串位置：indexOf

- 切割字符串为字符串数组：split

- 连接字符串数组为字符串：join

- 替换 XML 字符：escapeXML

这些函数可用的参数相关说明，可参考 JSTL 的在线文件说明或 JSTL 规格书 JSR52。

7.6 综合练习

在第 6 章的综合练习中,已经将画面的呈现改用 JSP 来实现,不过其中 register.jsp、member.jsp 与 user.jsp 页面中的呈现逻辑,还是使用 Scriptlet 来实现。在这一节的综合练习中，将使用 JSTL 来取代 Scriptlet。

7.6.1 修改 register.jsp

在 register.jsp 页面中，原先必须使用 Scriptlet 来判断是否有错误信息，如果有，就用 for 循环逐一显示错误信息。这个页面可以使用 JSTL 的<c:if>与<c:forEach>标签来代替 Sciptlet 的使用。

JSTLDemo register.jsp

```
<%@page pageEncoding="UTF-8"%>
<!DOCTYPE html PUBLIC "-//W3C//DTD HTML 4.01 Transitional//EN"
                 "http://www.w3.org/TR/html4/loose.dtd">
<%@taglib prefix="c" uri="http://java.sun.com/jsp/jstl/core"%>
<html>
    <head>
        <meta http-equiv="Content-Type"
             content="text/html; charset=UTF-8">
        <title>Gossip 微博</title>
    </head>
    <body>
<c:if test="${requestScope.errors != null}">
    <h1>新增会员失败</h1>
    <ul style='color: rgb(255, 0, 0);'>
        <c:forEach var="error" items="${requestScope.errors}">
            <li>${error}</li>
        </c:forEach>
    </ul><br>
</c:if>
        <h1>会员注册</h1>
        <form method='post' action='register.do'>
             ...略
        </form>
    </body>
</html>
```

7.6.2 修改 member.jsp

接下来修改 member.jsp，原本的网页中除了判断是否有错误信息要显示的 Scriptlet 之外，还有为了格式化日期而编写的 Java 代码，这些可以使用 JSTL 的<c:if>、<c:forEach>与<fmt:parseDate>来消除。

JSTLDemo member.jsp

```jsp
<%@page pageEncoding="UTF-8"%>
<%@taglib prefix="c" uri="http://java.sun.com/jsp/jstl/core"%>
<%@taglib prefix="fmt" uri="http://java.sun.com/jsp/jstl/fmt"%>
<!DOCTYPE html PUBLIC '-//W3C//DTD HTML 4.01 Transitional//EN'>
<html>
    <head>
        <meta content='text/html;charset=UTF-8'
              http-equiv='content-type'>
        <title>Gossip 微博</title>
        <link rel='stylesheet' href='css/member.css' type='text/css'>
    </head>
    <body>
        <div class='leftPanel'>
            <img src='images/caterpillar.jpg' alt='Gossip 微博' />
            <br><br>
            <a href='logout.do?username="${ sessionScope.login }'>
                注销 ${ sessionScope.login }</a>
        </div>
        <form method='post' action='message.do'>
        分享新鲜事...<br>
        <c:if test="${requestScope.blabla != null}">
                    信息要在 140 字以内<br>
        </c:if>
            <textarea cols='60' rows='4'
                name='blabla'>${requestScope.blabla}</textarea><br>
            <button type='submit'>送出</button>
        </form>
        <table style='text-align: left; width: 510px; height: 88px;'
            border='0' cellpadding='2' cellspacing='2'>
            <thead>
              <tr>
                 <th><hr></th>
              </tr>
            </thead>
            <tbody>
            <c:forEach var="blah" items="${requestScope.blahs}">
              <tr>
                <td style='vertical-align: top;'>${blah.username}<br>
                    <c:out value="${blah.txt}"/><br>
                    <fmt:formatDate value="${blah.date}" type="both"
                            dateStyle="full" timeStyle="full"/>
                <a href='delete.do?message=${blah.date.time}'>删除</a>
                    <hr>
```

```
                    </td>
                </tr>
            </c:forEach>
            </tbody>
        </table>
        <hr style='width: 100%; height: 1px;'>
    </body>
</html>
```

注意这个页面中使用<c:out>来输出文字，在第 6 章中，使用了 EscapeFilter 与 EscapeWrapper 来对 HTML 字符作替换，不过其中使用了 StringEscapeUtils 的 escapeHTML() 方法，会一并对中文字符作替换的动作。这会使得最后到达 Message 的请求参数是 HTML 实体字符表示，而不是最后的中文字符，进而影响到 Message 中对请求参数长度的判断。也就是说，如果新增信息时包括中文，实际上并没办法真正输入到 140 个字符。可以试试用第 6 章的范例成果输入中文，看看创建的信息文字文件中会出现何种结果即可明了。

修改 Message 中对请求参数长度的判断并不适当，过滤器的挂载与卸载，基本上都不应修改应用程序原有的代码。一个简单的解决方式，就是使用<c:out>来输出文字，在输出时予以替换字符，而不是接受请求参数时进行字符替换，使用了<c:out>标签，原本的 EscapeFilter 与 EscapeWrapper 就可以移除。

7.6.3　修改 user.jsp

user.jsp 必须判断是否有信息列表可以显示，若有，表示该用户存在，否则显示用户不存在。这可以使用<c:choose>、<c:when>、<c:otherwise>来达到消除 Scriptlet 的目的。

JSTLDemo　user.jsp

```
<%@page pageEncoding="UTF-8"%>
<%@taglib prefix="c" uri="http://java.sun.com/jsp/jstl/core"%>
<%@taglib prefix="fmt" uri="http://java.sun.com/jsp/jstl/fmt"%>
<!DOCTYPE html PUBLIC '-//W3C//DTD HTML 4.01 Transitional//EN'>
<html>
    <head>
        <meta content='text/html;charset=UTF-8'
              http-equiv='content-type'>
        <title>Gossip 微博</title>
        <link rel='stylesheet' href='../css/member.css' type='text/css'>
    </head>
    <body>
<c:choose>
    <c:when test="${requestScope.blahs != null }">
        <div class='leftPanel'>
            <img src='../images/caterpillar.jpg' alt='Gossip 微博' />
            <br><br>${ requestScope.username }的微博
        </div>
        <table style='text-align: left; width: 510px; height: 88px;'
```

```
             border='0' cellpadding='2' cellspacing='2'>
        <thead>
           <tr>
              <th><hr></th>
           </tr>
        </thead>
        <tbody>
        <c:forEach var="blah" items="${requestScope.blahs}">
           <tr>
              <td style='vertical-align: top;'>${blah.username}<br>
                 <c:out value="${blah.txt}"/><br>
                 <fmt:formatDate value="${blah.date}" type="both"
                                 dateStyle="full" timeStyle="full"/>
                 <hr>
              </td>
           </tr>
        </c:forEach>
        </tbody>
     </table>
     <hr style='width: 100%; height: 1px;'>
  </c:when>
  <c:otherwise>
     <h1 style='color: rgb(255, 0, 0);'>
        ${ requestScope.username } 用户不存在</h1>
  </c:otherwise>
</c:choose>
     </body>
</html>
```

7.7 重点复习

可以使用 JSTL(JavaServer Pages Standard Tag Library)来取代 JSP 页面中用来实现页面逻辑的 Scriptlet,这会使得设计网页简单多了,可以随时调整画面而不用费心地修改 Scriptlet。JSTL 提供的标签库分为五个大类:核心标签库、格式标签库、SQL 标签库、XML 标签库与函数标签库。

<c:if>标签的 test 属性中可以放置 EL 表达式,如果表达式的结果是 true,则会将 <c:if>Body 输出。<c:if>标签没有相对应的<c:else>标签。如果想要在某条件式成立时显示某些内容,否则就显示另一个内容,则可以使用<c:choose>、<c:when>及<c:otherwise>标签。

若不想使用 Scriptlet 编写 Java 代码的 for 循环,则可以使用 JSTL 的<c:forEach>标签来实现这项需求。<c:forEach>标签的 items 属性可以是数组或 Collection 对象,每次会依序取出数组或 Collection 对象中的一个元素,并指定给 var 属性所设置的变量。之后就可以在<c:forEach>标签 Body 中,使用 var 属性所设置的变量来取得该元素。如果想要在 JSP 网页上,将某个字符串切割为数个字符(Token),就可以使用<c:forTokens>。

如果要在发生异常的网页直接捕捉异常对象，就可以使用<c:catch>将可能产生异常的网页段落包起来。如果异常真的发生，这个异常对象会设置给 var 属性所指定的名称，这样才有机会使用这个异常对象。

在 JSTL 中，有个<c:import>标签，可以视作是<jsp:include>的加强版，也是可以在运行时动态导入另一个网页，并也可搭配<c:param>在导入另一网页时带有参数。除了可以导入目前 Web 应用程序中的网页之外，<c:import>标签还可以导入非目前 Web 应用程序中的网页。

<c:redirect>标签的作用，就如同 sendRedirect()方法，这样就不用编写 Scriptlet 来使用 HttpServletResponse 的 sendRedirect()方法，也可以达到重定向的作用。

如果只是要在 page、request、session、application 等范围设置一个属性，或者还想要设置 Map 对象的键与值，则可以使用<c:set>标签。var 用来设置属性名称，而 value 用来设置属性值。若要设置 JavaBean 或 Map 对象，则要使用 target 属性进行设置。

<c:out>会自动将角括号、单引号、双引号等字符用替代字符取代。这个功能是由<c:out>的 escapeXml 属性控制的，默认值是 true，如果设置为 false，就不会作替代字符的取代。

可以使用 JSTL 的<c:url>，它会在用户关闭 Cookie 功能时，自动用 Session ID 作 URL 重写。

<fmt:bundle>的 basename 属性表示默认的信息文件为使用<fmt:message>的 key 属性指定信息文件中的哪条信息。使用<fmt:setBundle>标签设置 basename 属性，默认是在整个页面都有作用，如果额外有<fmt:bundle>设置，则会以<fmt:bundle>的设置为主。如果想设置占位字符的真正内容，则使用<fmt:param>标签。

具体来说，JSTL 的 I18N 兼容性标签决定信息文件的顺序如下：

(1) 使用指定的 Locale 对象取得信息文件。

(2) 根据浏览器 Accept-Language 标头指定的偏好地区(Prefered locale)顺序，这可以使用 HttpServletRequest 的 getLocales()来取得。

(3) 根据后备地区(fallback locale)信息取得信息文件。

(4) 使用基础名称取得信息文件。

如果要共享 Locale 信息，则可以使用<fmt:setLocale>标签，在 value 属性上指定地区信息。

<fmt:formatDate>默认用来格式化日期，可根据不同的地区设置来呈现不同的格式。<fmt:timeZone>可指定时区，如果需要全域的时区指定，则可以使用<fmt:setTimeZone>标签，<fmt:formatDate>本身亦有个 timeZone 属性可以进行时区设置。

<fmt:formatNumber>默认用来格式化数定，可根据不同的地区设置来呈现不同的格式，<fmt:parseDate>与<fmt:parseNumber>则用来解析日期，可以在 value 属性上指定要被解析的数值，可以依指定的格式将数值解析为原有的日期、时间或数字类型。

具体来说，格式化标签寻找地区信息的顺序是：

(1) 使用`<fmt:bundle>`指定的地区信息。

(2) 寻找 `LocalizationContext` 中的地区信息，也就是属性范围中有无 javax.servlet.jsp.jstl.fmt.localizationContext 属性。

(3) 使用浏览器 Accept-Language 标头指定的偏好地区。

(4) 使用后备地区信息。

JSTL 提供了许多 EL 公用函数，如 `length()`函数，以及字符串处理相关函数：

- 改变字符串大小写：`toLowerCase`、`toUpperCase`
- 取得子字符串：`substring`、`substringAfter`、`substringBefore`
- 裁剪字符串前后空白：`trim`
- 字符串取代：`replace`
- 检查是否包括子字符串：`startsWith`、`endsWith`、`contains`、`containsIgnoreCase`
- 检查子字符串位置：`indexOf`
- 切割字符串为字符串数组：`split`
- 连接字符串数组为字符串：`join`
- 替换 XML 字符：`escapeXML`

7.8   课后练习

7.8.1   选择题

1. 下列 JSTL 标签中可用来进行 Java 程序中 if、if...else 的功能的是(   )。

    A. `<c:if>`   B. `<c:else>`

    C. `<c:when>`   D. `<c:otherwise>`

2. 如果打算使用 `request` 对象的 `setCharacterEncoding()`方法设定字符编码处理方式，则 JSTL 标签(   )可以不必使用 Scriptlet。

    A. `<c:if>`   B. `<c:set>`

    C. `<c:out>`   D. `<c:url>`

3. JSTL 的`<c:forEach>`标签 items 属性接受的类型有(   )。

    A 字符串   B. 数组

    C. `Collection`   D. `Map`

4. 关于`<c:catch>`的使用，不正确的有(   )。

A. 使用<c:catch>将可能产生异常的网页段落包起来

B. JSP 页面必须设定 isErrorPage 为 true

C. 异常发生时，使用 exception 取得异常对象

D. 异常对象会设定给 var 属性所指定的名称

5. 以下选项( )可以让你在 JSP 的四个属性范围中设置对象。

    A. <jsp:setProperty>   B. <jsp:useBean>

    C. <c:set>   D. <c:setBean>

6. 以下选项( )可以让你设定 Locale 信息。

    A. <fmt:bundle>的 locale 属性

    B. <fmt:setBundle>的 value 属性

    C. <fmt:message>的 bundle 属性

    D. <fmt:setBundle>的 locale 属性

7. JSTL 函数库提供的 length() 函数接受的类型有( )。

    A. 字符串   B. 数组

    C. Collection   D. Map

8. 如果 JSP 中出现 HttpServletResponse 的 sendRedirect()方法的使用，可以考虑使用标签( )取代。

    A. <jsp:forward>   B. <c:redirect>

    C. <c:url>   D. <%@include>

9. JSP 中出现了以下程序代码：

```
<% session.setAttribute("login", "caterpillar"); %>
```

以下标签( )可以避免这段程序代码的使用。

    A. <c:set var="login" value="caterpillar" scope="session"/>

    B. <jsp:setProperty var="login" value="caterpillar" scope="session"/>

    C. <jsp:useBean id="login" value="caterpillar" scope="session"/>

    D. <c:set target="login" value="caterpillar" scope="session"/>

10. 以下可以进行 XML 字符替换的选项有( )。

    A. <c:out>   B. ${fn:escapeXML}

    C. <fmt:message>   D. ${param}

7.8.2 实训题

创建一个首页，默认用英文显示信息，但可以让用户选择使用英文、繁体中文或简体中文，如图 7.14～图 7.16 所示。

图 7.14　默认是英文首页

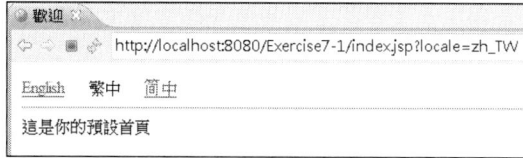

图 7.15　切换至繁体中文首页

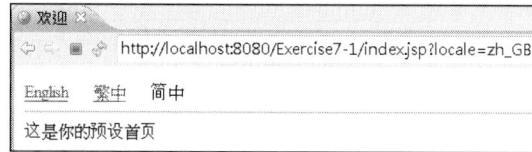

图 7.16　切换至简体中文首页

Chapter

8

自定义标签

学习目标：

- 了解如何使用 Tag File 自定义标签
- 了解如何使用 Simple Tag 自定义标签
- 了解如何使用 Tag 自定义标签

8.1　Tag File 自定义标签

JSTL 是标准规范，只要符合 Servlet/JSP 标准的 Web 容器，就可以使用 JSTL。然而有些需求无法单靠 JSTL 的标签来完成，也许是要将既有的 HTML 元素封装加强，或者是为了与应用程序更紧密地结合。例如希望有个标签，可以直接从应用程序自定义的对象中取出信息，而不是通过属性来传递对象或信息。

可以寻求自定义标签的可能性。网络上有一些 Web 应用程序框架(Framework)，为了让用户更简便地取得框架的相关信息或资源，通常会提供自定义标签库。自定义标签有一定的复杂度，而且自定义标签通常会与应用程序产生一定程度的关联性。可以的话，先寻找现成且通用的自定义标签实现，查看是否满足需求。毕竟虽非标准，但若是通用的自定义标签库，至少有一定数量的用户，将来移植时可以少一些阻碍，发生问题时会较易寻找解答。

若无论如何一定要自行实现标签库，则本章接下来的内容，将从最简单的 Tag File 开始介绍自定义标签库，接着介绍 Simple Tag 的制作，最后说明最复杂的 Tag 自定义标签。

8.1.1　Tag File 简介

如果要自定义标签，Tag File 是最简单的方式，即使是不会 Java 的网页设计人员也有能力自定义 Tag File。事实上，Tag File 本来就是为了不会 Java 的网页设计人员而存在的。

在第 6 章综合练习中，已经用 JSP 实现了画面的呈现，其中会员注册的 JSP 网页中(register.jsp)有以下片段：

```
<%
    List<String> errors = (List<String>) request.getAttribute("errors");
    if(errors != null) {
%>
        <h1>新增会员失败</h1>
        <ul style='color: rgb(255, 0, 0);'>
<%
        for (String error : errors) {
%>
        <li><%= error %></li>
<%
        }
%>
        </ul><br>
<%
    }
%>
```

这个片段的作用，在于用户注册时没有填写必要字段或字段格式不符合而回到注册网页时，会出现相关的错误信息，这些错误信息收集在一个 List 对象中，并在 request 设置 errors 属性后传递过来。由于已经学过 JSTL 了，可以将这个 Scriptlet 与 HTML 夹杂的片段改为：

```
<c:if test="${requestScope.errors != null}">
    <h1>新增会员失败</h1>
    <ul style='color: rgb(255, 0, 0);'>
        <c:forEach var="error" items="${requestScope.errors}">
            <li>${error}</li>
        </c:forEach>
    </ul><br>
</c:if>
```

现在即使是网页设计人员，也可以看懂并依需求修改这个片段。然而，这种错误信息的呈现方式，也许并不仅出现在一个网页，其他网页也需要同样的片段。每次都得复制贴上同样的片段还不成问题，但将来要修改外观样式时才是一大麻烦。网页设计人员也许会想说，这样的片段若可以像是<html:Errrors>这样的标签存在就好了。

如果网页设计人员知道可以使用 Tag File，那这个需求就解决了。他们可以编写一个后缀为**.tag** 的文件，把它们放在 **WEB-INF/tags** 下。内容如下：

TagFileDemo　Errors.tag

```
<%@tag description="显示错误信息的标签" pageEncoding="UTF-8"%>
<%@taglib uri="http://java.sun.com/jsp/jstl/core" prefix="c"%>
<c:if test="${requestScope.errors != null}">
    <h1>新增会员失败</h1>
    <ul style='color: rgb(255, 0, 0);'>
        <c:forEach var="error" items="${requestScope.errors}">
            <li>${error}</li>
        </c:forEach>
    </ul><br>
</c:if>
```

在这里看到了 **tag** 指示元素，它就像是 JSP 的 page 指示元素，用来告知容器如何转译这个 Tag File。description 只是一段文字描述，用来说明这个 Tag File 的作用。**pageEncoding** 属性告知容器在转译 Tag File 时使用的编码。Tag File 中可以使用 taglib 指示元素引用其他自定义标签库，可以在 Tag File 中使用 JSTL。基本上，JSP 文件中可以使用的 EL 或 Scriptlet 在 Tag File 中也可以使用。

> 提示 >>> 　Tag File 基本上是给不会 Java 的网页设计人员使用的，所以这里的范例都不会在 Tag File 中出现 Scriptlet。

在需要这个 Tag File 的 JSP 页面中，可以使用 **taglib** 指示元素的 **prefix** 定义前置名称，以及使用 **tagdir** 属性定义 Tag File 的位置：

```
<%@taglib prefix="html" tagdir="/WEB-INF/tags" %>
```

接着就可以在 JSP 中需要呈现错误信息的地方，使用`<html:Errors/>`标签来代替先前呈现错误信息的片段。例如：

TagFileDemo   register.jsp

```
<%@page pageEncoding="UTF-8"%>
<!DOCTYPE html PUBLIC "-//W3C//DTD HTML 4.01 Transitional//EN"
        "http://www.w3.org/TR/html4/loose.dtd">
<%@taglib  prefix="html" tagdir="/WEB-INF/tags" %> ◄── 定义前置与 Tag File 位置
<html>
    <head>
        <meta http-equiv="Content-Type"
                content="text/html; charset=UTF-8">
        <title>Gossip 微博</title>
    </head>
    <body>
    <html:Errors/> ◄── 使用自定义的 Tag File 标签
        <h1>会员注册</h1>
        <form method='post' action='register.do'>
            ...
        </form>
    </body>
</html>
```

当然，使用这个自定义的`<html:Errors/>`标签有个假设前题。错误信息是收集在一个 List 对象中，在 request 中设置 errors 属性后传递过来。除非是大家都公认的标准，否则自定义标签必然与应用程序有某种程度的相关性。在自定义标签前，在使用的方便性及相关性之间必须做出取舍。

> **注意》》** 虽然 tagdir 可以指定 Tag File 的位置，但事实上只能指定/WEB-INF/tags 的子文件夹。也就是说，若以 tagdir 属性设置，Tag File 就只能放在/WEB-INF/tags 或子文件夹中。

前面提过 Tag File 会被容器转译，实际上是转译为 javax.servlet.jsp.tagext.SimpleTagSupport 的子类。以 Tomcat 为例，Errors.tag 转译后的类源代码名称是 Errors_tag.java。在 Tag File 中可以使用 out、config、request、response、session、application、jspContext 等隐式对象，其中 jspContext 在转译之后，实际上则是 javax.servlet.jsp.JspContext 对象。

所以，Tag File 在 JSP 中，并不是静态包含(`<%@include>`)或动态包含(`<jsp:include>`)，若在 Tag File 中编写 Scriplet，其中的隐式对象其实是转译后的.java 中 doTag()方法中的局部变量：

```
public void doTag()
        throws JspException, IOException {
    PageContext _jspx_page_context = (PageContext)jspContext;
    HttpServletRequest request =
        (HttpServletRequest) _jspx_page_context.getRequest();
    HttpServletResponse response =
        (HttpServletResponse) _jspx_page_context.getResponse();
    HttpSession session = _jspx_page_context.getSession();
```

```
ServletContext application =
    _jspx_page_context.getServletContext();
ServletConfig config = _jspx_page_context.getServletConfig();
JspWriter out = jspContext.getOut();
...
}
```

在 Tag File 中的 Scriptlet 定义的局部变量，也会是 doTag()中的局部变量，所以也不可能与 JSP 中的 Scriptlet 沟通。

> **提示** ▶▶ JspContext 是 PageContext 的父类，JspContext 上定义的 API 不像 PageContext 使用到 Servlet API，原本在设计上希望 JSP 的相关实现可以不依赖特定技术(如 Servlet)，所以才会有 JspContext 这个父类的存在。

8.1.2 处理标签属性与 Body

来考虑一个需求。网页设计人员经常需要在<header>与</header>之间加些<title>、<meta>信息，如果网页设计人员发现 Web 应用程序中的 JSP 网页，<header>与</header>间除了部分信息不同之外(如<title>不同)，其他要设置的信息都是相同的，他希望将<header>与</header>间的东西制作为 Tag File，之后要修改时，只需要修改 Tag File，就可以应用到全部有引用该 Tag File 的 JSP 网页。问题在于，如何设置 Tag File 中不同的特定信息？

答案是通过 Tag File 属性设置。就如同 HTML 的元素都有一些属性可以设置，在创建 Tag File 时，也可以指定使用某些属性，方法则是通过 **attribute** 指示元素来指定。直接来看范例了解如何设置。

TagFileDemo Header.tag

```
<%@tag description="header 内容" pageEncoding="UTF-8"%>
<%@attribute name="title"%>
<head>
    <title>${title}</title>
    <meta http-equiv="Content-Type" content="text/html; charset=UTF-8">
</head>
```

attribute 指示元素定义使用 Tag File 时可以设置的属性名称，如果有多个属性名称，则可以使用多个 attribute 指示元素来设置。设置名称之后，若有人使用 Tag File 时指定属性值，则这个值在*.tag 文件中，可以使用上述范例中的${title}方式来取得。下面是个使用范例。

TagFileDemo register2.jsp

```
<%@page pageEncoding="UTF-8"%>
<!DOCTYPE html PUBLIC "-//W3C//DTD HTML 4.01 Transitional//EN"
    "http://www.w3.org/TR/html4/loose.dtd">
<%@taglib  prefix="html" tagdir="/WEB-INF/tags" %> ◀━定义前置与 Tag File 位置
<html>
```

```
<html:Header title="Gossip 微博"/>   ◄—— 使用自定义的 Tag File 标签
<body>
<html:Errors/>
    <h1>会员注册</h1>
    <form method='post' action='register.do'>
        ...
    </form>
</body>
</html>
```

实际上先前定义的 Errors.tag 中，`<h1>`与`</h1>`标签间的文字也不应写死，而可以这样定义：

```
<%@tag description="显示错误信息的标签" pageEncoding="UTF-8"%>
<%@attribute name="headline"%>
<%@taglib uri="http://java.sun.com/jsp/jstl/core" prefix="c"%>
<c:if test="${requestScope.errors != null}">
    <h1>${headline}</h1>
    <ul style='color. rgb(255, 0, 0);'>
        <c:forEach var="error" items="${requestScope.errors}">
            <li>${error}</li>
        </c:forEach>
    </ul><br>
</c:if>
```

这样在使用`<html:Errors>`标签时，才可以通过 `headline` 属性自定义标题文字。例如：

```
<html:Errors headline="新增会员失败"/>
```

目前为止所使用的都是没有 Body 内容的 Tag File，事实上 Tag File 标签是可以有 Body 内容的。举个例子来说，如果 JSP 页面中，除了`<body>`与`</body>`之间的东西是不同的之外，其他都是相同的，那么可以像下面的范例所示编写一个 Tag File：

TagFileDemo　Html.tag

```
<%@tag description="HTML 懒人标签" pageEncoding="UTF-8"%>
<%@attribute name="title"%>
<!DOCTYPE HTML PUBLIC "-//W3C//DTD HTML 4.01 Transitional//EN"
  "http://www.w3.org/TR/html4/loose.dtd">
<html>
    <head>
        <title>${title}</title>
        <meta http-equiv="Content-Type"
            content="text/html; charset=UTF-8">
    </head>
    <body>
        <jsp:doBody/>
    </body>
</html>
```

这个 Tag File 使用 `attribute` 指示元素声明了 `title` 属性，其中编写了基本的 HTML 模板，`<body>`与`</body>`出现了`<jsp:doBody/>`标签，它可以取得使用 Tag File 标签时的 Body 内容。简单地说，可以这么使用这个 Tag File：

```
<%@page pageEncoding="UTF-8" %>
<!DOCTYPE html PUBLIC "-//W3C//DTD HTML 4.01 Transitional//EN"
    "http://www.w3.org/TR/html4/loose.dtd">
<%@taglib prefix="html" tagdir="/WEB-INF/tags" %>
<html:Html title="Gossip 微博">
    <html:Errors/>
        <h1>会员注册</h1>
        <form method='post' action='register.do'>
          ...
        </form>
</html:Html>
```

使用 `<html:Html>` 的 title 属性设置网页标题，而在 `<html:Html>` 与 `</html:Html>` 的 Body 中，可以编写想要的 HTML、EL 或自定义标签。Body 的内容会在 Html.tag 的 `<jsp:doBody/>` 位置与其他内容结合在一起。

前面说过，Tag File 的 Body 内容可以编写 HTML、EL 或自定义标签，但没有提到 Scriptlet。Tag File 的标签在使用时若有 Body，默认是不允许有 Scriptlet 的，因为定义 Tag File 时，tag 指示元素的 **body-content** 属性默认就是 scriptless，也就是不可以出现 `<% %>`、`<%= %>` 或 `<%! %>` 元素。

```
<%@tag body-content="scriptless" pageEncoding="UTF-8"%>
```

body-content 属性还可以设置 empty 或 tagdependent。empty 表示一定没有 Body 内容，也就是只能以 `<html:Header/>` 这样的方式来使用标签(非 empty 的设置时，可以用 `<html:Headers/>`，或者是 `<html:Header>Body</html:Header>` 的方式)。tagdependent 表示将 Body 中的内容当作纯文字处理，也就是如果 Body 中出现了 Scriptlet、EL 或自定义标签，也只是当作纯文字输出，不会作任何的运算或转译。

> **提示»»** 结论就是，Tag File 若有 Body，在其中编写 Scriptlet 是没有意义的，要不就不允许出现，要不就当作纯文字输出。

8.1.3　TLD 文件

如果将 Tag File 的*.tag 文件放在/WEB-INF/tags 文件夹或子文件夹，并在 JSP 中使用 taglib 指示元素的 tagdir 属性指定*.tag 的位置，就可以使用 Tag File 了。其他人如果觉得 Tag File 不错，需要用，也只要将*.tag 复制到他们的/WEB-INF/tags 文件夹或子文件夹就可以了。

本书读者毕竟都是 Java 程序员，也许你就是偏好使用 JAR 文件把东西包一包再给别人使用，或是为了跟 Simple Tag 等自定义标签库一起包起来。如果要将 Tag File 包成 JAR 文件，那么有几个地方要注意一下：

- *.tag 文件必须放在 JAR 文件的 META-INF/tags 文件夹或子文件夹下。
- 要定义 TLD(Tag Library Description)文件。

- TLD 文件必须放在 JAR 文件的 META-INF/TLDS 文件夹下。

例如，想将先前开发的 Errors.tag、Header.tag、Html.tag 封装在 JAR 文件中，则要将这三个.tag 文件放到某个文件夹的 META-INF/tags 下，并在 META-INF/ TLDS 下定义 html.tld 文件：

TagFileTLD　html.tld

```xml
<?xml version="1.0" encoding="UTF-8"?>
<taglib version="2.0" xmlns="http://java.sun.com/xml/ns/j2ee"
    xmlns:xsi="http://www.w3.org/2001/XMLSchema-instance"
    xsi:schemaLocation="http://java.sun.com/xml/ns/j2ee
    web-jsptaglibrary_2_0.xsd">
    <tlib-version>1.0</tlib-version>
    <short-name>html</short-name>
    <uri>http://openhome.cc/html</uri>
    <tag-file>
        <name>Header</name>
        <path>/META-INF/tags/Header.tag</path>
    </tag-file>
    <tag-file>
        <name>Html</name>
        <path>/META-INF/tags/Html.tag</path>
    </tag-file>
    <tag-file>
        <name>Errors</name>
        <path>/META-INF/tags/Errors.tag</path>
    </tag-file>
</taglib>
```

其中，`<uri>`设置是在 JSP 中与 `taglib` 指示元素的 url 属性对应的。每个`<tag-file>`中使用`<name>`定义了自定义标签的名称，使用`<path>`定义了*.tag 在 JAR 文件中的位置。接下来可以使用文字模式进入放置 META-INF 的文件夹中，执行以下命令生成 html.jar：

```
jar cvf ../html.jar *
```

在 Eclipse 中，可以创建 Java Project，在 src 中创建 META-INF/TLDS 文件夹以放置.tld 文件，在 src 中创建 META-INF/tags 文件夹以放置.tag 文件，然后使用其 Export 功能导出.jar 文件：

(1) 选择项目后右击，在弹出的快捷菜单中选择 Export 命令，在出现的 Export 对话框中，选择 General 中的 Archive File 后单击 Next 按钮。

(2) 在下方的 Options 中选择 Create only selected directories，展开上面的项目，取消项目旁的复选框，展开 bin 节点，选择 META-INF 复选框。

(3) 在 To Archive file 文本框中输入 JAR 文件的名称与目的文件夹，单击 Finish 按钮完成导出。

若要使用产生的 html.jar，就要将它放到 Web 应用程序的 WEB-INF/lib 文件夹中，而要使用标签的 JSP 页面，则可以编写如下：

```
<%@page pageEncoding="UTF-8" %>
<!DOCTYPE html PUBLIC "-//W3C//DTD HTML 4.01 Transitional//EN"
    "http://www.w3.org/TR/html4/loose.dtd">
<%@taglib prefix="html" uri="http://openhome.cc/html" %>
<html:Html title="Gossip 微博">
    <html:Errors/>
        <h1>会员注册</h1>
        <form method='post' action='register.do'>
            ...
        </form>
</html:Html>
```

注意》》 这次是使用 taglib 指示元素的 uri 属性，名称对应至 TLD 文件中的 `<uri>` 所设置的名称。

8.2　Simple Tag 自定义标签

有时只使用 JSTL 是不够的，有时就是需要编写 Java 代码来操作某些 Java 对象，再把结果显示在网页上。上一节学到了 Tag File，基本上它是设计给不会 Java 的网页设计人员使用的。有些人会在 Tag File 中编写 Scriptlet 来操作 Java 对象，但并不建议这么做。这么做的结果只会走回 HTML 夹杂 Scriptlet 的回头路(即使是将这个混乱约束在 Tag File 中)。

如果在自定义标签时需要操作 Java 对象，可以考虑实现 Simple Tag 来自定义标签，将 Java 代码编写在其中。绝大部分情况下，实现 Simple Tag 即可满足需求。

8.2.1　Simple Tag 简介

相较于 Tag File 的使用，实现 Simple Tag 时有更多的东西必须了解。首先来使用 Simple Tag 模仿 JSTL 的 `<c:if>` 标签功能，了解一个简单的 Simple Tag 要如何开发。由于这是个 "伪" JSTL 标签，姑且叫它为 `<f:if>` 标签好了。

首先要编写标签处理器，这是一个 Java 类，可以继承 `javax.servlet.jsp.tagext.SimpleTagSupport` 来实现标签处理器(Tag Handler)，并重新定义 `doTag()` 方法来进行标签处理。

```
package cc.openhome.tag;

import java.io.IOException;
```

```
import javax.servlet.jsp.JspException;
import javax.servlet.jsp.tagext.SimpleTagSupport;
                                                        ❶ 继承 SimpleTagSupport
public class IfTag  extends SimpleTagSupport {
    private boolean test;
                                                ❷ 创建设值方法(Setter)
    public void setTest(boolean test) {
        this.test = test;
    }

    @Override
    public void doTag() throws JspException, IOException {    ❸ 重新定义 doTag()
        if(test) {
            getJspBody().invoke(null);    ❹ 取得 JspFragment 调用 invoke()
        }
    }
}
```

　　除了继承 SimpleTagSupport 之外❶，在这里的<f:if>标签有个 test 属性，所以标签处理器必须有个接受 test 属性的设值方法(Setter)❷。在重新定义的 doTag()中❸，如果 test 属性为 true 则调用 SimpleTagSupport 的 **getJspBody()**方法，这会返回一个 **JspFragment** 对象，代表<f:if>与</f:if>间的 Body 内容。如果调用 JspFragment 的 **invoke()**并传入一个 null❹，表示执行<f:if>与</f:if>间的 Body 内容，如果没有调用 invoke()，则<f:if>与</f:if>间的 Body 内容不会执行，也就不会有结果输出至用户的浏览器。

　　为了让 Web 容器了解<f:if>标签与 IfTag 标签处理器之间的关系，要定义一个标签程序库描述文件(Tag Library Descriptor)，也就是一个后缀为*.tld 的文件。

SimpleTagDemo f.tld

```xml
<?xml version="1.0" encoding="UTF-8"?>
<taglib version="2.0" xmlns="http://java.sun.com/xml/ns/j2ee"
 xmlns:xsi="http://www.w3.org/2001/XMLSchema-instance"
 xsi:schemaLocation="http://java.sun.com/xml/ns/j2ee
 web-jsptaglibrary_2_0.xsd">
    <tlib-version>1.0</tlib-version>
    <short-name>f</short-name>
    <uri>http://openhome.cc/jstl/fake</uri>    ❶ 定义<uri>
    <tag>    ❷ 定义<tag>相关信息
        <name>if</name>
        <tag-class>cc.openhome.tag.IfTag</tag-class>
        <body-content>scriptless</body-content>
        <attribute>
            <name>test</name>
            <required>true</required>
            <rtexprvalue>true</rtexprvalue>
            <type>boolean</type>
        </attribute>
    </tag>
</taglib>
```

其中<uri>设置是在 JSP 中与 taglib 指示元素的 uri 属性对应用的❶。每个<tag>标签❷中使用<name>定义了自定义标签的名称，使用<tag-class>定义标签处理器类，而<body-content>设置为 scriptless，表示标签 Body 中不允许使用 Scriptlet 等元素。

如果标签上有属性，则是使用<attribute>来设置，<name>设置属性名称，<required>表示是否一定要设置这个属性。<rtexprvalue>(也就是 runtime expression value)表示属性是否接受运行时运算的结果(如 EL 表达式的结果)，如果设置为 false 或不设置<rtexprvalue>，表示在 JSP 上设置属性时仅接受字符串形式，<type>则设置属性类型。

可以将 TLD 文件放在 WEB-INF 文件夹下，这样容器就会自动加载它。如果要使用这个标签，同样必须在 JSP 页面上使用 taglib 指示元素。例如：

SimpleTagDemo   ifTag.jsp

```
<%@page contentType="text/html" pageEncoding="UTF-8"%>
<%@taglib prefix="f" uri="http://openhome.cc/jstl/fake" %>
<!DOCTYPE HTML PUBLIC "-//W3C//DTD HTML 4.01 Transitional//EN"
   "http://www.w3.org/TR/html4/loose.dtd">
<html>
  <head>
    <meta http-equiv="Content-Type"
          content="text/html; charset=UTF-8">
    <title>自定义 if 标签</title>
  </head>
  <body>
    <f:if test="${param.password == '123456'}">
        你的秘密数据在此！
    </f:if>
  </body>
</html>
```

在这个示范的 JSP 页面中，使用自定义的<f:if>标签，检查 password 请求参数是否为所设置的数值，如果正确才会显示<f:if>Body 的内容。

> 提示 》》 JSTL 本身并非用 Simple Tag 来实现的，而是使用 8.3 节所介绍的 Tag 自定义标签来实现。在这一节中，只是用 Simple Tag 来模仿 JSTL 的功能。

8.2.2 了解 API 架构与生命周期

看起来 Simple Tag 的开发似乎不会太难，主要就是继承 SimpleTagSupport 类、重新定义 doTag()方法、定义 TLD 文件以及使用 taglib 指示元素。不过实际上还有很多东西需要解释。

SimpleTagSupport 实际上实现了 **javax.servlet.jsp.tagext.SimpleTag** 接口，而 SimpleTag 接口继承了 **javax.servlet.jsp.tagext.JspTag** 接口，如图 8.1 所示。

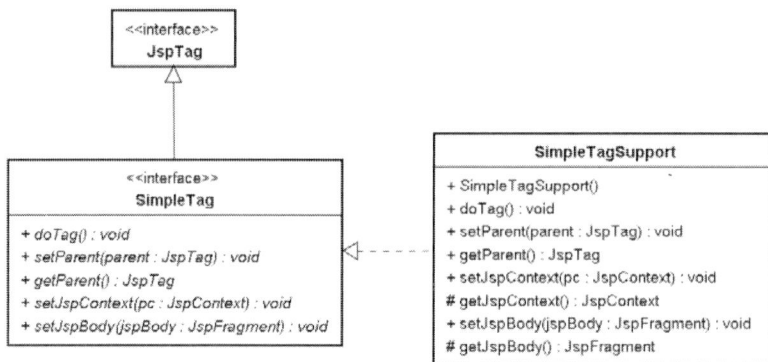

图 8.1　Simple Tag API 架构图

所有的 JSP 自定义 Tag 都实现了 `JspTag` 接口，`JspTag` 接口只是个标示接口，本身没有定义任何的方法。`SimpleTag` 接口继承了 `JspTag`，定义了 Simple Tag 开发时所需的基本行为。开发 Simple Tag 标签处理器时必须实现 `SimpleTag` 接口，不过通常继承 `SimpleTagSupport` 类，因为该类实现了 `SimpleTag` 接口，并对所有方法做了基本实现，所以只需要在继承 `SimpleTagSupport` 之后，重新定义感兴趣的方法即可。通常就是重新定义 `doTag()` 方法。

当 JSP 网页中包括 Simple Tag 自定义标签，若用户请求该网页，在遇到自定义标签时，会按照以下步骤来进行处理：

(1) 创建自定义标签处理器实例。

(2) 调用标签处理器的 `setJspContext()` 方法设置 `PageContext` 实例。

(3) 如果是嵌套标签中的内层标签，则还会调用标签处理器的 `setParent()` 方法，并传入外层标签处理器的实例。

(4) 设置标签处理器属性(例如，这里是调用 `IfTag` 的 `setTest()` 方法来设置)。

(5) 调用标签处理器的 `setJspBody()` 方法设置 `JspFragment` 实例。

(6) 调用标签处理器的 `doTag()` 方法。

(7) 销毁标签处理器实例。

每一次的请求都会创建新的标签处理器实例，而在执行 `doTag()` 后就销毁实例，所以 Simple Tag 的实现中，建议不要有一些耗资源的动作，如庞大的对象、连线的获取等。正如 Simple Tag 名称所表示的，这并不仅代表它实现上比较简单(相较于 Tag 的实现方式)，也代表着它最好用来做一些简单的事务。

> 提示》》 同样的道理，由于 Tag File 转译后会成为继承 `SimpleTagSupport` 的类，所以在 Tag File 中，也建议不要有一些耗资源的操作。

由于标签处理器中被设置了 `PageContext`，所以可以用它来取得 JSP 页面的所有对象，进行所有在 JSP 页面 Scriptlet 中可以执行的操作，之后就可以用自定义标签来取代 JSP 页面上的 Scriptlet。

JspFragment 就如其名称所示，是个 JSP 页面中的片段内容。在 JSP 中使用自定义标签时若包括 Body，将会转译为一个 JspFragment 实现类，而 Body 内容将会在 invoke() 方法进行处理。以 Tomcat 为例，`<f:if>`Body 内容将转译为以下的 JspFragment 实现类(一个内部类):

```
private class Helper
    extends org.apache.jasper.runtime.JspFragmentHelper {
    // 略...
    public boolean invoke0( JspWriter out )
      throws Throwable {
      out.write("\n");
      out.write("            你的秘密数据在此！\n");
      out.write("        ");
      return false;
    }
    public void invoke( java.io.Writer writer )
      throws JspException {
      JspWriter out = null;
      if( writer != null ) {
        out = this.jspContext.pushBody(writer);
      } else {
        out = this.jspContext.getOut();
      }
      try {
        // 略...
         invoke0( out );
        // 略...
      }
      catch( Throwable e ) {
        if (e instanceof SkipPageException)
          throw (SkipPageException) e;
        throw new JspException( e );
      }
      finally {
        if( writer != null ) {
          this.jspContext.popBody();
        }
      }
    }
}
```

所以在 doTag() 方法中使用 getJspBody() 取得 JspFragment 实例，且调用其 invoke() 方法时传入 null，这表示将使用 PageContext 取得默认的 JspWriter 对象来作输出响应(而并非不作响应)。接着进行 Body 内容的输出，如果 Body 内容中包括 EL 或内层标签，则会先处理(在`<body-content>`设置为 scriptless 的情况下)。在上面的简单范例中，只是将 `<f:if>`Body 的 JSP 片段直接输出(也就是 invoke0() 的执行内容)。

如果调用 JspFragment 的 invoke() 时传入了一个 Writer 实例，则表示要将 Body 内容的运行结果以所设置的 Writer 实例输出，这个之后会再进行讨论。

如果执行 doTag() 的过程在某些条件下，必须中断接下来页面的处理或输出，则可以抛出 `javax.servlet.jsp.SkipPageException`，这个异常对象会在 JSP 转译后的 _jspService() 中进行处理：

```
...
try {
    // 抛出 SkipPageException 异常的地方
    // 其他 JSP 页面片段
    // 略...
} catch (Throwable t) {
    if (!(t instanceof SkipPageException)){
        out = _jspx_out;
        if (out != null && out.getBufferSize() != 0)
            try { out.clearBuffer(); } catch (java.io.IOException e) {}
        if (_jspx_page_context != null)
            _jspx_page_context.handlePageException(t);
    }
}
...
```

简单地说，在 catch 中捕捉到异常时，若是 SkipPageException 实例，什么事都不做。在 doTag() 中若只是想中断接下来的页面处理，则可以抛出 SkipPageException。

> **提示 >>** 若是抛出其他类型的异常，则在 PageContext 的 handlePageException() 中会看看有无设置错误处理相关机制，并尝试进行页面转发或包含的动作，否则就封装为 ServletException 并丢给容器做默认处理，这时就会看到 HTTP Status 500 的网页出现了。

8.2.3 处理标签属性与 Body

如果自定义标签时，Body 的内容需要执行多次该如何处理？例如原本 JSTL <c:forEach> 标签的功能，必须依所设置的数组、Collection 等实际包括对象，以决定是否取出下一个对象并执行 Body。下面就来使用 Simple Tag 实现 <f:forEach> 标签以模仿 <c:forEach> 的功能。这个 <f:forEach> 标签会是这么使用：

```
<f:forEach var="name" items="${names}">
    ${name}<br>
</f:forEach>
```

为了简化范例，先不考虑 items 属性上 EL 的运算结果是数组的情况，而只考虑 Collection 对象。<f:forEach> 标签可以设置 var 属性来决定每次从 Collection 取得对象时，应使用哪个名称在标签 Body 中取得该对象，var 只接受字符串方式来设置名称。下面看看如何实现标签处理器。

SimpleTagDemo ForEachTag.java

```
package cc.openhome.tag;
import java.io.IOException;
```

```
import java.util.Collection;
import javax.servlet.jsp.JspException;
import javax.servlet.jsp.tagext.SimpleTagSupport;

public class ForEachTag extends SimpleTagSupport {
    private String var;
    private Collection items;

    public void setVar(String var) {
        this.var = var;
    }

    public void setItems(Collection items) {
        this.items = items;
    }

    @Override
    public void doTag() throws JspException, IOException {
        for(Object o : items) {
            this.getJspContext().setAttribute(var, o);    ◀──── 设置标签 Body 可用的 EL 名称
            this.getJspBody().invoke(null);    ◀──────────── 在循环中调用 invoke() 方法
            this.getJspContext().removeAttribute(var);
        }
    }
}
```

在属性的设置上，由于 var 属性会是字符串方式设置，所以声明为 String 类型。items 运算的结果可接受 Collection 对象，所以类型声明为 Collection。标签 Body 可接受的 EL 名称，事实上是取得 PageContext 后使用其 setAttribute() 进行设置。<f:forEach>标签 Body 内容必须执行多次，则是通过多次调用 invoke() 来达成。简单地说，在 doTag() 中每调用一次 invoke()，则会执行一次 Body 内容。

由于在 doTag() 中通过取得的 PageContext 设置 page 范围属性，希望 doTag() 执行完毕后清除属性，所以使用 removeAttribute () 进行移除。所以这个范例在离开<f:forEach>标签范围后，就无法再通过 var 属性所设置的名称取得值。

接着同样地，要在 TLD 文件中定义自定义标签相关信息：

SimpleTagDemo   f.tld

```
<?xml version="1.0" encoding="UTF-8"?>
<taglib version="2.0" xmlns="http://java.sun.com/xml/ns/j2ee"
 xmlns:xsi="http://www.w3.org/2001/XMLSchema-instance"
 xsi:schemaLocation="http://java.sun.com/xml/ns/j2ee
web-jsptaglibrary_2_0.xsd">
    <tlib-version>1.0</tlib-version>
    <short-name>f</short-name>
    <uri>http://openhome.cc/jstl/fake</uri>
    // 略...
    <tag>
        <name>forEach</name>
        <tag-class>cc.openhome.tag.ForEachTag</tag-class>
        <body-content>scriptless</body-content>
        <attribute>
            <name>var</name>
            <required>true</required>
```

```
            <type>java.lang.String</type>
        </attribute>
        <attribute>
            <name>items</name>
            <required>true</required>
            <rtexprvalue>true</rtexprvalue>
            <type>java.util.Collection</type>
        </attribute>
    </tag>
</taglib>
```

Simple Tag 的 Body 内容，也就是<body-content>属性与 Tag File 相同，除了`scriptless`之外，还可以设置 `empty` 或 `tagdependent`。`empty`表示一定没有 Body 内容。`tagdependent`表示将 Body 中的内容当作纯文字处理，也就是如果 Body 中出现 Scriptlet、EL 或自定义标签，也只是当作纯文字输出，不会作任何的运算或转译。由于 `var` 属性只接受字符串设置，所以不需要设置<rtexprvalue>标签，不设置时默认就是 `false`，也就是不接受运行时的运算值作为属性设置值。

到目前为止都是通过 `SimpleTagSupport` 的 `getJspBody()`取得 `JspFragment`，并在调用`invoke()`时传入 `null`。先前解释过，这表示将使用 `PageContext`取得默认的 `JspWriter` 对象来作输出响应，也就是默认会输出响应至用户的浏览器。

如果在调用时传入一个自定义的 `Writer` 对象，则标签 Body 内容的处理结果，就会使用指定的 `Writer` 对象进行输出，在需要将处理过后的 Body 内容再做进一步处理时，就会采取这样的做法。例如，可以开发一个将 Body 运行结果全部转为大写的简单标签：

SimpleTagDemo   ToUpperCaseTag.java

```java
package cc.openhome.tag;

import java.io.IOException;
import java.io.StringWriter;
import javax.servlet.jsp.JspException;
import javax.servlet.jsp.tagext.SimpleTagSupport;

public class ToUpperCaseTag extends SimpleTagSupport {
    @Override
    public void doTag() throws JspException, IOException {
        StringWriter writer = new StringWriter();
        this.getJspBody().invoke(writer); ◀── Body 运行结果将输出至 StringWriter 对象
        String upper = writer.toString().toUpperCase();
        this.getJspContext().getOut().print(upper);
    }
}
```

在这个标签处理器中执行 `invoke()`后，标签 Body 执行的结果将输出至 `StringWriter`对象，此时再调用 `StringWriter` 对象的 `toString()`取得输出的字符串结果，并调用`toUpperCase()`方法将结果转为大写。如果这个转换大写后的字符串结果要输出至用户浏览器，则再通过 `PageContext` 的 `getOut()`取得 `JspWriter`对象，而后调用 `print()`方法输出结果。

记得在 TLD 文件中加入这个自定义标签的定义：

```
SimpleTagDemo    f.tld

<?xml version="1.0" encoding="UTF-8"?>
<taglib version="2.0" xmlns="http://java.sun.com/xml/ns/j2ee"
 xmlns:xsi="http://www.w3.org/2001/XMLSchema-instance"
 xsi:schemaLocation="http://java.sun.com/xml/ns/j2ee
 web-jsptaglibrary_2_0.xsd">
    <tlib-version>1.0</tlib-version>
    <short-name>f</short-name>
    <uri>http://openhome.cc/jstl/fake</uri>
    // 略...
    <tag>
        <name>toUpperCase</name>
        <tag-class>cc.openhome.tag.ToUpperCaseTag</tag-class>
        <body-content>scriptless</body-content>
    </tag>
</taglib>
```

可以如下所示使用这个标签，运行的结果是 items 设置的字符串都会被转为大写：

```
<f:toUpperCase>
    <f:forEach var="name" items="${names}">
        ${name} <br>
    </f:forEach>
</f:toUpperCase>
```

还记得 8.2.2 节那段转译后的内部 Helper 类吗？如果调用 invoke() 方法时设置了一个 Writer 对象，则会调用 pageContext 的 pushBody() 方法并传入该对象，这会将 pageContext 的 getOut() 方法所取得的对象设置为该 Writer 对象，并在堆栈中记录先前的 JspWriter 对象。

```
JspWriter out = null;
if( writer != null ) {
    out = this.jspContext.pushBody(writer);
} else {
    out = this.jspContext.getOut();
}
```

所以若标签 Body 内容中还有内层标签，通过 getOut() 取得的就是所设置的 Writer 对象(除非内层标签在调用 invoke() 时，也设置了自己的 Writer 对象)。pushBody() 返回的是 BodyContent 对象，为 JspWriter 的子类，封装了所传入的 Writer 对象。因为 BodyContent 实例被 out 引用，而运行结果都通过 out 所引用的对象输出，所以最后 BodyContent 将会包括所有标签 Body 的运行结果(包括内层标签)，而这些结果，将再写入 BodyContent 所封装的 Writer 对象。

在 invoke() 结束前会调用 pageContext 的 popBody() 方法，从堆栈中恢复原本 getOut() 所应返回的 JspWriter 对象。

提示>>> 这里针对 pushBody()、popBody()方法的说明属于比较进阶的概念，可搭配
PageContext 关于 pushBody()、popBody()的源代码来了解。如果脑袋暂时有点打
结，则只要记得结论："如果调用 invoke()时传入了 Writer 对象，则标签 Body
运行结果将输出至所设置的 Writer 对象。"

8.2.4　与父标签沟通

如果要设计的自定义标签是放置在某个标签中，而且必须与外层标签做沟通，例
如 JSTL 中的<c:when>、<c:otherwise>必须放在<c:choose>中，且<c:when>或<c:otherwise>
必须得知先前的<c:when>是否已经测试通过并执行 Body 内容，如果是的话就不再执行
测试。

8.2.2 节中谈过，当 JSP 中包括自定义标签时，会创建自定义标签处理器的实例，
调用 setJspContext()设置 PageContext 实例，再来若是嵌套标签中的内层标签，则还会调
用标签处理器的 setParent()方法，并传入外层标签处理器的实例。这就是与外层标签
接触的机会。

接下来将以模仿 JSTL 的< c:choose>、<c:when>、<c:otherwise>标签为例，制作自定
义的<f:choose>、<f:when>、<f:otherwise>标签，了解内层标签如何与外层标签沟通。首
先来看看<f:choose>的标签处理器如何编写：

SimpleTagDemo　ChooseTag.java

```java
package cc.openhome.tag;

import java.io.IOException;

import javax.servlet.jsp.JspException;
import javax.servlet.jsp.tagext.SimpleTagSupport;

public class ChooseTag extends SimpleTagSupport {
    private boolean matched;

    public boolean isMatched() {
        return matched;
    }

    public void setMatched(boolean matched) {
        this.matched = matched;
    }

    @Override
    public void doTag() throws JspException, IOException {
        this.getJspBody().invoke(null);
    }
}
```

ChooseTag 基本上没什么事，只是内含一个 boolean 类型的成员 matched，默认是
false。一旦内部的<f:when>有测试成功的情况，会将 matched 设置为 true。ChooseTag 的
doTag()只需要做一件事，取得 JspFragment 并调用 invoke(null)执行标签 Body 内容。

再来看看`<f:when>`的标签处理器实现：

```java
package cc.openhome.tag;

import java.io.IOException;

import javax.servlet.jsp.JspException;
import javax.servlet.jsp.JspTagException;
import javax.servlet.jsp.tagext.JspTag;
import javax.servlet.jsp.tagext.SimpleTagSupport;

public class WhenTag extends SimpleTagSupport {
    private boolean test;

    public void setTest(boolean test) {
        this.test = test;
    }

    @Override
    public void doTag() throws JspException, IOException {
        JspTag parent = getParent();
        if (!(parent instanceof ChooseTag)) {        ←  ❶ 无法取得 parent 或不
            throw new JspTagException("必须置于 choose 标签中");      为 ChooseTag 类型, 表
        }                                                              示不在 choose 标签中
        ChooseTag choose = (ChooseTag) parent;     ❷ parent 的 matched 为 true, 表示先前有
        if(!choose.isMatched() && test) {                    when 通过测试中
            choose.setMatched(true);        ←  ❸ 通过测试, 设置 parent 的 matched 为 true
            this.getJspBody().invoke(null);  ←  ❹ 执行标签 Body
        }
    }
}
```

`<f:when>`可以设置 test 属性来看看是否执行 Body 内容。在测试开始前，必须先尝试取得 parent，如果无法取得(也就是为 null 的情况)，表示不在任何标签之中；或是 parent 不为 ChooseTag 类型时，表示不是置于`<f:choose>`中，这是个错误的使用方式，所以必须抛出异常❶。

如果确实是置于`<f:choose>`标签中，接着尝试取得 parent 的 matched 状态，如果已经被设置为 true，表示先前有`<f:when>`已经通过测试并执行了其 Body 内容，那么目前这个`<f:when>`就不用再做测试了❷。如果是置于`<f:choose>`中，而且先前没有`<f:when>`通过测试，接着就可以进行目前这个`<f:when>`的测试，如果测试成功，则设置 parent 的 matched 为 true，并执行标签 Body。

接着来看`<f:otherwise>`的标签处理器如何编写：

```java
package cc.openhome.tag;

import java.io.IOException;

import javax.servlet.jsp.JspException;
```

```
import javax.servlet.jsp.JspTagException;
import javax.servlet.jsp.tagext.JspTag;
import javax.servlet.jsp.tagext.SimpleTagSupport;

public class OtherwiseTag extends SimpleTagSupport {
    @Override
    public void doTag() throws JspException, IOException {
        JspTag parent = getParent();
        if (!(parent instanceof ChooseTag)) {
            throw new JspTagException("必须置于 choose 标签中");
        }

        ChooseTag choose = (ChooseTag) parent;
        if(!choose.isMatched()) {
            this.getJspBody().invoke(null);  ◀── 先前的<f:when>都没有测试通过，
        }                                        这里就直接执行标签 Body 内容
    }
}
```

　　<f:otherwise>标签的处理基本上与<c:when>类似，必须确认是否置于<f:choose>标签中；必须确认先前是否有<c:when>测试成功，如果先前没有<c:when>测试成功，就直接执行标签 Body 内容。

> **提示 >>>**　WhenTag 与 OtherwiseTag 的 doTag()执行流程类似，可以为它们制作一个父类，以避免重复代码的问题。基本上，这也是 JSTL 的做法。

　　接着记得定义 TLD 文件，在其中加入自定义标签定义：

SimpleTagDemo f.tld

```xml
<?xml version="1.0" encoding="UTF-8"?>
<taglib version="2.0" xmlns="http://java.sun.com/xml/ns/j2ee"
    xmlns:xsi="http://www.w3.org/2001/XMLSchema-instance"
    xsi:schemaLocation="http://java.sun.com/xml/ns/j2ee
    web-jsptaglibrary_2_0.xsd">
    <tlib-version>1.0</tlib-version>
    <short-name>f</short-name>
    <uri>http://openhome.cc/jstl/fake</uri>
    // 略...
    <tag>
        <name>choose</name>
        <tag-class>cc.openhome.tag.ChooseTag</tag-class>
        <body-content>scriptless</body-content>
    </tag>
    <tag>
        <name>when</name>
        <tag-class>cc.openhome.tag.WhenTag</tag-class>
        <body-content>scriptless</body-content>
        <attribute>
            <name>test</name>
            <required>true</required>
            <rtexprvalue>true</rtexprvalue>
            <type>boolean</type>
```

```
        </attribute>
    </tag>
    <tag>
        <name>otherwise</name>
        <tag-class>cc.openhome.tag.OtherwiseTag</tag-class>
        <body-content>scriptless</body-content>
    </tag>
</taglib>
```

接下来使用自定义的<f:choose>、<f:when>、<f:otherwise>标签改写 6.2.2 节中 login2. jsp 作为示范:

SimpleTagDemo login.jsp

```
<%@page contentType="text/html" pageEncoding="UTF-8"%>
<%@taglib prefix="f" uri="http://openhome.cc/jstl/fake"%>
<jsp:useBean id="user" class="cc.openhome.User"  />
<jsp:setProperty name="user" property="*" />
<!DOCTYPE HTML PUBLIC "-//W3C//DTD HTML 4.01 Transitional//EN"
   "http://www.w3.org/TR/html4/loose.dtd">
<html>
    <head>
        <meta http-equiv="Content-Type"
              content="text/html; charset=UTF-8">
        <title>登录页面</title>
    </head>
    <body>
        <f:choose>
            <f:when test="${user.valid}">
                <h1>${user.name}登录成功</h1>
            </f:when>
            <f:otherwise>
                <h1>登录失败</h1>
            </f:otherwise>
        </f:choose>
    </body>
</html>
```

执行的方式与结果与 6.2.2 节是相同的，只不过这次用的是自定义的 “伪” JSTL 标签。

可以使用 getParent() 取得 parent 标签，也就是目前标签的上一层标签。如果在一个数个嵌套的标签中，想要直接取得某个指定类型的外层标签，则可以通过 SimpleTagSupport 的 findAncestorWithClass() 静态方法。例如:

```
SomeTag ancestor = (SomeTag) findAncestorWithClass(
                        this, SomeTag.class);
```

findAncestorWithClass() 方法会在目前标签的外层标签中寻找，直到找到指定的类型之外层标签对象后返回。

8.2.5　TLD 文件

可以将 TLD 文件直接放在 Web 应用程序的 WEB-INF 文件夹或其子文件夹中，容器会在 WEB-INF 文件夹或子文件夹中找到 TLD 文件并加载。如果要用 JAR 文件来封装自定义标签处理器与 TLD 文件，则与 8.1.3 节说明的方式类似，不过这次 TLD 文件不一定要放在 JAR 文件的 META-INF/TLDS 文件夹中，而只要是在 JAR 文件的 META-INF 文件夹或子文件夹即可。也就是：

(1) JAR 文件根目录下放置编译好的类(包含对应包的文件夹)。

(2) JAR 文件 META-INF 文件夹或子文件夹中放置 TLD 文件。例如，可以将这一节所开发的 Simple Tag 放置在一个 fake 文件夹中，如图 8.2 所示。

(3) 接着在文字模式中进入 fake 文件夹，运行以下命令：

```
jar cvf ../fake.jar *
```

图 8.2　准备制作 JAR 文件的文件夹

(4) 这样在 fake 文件夹上一层目录中，就会产生 fake.jar 文件，若想使用这个 fake.jar，只要将之置入 WEB-INF/lib 中，就可以开始使用自定义的标签库。

提示》》　使用 Eclipse 的话，也可以参考 8.1.3 节的操作说明来导出 JAR 文件，并利用 Deployment Assembly 来引用 JAR 文件。

8.3　Tag 自定义标签

使用 Simple Tag 实现自定义标签算是简单，所有要实现的内容都是在 doTag() 方法中进行。绝大多数的情况下，使用 Simple Tag 应能满足自定义标签的需求。然而，Simple Tag 是从 JSP 2.0 之后才加入至标准中，在 JSP 2.0 之前实现自定义标签，则是通过 Tag 接口下相关类的实现来完成。

- 如果能使用 JSP 2.0 以上的环境，应该很少有机会得使用 Tag 接口下的相关类自定义标签才能满足需求(也不太可能会想这么做)。但是你可能会需要维护 JSP 2.0 之前实现出来的自定义标签(如 JSTL)，所以还是需要了解如何使用 Tag 接口下的相关类。

- 这一节将使用 Tag 接口下的相关类，实现出 8.2 节使用 Simple Tag 所自定义的标签，以了解两者在自定义标签上的不同实现方式。

8.3.1　Tag 简介

8.2.1 节曾经使用 Simple Tag 开发了一个<f:if>自定义标签，在这里则改用 Tag 接口下的相关类来实现<f:if>标签。要定义标签处理器，可以通过继承 **javax.servlet.jsp. tagext.TagSupport** 来实现。例如：

TagDemo IfTag.java

```java
package cc.openhome.tag;

import javax.servlet.jsp.JspException;
import javax.servlet.jsp.tagext.TagSupport;

public class IfTag extends TagSupport {
    private boolean test;

    public void setTest(boolean test) {
        this.test = test;
    }

    @Override
    public int doStartTag() throws JspException {
        if(test) {
            return EVAL_BODY_INCLUDE;    ◀── 测试通过会执行标签 Body 内容
        }
        return SKIP_BODY;    ◀── 执行到这里表示测试失败，所以忽略 Body 内容
    }
}
```

当 JSP 中开始处理标签时，会调用 **doStartTag()** 方法，后续是否执行 Body 则是根据 doStartTag() 的返回值决定。如果 doStartTag() 方法返回 EVAL_BODY_INCLUDE 常数(定义在 Tag 接口中)，则会执行 Body 内容，若返回 SKIP_BODY 常数(定义在 Tag 接口中)，则不执行 Body 内容。

提示 »»　看起来只是从 doTag() 实现改为 doStartTag() 吗？因为这还只是简介，事实上继承 TagSupport 类后，针对标签处理的不同时机，可以重新定义的方法有 doStartTag()、doAfterBody() 与 doEndTag()。在开始讨论这些方法时，脑袋可要保持清楚。

接着定义 TLD 文件的内容：

TagDemo f.tld

```xml
<?xml version="1.0" encoding="UTF-8"?>
<taglib version="2.0" xmlns="http://java.sun.com/xml/ns/j2ee"
  xmlns:xsi="http://www.w3.org/2001/XMLSchema-instance"
  xsi:schemaLocation="http://java.sun.com/xml/ns/j2ee
  web-jsptaglibrary_2_0.xsd">
  <tlib-version>1.0</tlib-version>
  <short-name>f</short-name>
  <uri>http://openhome.cc/jstl/fake</uri>
```

```
    <tag>
        <name>if</name>
        <tag-class>cc.openhome.tag.IfTag</tag-class>
        <body-content>JSP</body-content>
        <attribute>
            <name>test</name>
            <required>true</required>
            <rtexprvalue>true</rtexprvalue>
            <type>boolean</type>
        </attribute>
    </tag>
</taglib>
```

基本上，在定义 TLD 文件时与使用 Simple Tag 时是相同的，除了在`<body-content>`的设置值上。在这里可以设置的有 `empty`、`JSP` 与 `tagdependent`(在 Simple Tag 中可以设置的是 `empty`、`scriptless` 与 `tagdependent`)。其中 `JSP` 的设置值表示 Body 中若包括动态内容，如 Scriptlet 等元素、EL 或自定义标签都会被执行。

再来可以如 8.2.1 节的范例来使用这个标签，基于简介时范例的完整性，再将测试用的 JSP 放过来：

TagDemo ifTag.jsp

```jsp
<%@page contentType="text/html" pageEncoding="UTF-8"%>
<%@taglib prefix="f" uri="http://openhome.cc/jstl/fake" %>
<!DOCTYPE HTML PUBLIC "-//W3C//DTD HTML 4.01 Transitional//EN"
    "http://www.w3.org/TR/html4/loose.dtd">
<html>
    <head>
        <meta http-equiv="Content-Type"
              content="text/html; charset=UTF-8">
        <title>自定义 if 标签</title>
    </head>
    <body>
        <f:if test="${param.password == '123456'}">
            你的秘密数据在此！
        </f:if>
    </body>
</html>
```

同样地，如果请求中包括请求参数 password 且值为"123456"，则会显示 Body 内容，否则只会看到一片空白。

8.3.2 了解架构与生命周期

在 8.3.1 节开发`<f:if>`中虽然省略了许多细节，但也略为看到与 Simple Tag 开发的不同。在 Simple Tag 开发中，只要定义 `doTag()`方法就可以了，但在实现 `Tag`接口相关类时，按不同的时机，要定义不同的 doXxxTag()方法，并按需求返回不同的值。

doXxxTag()方法实际上是分别定义在 **Tag** 与 **IterationTag** 接口上的方法，它们的继承与实现架构如图 8.3 所示。

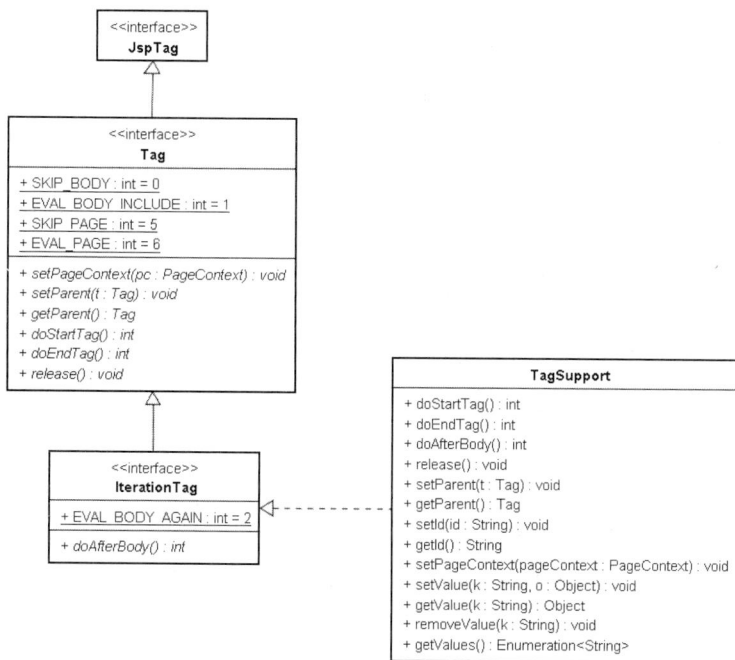

图 8.3　Tag、IterationTag 与 TagSupport

类似 SimpleTag 接口，Tag 接口继承自 JspTag 接口，它定义了基本的 **Tag** 行为，如设置 PageContext 实例的 setPageContext()、设置外层父标签对象的 setParent()方法、标签对象销毁前调用的 release()方法等。

单是使用 Tag 接口的话，无法重复执行 **Body** 内容，而必须使用子接口 IterationTag 接口的 doAfterBody()(之后会看到如何重复执行 **Body** 内容)。TagSupport 类实现了 IteratorTag 接口，对接口上所有方法做了基本实现，所以只需要在继承 TagSupport 之后，针对必要的方法重新定义即可。

当 JSP 中遇到 TagSupport 自定义标签时，会进行以下动作：

(1) 尝试从标签池(**Tag Pool**)找到可用的标签对象，如果找到就直接使用，如果没找到就创建新的标签对象。

(2) 调用标签处理器的 setPageContext()方法设置 PageContext 实例。

(3) 如果是嵌套标签中的内层标签，则还会调用标签处理器的 setParent()方法，并传入外层标签处理器的实例。

(4) 设置标签处理器属性(例如这里是调用 IfTag 的 setTest()方法来设置)。

(5) 调用标签处理器的 doStartTag()方法，并依不同的返回值决定是否执行 **Body** 或调用 doAfterBody()、doEndTag()方法(稍后详述)。

(6) 将标签处理器实例置入标签池中以便再次使用。

首先注意到第 1 点与第 6 点，Tag 实例是可以重复使用的(SimpleTag 实例则是每次请求都创建新对象，用完就销毁回收)，所以自定义 Tag 类时，要注意对象状态是否会保留下来，必要的时候，在 doStartTag() 方法中，可以进行状态重置的动作。别以为可以使用 release()方法来作状态重置，因为 release()方法只会在标签实例真正被销毁回收前被调用。

接着来详细说明第 5 点。JSP 页面会根据标签处理器各方法调用的不同返回值，来决定要调用哪一个方法或进行哪一

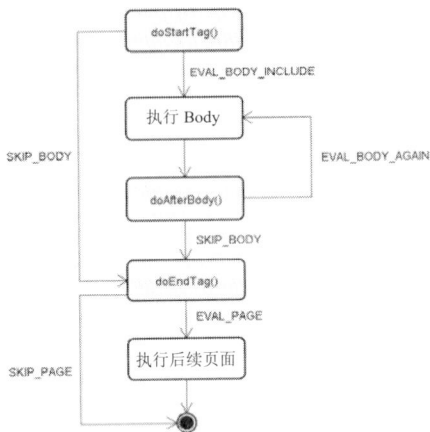

图 8.4　标签处理器流程图

个动作，这个直接使用流程图(见图 8.4)来说明会比较清楚。

doStartTag()可以回传 EVAL_BODY_INCLUDE 或 SKIP_BODY。如果返回 EVAL_BODY_INCLUDE 则会执行 Body 内容，而后调用 doAfterBody()(就相当于 SimpleTag 的 doTag()中调用了 JspFragment 的 invoke()方法)。如果不想执行 Body 内容，则可返回 SKIP_BODY(就相当于 SimpleTag 的 doTag()不调用 JspFragment 的 invoke()方法)，此时就会调用 doEndTag()方法。

这里暂时不讨论 doAfterBody()方法的返回值，因为 doAfterBody()默认返回值是 SKIP_BODY，如果不重新定义 doAfterBody()方法，无论有无执行 Body，流程最后都会来到 doEndTag()。在 doEndTag()中，可返回 EVAL_PAGE 或 SKIP_PAGE。如果返回 EVAL_PAGE，则自定义标签后续的 JSP 页面才会继续执行，如果返回 SKIP_PAGE 就不会执行后续的 JSP 页面(相当于 SimpleTag 的 doTag()中抛出 SkipPageException 的作用)。

实际上，由于 TagSupport 类对 IterationTag 接口做了基本实现，doStartTag()、doAfterBody()与 doEndTag()都有默认的返回值，依序分别是 SKIP_BODY、SKIP_BODY 及 EVAL_PAGE，也就是默认不处理 Body，标签处理结束后会执行后续的 JSP 页面。

> 提示 >> 实际上在 Tomcat 中，如果查看 JSP 转译后的 Servlet 源代码会发现，只要 doStartTag()的返回值不是 SKIP_BODY，就会执行 Body 内容并调用 doAfterBody() 方法。doEndTag()只要返回值不是 SKIP_PAGE，就会执行后续的 JSP 页面。

8.3.3　重复执行标签 Body

如果想继承 TagSupport 实现 8.2.3 节的<f:forEach>标签，可以根据所给定的 Collection 对象个数来决定重复执行标签 Body 的次数，那么该在哪个方法中实现？doStartTag()？根据图 8.4，doStartTag()只会执行一次！doEndTag()？这时 Body 内容处理已经结束了。

根据图 8.4，在 doAfterBody() 方法执行过后，如果返回 EVAL_BODY_AGAIN，则会再重复执行一次 Body 内容，而后再次调用 doAfterBody() 方法，除非在 doAfterBody() 中返回 SKIP_BODY 才会调用 doEndTag()。显然地，doAfterBody() 是可以实现<f:forEach>标签重复处理特性的地方。

不过这里有点小陷阱。当 doStartTag() 返回 EVAL_BODY_INCLUDE 后，会先执行 Body 内容后再调用 doAfterBody() 方法，也就是说，实际上 Body 已经执行过一遍了。所以正确的做法应该是，doStartTag() 与 doAfterBody() 都要实现，doStartTag() 实现第一次的处理，doAfterBody() 实现后续的重复处理。例如：

TagDemo ForEachTag.java

```java
package cc.openhome.tag;

import java.util.Collection;
import java.util.Iterator;
import javax.servlet.jsp.JspException;
import javax.servlet.jsp.tagext.TagSupport;

public class ForEachTag extends TagSupport {
    private String var;
    private Iterator iterator;

    public void setVar(String var) {
        this.var = var;
    }

    public void setItems(Collection items) {
        this.iterator = items.iterator();
    }

    @Override
    public int doStartTag() throws JspException {
        if(iterator.hasNext()) {
            this.pageContext.setAttribute(var, iterator.next());   ←❶ 测试并执行第
            return EVAL_BODY_INCLUDE;   ←❷ 进行 Body 执行后调用    一次的处理
        }                                    doAfterBody()
        return SKIP_BODY;
    }

    @Override
    public int doAfterBody() throws JspException {
        if(iterator.hasNext()) {
            this.pageContext.setAttribute(var, iterator.next());   ←❸ 测试并执行
            return EVAL_BODY_AGAIN;   ←❹ 再执行一次 Body 后调      后续的处理
        }                                 用 doAfterBody()
        this.pageContext.removeAttribute(var);
        return SKIP_BODY;
    }
}
```

在<f:forEach>的标签处理器实现中，必须先为第一次的 Body 执行做属性设置❶，这样返回 EVAL_BODY_INCLUDE 后第一次执行 Body 内容时❷，才可以有 var 所设置的属性

名称可以访问。接着调用 doAfterBody() 方法，其中再为第二次之后的 Body 处理做属性设置❸，如果需要再执行一次 Body，则返回 EVAL_BODY_AGAIN❹，再次执行完 Body 后又会调用 doAfterBody() 方法。如果不想执行 Body 了，则返回 SKIP_PAGE，流程会来到 doEndTag() 的执行(在 SimpleTag 的 doTag() 中直接使用循环语法，显然直观多了)。

接着同样在定义 TLD 文件中定义标签：

TagDemo f.tld

```
<?xml version="1.0" encoding="UTF-8"?>
<taglib version="2.0" xmlns="http://java.sun.com/xml/ns/j2ee"
  xmlns:xsi="http://www.w3.org/2001/XMLSchema-instance"
  xsi:schemaLocation="http://java.sun.com/xml/ns/j2ee
  web-jsptaglibrary_2_0.xsd">
  <tlib-version>1.0</tlib-version>
  <short-name>f</short-name>
  <uri>http://openhome.cc/jstl/fake</uri>
  // 略...
  <tag>
    <name>forEach</name>
    <tag-class>cc.openhome.tag.ForEachTag</tag-class>
    <body-content>JSP</body-content>
    <attribute>
      <name>var</name>
      <required>true</required>
      <type>java.lang.String</type>
    </attribute>
    <attribute>
      <name>items</name>
      <required>true</required>
      <rtexprvalue>true</rtexprvalue>
      <type>java.util.Collection</type>
    </attribute>
  </tag>
</taglib>
```

与 8.2.3 节的 TLD 文件中定义之差别，其实仅在<body-content>是用 JSP 而不是 scriptless。可以使用 8.2.3 节的 JSP 片段来测试这个<f:forEach>标签，基于篇幅限制，这里就不再列出。

提示>>> 实际上在 Tomcat 中，如果观看 JSP 转译后的 Servlet 源代码会发现，只要 doAfterBody() 的返回值不是 EVAL_BODY_AGAIN，就不会再次执行 Body 内容并调用 doAfterBody() 方法。

8.3.4 处理 Body 运行结果

如果想要在 Body 执行过后，取得执行的结果并做适当处理该如何进行？例如实现一个 8.2.3 节的<f:toUpperCase>标签？只是继承 TagSupport 的话没办法实现这个目标。

可以继承 `javax.servlet.jsp.tagext.BodyTagSupport` 类来实现，先来看看其类架构，如图 8.5 所示。

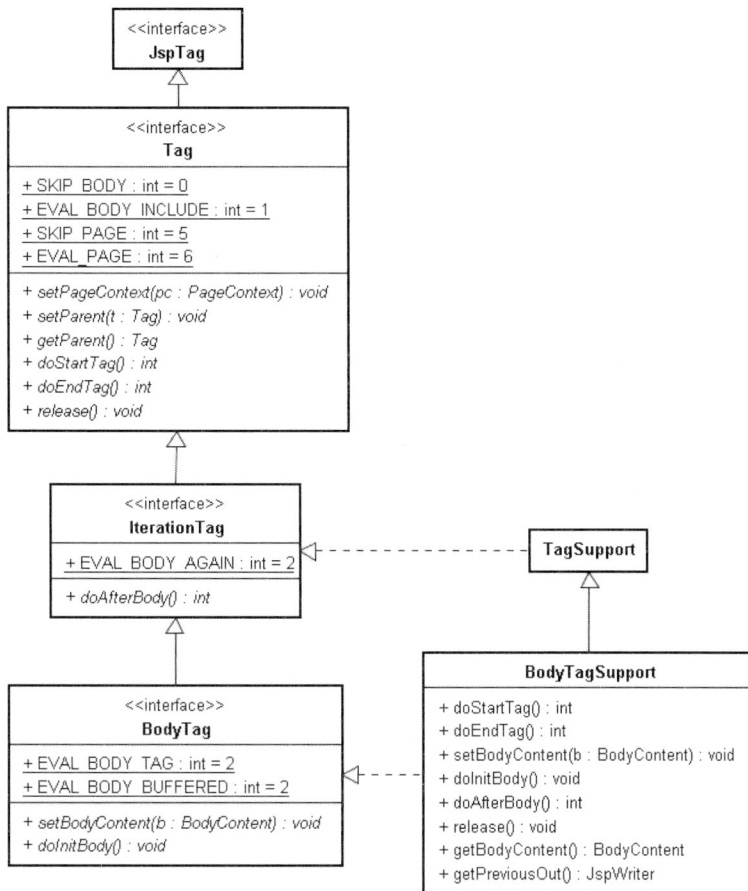

图 8.5　加上 BodyTag 与 BodyTagSupport 后的架构图

图 8.5 中多了 **BodyTag** 接口，其继承自 `IterationTag` 接口，新增了 `setBodyContent()` 与 `doInitBody()` 两个方法，而 `BodyTagSupport` 则继承自 `TagSupport` 类，将 `doStartTag()` 的默认返回值改为 `EVAL_BODY_BUFFERED`，并针对 `BodyTag` 接口做了简单的实现。

在继承 `BodyTagSupport` 类实现自定义标签时，如果 `doStartTag()` 返回了 `EVAL_BODY_BUFFERED`，则会调用 `setBodyContent()` 方法而后调用 `doInitBody()` 方法，接着再执行标签 Body，也就是图 8.4 所示的流程将变成图 8.6 所示。

基本上，在使用 `BodyTagSupport` 实现自定义标签时，并不需要去重新定义 `setBody-Content()` 与 `doInitBody()` 方法。只需要知道这两个方法执行过后，在 `doAfterBody()` 或 `doEndTag()` 方法中，就可以通过 **getBodyContent()** 取得一个 **BodyContent** 对象(Writer 的子对象)，这个对象中包括 Body 内容执行后的结果。例如，通过 BodyContent 的 **getString()** 方法，就可以字符串的方式返回执行后的 Body 内容。

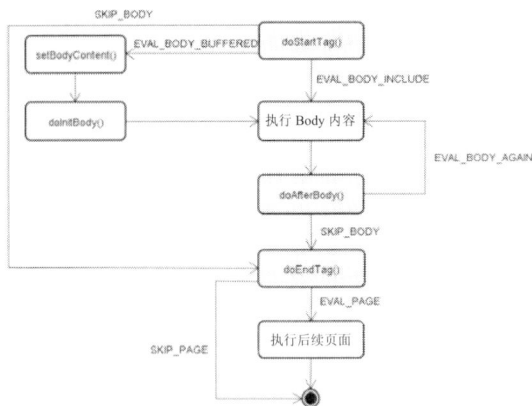

图 8.6　加上 SKIP_BODY 后的流程图

如果要将加工后的 Body 内容输出用户的浏览器，通常会在 doEndTag() 中使用 pageContext 的 getOut() 取得 JspWriter 对象，然后利用它来输出内容至用户的浏览器。在 doAfterBody() 中使用 pageContext 的 getOut() 方法所取得的对象与 getBodyContent() 所取得的其实是相同的对象。如果一定要在 doAfterBody() 中取得 JspWriter 对象，则必须通过 BodyContent 的 **getEnclosingWriter()** 方法。

> 提示》》　原因可以在 JSP 转译后的 Servlet 代码中找到。如果 doStartTag() 返回 EVAL_BODY_BUFFERED，则会使用 PageContext 的 pushBody() 将目前的 JspWriter 置入堆栈中，并返回一个 BodyContent 对象，而后调用 setBodyContent() 并传入这个 BodyContent 对象，然后调用 doInitBody() 方法。而在调用 doEndTag() 方法前，如果先前 doStartTag() 返回 EVAL_BODY_BUFFERED，则会调用 PageContext 的 popBody()，将原本的 JspWriter 从堆栈中取出。

以下使用 BodyTagSupport 类来实现出 8.2.3 节的<f:toUpperCase>标签处理器作为示范：

TagDemo ToUpperCaseTag.java

```java
package cc.openhome.tag;

import java.io.IOException;
import javax.servlet.jsp.JspException;
import javax.servlet.jsp.tagext.BodyTagSupport;

public class ToUpperCaseTag extends BodyTagSupport {
    @Override
    public int doEndTag() throws JspException {
        String upper = this.getBodyContent().getString().toUpperCase();
        try {
            pageContext.getOut().write(upper);
        } catch (IOException e) {
            throw new JspException(e);
        }
        return super.doEndTag();
    }
}
```

这里在 doEndTag() 中通过 getBodyContent() 取得 BodyContent 对象，并调用其 getString() 取得执行过后的标签 Body 内容，再进行转字母为大写的动作。转换后的 Body 内容，则通过 pageContext 的 getOut() 取得 JspWriter 进行输出。

记得在 TLD 文件中定义标签：

TagDemo f.tld

```xml
<?xml version="1.0" encoding="UTF-8"?>
<taglib version="2.0" xmlns="http://java.sun.com/xml/ns/j2ee"
  xmlns:xsi="http://www.w3.org/2001/XMLSchema-instance"
  xsi:schemaLocation="http://java.sun.com/xml/ns/j2ee
  web-jsptaglibrary_2_0.xsd">
 <tlib-version>1.0</tlib-version>
 <short-name>f</short-name>
 <uri>http://openhome.cc/jstl/fake</uri>
 // 略...
 <tag>
    <name>toUpperCase</name>
    <tag-class>cc.openhome.tag.ToUpperCaseTag</tag-class>
    <body-content>JSP</body-content>
 </tag>
</taglib>
```

接着就如同 8.2.3 节的示范，可以这样使用这个标签：

```
<f:toUpperCase>
   <f:forEach var="name" items="${names}">
       ${name} <br>
   </f:forEach>
</f:toUpperCase>
```

8.3.5　与父标签沟通

就如同 8.2.4 节介绍 Simple Tag 时的说明，如果有一些标签必须与外层标签沟通，则可以通过 getParent() 来取得外层标签实例，这对 Tag 接口相关类的实现也是如此。8.3.2 节中提过，如果是嵌套标签中的内层标签，则还会调用标签处理器的 setParent() 方法，并传入外层标签处理器的实例。

同样地，在这里以开发<f:choose>、<f:when>与<f:otherwise>作为示范。首先是<f:choose>标签处理器的开发：

TagDemo ChooseTag.java

```java
package cc.openhome.tag;

import javax.servlet.jsp.JspException;
import javax.servlet.jsp.tagext.TagSupport;

public class ChooseTag extends TagSupport {
   private boolean matched;

   public boolean isMatched() {
      return matched;
```

```
    }

    public void setMatched(boolean matched) {
        this.matched = matched;
    }

    @Override
    public int doStartTag() throws JspException {
        matched = false;
        return EVAL_BODY_INCLUDE;
    }
}
```

ChooseTag 基本上什么都不做，之所以要重新定义 doStartTag()，因为 TagSupport 的 doStartTag()方法默认返回 SKIP_BODY。因为<f:choose>用来包括内层标签，不能忽略 Body 内容，所以必须返回 EVAL_BODY_INCLUDE。

另外，记得 Tag 的实例会在不使用时放回标签池，所以若标签上一次执行过后有状态存在，下次再从标签池中取出时，必须考虑进行状态重置的动作，这个动作放在 doStartTag()中完成。

接着是<f:when>标签的处理器：

TagDemo WhenTag.java

```
package cc.openhome.tag;

import javax.servlet.jsp.JspException;
import javax.servlet.jsp.tagext.JspTag;
import javax.servlet.jsp.tagext.TagSupport;

public class WhenTag extends TagSupport {
    private boolean test;

    public void setTest(boolean test) {
        this.test = test;
    }

    @Override
    public int doStartTag() throws JspException {
        JspTag parent = getParent();
        if (!(parent instanceof ChooseTag)) {
            throw new JspException("必须置于 choose 标签中");
        }

        ChooseTag choose = (ChooseTag) parent;
        if (choose.isMatched() || !test) {
            return SKIP_BODY;
        }

        choose.setMatched(true);
        return EVAL_BODY_INCLUDE;
    }
}
```

在这里，doStartTag()基本上的检查流程与 8.2.4 节类似，判断是否包括在<f:choose>标签中，判断先前的<f:when>是否曾经通过测试，以决定是否要执行或忽略自己的 Body 内容。

```java
package cc.openhome.tag;

import javax.servlet.jsp.JspException;
import javax.servlet.jsp.tagext.JspTag;
import javax.servlet.jsp.tagext.TagSupport;

public class OtherwiseTag extends TagSupport {
    @Override
    public int doStartTag() throws JspException {
        JspTag parent = getParent();
        if (!(parent instanceof ChooseTag)) {
            throw new JspException("必须置于 choose 标签中");
        }

        ChooseTag choose = (ChooseTag) parent;
        if (choose.isMatched()) {
            return SKIP_BODY;
        }

        return EVAL_BODY_INCLUDE;
    }
}
```

基本上，OtherwiseTag 的 doStartTag()与 WhenTag 是类似的，只不过不用检查 test 属性。记得在 TLD 文件中加入标签定义：

```xml
<?xml version="1.0" encoding="UTF-8"?>
<taglib version="2.0" xmlns="http://java.sun.com/xml/ns/j2ee"
  xmlns:xsi="http://www.w3.org/2001/XMLSchema-instance"
  xsi:schemaLocation="http://java.sun.com/xml/ns/j2ee
  web-jsptaglibrary_2_0.xsd">
  <tlib-version>1.0</tlib-version>
  <short-name>f</short-name>
  <uri>http://openhome.cc/jstl/fake</uri>
  // 略...
  <tag>
     <name>choose</name>
     <tag-class>cc.openhome.tag.ChooseTag</tag-class>
     <body-content>JSP</body-content>
  </tag>
  <tag>
     <name>when</name>
     <tag-class>cc.openhome.tag.WhenTag</tag-class>
     <body-content>JSP</body-content>
     <attribute>
        <name>test</name>
```

```
        <required>true</required>
        <rtexprvalue>true</rtexprvalue>
        <type>boolean</type>
    </attribute>
  </tag>
  <tag>
    <name>otherwise</name>
    <tag-class>cc.openhome.tag.OtherwiseTag</tag-class>
    <body-content>JSP</body-content>
  </tag>
</taglib>
```

同样地，可以使用 8.2.4 节的 JSP 网页来测试这里自定义的<f:choose>、<f:when>与
<f:otherwise>标签。

提示 >>>　有机会的话，可以看看 JSTL 的实现源代码，这是了解如何使用 Tag 接口下相
　　　　关类实现自定义标签的最好方式。JSTL 的源代码可以在这里下载：
　　　　http://jakarta.apache.org/site/downloads/downloads_taglibs-standard.cgi

8.4　综合练习

这里的综合练习，将会在微博首页显示用户发布的最新信息，并稍微利用一下自
定义标签，让页面的处理更为精简且易维护。

8.4.1　实现首页最新信息

目前所完成的微博，首页除了登录窗体的部分外，其他版面空空如也。这里希望
加入一个新功能，可在首页显示用户最新发布的信息。完成的画面如图 8.7 所示。

图 8.7　在首页显示用户最新发布的信息

为了能够保存用户的最新信息，在 `UserService` 类中加入一些代码：

Gossip UserService.java

```
package cc.openhome.model;
...
public class UserService {
    ...
    private LinkedList<Blah> newest = new LinkedList<Blah>();   ❶用以保存最新
    ...                                                            发表的信息

    public void addBlah(Blah blah) throws IOException {
        ...
        newest.addFirst(blah);        ❷新增信息时，一并存至保存最新信息
        if(newest.size() > 20) {      ❸只保留 20 个信息
            newest.removeLast();
        }
    }

    public void deleteBlah(Blah blah) {
        ...
        newest.remove(blah);    ❹移除信息时，一并从最新信息的 List 中移除
    }

    public List<Blah> getNewest() {     ❺用以取得最新信息
        return newest;
    }
}
```

在这里简单地使用一个 `LinkedList`(实现了 `List` 接口)来保存最新信息❶，并提供 `getNewest()` 来取得这个 `List`❺，用户调用 `UserService` 的 `addBlah()` 新增信息时，也将信息保存至 `newest` 中❷，最新信息只保存 20 个❸，用户通过 `UserService` 的 `deleteBlah()` 移除信息时，也一并从 `newest` 中移除信息。

为了可以使用 `List` 的 `remove()` 方法，`Blah` 必须实现 `hasCode()` 与 `equals()`，这里简单地针对用户名称与信息日期来实现：

Gossip Blah.java

```
package cc.openhome.model;

import java.io.Serializable;
import java.util.*;

public class Blah implements Serializable {
    ...
    @Override
    public int hashCode() {
        final int prime = 31;
        int result = 1;
        result = prime * result + ((date == null) ? 0 : date.hashCode());
        result = prime * result
                + ((username == null) ? 0 : username.hashCode());
        return result;
    }
```

```
@Override
public boolean equals(Object obj) {
    if (this == obj)
        return true;
    if (obj == null)
        return false;
    if (getClass() != obj.getClass())
        return false;
    Blah other = (Blah) obj;
    if (date == null) {
        if (other.date != null)
            return false;
    } else if (!date.equals(other.date))
        return false;
    if (username == null) {
        if (other.username != null)
            return false;
    } else if (!username.equals(other.username))
        return false;
    return true;
}
}
```

为了简化范例，这里的 `hashCode()` 与 `equals()` 是通过 Eclipse 的 Source 菜单中在 Generate hashCode() and equals()命令功能产生。

提示»» 如果对正确实现 `hashCode()` 与 `equals()` 的考量有兴趣，可以参考：

http://caterpillar.onlyfun.net/Gossip/JavaEssence/ObjectEquality.html

Lab. 接下来可以修改 index.jsp，如下所示：

Gossip index.jsp

```jsp
<%@page pageEncoding="UTF-8" %>
<%@taglib prefix="c" uri="http://java.sun.com/jsp/jstl/core"%>
<%@taglib prefix="fmt" uri="http://java.sun.com/jsp/jstl/fmt"%>
<!DOCTYPE html PUBLIC "-//W3C//DTD HTML 4.01 Transitional//EN"
"http://www.w3.org/TR/html4/loose.dtd">
<html>
    <head>
        <meta http-equiv="Content-Type"
                content="text/html; charset=UTF-8">
        <title>Gossip 微博</title>
        <link rel="stylesheet" href="css/index.css" type="text/css">
    </head>
    <body>
        ...
        <div>
            <h1>Gossip ... XD</h1>
                <ul>
                    <li>谈天说地不奇怪
                    <li>分享信息也可以
                    <li>随意写写表心情
                </ul>
        <table style='text-align: left; width: 510px; height: 88px;'
                border='0' cellpadding='2' cellspacing='2'>
            <thead>
```

```
      <tr>
          <th><hr></th>
      </tr>
   </thead>
   <tbody>
   <c:forEach var="blah"
          items="${applicationScope.userService.newest}">
      <tr>
          <td style='vertical-align: top;'>${blah.username}<br>
              <c:out value="${blah.txt}"/><br>
              <fmt:formatDate value="${blah.date}" type="both"
                          dateStyle="full" timeStyle="full"/>
              <hr>
          </td>
      </tr>
   </c:forEach>
   </tbody>
  </table>
  </div>
  </body>
</html>
```

8.4.2 自定义 Blahs 标签

目前已完成了首页的最新信息显示功能，如果仔细观察目前 index.jsp 与 user.jsp 完成的内容，会发现其中有片段除了 items 属性不同外，其他部分都是相同的：

```
...
      <table style='text-align: left; width: 510px; height: 88px;'
          border='0' cellpadding='2' cellspacing='2'>
         <thead>
            <tr>
                <th><hr></th>
            </tr>
         </thead>
         <tbody>
         <c:forEach var="blah" items="...除了这里不同之外...">
            <tr>
                <td style='vertical-align: top;'>${blah.username}<br>
                    <c:out value="${blah.txt}"/><br>
                    <fmt:formatDate value="${blah.date}" type="both"
                                dateStyle="full" timeStyle="full"/>
                    <hr>
                </td>
            </tr>
         </c:forEach>
         </tbody>
      </table>
  ...
```

如果再与 member.jsp 比较，会发现其中也出现了以上片段，除了又多了个删除的链接之外：

```
   ...
```

```
        <td style='vertical-align: top;'>${blah.username}<br>
            <c:out value="${blah.txt}"/><br>
            <fmt:formatDate value="${blah.date}" type="both"
                        dateStyle="full" timeStyle="full"/>
            <a href='delete.do?message=${blah.date.time}'>删除</a>
            <hr>
        </td>
    ...
```

类似地片段出现在三个页面中，这对维护并不是件好事。因此在这里创建一个 Blahs.tag，如下：

Gossip Blahs.tag

```
<%@ tag pageEncoding="UTF-8"%>
<%@taglib prefix="c" uri="http://java.sun.com/jsp/jstl/core"%>
<%@taglib prefix="fmt" uri="http://java.sun.com/jsp/jstl/fmt"%>
<c:choose>
    <c:when test="${requestScope.blahs == null}">
        <c:set var="blahs"
          value="${applicationScope.userService.newest}" scope="page"/>
    </c:when>
    <c:otherwise>
        <c:set var="blahs" value="${requestScope.blahs}" scope="page"/>
    </c:otherwise>
</c:choose>
```
❶ 决定在 page 范围设置哪个 List

```
<table style='text-align: left; width: 510px; height: 88px;'
            border='0' cellpadding='2' cellspacing='2'>
    <thead>
        <tr>
            <th><hr></th>
        </tr>
    </thead>
    <tbody>
        <c:forEach var="blah" items="${pageScope.blahs}">
```
◄ ❷ 使用 page 范围设置的 List
```
            <tr>
                <td style='vertical-align: top;'>${blah.username}<br>
                    <c:out value="${blah.txt}"/><br>
                    <fmt:formatDate value="${blah.date}" type="both"
                                dateStyle="full" timeStyle="full"/>
                <c:if test="${sessionScope.login != null}">
                <a href='delete.do?message=${blah.date.time}'>删除</a>
                </c:if>
```
❸ 依用户是否登录决定是否显示删除链接
```
                    <hr>
                </td>
            </tr>
        </c:forEach>
    </tbody>
</table>
<c:remove var="blahs" scope="page"/>
```

　　如果是通过控制器转发至 member.jsp 或 user.jsp，则请求范围中会有信息的 List 对象，这个 Tag File 最重要的，就是判断是否有这种情况。如果是的话，就会在 page

范围中设置这个 List 成为属性，否则就将 application 范围中最新信息的 List 设为 page
范围属性❶。之后<c:forEach>就是取得 page 范围中的属性逐一显示信息❷，由于删除信息的功能是用户登录之后才可以使用，所以判断用户的会话范围是否有 login 属性，有的话才显示删除链接❸。

如果 Blahs.tag 是放在/WEB-INF/tags 文件夹中，接下来，则可以在 index.jsp、user.jsp 与 member.jsp 的开头加上：

```
<%@taglib prefix="openhome" tagdir="/WEB-INF/tags"%>
```

接着在 index.jsp、user.jsp 与 member.jsp 中，就可以用<openhome:Blahs>来取代原本重复的片段。如下所示：

Gossip index.jsp

```
<%@page pageEncoding="UTF-8" %>
...
<%@taglib prefix="openhome" tagdir="/WEB-INF/tags"%>
    ...
        <h1>Gossip ... XD</h1>
          <ul>
                <li>谈天说地不奇怪
                <li>分享信息也可以
                <li>随意写写表心情
          </ul>
        <openhome:Blahs/>
      </div>
    </body>
</html>
```

Gossip user.jsp

```
<%@page pageEncoding="UTF-8"%>
...
<%@taglib prefix="openhome" tagdir="/WEB-INF/tags"%>
    ...
      <openhome:Blahs/>
      <hr style='width: 100%; height: 1px;'>
    </c:when>
    ...
```

Gossip member.jsp

```
<%@page pageEncoding="UTF-8"%>
...
<%@taglib prefix="openhome" tagdir="/WEB-INF/tags"%>
      ...
      <openhome:Blahs/>
      <hr style='width: 100%; height: 1px;'>
    </body>
</html>
```

8.5　重点复习

Tag File 是为了不会 Java 的网页设计人员而存在的，它是一个后缀为.tag 的文件，放在 WEB-INF/tags 下。Tag File 中可使用 tag 指示元素，它就像是 JSP 的 page 指示元素，用来告知容器如何转译 Tag File。在需要 Tag File 的 JSP 页面中，要使用 taglib 指示元素的 prefix 定义前置名称，并使用 tagdir 属性定义 Tag File 的位置。Tag File 会被容器转译，实际上是转译为 javax.servlet.jsp.tagext.SimpleTagSupport 的子类。

在创建 Tag File 时，也可以指定使用某些属性，方法是通过 attribute 指示元素来指定。tag 指示元素的 body-content 属性默认就是 scriptless，也就是不可以出现<% %>、<%= %>或<%! %>元素。body-content 属性还可以设置 empty 或 tagdependent。empty 表示一定没有 Body 内容，tagdependent 表示将 Body 中的内容当作纯文字处理，也就是如果 Body 中出现了 Scriptlet、EL 或自定义标签，也只是当作纯文字输出，不会做任何的运算或转译。

如果要将 Tag File 包成 JAR 文件，那么有几个地方要注意一下：

- *.tag 文件必须放在 JAR 文件的 META-INF/tags 文件夹或子文件夹下。
- 要定义 TLD(Tag Library Description)文件。
- TLD 文件必须放在 JAR 文件的 META-INF/TLDS 文件夹下。

可以继承 javax.servlet.jsp.tagext.SimpleTagSupport 来实现 Simple Tag 标签处理器(Tag Handler)，并重新定义 doTag()方法来进行标签处理。为了让 Web 容器了解 Simple Tag 标签与标签处理器之间的关系，要定义一个标签程序库描述文件(Tag Library Descriptor)，也就是一个后缀为*.tld 的文件。其中<uri>设置是在 JSP 中与 taglib 指示元素的 uri 属性对应用的。每个<tag>标签中使用<name>定义了自定义标签的名称，使用<tag-class>定义标签处理器类，而<body-content>设置为 scriptless，表示标签 Body 中不允许使用 Scriptlet 等元素。

如果标签上有属性，则使用<attribute>来设置，<name>设置属性名称，<required>表示是否一定要设置这个属性，<rtexprvalue>表示属性是否接受运行时运算的结果(如 EL 表达式的结果)。如果设置为 false 或不设置<rtexprvalue>，表示在 JSP 上设置属性时仅接受字符串形式，<type>则设置属性类型。将 TLD 文件放在 WEB-INF 文件夹下，这样容器就会自动加载。

所有的 JSP 自定义标签都实现了 JspTag 接口，JspTag 接口只是标示接口，本身没有定义任何的方法。SimpleTag 接口继承了 JspTag，定义了 Simple Tag 开发时所需的基本行为，Simple Tag 标签处理器必须实现 SimpleTag 接口，不过通常继承 SimpleTagSupport 类，因为该类实现了 SimpleTag，并对所有方法做了基本实现。只需要在继承 SimpleTagSupport 之后，重新定义所兴趣的方法即可，通常就是重新定义 doTag()方法。

当 JSP 网页中包括 Simple Tag 自定义标签，若用户请求该网页，在遇到自定义标签时，会按照以下步骤来进行处理：

(1) 创建自定义标签处理器实例。

(2) 调用标签处理器的 `setJspContext()` 方法设置 `PageContext` 实例。

(3) 如果是嵌套标签中的内层标签，则还会调用标签处理器的 `setParent()` 方法，并传入外层标签处理器的实例。

(4) 设置标签处理器属性(如这里是调用 `IfTag` 的 `setTest()` 方法来设置)。

(5) 调用标签处理器的 `setJspBody()` 方法设置 `JspFragment` 实例。

(6) 调用标签处理器的 `doTag()` 方法。

(7) 销毁标签处理器实例。

在 `doTag()` 方法中使用 `getJspBody()` 取得 `JspFragment` 实例，在调用其 `invoke()` 方法时传入 `null`，这表示将使用 `PageContext` 取得默认的 `JspWriter` 对象来作输出响应(而并非不作响应)。如果调用 `JspFragment` 的 `invoke()` 时传入了一个 `Writer` 实例，则表示要将 Body 内容的运行结果，以设置的 `Writer` 实例作输出。如果执行 `doTag()` 的过程在某些条件下必须中断接下来页面的处理或输出，则可以抛出 `javax.servlet.jsp.SkipPageException`。 Simple Tag 的 Body 内容，也就是 `<body-content>` 属性与 **Tag File** 类似，除了 `scriptless` 之外，还可以设置 `empty` 或 `tagdependent`。`<rtexprvalue>` 标签在不设置时，默认就是 `false`，也就是不接受运行时的运算值作为属性设置值。

要定义 **Tag** 标签处理器，可以通过继承 `javax.servlet.jsp.tagext.TagSupport` 来实现。Tag 接口继承自 `JspTag` 接口，定义了基本的 **Tag** 行为。单是使用 `Tag` 接口的话，无法重复执行 Body 内容，这是用子接口 `IterationTag` 的 `doAfterBody()` 所定义。`TagSupport` 类实现了 `IteratorTag` 接口，对接口上所有方法做了基本实现，只需要在继承 `TagSupport` 之后，针对必要的方法重新定义即可。

当 JSP 中遇到 `TagSupport` 自定义标签时，会进行以下动作：

(1) 尝试从标签池(**Tag Pool**)找到可用的标签对象，如果找到就直接使用，如果没找到就创建新的标签对象。

(2) 调用标签处理器的 `setPageContext()` 方法设置 `PageContext` 实例。

(3) 如果是嵌套标签中的内层标签，则还会调用标签处理器的 `setParent()` 方法，并传入外层标签处理器的实例。

(4) 设置标签处理器属性(如这里是调用 `IfTag` 的 `setTest()` 方法来设置)。

(5) 调用标签处理器的 `doStartTag()` 方法，并依不同的返回值决定是否执行 Body 或调用 `doAfterBody()`、`doEndTag()` 方法。

(6) 将标签处理器实例置入标签池中以便再次使用。

在继承 `BodyTagSupport` 类实现自定义标签时，如果 `doStartTag()` 返回了 `EVAL_BODY_BUFFERED`，则会调用 `setBodyContent()` 方法而后调用 `doInitBody()` 方法，接着再执行标签 Body。如果要将加工后的 Body 内容输出用户的浏览器，通常会在 `doEndTag()` 中使用 `pageContext` 的 `getOut()` 取得 `JspWriter` 对象，然后利用它来输出内容至用户的浏览器。如果在 `doAfterBody()` 中使用 `pageContext` 的 `getOut()` 方法，取得的对象与 `getBodyContent()` 取得的其实是相同的对象。如果一定要在 `doAfterBody()` 中取得 `JspWriter` 对象，则必须通过 `BodyContent` 的 `getEnclosingWriter()` 方法。

8.6 课后练习

8.6.1 选择题

1. 如果 `taglib` 设定如下：

   `<%@taglib prefix="x" uri="http://openhome.cc/magic/x"%>`

   则以下(   )是使用自定义标签的正确方式。

   A. `<x:if>`   B. `<magic:forEach>`

   C. `<if/>`   D. `<x:if/>`

2. 在使用 Tag File 自定义标签时，若 JSP 中有以下内容：

   `<%@taglib  prefix="html" tagdir="/WEB-INF/tagFile" %>`

   以下描述正确的是(   )。

   A. 可以 `<html:Errors/>` 的方式使用自定义标签

   B. 可以 `<htmlErrors/>` 的方式使用自定义标签

   C. 可以 `<Errors/>` 的方式使用自定义标签

   D. `taglib` 的定义有误，无法使用自定义标签

3. 关于 `tag` 指示元素的 `body-content` 属性，以下说明正确的是(   )。

   A. 可设定的值有 `JSP`、`scriptless`、`empty` 与 `tagdependent`

   B. 默认值是 `scriptless`

   C. 设定为 `tagdependent` 时，Body 内容将不做任何处理直接传入 Tag File 中

   D. 如果 Body 中要执行 Scriptlet，则要设定为 `JSP`

4. 在继承 `SimpleTagSupport` 后，`doTag()` 的实现如下：

```
public void doTag() throws JspException {
    try {
        if(test) {
            getJspBody()._____;
        }
    } catch (java.io.IOException ex) {
        throw new JspException("执行错误", ex);
    }
}
```

如果 test 为 true 时，将执行 Body 内容并输出结果至浏览器，则空白部分应填入
(　　)。

　　A. `invoke()`　　　　　　　B. `invoke(new JspWriter())`

　　C. `invoke(null)`　　　　　D. `invoke(new PrintWriter())`

5. 在继承 `SimpleTagSupport` 后，`doTag()` 的实现如下：

```
public void doTag() throws JspException {
    try {
        if(test) {
            // ...
        }
        else {
            throw new _____;
        }
    } catch (java.io.IOException ex) {
        throw new JspException("执行错误", ex);
    }
}
```

如果 test 为 false 时，希望能中断 JSP 后续页面的处理，则空白部分应填入(　　)。

　　A. `SkipPageException()`　　　B. `IOException()`

　　C. `ServletException()`　　　D. `Exception()`

6. 在继承 `TagSupport` 后，有个代码段实现如下：

```
public int _____throws JspException {
    if(test) {
        // ...
        return EVAL_PAGE;
    }
    return SKIP_PAGE;

}
```

　　如果 test 为 false 时，希望能中断 JSP 后续页面的处理，则空白部分应是实现(　　)
方法。

　　A. `doTag()`　　　　　　　B. `doStartTag()`

　　C. `doEndTag()`　　　　　　D. `doAfterBody()`

7. 在继承 `BodyTagSupport` 类实现自定义标签时，基本上 `doStartTag()` 方法可以传回
的有效值有(　　)。

　　A. `SKIP_BODY`　　　　　　B. `EVAL_BODY_BUFFERED`

　　C. `EVAL_BODY_INCLUDE`　　D. `EVAL_PAGE`

8. 在 `TagSupport` 类的实现中，`doStartTag()`、`doEndTag()` 的默认传回值是(　　)。

　　A. `SKIP_BODY.EVAL_PAGE`　　　　B. `EVAL_BODY_INCLUDE.EVAL_PAGE`

　　C. `EVAL_BODY_INCLUDE.SKIP_PAGE`　　D. `SKIP_BODY.SKIP_PAGE`

9. Tag File 文件转译后，是继承自( )类。

　　A. `TagSupport`　　　　　　　　B. `BodyTagSupport`

　　C. `SimpleTagSupport`　　　　　D. `HttpServlet`

10. 关于 Tag File，有误的是( )。

　　A. .tag 文件中可以使用 Scriptlet

　　B. 自定义标签 Body 可以使用 Scriptlet

　　C. .tag 的 Scriptlet 中定义的变量可以在 JSP 中使用

　　D. .tag 的 Scriptlet 中可以使用 `request`、`response` 等隐式对象

8.6.2　实训题

1. 请使用 Simple Tag 开发一个自定义标签，可以如下使用：

```
<g:eachImage var="image" dir="/avatars">
    <img src="${image}"/><br>
</g:eachImage>
```

可以指定某个目录，这个自定义标签将取得该目录下所有图片的路径，并设置给 `var` 所指定的变量名称，之后在标签 Body 中可以使用该名称(像上例使用`${image}`搭配 `<img>`标签将图片显示在浏览器上)。

2. 请使用 Tag 开发自定义标签，模拟 JSTL 的`<c:set>`与`<c:remove>`标签功能，其中 `<c:set>`的模拟至少具备 `var`、`value` 与 `scope` 属性，`<c:remove>`的模拟至少具备 `var`、`scope` 属性。

整合数据库

学习目标：

- 了解 JDBC 架构
- 使用基本的 JDBC
- 通过 JNDI 取得 DataSource
- 在 Web 应用程序中整合数据库

9.1 JDBC 入门

JDBC 是用于执行 SQL 的解决方案，开发人员使用 JDBC 的标准接口，数据库厂商则对接口进行实现，开发人员无须了解底层数据库驱动程序的差异性，直接使用即可。

在这个章节中，会说明一些 JDBC 基本 API 的使用与概念，以便对 Java 如何访问数据库有所认识，并了解如何在 Servlet/JSP 中使用整合 JDBC。

9.1.1 JDBC 简介

在正式介绍 JDBC 之前，要先来认识应用程序如何与数据库进行沟通。数据库本身是个独立运行的应用程序，编写的应用程序是利用网络通信协议与数据库进行命令交换，以进行数据的增删查找。如图 9.1 所示。

图 9.1 应用程序与数据库利用通信协议沟通

通常应用程序会利用一组专门与数据库进行通信协议的程序库，以简化与数据库沟通时的程序编写，如图 9.2 所示。

图 9.2 应用程序调用程序库以简化程序编写

问题的重点在于，你的应用程序如何调用这组程序库？不同的数据库通常会有不同的通信协议，用以连接不同数据库的程序库在 API 上也会有所不同，如果应用程序直接使用这些程序库，例如：

```
XySqlConnection conn = new XySqlConnection("localhost", "root", "1234");
conn.selectDB("gossip");
XySqlQuery query = conn.query("SELECT * FROM T_USER");
```

假设这段代码中的 API 是某 Xy 数据库厂商程序库所提供，应用程序中要使用到数据库连接时，都会直接调用这些 API，若哪天应用程序打算改用 Ab 厂商数据库及其提供的数据库连接 API，那就得修改相关的代码。

另一个考量是，若 Xy 数据库厂商的程序库底层实际上使用了与操作系统相关的功能，若只打算换个操作系统，则就还得先权衡一下，是否有提供该平台的数据库的程序库。

更换数据库的需求并不是没有，应用程序跨平台也是经常的需求。JDBC 基本上就是用来解决这些问题，JDBC 全名 **Java DataBase Connectivity**，是 Java 数据库连接的标准规范。具体而言，它定义一组标准类与接口，应用程序需要连接数据库时就调用这组标准 API，而标准 API 中的接口会由数据库厂商实现，通常称为 JDBC 驱动程序(Driver)，如图 9.3 所示。

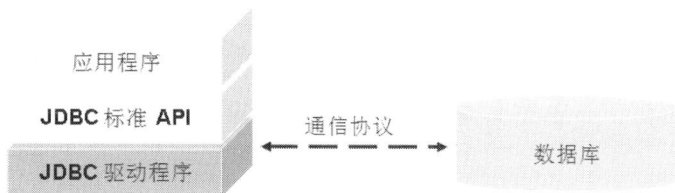

图 9.3　应用程序调用 JDBC 标准 API

JDBC 标准主要分为两个部分：JDBC 应用程序开发者接口(Application Developer Interface)以及 JDBC 驱动程序开发者接口(Driver Developer Interface)。如果应用程序需要连接数据库，就是调用 JDBC 应用程序开发者接口(见图 9.4)，相关 API 主要在 `java.sql` 与 `javax.sql` 两个包中，也是本章节说明的重点。JDBC 驱动程序开发者接口则是数据库厂商要实现驱动程序时的规范，一般开发者并不用了解，本章节不予说明。

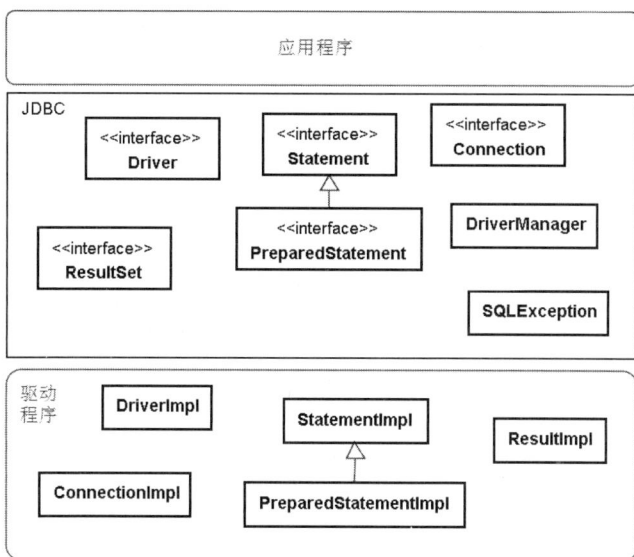

图 9.4　JDBC 应用程序开发者接口

举个例子来说，你的应用程序会使用 JDBC 连接数据库：

```
Connection conn = DriverManager.getConnection(…);
Statement st = conn.createStatement();
```

```
ResultSet rs = st.executeQuery("SELECT * FROM T_USER");
```

其中粗体字的部分就是标准类(如 `DriverManager`)与接口(如 `Connection`、`Statement`、`ResultSet`)等标准 API，假设这段代码是连接 MySQL 数据库，你会需要在 Classpath 中设置 JDBC 驱动程序。具体来说，就是在 Classpath 中设置一个 JAR 文件，此时应用程序、JDBC 与数据库的关系如图 9.5 所示。

图 9.5　应用程序、JDBC 与数据库的关系

如果将来要换为 Oracle 数据库，那么只要置换 Oracle 驱动程序。具体来说，就是在 Classpath 改设为 Oracle 驱动程序的 JAR 文件，而应用程序本身不用修改，如图 9.6 所示。

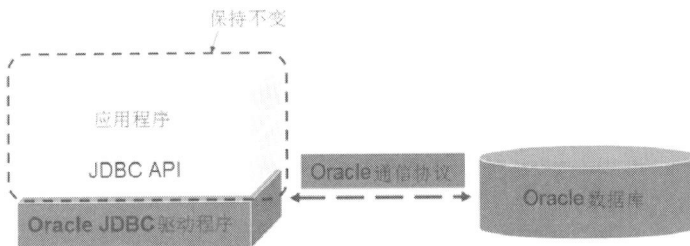

图 9.6　置换驱动程序不用修改应用程序

如果开发应用程序需要操作数据库，是通过 JDBC 所提供的接口来设计程序，则理论上在必须更换数据库时，应用程序无须进行修改，只需要更换数据库驱动程序实现，即可对另一个数据库进行操作。

JDBC 希望达到的目的，是希望让 Java 程序员在编写数据库操作程序的时候，可以有个统一的接口，无须依赖于特定的数据库 API，希望达到"写一个 Java 程序，操作所有的数据库"的目的。

提示>>>　实际上在编写 Java 程序时，会因为使用了数据库或驱动程序特定的功能，而在转移数据库时仍得对程序进行修改。例如，使用了特定于某数据库的 SQL 语法、数据类型或内建函数调用等。

厂商在实现 JDBC 驱动程序时，按方式可将驱动程序分为四种类型。

- Type 1：JDBC-ODBC Bridge Driver。ODBC(Open DataBase Connectivity)是由 Microsoft 主导的数据库连接标准(基本上 JDBC 是参考 ODBC 所制订出来)，

所以 ODBC 在 Microsoft 的系统上也最为成熟。例如，Microsoft Access 数据库访问就是使用 ODBC。

Type 1 驱动程序会将 JDBC 的调用转换为对 ODBC 驱动程序的调用，由 ODBC 驱动程序来操作数据库，如图 9.7 所示。

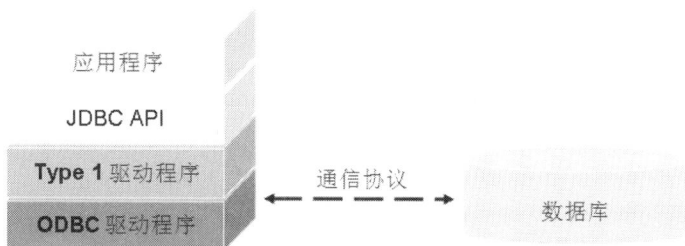

图 9.7 JDBC-ODBC Bridge Driver

由于利用现成的 ODBC 架构，只需要将 JDBC 调用转换为 ODBC 调用，所以要实现这种驱动程序非常简单。在 Oracle/Sun JDK 中就附带有驱动程序，包名称以 sun.jdbc.odbc 开头。

不过由于 JDBC 与 ODBC 并非一对一的对应，所以部分调用无法直接转换。因此有些功能是受限的，而多层调用转换的结果，访问速度也会受到限制，ODBC 本身需在平台上先设置好，弹性不足，ODBC 驱动程序本身也有跨平台的限制。

- Type 2：Native API Dirver。这个类型的驱动程序会以原生(Native)方式，调用数据库提供的原生程序库(通常由 C/C++实现)，JDBC 的方法调用都会转换为原生程序库中的相关 API 调用，如图 9.8 所示。由于使用了原生程序库，所以驱动程序本身与平台相依，没有达到 JDBC 驱动程序的目标之一：跨平台。不过由于是直接调用数据库原生 API，因此在速度上，有机会成为四种类型中最快的驱动程序。

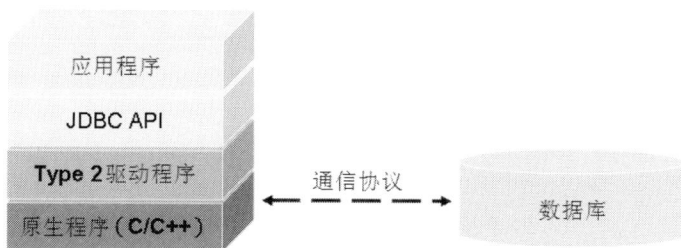

图 9.8 Native API Driver

Type 2 驱动程序有机会成为速度最快的驱动程序，速度的优势是在于获得数据库响应数据后，构造相关 JDBC API 实现对象，然而驱动程序本身无法跨平台，使用前必须先在各平台进行驱动程序的安装设置(如安装数据库专属的原生程序库)。

- Type 3：JDBC-Net Driver。这个类型的 JDBC 驱动程序会将 JDBC 的方法调用，转换为特定的网络协议(Protocol)调用，目的是与远程与数据库特定的中介服务器或组件进行协议操作，而中介服务器或组件再真正与数据库进行操作。如图 9.9 所示。

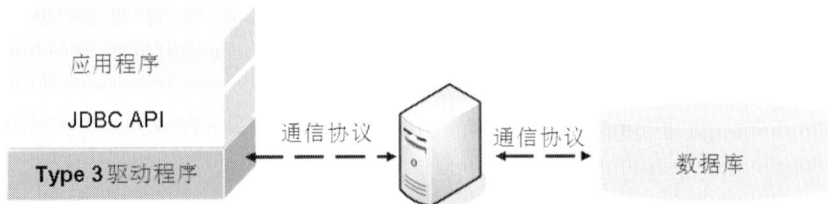

图 9.9　JDBC-Net Driver

由于实际与中介服务器或组件进行沟通时，是利用网络协议的方式，所以客户端这里安装的驱动程序可以使用纯粹的 Java 技术来实现(基本上就是将 JDBC 调用对应至网络协议而已)，因此这个类型的驱动程序可以跨平台。使用这个类型驱动程序的弹性高，例如可以设计一个中介组件，JDBC 驱动程序与中介组件间的协议是固定的，如果需要更换数据库系统，则只需要更换中介组件，而客户端不受影响，驱动程序也无须更换。但由于通过中介服务器转换，速度较慢。获得架构上的弹性是使用这个类型驱动程序的目的。

- Type 4：Native Protocol Driver。这个类型的驱动程序实现通常由数据库厂商直接提供，驱动程序实现会将 JDBC 的调用转换为与数据库特定的网络协议，以与数据库进行沟通操作。如图 9.10 所示。

图 9.10　Native Protocol Driver

由于这个类型驱动程序主要的作用，是将 JDBC 的调用转换为特定的网络协议，所以驱动程序可以使用纯粹 Java 技术来实现，因此这个类型的驱动程序可以跨平台，在性能上也能有不错的表现。在不需要如 Type 3 获得架构上的弹性时，通常会使用该类型驱动程序，它算是最常见的驱动程序类型。

在接下来的内容中，将使用 MySQL 数据库系统进行操作，并使用 Type 4 驱动程序。可以在以下网址取得 MySQL 的 JDBC 驱动程序：

http://www.mysql.com/products/connector/j/index.html

> **提示 >>>** 数据库系统的使用与操作是个很大的话题，本书中并不针对这方面详加探讨，请寻找相关的数据库系统相关书籍自行学习。为了能顺利练习这个章节的范例，附录中包括了一个 MySQL 数据库系统的简介，足够让你了解这一个章节所用到的一些数据库操作命令。

9.1.2 连接数据库

为了要连接数据库系统，必须要有厂商实现的 JDBC 驱动程序，可以将驱动程序 JAR 文件放在 Web 应用程序的/WEB-INF/lib 文件夹中。基本数据库操作相关的 JDBC 接口或类位于 `java.sql` 包中。要取得数据库连接，必须有几个操作：

- 注册 `Driver` 实现对象
- 取得 `Connection` 实现对象
- 关闭 `Connection` 实现对象

1. 注册 **Driver** 实现对象

实现 `Driver` 接口的对象是 JDBC 进行数据库访问的起点，以 MySQL 实现的驱动程序为例，`com.mysql.jdbc.Driver` 类实现了 **java.sql.Driver** 接口，管理 `Driver` 实现对象的类是 **java.sql.DriverManager**，基本上，必须调用其静态方法 `registerDriver()` 进行注册：

```
DriverManager.registerDriver(new com.mysql.jdbc.Driver());
```

不过实际上很少自行编写代码进行这个操作，只要想办法加载 `Driver` 接口的实现类.class 文件，就会完成注册。例如，可以通过 `java.lang.Class` 类的 `forName()`，动态加载驱动程序类：

```
try {
    Class.forName("com.mysql.jdbc.Driver");
}
    catch(ClassNotFoundException e) {
        throw new RuntimeException("找不到指定的类");
}
```

如果查看 MySQL 的 `Driver` 类实现源代码：

```
package com.mysql.jdbc;
import java.sql.SQLException;
public class Driver extends NonRegisteringDriver
                            implements java.sql.Driver {
    static {
        try {
            java.sql.DriverManager.registerDriver(new Driver());
        } catch (SQLException E) {
```

```
        throw new RuntimeException("Can't register driver!");
    }
}

public Driver() throws SQLException {}
}
```

可以发现，在 static 区块中进行了注册 Driver 实例的操作，而 static 区块会在加载.class 文件时执行。使用 JDBC 时，要求加载.class 文件的方式有四种：

(1) 使用 Class.forName()。

(2) 自行创建 Driver 接口实现类的实例。

(3) 启动 JVM 时指定 jdbc.drivers 属性。

(4) 设置 JAR 中 /services/java.sql.Driver 文件。

第一种方式刚才已经说明。第二种方式就是直接编写代码：

```
java.sql.Driver driver = new com.mysql.jdbc.Driver();
```

由于要创建对象，基本上就要加载.class 文件，自然也就会运行类的静态区块完成驱动程序注册。第三种方式就是运行 java 命令时如下：

```
> java -Djdbc.drivers=com.mysql.jdbc.Driver;ooo.XXXDriver YourProgram
```

你的应用程序可能同时连接多个厂商的数据库，所以 DriverManager 也可以注册多个驱动程序实例。以上方式如果需要指定多个驱动程序类时，就是用分号隔开。第四种方式则是 Java SE 6 之后 JDBC 4.0 的新特性，只要在驱动程序实现的 JAR 文件/services 文件夹中，放置一个 java.sql.Driver 文件，当中编写 Driver 接口的实现类名称全名，DriverManager 会自动读取这个文件并找到指定类进行注册。

2. 取得 Connection 实现对象

Connection 接口的实现对象，是数据库连接代表对象。要取得 Connection 实现对象，可以通过 DriverManager 的 **getConnection()**:

```
Connection conn = DriverManager.getConnection(
                jdbcUrl, username, password);
```

除了基本的用户名、密码之外，还必须提供 JDBC URL，其定义了连接数据库时的协议、子协议、数据源标识：

协议:子协议:数据源标识

实际上除了"协议"在 JDBC URL 中总是 jdbc 开始之外，JDBC URL 格式各家数据库都不相同，必须查询数据库产品使用手册。以 MySQL 为例，"子协议"是桥接的驱动程序、数据库产品名称或连接机制。例如，若使用 MySQL，子协议名称是 mysql。"数据源标识"标出数据库的地址、端口、名称、用户、密码等信息。举个例子来说，MySQL 的 JDBC URL 编写方式如下：

jdbc:mysql://主机名称:连接端口/数据库名称?参数=值&参数=值

主机名称可以是本机(localhost)或其他连接主机名称、地址，MySQL 连接端口默认为 3306。例如，要连接 demo 数据库，并指明用户名与密码，可以这样指定：

```
jdbc:mysql://localhost:3306/demo?user=root&password=123456
```

如果要使用中文访问，还必须给定参数 useUnicode 及 characterEncoding，表明是否使用 Unicode，并指定字符编码方式。例如(假设数据库表格编码使用 UTF8)：

```
jdbc:mysql://localhost:3306/demo?user=root&password=123&useUnicode=
    true&characterEncoding=UTF8
```

有时会将 JDBC URL 编写在 XML 配置文档中，此时不能直接在 XML 中写 & 符号，而必须改写为 & 替代字符。例如：

```
jdbc:mysql://localhost:3306/demo?user=root&password=123&useUnicode=true&amp;
characterEncoding=UTF8
```

如果要直接通过 DriverManager 的 getConnection() 连接数据库，一个比较完整的代码段如下：

```
Connection conn = null;
SQLException ex = null;
try {
    String url = "jdbc:mysql://localhost:3306/demo";
    String user = "root";
    String password = "123456";
    conn = DriverManager.getConnection(url, user, password);
    ...
}
catch(SQLException e) {
    ex = e;
}
finally {
    if(conn != null) {
        try {
            conn.close();
        }
        catch(SQLException e) {
            if(ex == null) {
                ex = e;
            }
        }
    }
    if(ex != null) {
        throw new RuntimeException(ex);
    }
}
```

SQLException 是在处理 JDBC 时经常遇到的一个异常对象，为数据库操作过程发生错误时的代表对象。SQLException 是受检异常(Checked Exception)，必须使用 try...catch 明确处理，在异常发生时尝试关闭相关资源。

提示》》 SQLException 有个子类 SQLWarning, 如果数据库执行过程中发生了一些警示信息, 会创建 SQLWarning 但不会抛出(throw), 而是以链接方式收集起来, 可以使用 Connection、Statement、ResultSet 的 getWarnings()来取得第一个 SQLWarning, 使用这个对象的 getNextWaring()可以取得下一个 SQLWarning。由于它是 SQLException 的子类, 所以必要时也可当作异常抛出。

3. 关闭 Connection 实现对象

取得 Connection 对象之后, 可以使用 isClosed()方法测试与数据库的连接是否关闭。在操作完数据库之后, 若确定不再需要连接, 则必须使用 close()来关闭与数据库的连接, 以释放连接时相关的必要资源, 如连接相关对象、授权资源等。

以上是编写程序上的一些简介, 然而在底层, DriverManager 如何进行连接呢? DriverManager 会在循环中逐一取出注册的每个 Driver 实例, 使用指定的 JDBC URL 来调用 Driver 的 connect()方法, 尝试取得 Connection 实例。以下是 DriverManager 中相关源代码的重点节录:

```
SQLException reason = null;
for (int i = 0; i < drivers.size(); i++) { // 逐一取得 Driver 实例
    ...
    DriverInfo di = (DriverInfo)drivers.elementAt(i);
    ...
    try {
        Connection result = di.driver.connect(url, info); // 尝试连接
        if (result != null) {
            return (result);  // 取得 Connection 就返回
        }
    } catch (SQLException ex) {
        if (reason == null) { // 记录第一个发生的异常
            reason = ex;
        }
    }
}
if (reason != null)    {
    println("getConnection failed: " + reason);
    throw reason; // 如果有异常对象就抛出
}
throw new SQLException(  // 没有适用的 Driver 实例, 抛出异常
        "No suitable driver found for "+ url, "08001");
```

Driver 的 connect()方法在无法取得 Connection 时会返回 null, 所以简单来说, DriverManager 就是逐一使用 Driver 实例尝试连接。如果连接成功就返回 Connection 对象, 如果其中有异常发生, DriverManager 会记录第一个异常, 并继续尝试其他的 Driver。在所有 Driver 都试过了也无法取得连接, 若原先尝试过程中有记录异常就抛出, 没有的话, 也是抛出异常告知没有适合的驱动程序。

偶而为了调试或其他目的，也可自行创建 Driver 实例并调用其 connect() 方法
以取得 Connection 对象。例如：

```
Properties props = new Properties();
props.put("user", "root");
props.put("password", "123456");
Driver driver = new com.mysql.jdbc.Driver();
conn = driver.connect(url, props);
```

以下先来示范连接数据库的完整范例，假设使用了以下命令在 MySQL 后创建了
demo 数据库：

```
CREATE schema demo;
```

下面编写一个简单的 JavaBean 来测试一下可否连接数据库并取得 Connection 实例：

JDBCDemo DbBean.java

```java
package cc.openhome;

import java.sql.*;
import java.io.*;

public class DbBean implements Serializable {
    private String jdbcUrl;
    private String username;
    private String password;

    public DbBean() {
        try {
            Class.forName("com.mysql.jdbc.Driver");  ← 加载驱动程序
        } catch (ClassNotFoundException ex) {
            throw new RuntimeException(ex);
        }
    }

    public boolean isConnectedOK() {
        boolean ok = false;
        Connection conn = null;
        SQLException ex = null;
        try {
            conn = DriverManager.getConnection(  ← 取得 Connection 对象
                             jdbcUrl, username, password);
            if (!conn.isClosed()) {
                ok = true;
            }
        } catch (SQLException e) {
            ex = e;
        } finally {
            if (conn != null) {
                try {
                    conn.close();  ← 关闭连线
                } catch (SQLException e) {
                    if(ex == null) {
                        ex = e;
                    }
                }
            }
        }
```

```
        if(ex != null) {
            throw new RuntimeException(ex);
        }
    }
    return ok;
}

public void setPassword(String password) {
    this.password = password;
}

public void setJdbcUrl(String jdbcUrl) {
    this.jdbcUrl = jdbcUrl;
}

public void setUsername(String username) {
    this.username = username;
}
}
```

可以通过调用 isConnectedOK() 方法来看看是否可以连接成功。例如，可以写个简单的 JSP 网页如下：

JDBCDemo conn.jsp

```
<%@page contentType="text/html" pageEncoding="UTF-8"%>
<%@taglib prefix="c" uri="http://java.sun.com/jsp/jstl/core"%>
<jsp:useBean id="db" class="cc.openhome.DbBean"/>
<c:set target="${db}" property="jdbcUrl"
        value="jdbc:mysql://localhost:3306/demo"/>
<c:set target="${db}" property="username" value="root"/>
<c:set target="${db}" property="password" value="123456"/>
<!DOCTYPE HTML PUBLIC "-//W3C//DTD HTML 4.01 Transitional//EN"
        "http://www.w3.org/TR/html4/loose.dtd">
<html>
    <head>
        <meta http-equiv="Content-Type"
                content="text/html; charset=UTF-8">
        <title>测试数据库连接</title>
    </head>
    <body>
        <c:choose>
            <c:when test="${db.connectedOK}">连接成功! </c:when>
            <c:otherwise>连接失败! </c:otherwise>
        </c:choose>
    </body>
</html>
```

在这个 JSP 页面中，通过<jsp:useBean>来创建 JavaBean 实例，并通过 JSTL 的<c:set>标签来设置 JavaBean 的每个属性，而后通过<c:when>与 EL 来测试一下 isConnectedOK()的返回值。若为 true 则显示"连接成功! "，否则会显示<c:otherwise>中的"连接失败! "。

> **提示 >>>** 实际上 Web 应用程序很少直接从 DriverManager 中取得 Connection，而是会通过 JNDI 从服务器上取得设置好的 DataSource，再从 DataSource 取得 Connection，这稍后就会介绍。

9.1.3 使用 Statement、ResultSet

Connection 是数据库连接的代表对象，接下来若要执行 SQL，必须取得 `java.sql.Statement` 对象，它是 SQL 语句的代表对象，可以使用 Connection 的 `createStatement()` 来创建 Statement 对象：

```
Statement stmt = conn.createStatement();
```

取得 Statement 对象之后，可以使用 `executeUpdate()`、`executeQuery()` 等方法来执行 SQL。executeUpdate() 主要是用来执行 CREATE TABLE、INSERT、DROP TABLE、ALTER TABLE 等会改变数据库内容的 SQL。例如，可以在 demo 数据库中创建一个 t_message 表格：

```
Use demo;
CREATE TABLE t_message (
    id INT NOT NULL AUTO_INCREMENT PRIMARY KEY,
    name CHAR(20) NOT NULL,
    email CHAR(40),
    msg TEXT NOT NULL
) CHARSET=UTF8;
```

如果要在这个表格中插入一笔数据，可以如下使用 Statement 的 executeUpdate() 方法：

```
stmt.executeUpdate("INSERT INTO t_message VALUES(1, 'justin', " +
        "'justin@mail.com', 'mesage...')");
```

Statement 的 `executeQuery()` 方法则是用于 SELECT 等查询数据库的 SQL，executeUpdate() 会返回 int 结果，表示数据变动的笔数，executeQuery() 会返回 java.sql.ResultSet 对象，代表查询的结果，查询的结果会是一笔一笔的数据。可以使用 ResultSet 的 next() 来移动至下一笔数据，它会返回 true 或 false 表示是否有下一笔数据，接着可以使用 getXXX() 来取得数据，如 getString()、getInt()、getFloat()、getDouble() 等方法，分别取得相对应的字段类型数据。getXXX() 方法都提供有依据字段名称取得数据，或是依据字段顺序取得数据的方法。一个例子如下，指定字段名称来取得数据：

```
ResultSet result = stmt.executeQuery("SELECT * FROM t_message");
while(result.next()) {
    int id = result.getInt("id");
    String name = result.getString("name");
    String email = result.getString("email");
    String msg = result.getString("msg");
    // ...
}
```

使用查询结果的字段顺序来显示结果的方式如下(注意索引是从 1 开始):

```
ResultSet result = stmt.executeQuery("SELECT * FROM t_message");
while(result.next()) {
    int id = result.getInt(1);
    String name = result.getString(2);
    String email = result.getString(3);
    String msg = result.getString(4);
    // ...
}
```

Statement 的 **execute()** 可以用来执行 SQL，并可以测试所执行的 SQL 是执行查询或更新，返回 true 的话表示 SQL 执行将返回 ResultSet 表示查询结果，此时可以使用 **getResultSet()** 取得 ResultSet 对象。如果 execute() 返回 false，表示 SQL 执行会返回更新笔数或没有结果，此时可以使用 **getUpdateCount()** 取得更新笔数。如果事先无法得知是进行查询或更新，就可以使用 execute()。例如:

```
if(stmt.execute(sql)) {
    ResultSet rs = stmt.getResultSet();  // 取得查询结果 ResultSet
    ...
}
else { // 这是个更新操作
    int updated = stmt.getUpdateCount(); // 取得更新笔数
    ...
}
```

视需求而定，Statement 或 ResultSet 在不使用时，可以使用 close() 将之关闭，以释放相关资源，Statement 关闭时，所关联的 ResultSet 也会自动关闭。

接下来实现一个简单的留言板作为示范，这个简单的留言板采用 Model 1 架构，使用 JSP 结合 JavaBean 来完成。首先是 JavaBean 的实现:

JDBCDemo GuestBookBean.java

```
package cc.openhome;

import java.sql.*;
import java.util.*;
import java.io.*;

public class GuestBookBean implements Serializable {
    private String jdbcUrl = "jdbc:mysql://localhost:3306/demo";
    private String username = "root";
    private String password = "123456";
    public GuestBookBean() {
        try {
            Class.forName("com.mysql.jdbc.Driver");
        } catch (ClassNotFoundException ex) {
            throw new RuntimeException(ex);
        }
    }
    public void setMessage(Message message) {    ◀——— ❶ 这个方法会在数据库中新增留言
        Connection conn = null;
```

342

```
        Statement statement = null;
        SQLException ex = null;
        try {
            conn = DriverManager.getConnection(    ◀———— ❷取得 Connection 对象
                            jdbcUrl, username, password);
            statement = conn.createStatement();   ◀———— ❸创建 Statement 对象
            statement.executeUpdate(   ◀———— ❹执行 SQL 陈述句
                    "INSERT INTO t_message(name, email, msg) VALUES ('"
                    + message.getName() + "', '"
                    + message.getEmail() +"', '"
                    + message.getMsg() + "')");
        } catch (SQLException e) {
            ex = e;
        } finally {   ◀———— ❺在 finally 中关闭 Statement 与 Connection
            if (statement != null) {
                try {
                    statement.close();
                }
                catch(SQLException e) {
                    if(ex == null) {
                        ex = e;
                    }
                }
            }

            if (conn != null) {
                try {
                    conn.close();
                }
                catch(SQLException e) {
                    if(ex == null) {
                        ex = e;
                    }
                }
            }

            if(ex != null) {
                throw new RuntimeException(ex);
            }
        }
    }

    public List<Message> getMessages() {   ◀———— ❻这个方法会从数据库中查询所有留言
            Connection conn = null;
        Statement statement = null;
        ResultSet result = null;
        SQLException ex = null;
        List<Message> messages = null;
        try {
            conn = DriverManager.getConnection(
                            jdbcUrl, username, password);
            statement = conn.createStatement();
            result = statement.executeQuery("SELECT * FROM t_message");
            messages = new ArrayList<Message>();
```

```
            while (result.next()) {
                Message message = new Message();
                message.setId(result.getLong(1));
                message.setName(result.getString(2));
                message.setEmail(result.getString(3));
                message.setMsg(result.getString(4));
                messages.add(message);
            }
        } catch (SQLException e) {
            ex = e;
        } finally {
            if (statement != null) {
                try {
                    statement.close();
                }
                catch(SQLException e) {
                    if(ex == null) {
                        ex = e;
                    }
                }
            }

            if (conn != null) {
                try {
                    conn.close();
                }
                catch(SQLException e) {
                    if(ex == null) {
                        ex = e;
                    }
                }
            }

            if(ex != null) {
                throw new RuntimeException(ex);
            }
        }
        return messages;
    }
}
```

这个对象会从 DriverManager 取得 Connection 对象❷。setMessage()会接受一个 Message 对象❶，实现中会在数据库中利用 Statement 对象❸执行 SQL 语句来添加一个留言❹。getMessages()会从数据库中将所有留言取回，并放在一个 List 对象中返回❺。最重要的是注意到，在不使用 Connection、Statement 或 ResultSet 时，要将之关闭以释放相关资源❻。

提示 >>> JDBC 规范提到关闭 Connection 时，会关闭相关资源，但没有明确说明是哪些相关资源。通常驱动程序实现时，会在关闭 Connection 时，一并关闭关联的 Statement，但最好留意是否真的关闭了资源，自行关闭 Statement 是比较保险的做法。在处理 SQLException 的 try…catch 中释放相关资源很重要，但结果就是冗长琐碎的代码，有兴趣的话，可以了解 Spring 的 JdbcTemplate，了解如何实现与使用，这有助于避免 SQLException 处理时琐碎的代码。

可以编写一个简单的 JSP 页面来使用这个 JavaBean。例如：

JDBCDemo guestbook.jsp

```
<%@page contentType="text/html" pageEncoding="UTF-8"%>
<%@taglib prefix="c" uri="http://java.sun.com/jsp/jstl/core"%>
<c:set target="${pageContext.request}"
        property="characterEncoding" value="UTF-8"/>  ←── 设置请求编码处
                                                            理方式为 UTF-8
<jsp:useBean id="guestbook"  ←── 使用 GuestBookBean
            class="cc.openhome.GuestBookBean" scope="application"/>
<c:if test="${param.msg != null}">  ←── 如果是要新增留言的话
    <jsp:useBean id="newMessage" class="cc.openhome.Message"/>
    <jsp:setProperty name="newMessage" property="*"/>
    <c:set target="${guestbook}"  ←── 调用 setMessage()方法新增留言
            property="message" value="${newMessage}"/>
</c:if>
<!DOCTYPE HTML PUBLIC "-//W3C//DTD HTML 4.01 Transitional//EN"
"http://www.w3.org/TR/html4/loose.dtd">
<html>
    <head>
        <meta http-equiv="Content-Type"
                content="text/html; charset=UTF-8">
        <title>访客留言板</title>
    </head>
    <body>
        <table style="text-align: left; width: 100%;" border="0"
                cellpadding="2" cellspacing="2">
            <tbody>
                <c:forEach var="message" items="${guestbook.messages}">
                    <tr>
                        <td>${message.name}</td>                调用 getMessages()
                        <td>${message.email}</td>               方法取得留言
                        <td>${message.msg}</td>
                    </tr>
                </c:forEach>
            </tbody>
        </table>
    </body>
</html>
```

这个 JSP 页面基本上就是利用 GuestBookBean 来新增留言或取得留言并显示它。由于加载驱动程序的操作只需要一次，而且这个 JavaBean 没有状态，所以将 GuestBookBean 设置为 application 范围。这样只有在第一次请求时会创建 GuestBook Bean，之后 GuestBookBean 实例就存在应用程序范围中。图 9.11 所示为执行时的一个参考画面。

提示 >> 第 7 章已经介绍过 JSTL 了。之后的范例若需要使用到 JSP，都会充分利用 JSTL 的特性来呈现页面逻辑。如果对有些 JSTL 不熟，记得复习一下第 7 章。

图 9.11 结合数据库访问的简单留言板

9.1.4 使用 `PreparedStatement`、`CallableStatement`

`Statement` 在执行 `executeQuery()`、`executeUpdate()`等方法时，如果有些部分是动态的数据，必须使用+运算子串接字符串以组成完整的 SQL 语句，十分不方便。例如，先前范例中在新增留言时，必须如下串接 SQL 语句：

```
statement.executeUpdate(
    "INSERT INTO t_message(name, email, msg) VALUES (
    '"+ message.getName() + "',
    '"+ message.getEmail() +"',
    '"+ message.getMsg() + "')");
```

如果有些操作只是 SQL 语句中某些参数会有所不同，其余的 SQL 子句皆相同，则可以使用 **java.sql.PreparedStatement**。可以使用 Connection 的 **prepareStatement()**方法创建好一个预编译(precompile)的 SQL 语句，当中参数会变动的部分，先指定 "?" 这个占位字符。例如：

```
PreparedStatement stmt = conn.prepareStatement(
              "INSERT INTO t_message VALUES(?, ?, ?, ?)");
```

等到需要真正指定参数执行时，再使用相对应的 `setInt()`、`setString()`等方法，指定 "?" 处真正应该有的参数。例如：

```
stmt.setInt(1, 2);
stmt.setString(2, "momor");
stmt.setString(3, "momor@mail.com");
stmt.setString(4, "message2...");
stmt.executeUpdate();
stmt.clearParameters();
```

要让 SQL 执行生效，需执行 `executeUpdate()`或 `executeQuery()`方法(如果是查询的话)。在这次的 SQL 执行完毕后，可以调用 `clearParameters()`清除所设置的参数，之后就可以再使用这个 `PreparedStatement` 实例，所以使用 `PreparedStatement`，可以让你先准备好一段 SQL，并重复使用这段 SQL 语句。

可以使用 `PreparedStatement` 改写先前 `GuestBookBean` 中 `setMessage()` 执行 SQL 语句的部分。例如：

```java
public void setMessage(Message message) {
    Connection conn = null;
    PreparedStatement statement = null;
    SQLException ex = null;
    try {
        conn = DriverManager.getConnection(
                                jdbcUrl, username, password);
        statement = conn.prepareStatement(
                "INSERT INTO t_message(name, email, msg) VALUES (?,?,?)");
        statement.setString(1, message.getName());
        statement.setString(2, message.getEmail());
        statement.setString(3, message.getMsg());
        statement.executeUpdate();
    } catch (SQLException e) {
        // 略...
    }
    // 略...
}
```

这样的写法显然比串接 SQL 的方式好的多。不过，使用 `PreparedStatement` 的好处不仅如此，之前提过，在这次的 SQL 执行完毕后，可以调用 `clearParameters()` 清除设置的参数，之后就可以再使用这个 `PreparedStatement` 实例。也就是说，必要的话，可以考虑制作语句池(Statement Pool)将一些频繁使用的 `PreparedStatement` 重复使用，减少生成对象的负担。

在驱动程序支持的情况下，使用 `PreparedStatement`，可以将 SQL 语句预编译为数据库的运行命令。由于已经是数据库的可执行命令，运行速度可以快许多[例如若使用 Java DB，其驱动程序可以将 SQL 预编译为比特码(byte code)格式，在 JVM 中运行就快许多了]，而不像 `Statement` 对象，是在执行时将 SQL 直接送到数据库，由数据库做解析、直译再执行。

使用 `PreparedStatement` 在安全上也可以有点贡献。举个例子来说，如果原先使用串接字符串的方式来执行 SQL：

```java
Statement statement = connection.createStatement();
String queryString = "SELECT * FROM user_table WHERE username='" +
    username + "' AND password='" + password + "'";
ResultSet resultSet = statement.executeQuery(queryString);
```

其中 `username` 与 `password` 若是来自用户的请求参数，原本是希望用户正确地输入名称和密码，组合之后的 SQL 应该这样：

```
SELECT * FROM user_table
WHERE username='caterpillar' AND password='123456'
```

但如果用户在密码的部分，输入了"' OR '1'='1"这样的字符串，而程序又没有针对请求参数的部分进行字符检查过滤动作，这个奇怪的字符串最后组合出来的 SQL 会是以下：

```
SELECT * FROM user_table
    WHERE username='caterpillar' AND password='' OR '1'='1'
```

方框是密码请求参数的部分，将方框拿掉会更清楚地看出这个 SQL 有什么问题！

```
SELECT * FROM user_table
WHERE username='caterpillar' AND password='' OR '1'='1'
```

AND 子句之后的判断式永远成立，也就是说，用户不用输入正确的密码，也可以查询出所有的数据，这就是 SQL Injection 的简单例子。

以串接的方式组合 SQL 语句基本上就会有 SQL Injection 的隐患，如果这样改用 PreparedStatement 的话：

```
PreparedStatement stmt = conn.prepareStatement(
    "SELECT * FROM user_table WHERE username=? AND password=?");
stmt.setString(1, username);
stmt.setString(2, password);
```

在这里 username 与 password 将被视作是 SQL 中纯粹的字符串，而不会被当作 SQL 语法来解释，所以就可避免这个例子的 SQL Injection 问题。

> 提示 >> 先前介绍过滤器时，也曾提过用户在字段中直接输入 HTML 字符的问题。这类安全问题的防治基本在于，不允许用户输入的特殊字符，一开始就应该适当地过滤或取代掉。

其实问题不仅是在串接字符串本身麻烦，以及 SQL Injection 发生的可能性。由于 +串接字符串会产生新的 String 对象，如果串接字符串动作经常进行(例如在循环中进行 SQL 串接的动作)，那会是性能负担上的隐忧(如果真的非得串接 SQL，至少要考虑使用 StringBuffer 或 JDK 5.0 之后的 StringBuilder)。

如果编写数据库的存储过程(Stored Procedure)，并想使用 JDBC 来调用，则可使用 **java.sql.CallableStatement**。调用的基本语法如下：

```
{?= call <程序名称>[<自变量1>,<自变量2>, ...]}
{call <程序名称>[<自变量1>,<自变量2>, ...]}
```

CallableStatement 的 API 使用，基本上与 PreparedStatement 差别不大，除了必须调用 **prepareCall()** 创建 CallableStatement 时异常，一样是使用 setXXX() 设置参数，如果是查询操作，使用 executeQuery()；如果是更新操作，使用 executeUpdate()。另外，可以使用 registerOutParameter() 注册输出参数等。

> 提示 >> 使用 JDBC 的 CallableStatement 调用存储过程，重点是在于了解各个数据库的存储过程如何编写及相关事宜，用 JDBC 调用存储过程，也表示你的应用程序将与数据库产生直接的相关性。

在使用 PreparedStatement 或 CallableStatement 时，必须注意 SQL 类型与 Java 数据类型的对应，因为两者本身并不是一对一对应，java.sql.Types 定义了一些常数代表 SQL 类型。表 9.1 所示为 JDBC 规范建议的 SQL 类型与 Java 类型的对应。

表 9.1 Java 类型与 SQL 类型对应

Java 类型	SQL 类型
boolean	BIT
byte	TINYINT
short	SMALLINT
int	INTEGER
long	BIGINT
float	FLOAT
double	DOUBLE
byte[]	BINARY、VARBINARY、LONGBINARY
java.lang.String	CHAR、VARCHAR、LONGVARCHAR
java.math.BigDecimal	NUMERIC、DECIMAL
java.sql.Date	DATE
java.sql.Time	TIME
java.sql.Timestamp	TIMESTAMP

其中要注意的是，日期时间在 JDBC 中，并不是使用 java.util.Date，这个对象可代表的日期时间格式是"年、月、日、时、分、秒、毫秒"。在 JDBC 中要表示日期，是使用 **java.sql.Date**，其日期格式是"年、月、日"；要表示时间的话则是使用 **java.sql.Time**，其时间格式为"时、分、秒"；如果要表示"时、分、秒、微秒"的格式，则是使用 **java.sql.Timestamp**。

9.2 JDBC 进阶

上一节介绍了 JDBC 入门观念与相关 API，在这一节，将说明更多进阶 API 的使用，如使用 DataSource 取得 Connection、使用 PreparedStatement 和 ResultSet 进行更新操作等。

9.2.1 使用 DataSource 取得连接

先前的 DbBean、GuestBookBean 范例自行负责了加载 JDBC 驱动程序、告知 DriverManager 有关 JDBC URL、用户名、密码等信息，以取得 Connection 对象。假设日后需要更换驱动程序、修改数据库服务器主机位置，或者是为了打算重复利用 Connection 对象而想要加入连接池(Connection Pool)机制等情况，就要针对相对应的代码进行修改。

> **提示 >>>** 要取得数据库连接，必须打开网络连接(中间经过实体网络)，连接至数据库服
> 务器后，进行协议交换(当然也就是数次的网络数据往来)以进行验证名称、密
> 码等确认动作。也就是取得数据库连接是件耗时间及资源的动作。尽量利用已
> 打开的连接，也就是重复利用取得的 Connection 实例，是改善数据库连接性能
> 的一个方式，采用连接池是基本做法。

由于取得 Connection 的方式，依使用的环境及程序需求而有所不同，直接在代码中
写死取得 Connection 的方式并不是明智之举。在 Java EE 的环境中，将取得连接等与数
据库来源相关的行为规范在 **javax.sql.DataSource** 接口，实际如何取得 Connection 则由实
现接口的对象来负责。

所以问题简化到如何取得 DataSource 实例。为了让应用程序在需要取得某些与系统
相关的资源对象时，能与实际的系统资源配置、实体机器位置、环境架构等无关，在
Java 应用程序中可以通过 JNDI(Java Naming Directory Interface)来取得所需的资源对
象。举例来说，如果是在 Web 应用程序中想要获得 DataSource 实例，可以这样进行：

```
try {
    Context initContext = new InitialContext();
    Context envContext = (Context) initContext.lookup("java:/comp/env");
    dataSource = (DataSource) envContext.lookup("jdbc/demo");
} catch (NamingException ex) {
    ...
}
```

在创建 Context 对象的过程中会收集环境相关数据，之后根据 JNDI 名称 jdbc/demo
向 JNDI 服务器查找 DataSource 实例并返回。在这个代码段中，不会知道实际的资源配
置、实体机器位置、环境架构等信息，应用程序不会与这些信息发生相关。

> **提示 >>>** 如果只是利用 JNDI 来查找某些资源对象，上面这个代码段就是你对 JNDI 所
> 需要知道的东西了，其他的细节就交给服务器管理员做好相关设置，让
> jdbc/demo 对应取得 DataSource 实例即可(如果你的职责不在于管理机器的话)。

举个实际的例子来说，如果你只负责编写 Web 应用程序，或更具体一点，如果只
是要编写如先前范例的 DbBean 类，且已经有服务器管理员设置好 jdbc/demo 这个 JNDI
名称的对应资源了，那么可以这么编写程序：

JDBCDemo DatabaseBean.java

```
package cc.openhome;

import java.io.Serializable;import java.sql.*;
import javax.naming.*;
import javax.sql.DataSource;

public class DatabaseBean implements Serializable {
    private DataSource dataSource;

    public DatabaseBean() {
        try {
            Context initContext = new InitialContext();
```

```
                Context envContext = (Context)
                        initContext.lookup("java:/comp/env");
                dataSource = (DataSource) envContext.lookup("jdbc/demo");
            } catch (NamingException ex) {
                throw new RuntimeException(ex);
            }
        }

    public boolean isConnectedOK() {
        boolean ok = false;
        Connection conn = null;
        SQLException ex = null;
        try {
            conn = dataSource.getConnection();
            if (!conn.isClosed()) {
                ok = true;
            }
        } catch (SQLException e) {
            ex = e;
        } finally {
            if (conn != null) {
                try {
                    conn.close();
                } catch (SQLException e) {
                    if(ex == null) {
                        ex = e;
                    }
                }
            }
            if(ex != null) {
                throw new RuntimeException(ex);
            }
        }
        return ok;
    }
}
```

查找 **jdbc/demo** 对应的 DataSource 对象

通过 DataSource 对象取得连线

　　只看这里的代码的话，不会知道实际上使用哪个驱动程序、数据库用户名、密码是什么(或许数据库管理员本来就不想让你知道)、数据库实体地址、连接端口、名称、是否有使用连接池等。这些都该由数据库管理员或服务器管理员负责设置，你唯一要知道的就是 jdbc/demo 这个 JNDI 名称，并且要告诉 Web 容器，也就是要在 web.xml 中设置：

JDBCDemo web.xml

```
</web-app ...>
    // 略...
    <resource-ref>
        <res-ref-name>jdbc/demo</res-ref-name>
        <res-type>javax.sql.DataSource</res-type>
        <res-auth>Container</res-auth>
```

```
        <res-sharing-scope>Shareable</res-sharing-scope>
    </resource-ref>
</web-app>
```

在 web.xml 中设置的目的，是要让 Web 容器提供 JNDI 查找时所需的相关环境信息，这样创建 `Context` 对象时就不用设置一大堆参数。接着可以编写一个简单的 JSP 来使用 `DatabaseBean`：

JDBCDemo conn2.jsp

```
<%@page contentType="text/html" pageEncoding="UTF-8"%>
<%@taglib prefix="c" uri="http://java.sun.com/jsp/jstl/core"%>
<jsp:useBean id="db" class="cc.openhome.DatabaseBean"/>
<!DOCTYPE HTML PUBLIC "-//W3C//DTD HTML 4.01 Transitional//EN"
"http://www.w3.org/TR/html4/loose.dtd">
<html>
    <head>
        <meta http-equiv="Content-Type"
                content="text/html; charset=UTF-0">
        <title>测试数据库连接</title>
    </head>
    <body>
        <c:choose>
            <c:when test="${db.connectedOK}">连接成功! </c:when>
            <c:otherwise>连接失败! </c:otherwise>
        </c:choose>
    </body>
</html>
```

就一个 Java 开发人员来说，工作已经完成了。现在假设你是服务器管理员，职责就是设置 JNDI 相关资源，但设置的方式并非标准的一部分，而是依应用程序服务器而有所不同。假设应用程序将部署在 Tomcat 7 上，则可以要求 Web 应用程序在封装为 WAR 文件时，必须在 META-INF 文件夹中包括一个 context.xml：

JDBCDemo context.xml

```
<?xml version="1.0" encoding="UTF-8"?>
<Context antiJARLocking="true" path="/JDBCDemo">
    <Resource name="jdbc/demo"
        auth="Container" type="javax.sql.DataSource"
        maxActive="100" maxIdle="30" maxWait="10000" username="root"
        password="123456" driverClassName="com.mysql.jdbc.Driver"
        url="jdbc:mysql://localhost:3306/demo?
            useUnicode=true&amp;characterEncoding=UTF8"/>
</Context>
```

最主要的可以看到 `name` 属性是设置 JNDI 名称为 jdbc/demo，`username` 与 `password` 是数据库用户名与密码，`driverClassName` 为驱动程序类名称，`url` 为 JDBC URL，因为是编写在 XML 中，所以 `&` 必须使用 `&amp;` 取代。至于其他的属性设置，则是与

DBCP(Database Connection Pool)有关，这是内置在 Tomcat 中的连接池机制。有兴趣的话，可以访问 http://commons.apache.org/dbcp/了解它提供的连接池功能。

当应用程序部署之后，Tomcat 会根据 META-INF 中 context.xml 的设置，寻找指定的驱动程序，所以必须将驱动程序的 JAR 文件放置在 Tomcat 的 lib 目录中，接着 Tomcat 就会为 JNDI 名称 jdbc/demo 设置相关的资源。

9.2.2　使用 ResultSet 卷动、更新数据

在 ResultSet 时，默认可以使用 next()移动数据光标至下一个数据，而后使用 getXXX()方法来取得数据。实际上，从 JDBC 2.0 开始，ResultSet 并不仅可以使用 previous()、first()、last()等方法前后移动数据光标，还可以调用 updateXXX()、updateRow()等方法进行数据修改。

在使用 Connection 的 createStatement()或 prepareStatement()方法创建 Statement 或 PreparedStatement 实例时，可以指定结果集类型与并行方式：

```
createStatement(int resultSetType, int resultSetConcurrency)
prepareStatement(String sql,
                int resultSetType, int resultSetConcurrency)
```

结果集类型可以指定三种设置：

- ResultSet.TYPE_FORWARD_ONLY(默认)
- ResultSet.TYPE_SCROLL_INSENSITIVE
- ResultSet.TYPE_SCROLL_SENSITIVE

指定为 TYPE_FORWARD_ONLY，ResultSet 就只能前进数据光标，指定为 TYPE_SCROLL_INSENSITIVE 或 TYPE_SCROLL_SENSITIVE，则 ResultSet 可以前后移动数据光标。两者差别在于 TYPE_SCROLL_INSENSITIVE 设置下，取得的 ResultSet 不会反应数据库中的数据修改，而 TYPE_SCROLL_SENSITIVE 会反应数据库中的数据修改。

更新设置可以有两种指定：

- ResultSet.CONCUR_READ_ONLY(默认)
- ResultSet.CONCUR_UPDATABLE

指定为 CONCUR_READ_ONLY，则只能用 ResultSet 进行数据读取，无法进行更新。指定为 CONCUR_UPDATABLE，就可以使用 ResultSet 进行数据更新。

在使用 Connection 的 createStatement()或 prepareStatement()方法创建 Statement 或 PreparedStatement 实例时，若没有指定结果集类型与并行方式，默认就是 TYPE_FORWARD_ONLY 与 CONCUR_READ_ONLY。如果想前后移动数据光标并想使用 ResultSet 进行更新，则以下是个 Statement 指定的例子：

```
Statement stmt = conn.createStatement(
                ResultSet.TYPE_SCROLL_INSENSITIVE,
                ResultSet.CONCUR_UPDATEABLE);
```

以下是个 PreparedStatement 指定的例子：

```
PreparedStatement stmt = conn.prepareStatement(
                    "SELECT * FROM t_message",
                    ResultSet.TYPE_SCROLL_INSENSITIVE,
                    ResultSet.CONCUR_UPDATEABLE);
```

在数据光标移动的 API 上，可以使用 absolute()、afterLast()、beforeFirst()、first()、last()进行绝对位置移动，使用 relative()、previous()、next()进行相对位置移动，这些方法如果成功移动就会返回 true。也可以使用 isAfterLast()、isBeforeFirst()、isFirst()、isLast()判断目前位置。以下是个简单的程序范例片段：

```
Statement stmt = conn.createStatement("SELECT * FROM t_message",
                    ResultSet.TYPE_SCROLL_INSENSITIVE,
                    ResultSet.CONCUR_READ_ONLY);
ResultSet rs = stmt.executeQuery();
rs.absolute(2);                    // 移至第 2 行
rs.next();                         // 移至第 3 行
rs.first();                        // 移至第 1 行
boolean b1 = rs.isFirst(); // b1 是 true
```

如果要使用 ResultSet 进行数据修改，则有些条件限制：

- 必须选择单一表格
- 必须选择主键
- 必须选择所有 NOT NULL 的值

在取得 ResultSet 之后要进行数据更新，必须移动至要更新的行(Row)，调用 updateXxx()方法(Xxx 是类型)，而后调用 **updateRow()** 方法完成更新。如果调用 **cancelRowUpdates()**可取消更新，但必须在调用 updateRow()前进行更新的取消。一个使用 ResultSet 更新数据的例子如下：

```
Statement stmt = conn.prepareStatement("SELECT * FROM t_message",
                    ResultSet.TYPE_SCROLL_INSENSITIVE,
                    ResultSet.CONCUR_READ_ONLY);
ResultSet rs = stmt.executeQuery();
rs.next();
rs.updateString(3, "caterpillar@openhome.cc");
rs.updateRow();
```

如果取得 ResultSet 后想直接进行数据的新增，则要先调用 **moveToInsertRow()**，之后调用 updateXxx() 设置要新增的数据各个字段，然后调用 **insertRow()**新增数据。一个使用 ResultSet 新增数据的例子如下：

```
Statement stmt = conn.prepareStatement("SELECT * FROM t_message",
                    ResultSet.TYPE_SCROLL_INSENSITIVE,
                    ResultSet.CONCUR_READ_ONLY);
ResultSet rs = stmt.executeQuery();
rs.moveToInsertRow();
rs.updateString(2, "momor");
rs.updateString(3, "momor@openhome.cc");
rs.updateString(4, "blah..blah");
rs.insertRow();
```

```
rs.moveToCurrentRow();
```

如果取得 `ResultSet` 后想直接进行数据的删除，则要移动数据光标至想删除的列，调用 **deleteRow()** 删除数据列。一个使用 `ResultSet` 删除数据的例子如下：

```
Statement stmt = conn.prepareStatement("SELECT * FROM t_message",
                ResultSet.TYPE_SCROLL_INSENSITIVE,
                ResultSet.CONCUR_READ_ONLY);
ResultSet rs = stmt.executeQuery();
rs.absolute(3);
rs.deleteRow();
```

9.2.3 批次更新

如果必须对数据库进行大量数据更新，单纯使用类似以下的代码段并不合适：

```
Statement stmt = conn.createStatement();
while(someCondition) {
    stmt.executeUpdate(
      "INSERT INTO t_message(name,email,msg) VALUES('…','…','…')");
}
```

每一次执行 `executeUpdate()`，其实都会向数据库发送一次 SQL。如果大量更新的 SQL 有一万次，就等于通过网络进行了一万次的信息传送。网络传送信息实际上必须启动 I/O、进行路由等动作，这样进行大量更新，性能上其实不好。

可以使用 **addBatch()** 方法来收集 SQL，并使用 **executeBatch()** 方法将所收集的 SQL 传送出去。例如：

```
Statement stmt = conn.createStatement();
while(someCondition) {
    stmt.addBatch(
      "INSERT INTO t_message(name,email,msg) VALUES('…','…','…')");
}
stmt.executeBatch();
```

以 MySQL 驱动程序的 `Statement` 实现为例，其 `addBatch()` 使用了 `ArrayList` 来收集 SQL。其源代码如下所示：

```
public synchronized void addBatch(String sql) throws SQLException {
    if (this.batchedArgs == null) {
        this.batchedArgs = new ArrayList();
    }
    if (sql != null) {
        this.batchedArgs.add(sql);
    }
}
```

所有收集的 SQL，最后会串为一句 SQL，然后传送给数据库。也就是说，假设大量更新的 SQL 有一万笔，这一万笔 SQL 会连接为一句 SQL，再通过一次网络传送给数据库，节省了 I/O、网络路由等操作所耗费的时间。

既然是使用批次更新，顾名思义，就是仅用在更新操作。所以批次更新的限制是，SQL 不能是 SELECT，否则会抛出异常。

使用 executeBatch()时，SQL 的执行顺序就是 addBatch()时的顺序，executeBatch() 会返回 int[]，代表每笔 SQL 造成的数据异动列数。执行 executeBatch()时，先前已打开的 ResultSet 会被关闭，执行过后收集 SQL 用的 List 会被清空，任何的 SQL 错误会抛出 **BatchUpdateException**，可以使用这个对象的 **getUpdateCounts()**取得 int[]，代表先前执行成功的 SQL 所造成的异动笔数。

先前举的例子是 Statement 的例子，如果是 PreparedStatement 要使用批次更新，以下是个范例：

```
PreparedStatement stmt = conn.prepareStatement(
    "INSERT INTO t_message(name,email,msg) VALUES(?, ?, ?)");
while(someCondition) {
    stmt.setString(1, "..");
    stmt.setString(2, "..");
    stmt.setString(3, "..");
    stmt.addBatch();  // 收集参数
}
stmt.executeBatch(); // 送出所有参数
```

PreparedStatement 的 addBatch()会收集占位字符真正的数值。以 MySQL 的 PreparedStatement 实现类为例，其 addBatch()源代码如下：

```
public void addBatch() throws SQLException {
    if (this.batchedArgs == null) {
        this.batchedArgs = new ArrayList();
    }
    this.batchedArgs.add(new BatchParams(this.parameterValues,
      this.parameterStreams, this.isStream, this.streamLengths,
      this.isNull));
}
```

可以看到，内部是使用 ArrayList 来收集占位字符实际的数值。

提示»» 除了在 API 上使用 addBatch()、executeBatch()等方法以进行批次更新之外，通常也会搭配关闭自动提交(auto commit)，在性能上也会有所影响，这在稍后说明事务时就会提到。驱动程序本身是否支持批次更新也要注意一下。以 MySQL 为例，要支持批次更新，必须在 JDBC URL 上附加 rewriteBatchedStatements =true 参数才有实际的作用。

9.2.4 Blob 与 Clob

如果要将文件写入数据库，可以在数据库表格字段上使用 BLOB 或 CLOB 数据类型。BLOB 全名 Binary Large Object，用于储存大量的二进制数据，如图片、影音文件等。CLOB 全名 Character Large Object，用于储存大量的文字数据。

在 JDBC 中提供了 **java.sql.Blob** 与 **java.sql.Clob** 两个类分别代表 BLOB 与 CLOB 数据。以 Blob 为例，写入数据时，可以通过 PreparedStatement 的 **setBlob()** 来设置 Blob 对象，读取数据时，可以通过 ResultSet 的 **getBlob()** 取得 Blob 对象。

Blob 拥有 getBinaryStream()、getBytes() 等方法，可以取得代表字段来源的 InputStream 或字段的 byte[] 数据。Clob 拥有 getCharacterStream()、getAsciiStream() 等方法，可以取得 Reader 或 InputStream 等数据，可以查看 API 文件来获得更详细的信息。

实际也可以把 BLOG 字段对应 byte[] 或输入/输出串流。在写入数据时，可以使用 PreparedStatement 的 **setBytes()** 来设置要存入的 byte[] 数据，使用 **setBinaryStream()** 来设置代表输入来源的 InputStream。在读取数据时，可以使用 ResultSet 的 **getBytes()** 以 byte[] 取得字段中储存的数据，或以 **getBinaryStream()** 取得代表字段来源的 InputStream。

以下是取得代表文件来源的 InputStream 后，进行数据库储存的片段：

```java
InputStream in = readFileAsInputStream("...");
PreparedStatement stmt = conn.prepareStatement(
    "INSERT INTO IMAGES(src, img) VALUE(?, ?)");
stmt.setString(1, "…");
stmt.setBinaryStream(2, in);
stmt.executeUpdate();
```

以下是取得代表字段数据源的 InputStream 的片段：

```java
PreparedStatement stmt = conn.prepareStatement(
    "SELECT img FROM IMAGES");
ResultSet rs = stmt.executeQuery();
while(rs.next()) {
    InputStream in = rs.getBinaryStream(1);
    //...使用 InputStream 作数据读取
}
```

下面举个实际例子，制作一个简单的 Web 应用程序，可以让用户上传文件储存到数据库、下载或删除数据库中的文件。首先要在数据库中创建表格：

```sql
CREATE TABLE t_files (
    id INT NOT NULL AUTO_INCREMENT PRIMARY KEY,
    filename VARCHAR(255) NOT NULL,
savedTime TIMESTAMP NOT NULL,
    bytes LONGBLOB NOT NULL
) CHARSET=UTF8;
```

接着编写一个 FileService 类，使用 JDBC 负责数据库操作相关细节：

JDBCDemo FileService.java

```java
package cc.openhome;

import java.sql.*;
import java.util.*;
import javax.sql.DataSource;
import javax.naming.*;

public class FileService {
    private DataSource dataSource;
```

```
public FileService() {
    try {
        Context initContext = new InitialContext();
        Context envContext = (Context)
                    initContext.lookup("java:/comp/env");
        dataSource = (DataSource) envContext.lookup("jdbc/demo");
    } catch (NamingException ex) {
        throw new RuntimeException(ex);
    }
}

public File getFile(File file) {
    Connection conn = null;
    PreparedStatement statement = null;
    ResultSet result = null;
    SQLException ex = null;
    try {
        conn = dataSource.getConnection();
        statement = conn.prepareStatement(
                    "SELECT filename, bytes FROM t_files WHERE id=?");
        statement.setLong(1, file.getId());
        result = statement.executeQuery();
        while (result.next()) {
            file = new File();
            file.setFilename(result.getString(1));
            file.setBytes(result.getBytes(2));
        }
    } catch (SQLException e) {
        ex = e;
    } finally {
        if (statement != null) {
            try {
                statement.close();
            }
            catch(SQLException e) {
                if(ex == null) {
                    ex = e;
                }
            }
        }

        if (conn != null) {
            try {
                conn.close();
            }
            catch(SQLException e) {
                if(ex == null) {
                    ex = e;
                }
            }
        }

        if(ex != null) {
            throw new RuntimeException(ex);
```

❶ 查找 jdbc/demo 对应的 DataSource 对象

❷ 根据 id 查询取得文件名称与字节数据

❸ 取得字节数据

```
        }
    }
    return file;
}

public List<File> getFileList() {
    Connection conn = null;
    PreparedStatement statement = null;
    ResultSet result = null;
    SQLException ex = null;
    List<File> fileList = null;
    try {
        conn = dataSource.getConnection();
        statement = conn.prepareStatement(
                    "SELECT id, filename, savedTime FROM t_files");
        result = statement.executeQuery();
        fileList = new ArrayList<File>();
        while (result.next()) {
            File file = new File();
            file.setId(result.getLong(1));
            file.setFilename(result.getString(2));
            file.setSavedTime(result.getTimestamp(3));
            fileList.add(file);
        }
    } catch (SQLException e) {
        ex = e;
    } finally {
        略...
    }
    return fileList;
}

public void save(File file) {
    Connection conn = null;
    PreparedStatement statement = null;
    SQLException ex = null;
    try {
        conn = dataSource.getConnection();
        statement = conn.prepareStatement(
    "INSERT INTO t_files(filename, savedTime, bytes) VALUES(?, ?, ?)");
        statement.setString(1, file.getFilename());
        statement.setTimestamp(2, new Timestamp(file.getSavedTime().getTime()));
        statement.setBytes(3, file.getBytes());
        statement.executeUpdate();
    } catch (SQLException e) {
        ex = e;
    } finally {
        ...略
    }
}

public void delete(File file) {
    Connection conn = null;
    PreparedStatement statement = null;
```

❹ 取得文件列表，包括 id、文件名与储存时间

❺ 新增文件至数据库

❻ 设置储存的字节数据

```
        SQLException ex = null;
        try {
            conn = dataSource.getConnection();
            statement = conn.prepareStatement(
                            "DELETE FROM t_files WHERE id=?");
            statement.setLong(1, file.getId());
            statement.executeUpdate();
        } catch (SQLException e) {
            ex = e;
        } finally {
            ...略
        }
    }
}
```

❼ 根据 id 删除文件

FileService 在构造时，会通过 JNDI 查找 DataSource❶，之后通过 DataSource 来取得 Connection，在 getFile() 方法中，主要是通过 id 在数据库中查找对应的文件名与字节数据❷，在取得字节数据时，是通过 ResultSet 的 getBytes() 来取得❸。如果要取得所有文件列表，可以通过 FileService 的 getFileList() 方法取得❹。在 save() 方法中，则是使用 INSERT 将数据新增至数据库中❺，其中字节的部分，是通过 PreparedStatement 的 setBytes() 来新增❻。如果要删除文件，则是根据 id 来删除❼。

文件的上传、下载与删除，都是在 JSP 页面中进行操作：

JDBCDemo file.jsp

```
<%@page contentType="text/html; charset=UTF-8" pageEncoding="UTF-8"%>
<%@taglib prefix="c" uri="http://java.sun.com/jsp/jstl/core"%>
<jsp:useBean id="fileService"
        class="cc.openhome.FileService"
            scope="application" />
<!DOCTYPE html PUBLIC "-//W3C//DTD HTML 4.01 Transitional//EN"
"http://www.w3.org/TR/html4/loose.dtd">
<html>
    <head>
        <meta http-equiv="Content-Type"
            content="text/html; charset=UTF-8">
        <title>文件管理</title>
    </head>
    <body>
        <form method="post" enctype="multipart/form-data"
                        action="upload.do"><br>
            选择文件: <input type="file" name="file"><br><br>
            <input type="submit" value="上传">
        </form>
        <hr>
        <table style="text-align: left;" border="1"
                cellpadding="2" cellspacing="2">
                <tbody>
                    <tr>
                    <td>文件名称</td>
```

❶ 创建 JavaBean

❷ 上传窗体

```
                <td>上传日期</td>
                <td>操作</td>
            </tr>                                    ❸ 显示文件列表
            <c:forEach var="file" items="${fileService.fileList}">
                <tr>
                    <td>${file.filename}</td>
                    <td>${file.savedTime}</td>        ❹ 根据 id 下载文件
                    <td><a href="download.do?id=${file.id}">下载</a> /
                        <a href="delete.do?id=${file.id}">删除</a>
                    </td>
                </tr>                                 ❺ 根据 id 删除文件
            </c:forEach>
            </tbody>
        </table>
    </body>
</html>
```

为了简化范例，这里利用 JavaBean 的方式创建 FileService 实例，并设置为 application 范围属性❶。实际上，可以利用 ServletContextListener，在应用程序初始时创建 FileService 实例，并设置为 ServletContext 范围属性，在上传窗体的部分，action 是设置为 upload.do，以 POST 的方式发送❷，显示文件列表时，使用 JSTL 的 <c:forEach>❸。调用 FileService 的 getFileList() 取得列表后，逐一显示文件名称与上传时间。如果要下载文件，则使用 URL 重写的方式，根据 id 向 download.do 发送 GET 请求❹。如果要删除文件，也是使用 URL 重写的方式，根据 id 向 delete.do 发送 GET 请求❺。

处理文件上传的 Servlet 如下：

JDBCDemo Upload.java

```java
package cc.openhome;

import java.util.Date;
import java.io.*;
import javax.servlet.*;
import javax.servlet.annotation.*;
import javax.servlet.http.*;

@MultipartConfig
@WebServlet("/upload.do")
public class Upload extends HttpServlet {
    protected void doPost(HttpServletRequest request,
                    HttpServletResponse response)
                throws ServletException, IOException {
        request.setCharacterEncoding("UTF-8");
        Part part = request.getPart("file");
        String filename = getFilename(part);       ❶ 利用 Part 取得上传文件名、字节
        byte[] bytes = getBytes(part);

        File file = new File();
        file.setFilename(filename);
        file.setBytes(bytes);
```

```
        file.setSavedTime(new Date());    ◀━━ ❷取得系统时间

        FileService service = (FileService)
                getServletContext().getAttribute("fileService");
        service.save(file);    ◀━━ ❸使用 FileService 的 save()储存

        response.sendRedirect("file.jsp");
    }

    private String getFilename(Part part) {
        String header = part.getHeader("Content-Disposition");
        String filename =
            header.substring(header.indexOf("filename=\"") + 10,
            header.lastIndexOf("\""));
        return filename;
    }

    private byte[] getBytes(Part part) throws IOException {
        InputStream in = part.getInputStream();
        ByteArrayOutputStream out = new ByteArrayOutputStream();
        byte[] buffer = new byte[1024];
        int length = -1;
        while ((length = in.read(buffer)) != -1) {
            out.write(buffer, 0, length);
        }
        in.close();
        out.close();
        return out.toByteArray();
    }
}
```

在这里利用了 3.2.4 节介绍过的 Part 对象来取得上传的文件名与字节❶，上传的时间则是直接创建 Date 来取得❷。在创建 File 对象封装上传文件的文件名、字节与时间相关信息后，利用 FileService 的 save()方法来储存文件❸。

处理文件下载的 Servlet 如下：

JDBCDemo Download.java

```
package cc.openhome;

import java.net.URLEncoder;
import java.io.*;
import javax.servlet.*;
import javax.servlet.annotation.*;
import javax.servlet.http.*;

@WebServlet("/download.do")
public class Download extends HttpServlet {
    protected void doGet(HttpServletRequest request,
                    HttpServletResponse response)
                        throws ServletException, IOException {
        String id = request.getParameter("id");
        File file = new File();
        file.setId(Long.parseLong(id));
```

```
        FileService fileService = (FileService)
                    getServletContext().getAttribute("fileService");
        file = fileService.getFile(file);  ← ❶ 根据 id 取得文件
                                                    ❷ 针对 IE 处理
                                                    Content-disposition 标
        String filename = null;                     头的 filename 编码
        if(request.getHeader("User-Agent").contains("MSIE")) {
            filename = URLEncoder.encode(file.getFilename(), "UTF-8");
        }
        else {                          ❸ 针对其他浏览器处理 Content-disposition 标头的
            filename = new String(                      filename 编码
                    file.getFilename().getBytes("UTF-8"), "ISO-8859-1");
        }

            response.setContentType("application/octet-stream");  ← ❹ 告知浏览器响应类型
        response.setHeader("Content-disposition",
            "attachment; filename=\"" + filename + "\"");  ← ❺ 这个标头会告知浏览器另
                                                                存为新文件的文件名
        OutputStream out = response.getOutputStream();
        out.write(file.getBytes());
        out.close();
    }
}
```

浏览器会告知想要下载的文件 id 是什么，所以 Servlet 中取得 id 请求参数，封装为 File 对象，调用 FileService 的 getFile() 取得 File 对象❶，从中取得文件名与字节。为了让浏览器出现另存为的对话框，必须告知浏览器响应类型为"application/octet-stream"❹，也就是十六进制串流数据，并使用"Content-disposition"告知另存新文件时默认的文件名❺。不过这个文件名的编码会因 Internet Explorer 或其他浏览器在处理上有所不同。Internet Explorer 必须作 URL 编码❷，而其他浏览器必须以 ISO-8859-1 编码❸。另存新文件时，才可以正确显示中文文件名。

> 提示》》 "Content-disposition"在文件名编码上，这里的范例测试过 Firefox 4、Google
> Chrome 与 Internet Explorer 9，在下载时可以正确地出现默认的中文文件名。

处理文件删除的 Servlet 如下：

JDBCDemo Delete.java

```
package cc.openhome;

import java.io.*;
import javax.servlet.*;
import javax.servlet.annotation.*;
import javax.servlet.http.*;

@WebServlet("/delete.do")
public class Delete extends HttpServlet {
    protected void doGet(HttpServletRequest request,
                    HttpServletResponse response)
                        throws ServletException, IOException {
        String id = request.getParameter("id");
        File file = new File();
```

```
        file.setId(Long.parseLong(id));
        FileService fileService = (FileService)
                getServletContext().getAttribute("fileService");
        fileService.delete(file);
        response.sendRedirect("file.jsp");
    }
}
```

这个 Servlet 很简单，删除文件时也是根据 id，在封装为 File 对象之后，调用 FileService 的 delete() 即可删除文件。一个执行时的参考画面如图 9.12 所示。

图 9.12 文件上传、下载、删除的简易管理页面

9.2.5 事务简介

事务的四个基本要求是原子性(Atomicity)、一致性(Consistency)、隔离行为 (Isolation behavior)与持续性(Durability)，依英文字母首字简称为 ACID。

- 原子性：一个事务是一个单元工作(Unit of work)，当中可能包括数个步骤，这些步骤必须全部执行成功，若有一个失败，则整个事务声明失败，事务中其他步骤必须撤销曾经执行过的动作，回到事务前的状态。

  在数据库上执行单元工作为数据库事务(Database transaction)，单元中每个步骤就是每一句 SQL 的执行。要开始一个事务边界(通常是以一个 BEGIN 的命令开始)，所有 SQL 语句下达之后，COMMIT 确认所有操作变更，此时事务成功，或者因为某个 SQL 错误，ROLLBACK 进行撤销动作，此时事务失败。

- 一致性：事务作用的数据集合在事务前后必须一致，若事务成功，整个数据集合都必须是事务操作后的状态；若事务失败，整个数据集合必须与开始事务前一样没有变更，不能发生整个数据集合部分有变更，部分没变更的状态。

  例如转账行为，数据集合涉及 A、B 两个账户，A 原有 20 000 元，B 原有 10 000 元，A 转 10 000 元给 B，事务成功的话，最后 A 必须变成 10 000 元，

B 变成 20 000 元，事务失败的话，A 必须为 20 000 元，B 为 10 000 元，而不能发生 A 为 20 000 元(未扣款)，B 也为 20 000 元(已入款)的情况。

- 隔离行为：在多人使用的环境下，每个用户可能进行自己的事务，事务与事务之间，必须互不干扰，用户不会意识到别的用户正在进行事务，就好像只有自己在进行操作一样。

- 持续性：事务一旦成功，所有变更必须保存下来，即使系统故障，事务的结果也不能遗失。这通常需要系统软、硬件架构的支持。

在原子性的要求上，在 JDBC 可以操作 Connection 的 **setAutoCommit()** 方法，给它 false 自变量，提示数据库启始事务，在下达一连串的 SQL 命令后，自行调用 Connection 的 commit()，提示数据库确认(COMMIT)操作。如果中间发生错误，则调用 rollback()，提示数据库撤销(ROLLBACK)所有的执行。一个示范的流程如下所示：

```
Connection conn = null;
try {
    conn = dataSource.getConnection();
    conn.setAutoCommit(false);  // 取消自动提交
    Statement stmt = conn.createStatement();
    stmt.executeUpdate("INSERT INTO …");
    stmt.executeUpdate("INSERT INTO …");
    conn.commit();  // 提交
}
catch(SQLException e) {
    e.printStackTrace();
    if(conn != null) {
        try {
            conn.rollback();  // 回滚
        }
        catch(SQLException ex) {
            ex.printStackTrace();
        }
    }
}
finally {
    ...
    if(conn != null) {
        try {
            conn.setAutoCommit(true);  // 回复自动提交
            conn.close();
        }
        catch(SQLException ex) {
            ex.printStackTrace();
        }
    }
}
```

如果在事务管理时，仅想要撤回某个 SQL 执行点，则可以设置储存点(Save point)。例如：

```
Savepoint point = null;
try {
    conn.setAutoCommit(false);
    Statement stmt = conn.createStatement();
    stmt.executeUpdate("INSERT INTO …");
    …
    point = conn.setSavepoint(); // 设置储存点
    stmt.executeUpdate("INSERT INTO …");
    ...
    conn.commit();
}
catch(SQLException e) {
    e.printStackTrace();
    if(conn != null) {
        try {
            if(point == null) {
                conn.rollback();
            }
            else {
                conn.rollback(point);               // 撤回储存点
                conn.releaseSavepoint(point);       // 释放储存点
            }
        }
        catch(SQLException ex) {
            ex.printStackTrace();
        }
    }
}
finally {
    ...
    if(conn != null) {
        try {
            conn.setAutoCommit(true);
            conn.close();
        }
        catch(SQLException ex) {
            ex.printStackTrace();
        }
    }
}
```

在批次更新时，不用每一笔都确认的话，也可以搭配事务管理。例如：

```
try {
    conn.setAutoCommit(false);
    stmt = conn.createStatement();
    while(someCondition) {
        stmt.addBatch("INSERT INTO …");
    }
    stmt.executeBatch();
    conn.commit();
} catch(SQLException ex) {
    ex.printStackTrace();
    if(conn != null) {
```

```
        try {
            conn.rollback();
        } catch(SQLException e) {
            e.printStackTrace();
        }
    }
} finally {
    ...
    if(conn != null) {
        try {
            conn.setAutoCommit(true);
            conn.close();
        }
        catch(SQLException ex) {
            ex.printStackTrace();
        }
    }
}
```

> **提示》》** 数据表格必须支持事务，才可以执行以上所提到的功能。例如，在 MySQL 中
> 可以创建 InnoDB 类型的表格：
>
> ```
> CREATE TABLE t_xxx (
>     ...
> ) Type = InnoDB;
> ```

至于在隔离行为的支持上，JDBC 可以通过 Connection 的 **getTransactionIsolation()** 取得数据库目前的隔离行为设置，通过 **setTransactionIsolation()** 可提示数据库设置指定的隔离行为。可设置常数是定义在 Connection 上的，如下所示：

- TRANSACTION_NONE

- TRANSACTION_UNCOMMITTED

- TRANSACTION_COMMITTED

- TRANSACTION_REPEATABLE_READ

- TRANSACTION_SERIALIZABLE

其中 TRANSACTION_NONE 表示对事务不设置隔离行为，仅适用于没有事务功能、以只读功能为主、不会发生同时修改字段的数据库。有事务功能的数据库，可能不理会 TRANSACTION_NONE 的设置提示。

要了解其他隔离行为设置的影响，首先要了解多个事务并行时，可能引发的数据不一致问题有哪些。以下逐一举例说明。

1. 更新遗失(Lost update)

基本上就是指某个事务对字段进行更新的信息，因另一个事务的介入而遗失更新效力。举例来说，若某个字段数据原为 ZZZ，用户 A、B 分别在不同的时间点对同一字段进行更新事务，如图 9.13 所示。

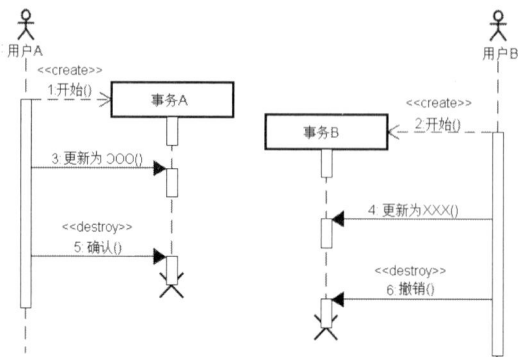

图 9.13　更新遗失

单就用户 A 的事务而言，最后字段应该是 OOO，单就用户 B 的事务而言，最后字段应该是 ZZZ。在完全没有隔离两者事务的情况下，由于用户 B 撤销操作时间在用户 A 确认之后，因此最后字段结果会是 ZZZ，用户 A 看不到他更新确认的 OOO 结果，用户 A 发生更新遗失问题。

提示》》　可想象有两个用户，若 A 用户打开文件之后，后续又允许 B 用户打开文件，一开始 A、B 用户看到的文件都有 ZZZ 文字，A 修改 ZZZ 为 OOO 后储存，B 修改 ZZZ 为 XXX 后又还原为 ZZZ 并储存，最后文件就为 ZZZ，A 用户的更新遗失。

如果要避免更新遗失问题，可以设置隔离层级为"可读取未确认"(Read uncommitted)，也就是 A 事务已更新但未确认的数据，B 事务仅可作读取动作，但不可作更新的动作。JDBC 可通过 Connection 的 setTransactionIsolation() 设置为 TRANSACTION_UNCOMMITTED 来提示数据库指定此隔离行为。

数据库对此隔离行为的基本做法是，A 事务在更新但未确认，延后 B 事务的更新需求至 A 事务确认之后。以上例而言，事务顺序结果会变成图 9.14 所示。

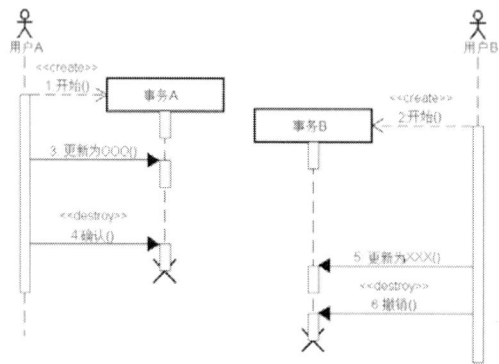

图 9.14　"可读取未确认"避免更新遗失

提示》》　可想象有两个用户，若 A 用户打开文件之后，后续只允许 B 用户以只读方式打开文件，B 用户若要能够写入，至少得等 A 用户修改完成关闭文件后。

368

提示数据库"可读取未确认"的隔离层次之后，数据库至少得保证事务能避免更新遗失问题，通常这也是具备事务功能的数据库引擎会采取的最低隔离层级。不过这个隔离层级读取错误数据的机率太高，一般默认不会采用这种隔离层级。

2. 脏读(Dirty read)

两个事务同时进行，其中一个事务更新数据但未确认，另一个事务就读取数据，就有可能发生脏读问题，也就是读到所谓脏数据、不干净、不正确的数据，如图 9.15 所示。

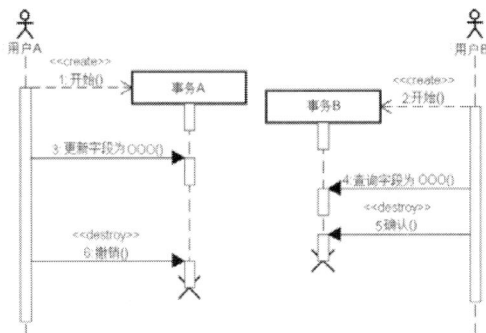

图 9.15　脏读

用户 B 在 A 事务撤销前读取了字段数据为 OOO，如果 A 事务撤销了事务，那么用户 B 读取的数据就是不正确的。

> **提示 >>>** 可想象有两个用户，若 A 用户打开文件并仍在修改期间，B 用户打开文件所读到的数据，就有可能是不正确的。

如果要避免脏读问题，可以设置隔离层级为"可读取确认"(Read committed)，也就是事务读取的数据必须是其他事务已确认的数据。JDBC 可通过 Connection 的 `setTransactionIsolation()` 设置为 `TRANSACTION_COMMITTED` 来提示数据库指定此隔离行为。

数据库对此隔离行为的基本做法之一是，读取的事务不会阻止其他事务，未确认的更新事务会阻止其他事务。若是这个做法，事务顺序结果会变成图 9.16 所示(若原字段为 ZZZ)。

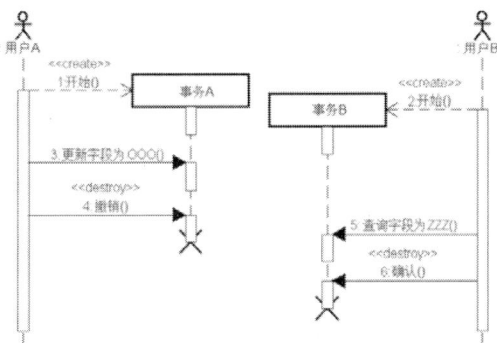

图 9.16　"可读取确认"避免脏读

提示 »» 可想象有两个用户，若 A 用户打开文件并仍在修改期间，B 用户就不能打开
文件。但在数据库上这个做法影响性能较大。另一个基本做法是事务正在更新
但尚未确定前先操作暂存表格，其他事务就不至于读取到不正确的数据。JDBC
隔离层级的设置提示，实际在数据库上如何实现，主要得根据各家数据库在性
能上的考量而定。

提示数据库"可读取确认"的隔离层次之后，数据库至少得保证事务能避免脏读
与更新遗失问题。

3. 无法重复的读取(Unrepeatable read)

某个事务两次读取同一字段的数据并不一致。例如，事务 A 在事务 B 更新前后进
行数据的读取，则 A 事务会得到不同的结果，如图 9.17 所示(若字段原为 ZZZ)。

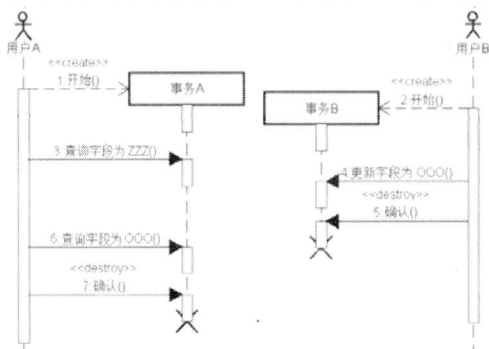

图 9.17　无法重复的读取

如果要避免无法重复的读取问题，可以设置隔离层级为"可重复读取"(Repeatable
read)，也就是同一事务内两次读取的数据必须相同。JDBC 可通过 Connection 的
setTransactionIsolation()设置为 TRANSACTION_REPEATABLE_READ 来提示数据库指定此隔离
行为。

数据库对此隔离行为的基本做法之一是，读取事务在确认前不阻止其他读取事
务，但会阻止其他更新事务。若是这个做法，事务顺序结果会变成图 9.18 所示(若原字
段为 ZZZ)。

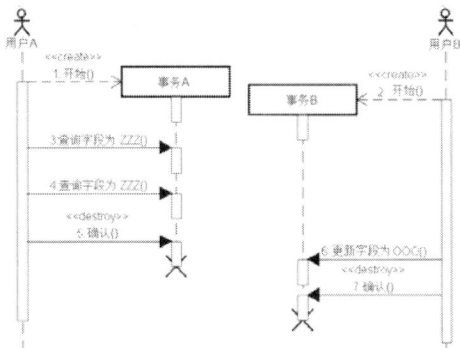

图 9.18　可重复读取

在数据库上这个做法影响性能较大,另一个基本做法是事务正在读取但尚未确认前,另一事务会在暂存表格上更新。

提示数据库"可重复读取"的隔离层次之后,数据库至少得保证事务能避免无法重复读取、脏读与更新遗失问题。

4. 幻读(Phantom read)

同一事务期间,读取到的数据笔数不一致。例如,事务 A 第一次读取得到五笔数据,此时事务 B 新增了一笔数据,导致事务 B 再次读取得到六笔数据。

如果隔离行为设置为可重复读取,但发生幻读现象,可以设置隔离层级为"可循序"(Serializable),也就是在有事务时若有数据不一致的疑虑,事务必须可以按照顺序逐一进行。JDBC 可通过 Connection 的 setTransactionIsolation()设置为 TRANSACTION_SERIALIZABLE 来提示数据库指定此隔离行为。

提示 »» 事务若真的一个一个循序进行,对数据库的影响性能过于巨大,实际也许未必直接阻止其他事务或真的循序进行,例如采用暂存表格方式。事实上,只要能符合四个事务隔离要求,各家数据库会寻求最有性能的解决方式。

表 9.2 整理了各个隔离行为可预防的问题。

表 9.2 隔离行为与可预防的问题

隔 离 行 为	更 新 遗 失	脏　　读	无法重复的读取	幻　　读
可读取未确认	预防			
可读取确认	预防	预防		
可重复读取	预防	预防	预防	
可循序	预防	预防	预防	预防

如果想通过 JDBC 得知数据库是否支持某个隔离行为设置,可以通过 Connection 的 getMetaData()取得 DatabaseMetadata 对象,通过 DatabaseMetadata 的 **supportsTransaction-IsolationLevel**()得知是否支持某个隔离行为。例如:

```
DatabaseMetadata meta = conn.getMetaData();
boolean isSupported = meta.supportsTransactionIsolationLevel(
        Connection.TRANSACTION_READ_COMMITTED);
```

9.2.6 metadata 简介

Metadata 即"关于数据的数据"(Data about data),如这个数据库是用来保存数据的地方,然而数据库本身产品名称是什么?数据库中有几个数据表格?表格名称是什么?表格中有几个字段等?这些信息就是所谓 metadata。

在 JDBC 中,可以通过 Connection 的 **getMetaData()**方法取得 **DatabaseMetaData** 对象,通过这个对象提供的种种方法,可以取得数据库整体信息,而 ResultSet 表示查询到的数据，而数据本身的字段、类型等信息，则可以通过 ResultSet 的 getMetaData() 方法，取得 ResultSetMetaData 对象，通过这个对象提供的相关方法，就可以取得字段名称、字段类型等信息。

> 提示 >>>　DatabaseMetaData 或 ResultSetMetaData 本身 API 使用上不难，问题点在于各家数据库对某些名词的定义不同，必须查阅数据库厂商手册搭配对应的 API，才可以取得想要的信息。

下面举个例子，利用 JDBC 的 metadata 相关 API，取得先前文件管理范例 t_files 表格相关信息。首先定义一个 JavaBean：

JDBCDemo TFileInfo.java

```
package cc.openhome;

import java.io.Serializable;
import java.sql.*;
import java.util.*;
import javax.naming.*;
import javax.sql.DataSource;

public class TFilesInfo implements Serializable {
    private DataSource dataSource;

    public TFilesInfo() {
        try {
            Context initContext = new InitialContext();
            Context envContext = (Context)
                    initContext.lookup("java:/comp/env");
            dataSource = (DataSource) envContext.lookup("jdbc/demo");
        } catch (NamingException ex) {
            throw new RuntimeException(ex);
        }
    }

    public List<ColumnInfo> getAllColumnInfo() {
        Connection conn = null;
        ResultSet crs = null;
        SQLException ex = null;
        List<ColumnInfo> infos = null;
        try {
            conn = dataSource.getConnection();
            DatabaseMetaData meta = conn.getMetaData();
            crs = meta.getColumns(                          ❶ 查询 t_files 表格所有字段
                        "demo", null, "t_files", null);
            infos = new ArrayList<ColumnInfo>();   ←  ❷ 用来收集字段信息
            while(crs.next()) {
                ColumnInfo info = new ColumnInfo();
                info.setName(crs.getString("COLUMN_NAME"));      ❸ 封装字段名称、类
                info.setType(crs.getString("TYPE_NAME"));           型、大小、可否为
                info.setSize(crs.getInt("COLUMN_SIZE"));            空、默认值等信息
                info.setNullable(crs.getBoolean("IS_NULLABLE"));
                info.setDef(crs.getString("COLUMN_DEF"));
```

```
                infos.add(info);
            }
        } catch (SQLException e) {
            ex = e;
        }
        finally {
            if(conn != null) {
                try {
                    conn.close();
                } catch (SQLException e) {
                    if(ex == null) {
                        ex = e;
                    }
                }
            }
        }
        if(ex != null) {
            throw new RuntimeException(ex);
        }

        return infos;
    }
}
```

在调用 getAllColumnInfo() 时，会先从 Connection 上取得 DatabaseMetaData，以查询数据库中指定表格的字段❶，这会取得一个 ResultSet。接着从 ResultSet 上逐一取得各个想要的信息，封装为 ColumnInfo 对象❸，并收集在 List 中返回❷。

接着编写一个 JSP 页面来使用 TFileInfo 类：

JDBCDemo metadata.jsp

```
<%@page contentType="text/html; charset=UTF-8"
    pageEncoding="UTF-8"%>
<%@taglib prefix="c" uri="http://java.sun.com/jsp/jstl/core"%>
<jsp:useBean id="tFileInfo" class="cc.openhome.TFilesInfo"/>  ⬅ ❶ 以 JavaBean
                                                                    方式使用
<!DOCTYPE html PUBLIC "-//W3C//DTD HTML 4.01 Transitional//EN"
                    "http://www.w3.org/TR/html4/loose.dtd">
<html>
    <head>
        <meta http-equiv="Content-Type"
            content="text/html; charset=UTF-8">
        <title>Metadata</title>
    </head>
    <body>
        <table style="text-align: left;" border="1"
            cellpadding="2" cellspacing="2">
            <tbody>
                <tr>
                    <td>字段名称</td>
                    <td>字段类型</td>
                    <td>可否为空</td>
                    <td>默认数值</td>
```

```
            </tr>
        <c:forEach var="columnInfo"
                   items="${tFileInfo.allColumnInfo}"
            <tr>
                <td>${columnInfo.name}</td>
                <td>${columnInfo.type}</td>
                <td>${columnInfo.nullable}</td>
                <td>${columnInfo.def}  </td>
            </tr>
        </c:forEach>
        </tbody>
    </table>
  </body>
</html>
```

❷ 取得所有字段
信息并显示

为了简化范例，在这里将 TFileInfo 当作 JavaBean 来使用，并利用 JSTL 的 `<c:forEach>` 逐一取得 ColumnInfo 对象，以表格方式显示字段信息。一个参考画面如图 9.19 所示。

http://localhost:8080/JDBCDemo/metadata.jsp

字段名称	字段类型	可否为空	默认数值
id	INT	false	
filename	VARCHAR	false	
savedTime	TIMESTAMP	false	CURRENT_TIMESTAMP
bytes	LONGBLOB	false	

图 9.19　取得字段基本信息

9.2.7　RowSet 简介

JDBC 定义了 `javax.sql.RowSet` 接口，用以代表数据的列集合。这里的数据并不一定是数据库中的数据，可以是试算表数据、XML 数据或任何具有行集合概念的数据源。

RowSet 是 ResultSet 的子接口，所以具有 ResultSet 的行为，可以使用 RowSet 对行集合进行增删查改，RowSet 也新增了一些行为，如通过 setCommand() 设置查询命令、通过 execute() 执行查询命令以填充数据等。

> 提示》》　在 Sun 的 JDK 中附有 RowSet 的非标准实现，其包名称是 com.sun.rowset。

RowSet 定义了行集合基本行为，其下有 JdbcRowSet、CachedRowSet、FilteredRowSet、JoinRowSet 与 WebRowSet 五个标准行集合子接口，定义在 javax.sql.rowset 包中。其继承关系如图 9.20 所示。

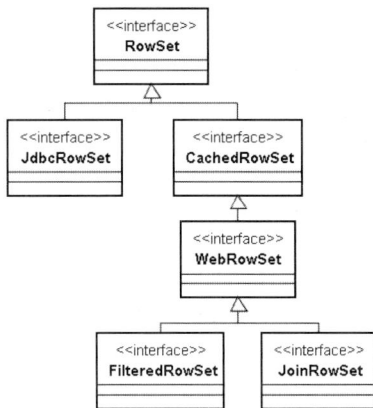

图 9.20　RowSet 接口继承架构

`JdbcRowSet` 是连接式(Connected)的 `RowSet`，也就是操作 `JdbcRowSet` 期间，会保持与数据库的连接，可视为取得、操作 `ResultSet` 的行为封装，可简化 JDBC 程序的编写，或作为 JavaBean 使用。

`CachedRowSet` 则为离线式(Disconnected)的 `RowSet`(其子接口当然也是)，在查询并填充完数据后，就会断开与数据源的连接，而不用占据相关连接资源，必要时也可以再与数据源连接进行数据同步。

以下先以 `JdbcRowSet` 为例，介绍 `RowSet` 的基本操作。在这里使用的实现是 Sun JDK 附带的 `JdbcRowSetImpl`。要使用 `RowSet` 查询数据，基本上可以如下：

```
JdbcRowSet rowset = new JdbcRowSetImpl();
rowset.setUrl("jdbc:mysql://localhost:3306/demo");
rowset.setUsername("root");
rowset.setPassword("123456");
rowset.setCommand("SELECT * FROM t_messages WHERE id = ?");
rowset.setInt(1, 1);
rowset.execute();
```

可以使用 **setUrl()** 设置 JDBC URL，使用 **setUsername()** 设置用户名称，使用 **setPassword()** 设置密码，使用 **setCommand()** 设置查询 SQL。

由于 `RowSet` 是 `ResultSet` 的子接口，接下来要取得各字段数据，只要如 `ResultSet` 操作即可。若要使用 `RowSet` 进行增删改的动作，也是与 `ResultSet` 相同。例如，下例使用 `JdbcRowSet` 改写 9.1.3 节的访客留言板，可以比较使用 `JdbcRowSet` 之后的差别：

JDBCDemo GuestBookBean2.java

```
package cc.openhome;

import java.io.Serializable;
import java.sql.*;
import java.util.*;
import javax.sql.rowset.JdbcRowSet;
import com.sun.rowset.JdbcRowSetImpl;

public class GuestBookBean2 implements Serializable {
```

```
    private JdbcRowSet rowset;
    public GuestBookBean2() throws SQLException {
        rowset = new JdbcRowSetImpl();
        rowset.setDataSourceName("java:/comp/env/jdbc/demo");
        rowset.setCommand("SELECT * FROM t_message");
        rowset.execute();
    }

    public void setMessage(Message message) throws SQLException {
        rowset.moveToInsertRow();
        rowset.updateString(2, message.getName());
        rowset.updateString(3, message.getEmail());
        rowset.updateString(4, message.getMsg());
        rowset.insertRow();
    }

    public List<Message> getMessages() throws SQLException {
        List<Message> messages = new ArrayList<Message>();
        rowset.beforeFirst();
        while (rowset.next()) {
            Message message = new Message();
            message.setId(rowset.getLong(1));
            message.setName(rowset.getString(2));
            message.setEmail(rowset.getString(3));
            message.setMsg(rowset.getString(4));
            messages.add(message);
        }
        return messages;
    }

    @Override
    protected void finalize() throws Throwable {
        if(rowset != null) {
            rowset.close();
        }
    }
}
```

在这个例子中，使用 **setDataSourceName()** 来取得 DataSource,并直接利用 JdbcRowSet 进行查询与新增留言的操作。JdbcRowSet 也有 **setAutocommit()** 与 **commit()** 方法，可以进行事务控制。

如果在查询之后，想要离线进行操作，则可以使用 CachedRowSet 或其子接口实现对象。视需求而定，可以直接使用 **close()** 关闭 CachedRowSet，若在相关更新操作之后，想再与数据源进行同步，则可以调用 **acceptChanges()** 方法。例如：

```
conn.setAutoCommit(false);    // conn 是 Connection
rowSet.acceptChanges(conn); // rowSet 是 CachedRowSet
conn.setAutoCommit(true);
```

WebRowSet 是 CachedRowSet 的子接口，其不仅具备离线操作，还能进行 XML 读写。例如以下的 Servlet，可以读取数据库的表格数据，然后对客户端写出 XML：

```java
package cc.openhome;

import java.io.IOException;
import java.sql.SQLException;
import javax.servlet.ServletException;
import javax.servlet.annotation.WebServlet;
import javax.servlet.http.*;
import javax.sql.rowset.WebRowSet;
import com.sun.rowset.WebRowSetImpl;

@WebServlet("/xmlMessage")
public class XMLMessage extends HttpServlet {
    private WebRowSet rowset = null;

    @Override
    public void init() throws ServletException {
        try {
            rowset = new WebRowSetImpl();
            rowset.setDataSourceName("java:/comp/env/jdbc/demo");
            rowset.setCommand("SELECT * FROM t_message");
            rowset.execute();
        } catch (SQLException e) {
            throw new ServletException(e);
        }
    }

    protected void doGet(HttpServletRequest request,
                    HttpServletResponse response)
                        throws ServletException, IOException {
        response.setContentType("text/xml;charset=UTF-8");
        try {
            rowset.writeXml(response.getOutputStream());
        } catch (SQLException e) {
            throw new ServletException(e);
        }
    }
}
```

使用 WebRowSet 的 **writeXML()**，可以将 WebRowSet 的 Metadata、属性与数据以 XML 格式写出。一个执行结果如图 9.21 所示。

图 9.21 WebRowSet 写出的 XML 文件数据区段

这让你不用进行烦琐的 XML 操作，就可以将查询的数据以 XML 的方式写出。例如，其他网站取得 XML 之后，可以使用 JSTL 的 XML 格式标签库组织画面：

JDBCDemo xmlMessage.jsp

```
<%@ page contentType="text/html; charset=UTF-8" pageEncoding="UTF-8"%>
<%@taglib prefix="c" uri="http://java.sun.com/jsp/jstl/core"%>
<%@taglib prefix="fn" uri="http://java.sun.com/jsp/jstl/functions"%>
<%@taglib prefix="x" uri="http://java.sun.com/jsp/jstl/xml"%>
<!DOCTYPE html PUBLIC "-//W3C//DTD HTML 4.01 Transitional//EN"
    "http://www.w3.org/TR/html4/loose.dtd">
<html>
    <head>
        <meta http-equiv="Content-Type"
                content="text/html; charset=UTF-8">
        <title>友站的留言</title>
    </head>
    <body>
        <c:import var="xml" url="xmlMessage" charEncoding="UTF-8" />
        <c:set var='xmlns'>
            xmlns="http://java.sun.com/xml/ns/jdbc"
        </c:set>
        <!-- JSTL 1.1 不支持 XML Namespace，所以用空字符串取代掉 -->
        <x:parse var="webRowSet" doc="${fn:replace(xml, xmlns, '')}"/>
        <h2>友站的留言</h2>
        <table border="1">
            <tr bgcolor="#00ff00">
                <th align="left">名称</th>
                <th align="left">邮件</th>
                <th align="left">留言</th>
            </tr>
            <x:forEach var="row" select="$webRowSet//currentRow">
            <tr>
                <td><x:out select="$row/columnValue[2]"/></td>
                <td><x:out select="$row/columnValue[3]"/></td>
                <td><x:out select="$row/columnValue[4]"/></td>
            </tr>
            </x:forEach>
        </table>
    </body>
</html>
```

在这里要注意的是，由于 JSTL 1.1 不支持 XML 名称空间，所以使用 EL 函数库中的 ${fn:replace()} 函数，将名称空间部分的字符串取代为空字符串。一个范例执行的参考画面如图 9.22 所示。

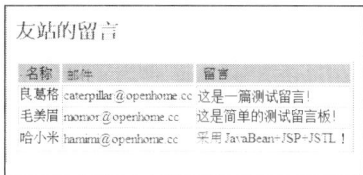

图 9.22　从另一站读入 XML 并显示

FilteredRowSet 可以对行集合进行过滤，实现类似 SQL 中 WHERE 等条件式的功能。可以通过 **setFilter()** 方法，指定实现 **javax.sql.rowset.Predicate** 的对象。其定义如下：

```
boolean evaluate(Object value, int column)
boolean evaluate(Object value, String columnName)
boolean evaluate(RowSet rs)
```

Predicate 的 **evaluate()** 方法返回 true，表示该行要包括在过滤后的行集合中。

JoinRowSet 则可以让你结合两个 RowSet 对象，实现类似 SQL 中 JOIN 的功能。可以通过 **setMatchColumn()** 指定要结合的列，然后使用 **addRowSet()** 来加入 RowSet 进行结合。例如：

```
rs1.setMatchColumn(1);
rs2.setMatchColumn(2);
JoinRowSet jrs = JoinRowSet jrs = new JoinRowSetImpl();
jrs.addRowSet(rs1);
jrs.addRowSet(rs2);
```

在这个范例片段执行过后，JoinRowSet 中就会是原本两个 RowSet 结合的结果。也可以通过 **setJoinType()** 指定结合的方式，可指定的常数定义在 JoinRowSet 中，包括 CROSS_JOIN、FULL_JOIN、INNER_JOIN、LEFT_OUTER_JOIN 与 RIGHT_OUTER_JOIN。

提示 »» API 文件对 RowSet 的文件说明是很清楚的，更多有关 RowSet 的说明，也可以参考：

http://java.sun.com/developer/Books/JDBCTutorial/chapter5.html

---

9.3 使用 SQL 标签库

JSTL 提供了 SQL 标签库，可以在 JSP 页面上直接进行数据库增删查找，但无须编写任何 JDBC 代码。对于不复杂的数据库操作，使用 SQL 标签库对于应用程序可以有一定程度的简化。

9.3.1 数据源、查询标签

若要使用 JSTL 的 XML 标签库，必须使用 taglib 指示元素进行定义：

```
<%@taglib prefix="sql" uri="http://java.sun.com/jsp/jstl/sql"%>
```

在进行任何数据库来源之前，得先设置数据源(Data source)。对 JDBC 而言就是设置连接来源，这可以使用 **<sql:setDataSource>** 标签来设置。例如：

```
<sql:setDataSource dataSource="java:/comp/env/jdbc/demo"/>
```

dataSource 属性可以是 JNDI 字符串名称或 DataSource 实例，或者是直接设置驱动程序类、用户名称、密码与 JDBC URL：

```
<sql:setDataSource driver="com.mysql.jdbc.Driver"
                   user="root" password="123456"
                   url="jdbc:mysql://localhost:3306/demo"/>
```

如果要进行数据库查询，可以使用**<sql:query>**标签。如果已经使用<sql:setDataSource>设置数据源，则可以直接进行 SQL 查询：

```
<sql:query sql="SELECT * FROM t_message" var="messages"/>
```

如果属性范围中已经存在 DataSource，也可以直接使用<sql:query>的 **dataSource** 属性来指定。如果 SQL 语句比较复杂，也可以直接编写在标签 Body 中。例如：

```
<sql:query dataSource="${dataSource}" var="messages">
    SELECT * FROM t_message
</sql:query>
```

<sql:query>还有 **startRow** 属性可以指定查询结果的第几笔取得查询结果，**maxRows** 属性可以指定取得几笔结果。<sql:query>的查询结果是 **javax.servlet.jsp.jstl.sql.Result** 类型，具有 **getColumnNames()**、**getRowCount()**、**getRows()** 等方法，可配合 JSTL 的 <c:forEach>来取出每一笔数据。例如：

```
<sql:query sql="SELECT * FROM t_message" var="messages"/>
<c:forEach var="message" items="${messages.rows}">
    ${message.name}<br>
    ${message.email}<br>
    ${message.msg}
</c:forEach>
```

javax.servlet.jsp.jstl.sql.Result 也有 **getRowsByIdex()** 方法，可以 Object[][]返回查询数据，所以也可根据索引取得字段数据：

```
<sql:query sql="SELECT * FROM t_message" var="messages"/>
<c:forEach var="message" items="${messages.rowsByIndex}">
    ${message[0]}<br>
    ${message[1]}<br>
    ${message[2]}
</c:forEach>
```

提示 >> 　由于 getRowsByIndex()返回的是 Object[][]，所以索引要从 0 开始。

9.3.2　更新、参数、事务标签

如果想通过 SQL 标签库对数据库进行更新动作，则可以使用**<sql:update>**标签。例如，要在数据库中新增一笔数据：

```
<sql:update>
    INSERT INTO t_message(name, email, msg)
        VALUES('Justin', 'caterpillar@openhome.cc', 'This is a test!')
</sql:update>
```

如果 SQL 中有部分数据是未定的，例如，可能来自请求参数数据，则以下写法虽可以但不建议：

```
<sql:update>
    INSERT INTO t_message(name, email, msg)
        VALUES(${param.user}, ${param.email}, ${param.msg})
```

```
</sql:update>
```

正如 9.1.4 节提过的，直接将请求参数的值未经过滤就安插在 SQL 中，可能会隐含 SQL Injection 的安全问题。可以在 SQL 中使用占位字符，并搭配**<sql:param>**标签来设置占位字符的值。例如：

```
<sql:update>
    INSERT INTO t_message(name, email, msg) VALUES(?, ?, ?)
    <sql:param value="${param.name}"/>
    <sql:param value="${param.email}"/>
    <sql:param value="${param.msg}"/>
</sql:update>
```

如果字段是日期时间格式，则可以使用**<sql:paramDate>**标签，可以通过 type 属性设置，指定使用"time"、"date"或"timestamp"的值。<sql:param>、<sql:paramDate>也可以搭配<sql:query>使用。

如果有必要指定事务隔离行为，则可以通过**<sql:transaction>**标签指定，设置 isolation 属性为"read_uncommitted"、"read_committed"、"repeatable"或"serializable"来指定不同的事务隔离行为。

下面这个程序改写 7.2.1 节的留言板范例，使用纯 JSP 与 SQL 标签库来完成相同的功能：

JDBCDemo guestbook3.jsp

```
<%@page contentType="text/html" pageEncoding="UTF-8"%>
<%@taglib prefix="c" uri="http://java.sun.com/jsp/jstl/core"%>
<%@taglib prefix="sql" uri="http://java.sun.com/jsp/jstl/sql"%>
<sql:setDataSource dataSource="jdbc/demo"/>
<c:set target="${pageContext.request}"
       property="characterEncoding" value="UTF-8"/>
<c:if test="${param.msg != null}">
    <sql:update>
        INSERT INTO t_message(name, email, msg) VALUES (?, ?, ?)
        <sql:param value="${param.name}"/>
        <sql:param value="${param.email}"/>
        <sql:param value="${param.msg}"/>
    </sql:update>
</c:if>
<!DOCTYPE HTML PUBLIC "-//W3C//DTD HTML 4.01 Transitional//EN"
"http://www.w3.org/TR/html4/loose.dtd">
<html>
    <head>
        <meta http-equiv="Content-Type"
              content="text/html; charset=UTF-8">
        <title>访客留言板</title>
    </head>
    <body>
        <table style="text-align: left; width: 100%;" border="0"
            cellpadding="2" cellspacing="2">
            <tbody>
                <sql:query sql="SELECT name, email, msg FROM t_message"
```

```
                    var="messages"/>
        <c:forEach var="message" items="${messages.rows}">
            <tr>
                <td>${message.name}</td>
                <td>${message.email}</td>
                <td>${message.msg}</td>
            </tr>
        </c:forEach>
        </tbody>
    </table>
    </body>
</html>
```

9.4 综合练习

先前的微博综合练习，都是直接使用文件来储存相关信息，在这一节中，将改用数据库搭配 JDBC 存取数据。不过将文件储存改为数据库储存，就目前应用程序来说，是个不小的变动。因此在这里将导入 DAO(Data Access Object)设计模式，以隔离储存逻辑与业务逻辑。

9.4.1 重构 / 使用 DAO

如果观察一下目前微博应用程序的 UserService 类，会发现其中充斥着大量的文件输入输出代码，UserService 中检查用户是否存在、确认用户可否登录、用户信息的排序等业务逻辑，混杂在文件输入输出代码中而不易维护。

文件输入输出是一种储存逻辑，将储存逻辑与业务逻辑混杂在一起，缺点就是不易维护。对本书造成最直接的冲击就是，若尝试在现有架构下，将文件输入输出转换为 JDBC，改写上极为麻烦且容易出错。

在正式 UserService 中的储存逻辑改写为 JDBC 前，要对应用程序进行重构。先别考虑增加新的功能，而是在隔离储存逻辑与业务逻辑之后，让应用程序仍可以利用文件输入输出来存取数据。

在这里先定义出用户账户的储存行为，包括确认用户是否存在、新增用户与取得用户数据：

Gossip AccountDAO.java

```
package cc.openhome.model;
public interface AccountDAO {
    boolean isUserExisted(Account account);
    void addAccount(Account account);
    Account getAccount(Account account);
}
```

而信息的列表取得、新增信息与删除信息，则定义在另一个接口中：

Gossip BlahDAO.java

```java
package cc.openhome.model;
import java.util.List;
public interface BlahDAO {
    List<Blah> getBlahs(Blah blah);
    void addBlah(Blah blah);
    void deleteBlah(Blah blah);
}
```

UserService 在进行账户或信息的相关存取时，必须委托给 AccountDAO 或 BlahDAO 对象，UserService 必须根据 AccountDAO 与 BlahDAO 定义的行为，而不考虑其实现对象如何运作。这么做的目的是清楚地理清储存逻辑与业务逻辑。在经过重构之后，UserService 的内容如下：

Gossip UserService.java

```java
package cc.openhome.model;

import java.util.*;
import java.io.*;

public class UserService {
    private LinkedList<Blah> newest = new LinkedList<Blah>();
    private AccountDAO accountDAO;
    private BlahDAO blahDAO;

    public UserService(String USERS,
            AccountDAO userDAO, BlahDAO blahDAO) {
        this(userDAO, blahDAO);
    }

    public UserService(AccountDAO userDAO, BlahDAO blahDAO) {
        this.accountDAO = userDAO;
        this.blahDAO = blahDAO;
    }

    public boolean isUserExisted(Account account) {
        return accountDAO.isUserExisted(account);
    }

    public void add(Account account) {
        accountDAO.addAccount(account);
    }

    public boolean checkLogin(Account account) {
        if (account.getName() != null &&
             account.getPassword() != null) {
            Account storedAcct = accountDAO.getAccount(account);
            return storedAcct != null &&
                storedAcct.getPassword().equals(account.getPassword());
        }
        return false;
    }
```

```
    private class DateComparator implements Comparator<Blah> {
        @Override
        public int compare(Blah b1, Blah b2) {
            return -b1.getDate().compareTo(b2.getDate());
        }
    }

    private DateComparator comparator = new DateComparator();

    public List<Blah> getBlahs(Blah blah) {
        List<Blah> blahs = blahDAO.getBlahs(blah);
        Collections.sort(blahs, comparator);
        return blahs;
    }

    public void addBlah(Blah blah) {
        blahDAO.addBlah(blah);
        newest.addFirst(blah);
        if(newest.size() > 20) {
            newest.removeLast();
        }
    }

    public void deleteBlah(Blah blah) {
        blahDAO.deleteBlah(blah);
        newest.remove(blah);
    }

    public List<Blah> getNewest() {
        return newest;
    }
}
```

在代码中，粗体字的部分是依赖在 `AccountDAO` 或 `BlahDAO` 接口定义上，`UserService` 中看不到储存逻辑的实现。需要储存相关信息时，都是委托给 `AccountDAO` 或 `BlahDAO` 对象，`UserService` 中留下的就是商务相关逻辑，如检查用户是否存在、确认用户可否登录、用户信息排序、最新信息储存移除等。

> **提示 »**　实际上，在定义出 `AccountDAO` 与 `BlahDAO` 接口后，是将 `UserService` 中的储存逻辑相关代码分别搬移至 `AccountDAO` 与 `BlahDAO` 的实现类后做适当修改(篇幅限制，这些实现类的源代码就不列出了，可以直接查看本书附带光盘中的范例查看修改成果)，只是碍于平面书籍无法展现修改过程，你看到的 `UserService` 是最后完成的成果。要记得，重构是调整现有代码架构，而非砍掉重练。

这是 DAO 设计模式的实现，在 DAO 设计模式中，会定义出储存逻辑的行为，在 Java 中通常是定义为接口，接口中定义的是与实际储存方案无关的行为。具体来说，就是不会出现任何储存方案 API 的抽象方法。例如，你看不到接口定义时会出现 `SQLException` 等 API 名称，真正采用哪种储存方案，则是由实现接口的类决定。

使用 DAO 隔离储存逻辑与业务逻辑的好处是，只要修改过后应用程序可以运作，将来若储存逻辑要改写为 JDBC，甚至更久之后的某个需求是要通过网络储存至远端服务器，都不用修改原有程序，而 `UserService` 业务逻辑清楚易于调整，修改业务逻辑时也不用担心误改了储存逻辑而发生错误。

> 提示 >>> 　其实 `UserService` 的公开方法协议，我也做了一些调整，为的是让这些公开方法协议更清楚且易于使用。由于先前的练习，让相关 Servlet 依赖在 `UserService` 上。针对 `UserService` 的公开协议变化，相关 Servlet 也要做些小修改。由于 `UserService` 在先前练习中已封装了大部分代码，所以这些小修改不会太难，可以直接通过本书配套光盘中的范例查看修改成果。

9.4.2　使用 JDBC 实现 DAO

在重构 `UserService` 之后，接下来要分别实现 `AccountDAO` 与 `BlahDAO`。首先要创建数据库与表格，所使用的 SQL 如下：

```sql
CREATE SCHEMA gossip;
USE gossip;
CREATE TABLE t_account (
  name VARCHAR(15) NOT NULL,
  password VARCHAR(32) NOT NULL,
  email VARCHAR(255) NOT NULL,
  PRIMARY KEY (name)
) CHARSET=UTF8;
CREATE TABLE t_blah (
    name VARCHAR(15) NOT NULL,
    date TIMESTAMP NOT NULL,
    txt TEXT NOT NULL,
    FOREIGN KEY (name) REFERENCES t_account(name)
) CHARSET=UTF8;
```

接着使用 JDBC 实现 `AccountDAO`：

Gossip2 AccountDAOJdbcImpl.java

```java
package cc.openhome.model;

import java.sql.*;
import javax.sql.DataSource;

public class AccountDAOJdbcImpl implements AccountDAO {
   private DataSource dataSource;

   public AccountDAOJdbcImpl(DataSource dataSource) {   ◀──── ❶ 依赖在 DataSource
      this.dataSource = dataSource;
   }

   @Override
   public boolean isUserExisted(Account account) {
      Connection conn = null;
      PreparedStatement stmt = null;
      SQLException ex = null;
      boolean existed = false;
      try {
```

```
        conn = dataSource.getConnection();  ◄─── ❷ 通过 DataSource 取得 Connection
        stmt = conn.prepareStatement(
                "SELECT COUNT(1) FROM t_account WHERE name = ?");
        stmt.setString(1, account.getName());
        ResultSet rs = stmt.executeQuery();
        if(rs.next()) {
            existed = (rs.getInt(1) == 1);  ◄─── ❸ 确认有查询结果
        }
    } catch (SQLException e) {
        ex = e;
    }
    finally {
        ...略
    }
    ...略
    return existed;
}

@Override
public void addAccount(Account account) {
    Connection conn = null;
    PreparedStatement stmt = null;
    SQLException ex = null;
    try {
        conn = dataSource.getConnection();
        stmt = conn.prepareStatement(
    "INSERT INTO t_account(name, password, email) VALUES(?, ?, ?)");
        stmt.setString(1, account.getName());
        stmt.setString(3, account.getPassword());      ❹ 取得 Account 中封装
        stmt.setString(3, account.getEmail());             的信息更新表格字段
        stmt.executeUpdate();
    } catch (SQLException e) {
        ex = e;
    }
    finally {
        略...
    }
    略...
}

@Override
public Account getAccount(Account account) {
    Connection conn = null;
    PreparedStatement stmt = null;
    SQLException ex = null;
    Account acct = null;
    try {
        conn = dataSource.getConnection();
        stmt = conn.prepareStatement(
            "SELECT password, email FROM t_account WHERE name = ?");
        stmt.setString(1, account.getName());
        ResultSet rs = stmt.executeQuery();
        if(rs.next()) {
```

```
          acct = new Account(   ◄── ❺ 查询到的账户数据封装为 Account 对象
              account.getName(), rs.getString(1), rs.getString(2));
        }
      } catch (SQLException e) {
        ex = e;
      }
      finally {
          ...略
      }
      ...略
      return acct;
    }
}
```

在实现 AccountDAOJdbcImpl 时，采用 JDBC 作为储存方案。AccountDAOJdbcImpl 对象创建时，必须传入 DataSource 实例❶，之后要取得 Connection 对象时，就是从 DataSource 实例取得❷。在查询账户是否存在时使用了 COUNT 语句，由于用户的名称是主键，所以只要确认查询到的笔数是否为 1，就可以知道用户是否存在❸。在新增账户数据时，会从 Account 对象逐一取得数据，并设置为 PreparedStatement 的各字段值❹。在取得账户数据时，会将查询到的表格字段逐个取出，并创建 Account 实例进行封装❺。

接着使用 JDBC 实现 BlahDAO 接口。同样地，建构实例时，必须传入 DataSource 对象：

Gossip2 BlahDAOJdbcImpl.java

```java
package cc.openhome.model;

import java.sql.*;
import java.util.*;
import javax.sql.DataSource;

public class BlahDAOJdbcImpl implements BlahDAO {
    private DataSource dataSource;

    public BlahDAOJdbcImpl(DataSource dataSource) {
        this.dataSource = dataSource;
    }

    @Override
    public List<Blah> getBlahs(Blah blah) {
        Connection conn = null;
        PreparedStatement stmt = null;
        SQLException ex = null;
        List<Blah> blahs = null;
        try {
            conn = dataSource.getConnection();
            stmt = conn.prepareStatement(
                    "SELECT date, txt FROM t_blah WHERE name = ?");
            stmt.setString(1, blah.getUsername());
            ResultSet rs = stmt.executeQuery();
            blahs = new ArrayList<Blah>();
            while(rs.next()) {
```

```
                blahs.add(new Blah(
                         blah.getUsername(),
                         rs.getTimestamp(1),
                         rs.getString(2)));
            }
        } catch (SQLException e) {
            ex = e;
        }
        finally {
            ...略
        }
        ...略
        return blahs;
    }

    @Override
    public void addBlah(Blah blah) {
        Connection conn = null;
        PreparedStatement stmt = null;
        SQLException ex = null;
        try {
            conn = dataSource.getConnection();
            stmt = conn.prepareStatement(
                "INSERT INTO t_blah(name, date, txt) VALUES(?, ?, ?)");
            stmt.setString(1, blah.getUsername());
            stmt.setTimestamp(2, new Timestamp(
                                 blah.getDate().getTime()));
            stmt.setString(3, blah.getTxt());
            stmt.executeUpdate();
        } catch (SQLException e) {
            ex = e;
        }
        finally {
            ...略
        }
        ...略
    }

    @Override
    public void deleteBlah(Blah blah) {
        Connection conn = null;
        PreparedStatement stmt = null;
        SQLException ex = null;
        try {
            conn = dataSource.getConnection();
            stmt = conn.prepareStatement(
                         "DELETE FROM t_blah WHERE date = ?");
            stmt.setTimestamp(1, new Timestamp(
                                 blah.getDate().getTime()));
            stmt.executeUpdate();
        } catch (SQLException e) {
            ex = e;
        }
        finally {
```

```
        ...略
    }
    ...略
    }
}
```

9.4.3 设置 JNDI 部署描述

AccountDAO 与 BlahDAO 的实现都依赖于 DataSource，UserService 则依赖于 AccountDAO 与 BlahDAO，必须有个地方完成这些对象之间彼此依赖关系的创建。这里将在 Gossip-Listener 中完成。

Gossip2 GossipListener.java

```java
package cc.openhome.web;

import javax.naming.*;
import javax.servlet.*;
import javax.servlet.annotation.WebListener;
import javax.sql.DataSource;
import cc.openhome.model.*;

@WebListener
public class GossipListener implements ServletContextListener {        ❶ 通过 JNDI 取得
    public void contextInitialized(ServletContextEvent sce) {             DataSource
        try {
            Context initContext = new InitialContext();
            Context envContext = (Context)
                        initContext.lookup("java:/comp/env");
            DataSource dataSource =
                        (DataSource) envContext.lookup("jdbc/gossip");
            ServletContext context = sce.getServletContext();
            context.setAttribute("userService", new UserService(       ❷ 设置
                        new AccountDAOJdbcImpl(dataSource),               UserService、
                        new BlahDAOJdbcImpl(dataSource)));               AccountDAO、
        } catch (NamingException ex) {                                   BlahDAO 与
            throw new RuntimeException(ex);                              DataSource
        }                                                               间的依赖关系
    }

    public void contextDestroyed(ServletContextEvent sce) {}
}
```

在 GossipListener 中通过 JNDI 取得了 DataSource 实例❶，并完成了 AccountDAO、BlahDAO 对 DataSource 的依赖，以及 UserService 对 AccountDAO、BlahDAO 的依赖关系❷。

由于应用程序中通过 JNDI 取得 DataSource，必须在部署描述文件中加以声明：

Gossip2 web.xml

```xml
<?xml version="1.0" encoding="UTF-8"?>
<web-app ...>
```

```
// 略...
<resource-ref>
    <res-ref-name>jdbc/BookmarkOnline</res-ref-name>
    <res-type>javax.sql.DataSource</res-type>
    <res-auth>Container</res-auth>
    <res-sharing-scope>Shareable</res-sharing-scope>
</resource-ref>
</web-app>
```

先前 `GossipListener` 需要从初始参数中取得储存数据文件的文件夹名称，现在已不需要，而可以将对应的初始参数设置从 web.xml 中移除。

实际上 JNDI 是服务器上的资源，web.xml 中的设置，只是请容器代为向服务器进行沟通，服务器上必须设置好 JNDI。这里将采用 Tomcat 7，所以可在 META-INF 文件夹中新增一个 context.xml。内容编写如下：

Gossip2 context.xml

```
<?xml version="1.0" encoding="UTF 8"?>
<Context antiJARLocking="true" path="/Gossip2">
    <Resource name="jdbc/gossip"
      auth="Container" type="javax.sql.DataSource"
      maxActive="100" maxIdle="30" maxWait="10000" username="root"
      password="123456" driverClassName="com.mysql.jdbc.Driver"
      url="jdbc:mysql://localhost:3306/gossip?
                  useUnicode=true&amp;characterEncoding=UTF8"/>
</Context>
```

这样在应用程序部署之后，Tomcat 7 就会载入 JDBC 驱动程序、创建 DBCP 连接池、创建 JNDI 相关资源。由于 Tomcat 7 必须载入 JDBC 驱动程序，因此要将驱动程序的 JAR 文件放在 Tomcat 7 的 lib 文件夹中。

9.5 重点复习

JDBC(Java DataBase Connectivity)是用于执行 SQL 的解决方案，开发人员使用 JDBC 的标准接口，数据库厂商则对接口进行实现，开发人员无须接触底层数据库驱动程序的差异性。

厂商在实现 JDBC 驱动程序时，依方式可将驱动程序分为四种类型：

- Type 1：JDBC-ODBC Bridge Driver
- Type 2：Native API Dirver
- Type 3：JDBC-Net Driver
- Type 4：Native Protocol Driver

数据库操作相关的 JDBC 接口或类都位于 `java.sql` 包中。要连接数据库，可以向 `DriverManager` 取得 `Connection` 对象。`Connection` 是数据库连接的代表对象，一个 `Connection`

对象就代表一个数据库连接。SQLException 是在处理 JDBC 时经常遇到的一个异常对象，为数据库操作过程发生错误时的代表对象。

在 Java EE 的环境中，将取得连接等与数据库源相关的行为规范在 javax.sql.DataSource 接口中，实际如何取得 Connection 则由实现接口的对象来负责。

Connection 是数据库连接的代表对象，接下来要执行 SQL 的话，必须取得 java.sql.Statement 对象，它是 SQL 语句的代表对象，可以使用 Connection 的 createStatement() 来创建 Statement 对象。

Statement 的 executeQuery() 方法则是用于 SELECT 等查询数据库的 SQL，executeUpdate() 会返回 int 结果，表示数据变动的笔数，executeQuery() 会返回 java.sql.ResultSet 对象，代表查询的结果，查询的结果会是一笔一笔的数据。可以使用 ResultSet 的 next() 来移动至下一笔数据，它会返回 true 或 false 表示是否有下一笔数据，接着可以使用 getXXX() 来取得数据。

在使用 Connection、Statement 或 ResultSet 时，要将之关闭以释放相关资源。

如果有些操作只是 SQL 语句中某些参数会有所不同，其余的 SQL 子句皆相同，则可以使用 java.sql.PreparedStatement。可以使用 Connection 的 preparedStatement() 方法创建好一个预编译(precompile)的 SQL 命令，其中参数会变动的部分，先指定 "?" 这个占位字符。等到需要真正指定参数执行时，再使用相对应的 setInt()、setString() 等方法，指定 "?" 处真正应该有的参数。

9.6　课后练习

9.6.1　选择题

1. (　　　)JDBC 驱动程序可以有跨平台的特性。

   A. TYPE 1　　　　B. TYPE 2　　　　C. TYPE 3　　　　D. TYPE 4

2. (　　　)JDBC 驱动程序是基于数据库所提供的 API 来进行实现的。

   A. TYPE 1　　　　B. TYPE 2　　　　C. TYPE 3　　　　D. TYPE 4

3. JDBC 相关接口或类，是放在(　　　)包之下加以管理。

   A. java.lang　　B. javax.sql　　C. java.sql　　D. java.util

4. 使用 JDBC 时，通常会需要处理的受检异常(Checked Exception)是(　　　)。

   A. RuntimeException　　　　　B. SQLException

   C. DBException　　　　　　　D. DataException

5. 关于 Connection 的描述，以下正确的是(　　　)。

   A. 可以从 DriverManager 上取得 Connection

B. 可以从 `DataSource` 上取得 `Connection`

C. 在方法结束之后 `Connection` 会自动关闭

D. `Connection` 是线程安全(Thread-safe)

6. 使用 `Statement` 来执行 SELECT 等查询用的 SQL 指令时，应使用(　　)方法。

    A. `executeSQL()`　　　　　　B. `executeQuery()`

    C. `executeUpdate()`　　　　　D. `executeFind()`

7. 以下(　　)对象在正确使用的情况下，可以适当地避免 SQL Injection 的问题。

    A. `Statement`　　　　　　　B. `ResultSet`

    C. `PreparedStatement`　　　D. `Command`

8. 取得 `Connection` 之后，可以使用(　　)方法取得 `Statement` 对象。

    A. `conn.createStatement()`　　　B. `conn.buildStatement()`

    C. `conn.getStatement()`　　　　　D. `conn.createSQLStatement()`

9. 以下描述有误的是(　　)。

    A. 使用 `Statement` 一定会发生 SQL Injection

    B. 使用 `PreparedStatement` 就不会发生 SQL Injection

    C. 不使用 `Connection` 时必须加以关闭

    D. `ResultSet` 代表查询的结果集合

10. 使用 `Statement` 的 `executeQuery()` 方法，会返回(　　)类型。

    A. `int`　　　　　　　　　B. `boolean`

    C. `ResultSet`　　　　　　D. `Table`

9.6.2　实训题

在微博应用程序的 `AccountDAOJdbcImpl` 与 `BlahDAOJdbcImpl` 中，为了处理 `SQLException` 与正确地关闭 `Statement`、`Connection`，充斥着大量重复的 `try...catch` 代码，请尝试通过设计的方式，让 `try...catch` 代码可以重复使用，以简化 `AccountDAOJdbcImpl` 与 `BlahDAOJdbcImpl` 的源代码内容。

提示 》　　搜寻关键字 JdbcTemplate 了解相关设计方式。

Web 容器安全管理

学习目标:

- 了解 Java EE 安全概念与名词
- 使用容器基本身份验证与窗体验证
- 使用 HTTPS 保密数据传输

10.1 了解与实现 Web 容器安全管理

每个人都知道安全(Security)很重要，特别是在应用程序发布到网络上之后，安全就更为重要了，但要实现安全管理，问题却很多！原因之一是安全观念及意识不是朝夕即可养成；二是实现时的各种疏忽。

到目前为止，Web 容器已经实现了许多的功能，而在安全这方面，容器也提供了机制来满足安全的基本需求，当没办法做得更好时，适当地使用容器进行安全管理不仅方便，而且有一定的防护效果。

10.1.1 Java EE 安全基本概念

尽管对安全的要求细节各不相同，然而 Web 容器对于以下的四个基本安全特性提供了基础。

- 验证(Authentication)：具体来说就是身份验证，也就是确认目前沟通的对象(号称自己有权访问的对象)，真的是自己所宣称的用户(User)或身份(Identify)(你说自己是 caterpillar 这个用户，那证据是什么？)。

- 资源访问控制(Access control for resources)：基于完整性(Integrity)、机密性(Confidentiality)、可用性限制(Availability constraints)等目的，对资源的访问必须设限，仅提供给一些特定的用户或程序。

- 数据完整性(Data Integrity)：在信息传输期间，必须保证信息的内容不被第三方修改。

- 数据机密性或私密性(Confidentiality or Data Privacy)：只允许具有合法权限的用户访问特定的数据。

问题在于如何正确实现这四个需求？要使用窗体来做身份验证吗？验证时要提供哪些数据？如何定义应用程序的用户列表？权限清单？哪些用户有哪些权限？哪些资源需要受到权限管制？传送密码的过程会不会受到窃听？传送机密数据时会不会被拦截？拦截后的内容别人看得懂吗？会不会有人拦截数据后修改再发送给你？

要解决这些需求不是件容易的事，需要许多复杂的逻辑，也需要与系统作沟通！在 Java EE 中，容器(无论是 Web 容器还是 EJB 容器)提供了这些需求的实现，这些实现是 Java EE 的标准，只要是符合 Java EE 规范的容器，都可以使用这些实现。

本书谈的是 Servlet/JSP，使用的是 Web 容器，在使用 Web 容器提供的安全实现之前，必须先了解几个 Java EE 的名词与概念：

- 用户(User)：允许使用应用程序服务的合法个体(也许是一个人或是一台机器)，简单地说，应用程序会定义用户列表，要使用应用程序服务必须先通过身份验证成为用户，如图 10.1 所示。

■ 组(Group)：为了方便管理用户，可以将多个用户定义在一个组中加以管理。
例如，普通用户组、系统管理组、应用程序管理组等，通常一个用户可以同时
属于多个组，如图 10.2 所示。

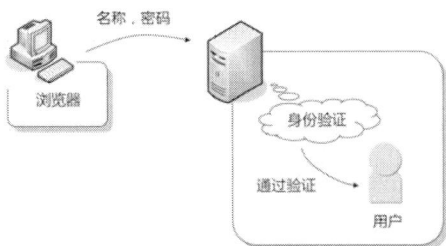

图 10.1　通过验证的才称之为用户(User)

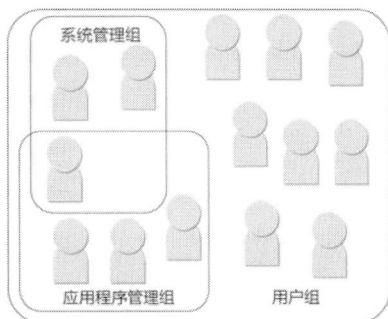

图 10.2　利用组管理用户

■ 角色(Role)：Java 应用程序许可证管理的依据。用户是否可存取某些资源，所
凭借的是用户是否具备某种角色。组与角色容易让人混淆不清，组是系统上管
理用户的方式，而角色是 Java 应用程序中管理授权的方式。

例如，服务器系统上有用户及组的数据清单(通常存储在数据库中)，但 Java 应
用程序的开发人员在进行许可证管理时，无法事先得知这个应用程序将部署在
哪个服务器上，所以无法直接使用服务器系统上的用户及组来进行许可证管
理，而必须根据角色来定义。届时 Java 应用程序真正部署至服务器时，再通
过服务器特定的设置方式，将角色对应至用户或组。

图 10.3 左边定义了三个应用程序角色，角色实际如何对应至服务器系统上的
用户或组，则通过实际部署时的设置来决定。例如，图 10.3 中站长角色将对
应到系统管理组的三个用户以及用户组的一个用户，而版主角色则对应至系统
管理组的一个用户与用户组的一个用户。

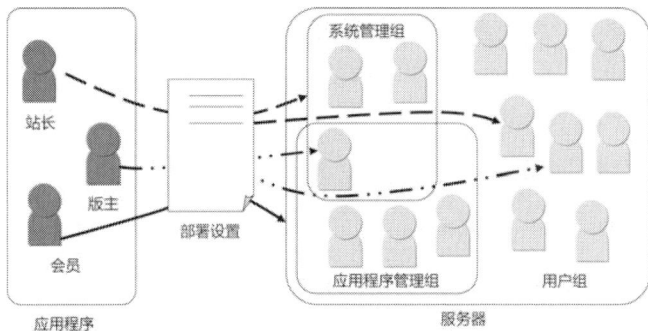

图 10.3　Java EE 应用程序基于角色进行授权

注意 »»»　将角色对应到用户或组的设置方式，并非 Java EE 标准的一部分，不同的应用
程序服务器会有不同的设置方式。

例如在 Tomcat 容器中，会通过 conf 文件夹下的 tomcat-users.xml 来设置角色与用户的对应，一个范例如下：

```
<tomcat-users>
    <role rolename="admin"/>
    <role rolename="member"/>
    <user username="caterpillar" password="123456" roles="admin,member"/>
    <user username="momor" password="123456" roles="member"/>
</tomcat-users>
```

在上例中，如果通过容器验证而登录为 caterpillar 的用户，将拥有 Admin 与 Member 角色，将可以访问 Web 容器授予 Admin 与 Member 角色的资源，这会在 web.xml 中设置。稍后就会学到在 web.xml 中如何定义角色，以及如何定义角色可以存取的资源。

- Realm：储存身份验证时所需数据的地方。Realm 这个名词乍看之下有点难以理解，但在谈及安全时，却会常看到。举几个例子来说，如果进行身份验证的方式是基于名称及密码，则储存名称及密码的地方就称为 Realm，这也许是来自文件，或是数据库中的用户表格，也可能是内存中的数据，甚至来自网络。当然，验证的方式不仅是基于名称及密码，也有可能基于证书(Certificate)之类的机制，这时提供证书的源就是 Realm。

了解这几个名词，稍后在介绍如何使用 Web 容器安全管理时，就会了解一些在设置时名称的意义与作用。使用 Web 容器安全管理，基本上可以提供两个安全管理的方式：声明安全(Declarative Security)与编程安全(Programmatic Security)。

- 声明安全：可在配置文件中声明哪些资源是只有合法授权的用户才可以访问，在不修改应用程序源代码的情况下，就可以为应用程序加上安全管理机制，这就是所谓声明安全。基本上已经有过声明安全管理的经验了，在第 6 单元综合练习中，若 6.3.3 节的 SecurityFilter 是现成的过滤器组件，则只要在 web.xml 中设置，就可以为某些 URL 加上密码保护。事实上，Web 容器本身就提供了类似的机制(而且功能更强)，你不用自行编写 SecurityFilter。

- 编程安全：在程序代码中的编写逻辑根据不同权限的用户，给予不同的操作功能。例如，同样是在观看论坛文章的页面中，会员只看到基本的发表文章等功能菜单，但具备版主权限的用户，可以看到删除整个讨论组、修改会员文章等功能菜单。如果使用 Web 容器安全管理，则可以使用 request 对象的 isUserInRole()或 getUserPrincipal()等方法，判断用户是否属于某个角色或取得代表用户的 Principal 对象，进行相关逻辑判断以针对不同的用户(角色)显示不同的功能。

10.1.2　声明式基本身份验证

假设你已经开发好应用程序，现在想针对几个页面进行保护，只有通过身份验证且具备足够权限的用户，才可以浏览这些页面。这个需求有几个部分必须实现：

- 身份验证的方式
- 授予访问页面的权限
- 定义用户

在这边对身份验证方式，采用最简单的基本(Basic)验证。在访问某些受保护资源时，浏览器会弹出对话框要求输入用户名和密码。例如在 Firefox 就会出现这个画面，如图 10.4 所示。

图 10.4　Firefox 被应用程序要求作基本身份验证的画面

如果是 Internet Explorer 9 则会出现以下的画面，如图 10.5 所示。

图 10.5　Internet Explorer 被应用程序要求作基本身份验证的画面

如果打算让 Web 容器提供基本身份验证的功能，则可以在 web.xml 中定义：

```
<login-config>
    <auth-method>BASIC</auth-method>
</login-config>
```

接着要授予指定角色访问页面的权限，所以要先定义角色。之前说过，目前不知道这个应用程序将部署到哪个服务器上，所以也无法预测会有哪些用户名与组，所以在进行许可证管理前，无法根据用户名或组来进行授权，而是根据角色。所以在授权之前，必须定义这个应用程序中，有哪些角色名称。可以在 web.xml 中如下定义：

```
<security-role>
    <role-name>admin</role-name>
</security-role>
<security-role>
```

```
        <role-name>manager</role-name>
    </security-role>
```

在这边定义了 admin 与 manager 两个角色名称。接着定义哪些 URL 可以被哪些角色以哪种 HTTP 方法访问。例如，设置/admin 下所有页面，无论使用哪个 HTTP 方法，都只能被 admin 角色访问：

```
    <security-constraint>
        <web-resource-collection>
            <web-resource-name>Admin</web-resource-name>
            <url-pattern>/admin/*</url-pattern>
        </web-resource-collection>
        <auth-constraint>
            <role-name>admin</role-name>
        </auth-constraint>
    </security-constraint>
```

如果有多个角色可以访问，则`<auth-constraint>`标签中可以设置多个`<role-name>`标签。在这边看不到任何 HTTP 方法规范的定义，默认就是所有 HTTP 方法都受到限制。再来看另一个例子：

```
    <security-constraint>
        <web-resource-collection>
            <web-resource-name>Manager</web-resource-name>
            <url-pattern>/manager/*</url-pattern>
            <http-method>GET</http-method>
            <http-method>POST</http-method>
        </web-resource-collection>
        <auth-constraint>
            <role-name>admin</role-name>
            <role-name>manager</role-name>
        </auth-constraint>
    </security-constraint>
```

在这个设置中，对于/manager 下的所有页面，根据`<http-method>`的设置，只有 admin 或 manager 才可以使用 GET 与 POST 方法进行存取。请留意这个语义"只有 admin 或 manager 才可以使用 GET 与 POST 方法进行访问"，这表示，其他 HTTP 方法，如 PUT、TRACE、DELETE、HEAD 和 OPTIONS 等，无论是否具备 admin 或 manager 角色，都可以访问！

注意》》 如果没有设置`<http-method>`，则所有 HTTP 方法都会受到限制。设置了`<http-method>`，则只有被设置的 HTTP 方法受到限制，其他方法则不受限制。另外，如果没有设置`<auth-constraint>`标签，或是`<auth-constraint>`标签中设置`<role-name>*</role-name>`，表示任何角色都可以访问。如果直接编写`<auth-constraint/>`，那就没有任何角色可以访问了。

以下是个完整的设置范例：

SecurityBasicDemo web.xml

```
<?xml version="1.0" encoding="UTF-8"?>
```

```
<web-app version="3.0" xmlns="http://java.sun.com/xml/ns/javaee"
xmlns:xsi="http://www.w3.org/2001/XMLSchema-instance"
xsi:schemaLocation="http://java.sun.com/xml/ns/javaee
http://java.sun.com/xml/ns/javaee/web-app_3_0.xsd">
    <session-config>
        <session-timeout>
            30
        </session-timeout>
    </session-config>
    <welcome-file-list>
        <welcome-file>index.jsp</welcome-file>
    </welcome-file-list>
    <security-constraint>
        <web-resource-collection>
            <web-resource-name>Admin</web-resource-name>
            <url-pattern>/admin/*</url-pattern>
        </web-resource-collection>
        <auth-constraint>
            <role-name>admin</role-name>
        </auth-constraint>
    </security-constraint>
    <security-constraint>
        <web-resource-collection>
            <web-resource-name>Manager</web-resource-name>
            <url-pattern>/manager/*</url-pattern>
            <http-method>GET</http-method>
            <http-method>POST</http-method>
        </web-resource-collection>
        <auth-constraint>
            <role-name>admin</role-name>
            <role-name>manager</role-name>
        </auth-constraint>
    </security-constraint>
    <login-config>
        <auth-method>BASIC</auth-method>
    </login-config>
    <security-role>
        <role-name>admin</role-name>
    </security-role>
    <security-role>
        <role-name>manager</role-name>
    </security-role>
</web-app>
```

根据角色进行授权

只有 **GET** 与 **POST** 受到限制

定义验证方式为基本身份验证

定义角色名称

就 Web 应用程序的设置部分，工作已经结束！但在将应用程序部署至服务器时，在服务器上设置角色与用户或组的对应，设置的方式并非 Java EE 的标准，而是各服务器而有所不同。例如在 Tomcat，可以在 conf/tomcat-users.xml 中定义：

```
<?xml version='1.0' encoding='utf-8'?>
<tomcat-users>
  <role rolename="manager"/>
  <role rolename="admin"/>
```

```
    <user username="caterpillar" password="123456" roles="admin,manager"/>
    <user username="momor" password="654321" roles="manager"/>
</tomcat-users>
```

提示»»» 在 Eclipse 中,服务器的设置信息会储存在 Server 项目中,你要修改的是 Server
项目中的 tomcat-users.xml。

要启用 Tomcat 7 的安全管理功能,还必须在 Server Options 中选取 Enable
security,才会读取 tomcat-users.xml 中的设置信息。

在这个设置中,caterpillar 同时具备有 admin 与 manager 角色,而 momor 则具备
有 manager 角色。在启动应用程序之后,如果访问/admin 或/manager,就会出现对话
框要求输入名称、密码。如果输入错误,就会被一直要求输入正确的名称、密码。如
果取消输入,则会出现以下的画面,如图 10.6 所示。

如果访问/admin 下的页面,只有输入 caterpillar 名称及正确的密码,才可以正确
浏览到页面。如果访问/admin 下的页面,输入了 momor 及正确密码,虽然而可以通过
验证,但 momor 只有 manager 角色的权限,无法浏览 admin 角色才可以访问的页面,
所以会出现拒绝访问的画面,如图 10.7 所示。

图 10.6 验证失败画面   图 10.7 权限不足,拒绝访问的画面

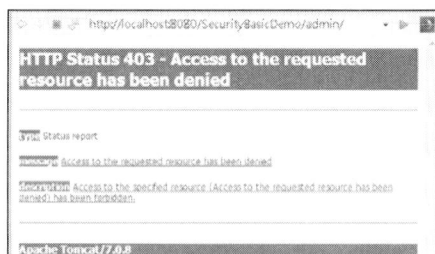

提示»»» tomcat-users.xml 是 Tomcat 预设的 Realm,角色、用户名称、密码都存储在这
个 XML 文件中。你也可以改用数据库表格,这需要额外设置,在本章稍后的
微博应用程序综合练习中,会示范如何设置 Tomcat 的 DataSourceRealm,其
它的应用程序服务器就请参考各厂商的使用手册了。

10.1.3 容器基本身份验证原理

这里必须来谈谈容器基本身份验证的原理,如此才能了解这种验证方式是否满足
你对安全的需求(无知本身就是不安全的)。

在初次请求某个受保护的 URL 时，容器会检查请求中是否包括 Authorization 标头，如果没有的话，则容器会响应 401 Unauthorized 的状态代码与信息，以及 WWW-Authenticate 标头给浏览器，浏览器收到 WWW- Authenticate 标头之后，就会出现对话框要求用户输入名称及密码，如图 10.8 所示。

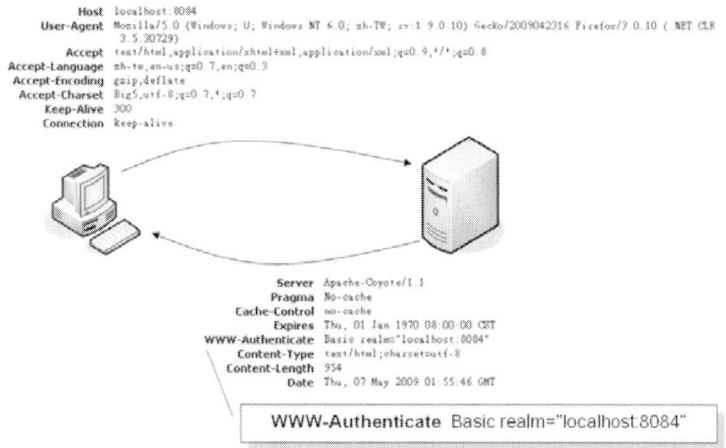

图 10.8 回应中包括 WWW-Authenticate 标头

如果用户在对话框中输入名称、密码后按下确定键，则浏览器会将名称、密码以 BASE64 方式编码，然后放在 Authorization 标头中送出。容器会检查请求中是否包括 Authorization 标头，并验证名称、密码是否正确，如果正确，就将资源传送给浏览器，如图 10.9 所示。

图 10.9 使用 Authorization 标头传送编码后的名称、密码

提示 >>> BASE64 是将二进制的字节编码(Encode)为 ASCII 序列的编码方式，在 HTTP 中可用来传送内容较长的数据。编码并非加密，只要译码(Decode)就可以取得原本的信息。

接下来在关闭浏览器之前，只要是对服务器的请求，每次都会包括 Authorization 标头，而服务器每次也都会检查是否有 Authorization 标头，所以登录有效期会一直持续到关闭浏览器为止。如图 10.10 所示，为容器基本身份验证的流程图。

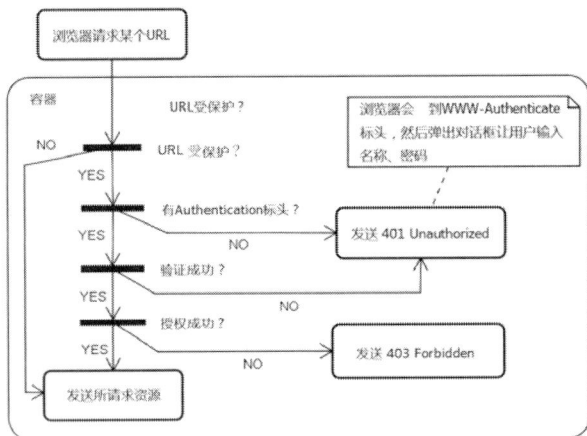

图 10.10 容器基本身份验证流程图

由于是使用对话框输入名称、密码，所以使用基本身份验证时无法自定义登录画面(只能使用浏览器的弹出对话框)。由于传送名称、密码时是使用 Authentication 标头，无法设计注销机制，关闭浏览器是结束会话的唯一方式。

10.1.4　声明式窗体验证

如果需要自定义登录的画面，以及登录错误时的页面，则可以改用容器所提供窗体(Form)验证。要将之前的基本身份验证改为窗体验证的话，可以在 web.xml 中修改`<login-config>`的设置：

SecurityFormDemo web.xml

```xml
<?xml version="1.0" encoding="UTF-8"?>
<web-app version="3.0" xmlns="http://java.sun.com/xml/ns/javaee"
xmlns:xsi="http://www.w3.org/2001/XMLSchema-instance"
xsi:schemaLocation="http://java.sun.com/xml/ns/javaee
http://java.sun.com/xml/ns/javaee/web-app_3_0.xsd">
    // 略...
    <login-config>
        <auth-method>FORM</auth-method>
        <form-login-config>
            <form-login-page>/login.html</form-login-page>
            <form-error-page>/error.html</form-error-page>
        </form-login-config>
    </login-config>
    // 略...
</web-app>
```

在`<auth-method>`的设置从 BASIC 改为 FORM。由于使用窗体网页进行登录，所以必须告诉容器，登录页面是哪个？登录失败的页面又是哪个？这是由`<form-login-page>`及`<form-error-page>`来设置，设置时注意必须以斜杠开始，也就是从应用程序根目录开始的 URL 路径。

再来就可以设计自己的窗体页面，但必须注意！窗体发送的 URL 必须是 **j_security_check**，发送名称的请求参数必须是 j_username，发送密码的请求参数必须是 j_password。以下是个简单的示范：

SecurityFormDemo login.html

```
<!DOCTYPE HTML PUBLIC "-//W3C//DTD HTML 4.01 Transitional//EN">
<html>
  <head>
    <title>登录</title>
    <meta http-equiv="Content-Type"
          content="text/html; charset=UTF-8">
  </head>
  <body>
    <form action="j_security_check" method="post">
        名称: <input type="text" name="j_username"><br>
        密码: <input type="password" name="j_password"><br>
        <input type="submit" value="送出">
    </form>
  </body>
</html>
```

至于错误网页的内容则可以自行设计，没什么要遵守的规定。

10.1.5 容器窗体验证原理

来了解一下容器利用窗体进行验证的原理。当使用窗体验证时，如果要访问受保护的资源，容器会检查用户有无登录，方式是查看 HttpSession 中有无 "javax.security.auth.subject"属性，若没有这个属性，则表示没有经过容器验证流程，则转发至登录网页，用户输入名称、密码并发送后，若验证成功，则容器会在 HttpSession 中设置属性名称"javax.security.auth.subject"的对应值 **javax.security.auth.Subject** 实例。具体的流程图如图 10.11 所示。

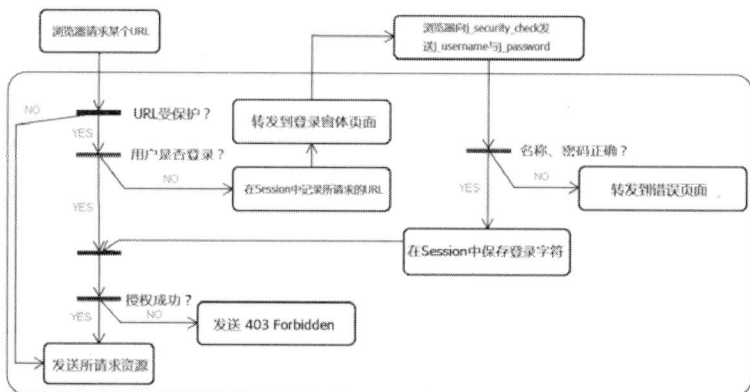

图 10.11　容器窗体验证流程图

用户是否登录是通过 `HttpSession` 的"javax.security.auth.subject"属性来判断,所以要让此次登录失效,可以调用 `HttpSession` 的 `invalidate()` 方法,因此在窗体验证时可以设计注销机制。

除了基本身份验证与窗体验证之外,在 `<auth-method>` 中还可以设置 DIGEST 或 CLIENT-CERT。

DIGEST 即所谓"摘要验证",浏览器也会出现对话框输入名称、密码,而后通过 Authorization 标头传送,只不过并非使用 BASE64 来编码名称、密码。浏览器会直接传送名称,但对密码则先进行(MD5)摘要演算(非加密),得到理论上唯一且不可逆的字符串再传送,服务器端根据名称从后端取得密码,以同样的方式作摘要演算,再比对浏览器送来的摘要字符串是否符合,如果符合就验证成功。由于网络上传送时并不是真正的密码,而是不可逆的摘要,密码不会被得知,理论上比较安全一些。不过 Java EE 规范中并无要求一定得支持 DIGEST 的验证方式(看厂商的需求,Tomcat 是支持的)。

CLIENT-CERT 也是用对话框的方式来输入名称与密码,因为使用 PKC(Public Key Certificate)作加密,可保证数据传送时的机密性及完整性,但客户端需要安装证书(Certificate),在一般用户及应用程序之间并不常采用。

10.1.6　使用 HTTPS 保护数据

在身份验证的四种方式中,BASIC、FORM、DIGEST 都无法保证数据的机密性与完整性(DIGEST 比较安全一点,但这个机制毕竟不是加密)。CLIENT-CERT 利用 PKC 加密,但客户端要安装证书,不适用于普通用户及应用程序之间的数据传送。

通常 Web 应用程序要在传输过程中保护数据,会采用 HTTP over SSL,就是俗称的 HTTPS。在 HTTPS 中,服务器端会提供证书来证明自己的身份及提供加密用的公钥,而浏览器会利用公钥加密信息再传送给服务器端,服务器端再用对应的私钥进行解密以获取信息,客户端本身不用安装证书,因此是在保护数据传送上是最常采用的方式。

> 提示》　要仔细说明公钥、密钥、证书等概念,已超出本书的范围。你只要知道接下来
> 怎么设置 web.xml,让容器利用服务器的 HTTPS 来传输数据就可以了。

如果要使用 HTTPS 来传输数据,则只要在 web.xml 中需要安全传输的 `<security-constraint>` 中设置:

```
<user-data-constraint>
    <transport-guarantee>CONFIDENTIAL</transport-guarantee>
</user-data-constraint>
```

`<transport-guarantee>` 默认值是 NONE,还可以设置的值是 CONFIDENTIAL 或 INTEGRAL,正如其名称所表达的,CONFIDENTIAL 在保证数据的机密性,也就是数据不可被未经验证、授权的其他人看到,而 INTEGRAL 在保证完整性,也就是数据不

可以被第三方修改。事实上，无论设置 CONFIDENTIAL 或 INTEGRAL，都可以保证机密性与完整性，只是大家惯例上都设置 CONFIDENTIAL。

可以为之前的窗体验证设置使用 HTTPS：

SecurityHTTPSDemo web.xml

```xml
<?xml version="1.0" encoding="UTF-8"?>
<web-app version="3.0" xmlns="http://java.sun.com/xml/ns/javaee"
 xmlns:xsi="http://www.w3.org/2001/XMLSchema-instance"
 xsi:schemaLocation="http://java.sun.com/xml/ns/javaee
 http://java.sun.com/xml/ns/javaee/web-app_3_0.xsd">
    // 略...
    <security-constraint>
        <web-resource-collection>
            <web-resource-name>Admin</web-resource-name>
            <url-pattern>/admin/*</url-pattern>
        </web-resource-collection>
        <auth-constraint>
            <role-name>admin</role-name>
        </auth-constraint>
        <user-data-constraint>
            <transport-guarantee>CONFIDENTIAL</transport-guarantee>
        </user-data-constraint>                 └── 设置数据传输必须保证机密性与完整性
    </security-constraint>
    <security-constraint>
        <web-resource-collection>
            <web-resource-name>Manager</web-resource-name>
            <url-pattern>/manager/*</url-pattern>
            <http-method>GET</http-method>
            <http-method>POST</http-method>
        </web-resource-collection>
        <auth-constraint>
            <role-name>admin</role-name>
            <role-name>manager</role-name>
        </auth-constraint>
        <user-data-constraint>
            <transport-guarantee>CONFIDENTIAL</transport-guarantee>
        </user-data-constraint>                 └── 设置数据传输必须保证机密性与完整性
    </security-constraint>
    // 略...
</web-app>
```

就 Web 应用程序来说，只要这样设置就够了！若服务器有支持 SSL 且安装好证书，当你请求受保护的资源时，服务器会要求浏览器重定向使用 https。

服务器必须支持 SSL 并安装证书。如果你使用 Tomcat 7 且真的想看到图 10.12 所示的结果，接下来告诉你如何产生一个测试用的证书。可以使用 JDK 的 keytool 工具生成一个自我签名的证书(Self-signed Certificate)(也就是自己发行的证书，没什么公信力，仅供测试之用)。请在文本模式下，切换路径至用户目录，然后执行以下命令：

```
> keytool -genkey -alias tomcat -keyalg RSA
```

图 10.12　注意地址栏已重定向到 https

你会需要设置密码及一些信息，因为是测试用的，所以信息随便填就可以了，keystore
文件与 alias 的密码可以设成一样，所以最后直接按 Enter 键即可，如图 10.13 所示。

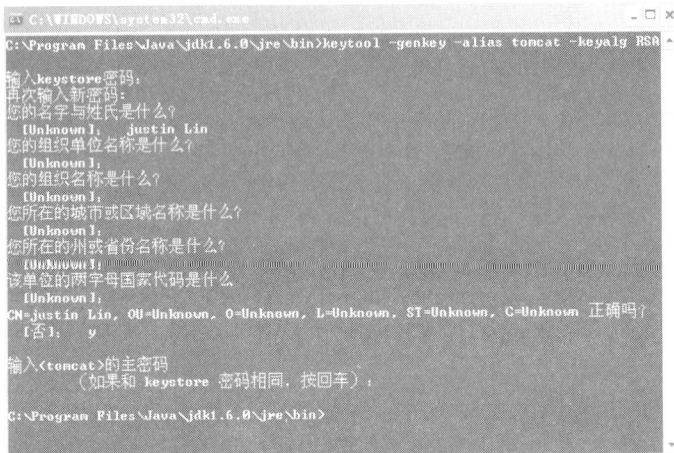

图 10.13　设置密码

这样在用户目录下会生成一个 .keystore 文件，即在当中的 tomcat 别名管理下储存
有一对公、私钥。接下来编辑 Tomcat 的 conf 目录中 server.xml，找到下面这段注释：

```
<!-- Define a SSL HTTP/1.1 Connector on port 8443
    略...
-->
```

在注释下面加上以下设置：

```
<Connector protocol="org.apache.coyote.http11.Http11Protocol"
            port="8443"/>
<Connector protocol="org.apache.coyote.http11.Http11NioProtocol"
            port="8443"/>
<Connector port="8443" protocol="HTTP/1.1"
            SSLEnabled="true" maxThreads="150" scheme="https"
            secure="true" clientAuth="false" sslProtocol="TLS"
            keystorePass="123456" />
```

将 server.xml 存盘后，重新启动 Tomcat，就可以测试请求受保护资源时，是否被
导向 https 了。不过由于是自我签名的测试用证书，所以没有公信力，浏览器会暂停浏
览页面并询问是否信任该证书。例如在 Firefox 上会出现这个
画面，如图 10.14 所示。

图 10.14　预设不信任自我签署证书

你要设置浏览器信任这个证书才可以继续测试，例如在 Firefox 中就是通过"添加异常网址"的方式来设置信任这个证书(不同的浏览器会有不同的设置方式)。

10.1.7　编程式安全管理

Web 容器的声明式安全管理，仅能针对 URL 来设置哪些资源必须受到保护，如果打算依据不同的角色在同一个页面中设置可存取的资源，例如只有站长或版面管理员可以看到删除整个讨论组的功能，普通用户不行，那么显然无法单纯使用声明式安全管理来实现。

在 Servlet 3.0 中，`HttpServletRequest` 新增了三个与安全有关的方法：**`authenticate()`**、**`login()`**、**`logout()`**。

首先来看到 `authenticate()` 方法，搭配先前声明式管理 web.xml 的设置，你可以决定程序中哪一段逻辑，只能通过容器验证的用户才可以观看：

SecurityProgDemo SecurityServlet.java

```java
package cc.openhome;

import java.io.*;
import java.security.AccessControlException;
import javax.servlet.*;
import javax.servlet.annotation.*;
import javax.servlet.http.*;

@WebServlet(name="SecurityServlet", urlPatterns={"/security"})
public class SecurityServlet extends HttpServlet {
    @Override
    protected void doGet(HttpServletRequest request,
                    HttpServletResponse response)
    throws ServletException, IOException {
        response.setContentType("text/html;charset=UTF-8");
        PrintWriter out = response.getWriter();
```

```
        out.println("其他用户就可以看到的数据一");
        try {
            request.authenticate(response);
            out.println("必须验证过用户才可以看到的资料");
        }
        catch(AccessControlException ex) {
            ex.printStackTrace();
        }
        out.println("其他用户就可以看到的数据二");

    }
}
```

authenticate()会检查用户是否已通过容器验证，否则根据 web.xml 中的设置，要求进行身份验证，若通过验证，则可显示接下来的内容。

login()在调用时则可以提供用户名称、密码，利用容器设置的身份信息来进行验证。例如，以下的 Servlet 只有在提供的 user、passwd 请求参数正确时，才可以看到数据：

SecurityProgDemo SecurityServlet2.java

```java
package cc.openhome;

import java.io.*;
import java.security.AccessControlException;
import javax.servlet.*;
import javax.servlet.annotation.*;
import javax.servlet.http.*;

@WebServlet(name="SecurityServlet2", urlPatterns={"/security2"})
public class SecurityServlet2 extends HttpServlet {
    @Override
    protected void doGet(HttpServletRequest request,
                    HttpServletResponse response)
    throws ServletException, IOException {
        response.setContentType("text/html;charset=UTF-8");
        PrintWriter out = response.getWriter();
        out.println("其他用户就可以看到的数据一");
        try {
            String user = request.getParameter("user");
            String passwd = request.getParameter("passwd");
            request.login(user, passwd);
            out.println("必须验证过用户才可以看到的资料");
        }
        catch(AccessControlException ex) {
            ex.printStackTrace();
        }
        finally {
            request.logout();
        }
        out.println("其他用户就可以看到的数据二");
    }
}
```

在 Servlet 3.0 之前，`HttpServletRequest` 上就已存在三个与安全相关的方法：`getUserPrincipal()`、`getRemoteUser()`及 `isUserInRole()`。

`getUserPrincipal()`与 EJB 组件的沟通有关，这里不加以讨论。`getRemoteUser()`可以取得登录用户的名称(如果验证成功的话)或是返回 `null`(如果没有验证成功的用户)。

`isUserInRole()`方法，可以传给它一个角色名称，如果登录的用户属于该角色，则返回 `true`，否则返回 `false`(没有登录就调用也会返回 `false`)。一个基本的使用方式如下是：

```
if(request.isUserInRole("admin") || request.isUserInRole("manager")) {
    // 进行站长或版面管理员才可以做的事，例如调用删除讨论组的方法之类的
}
```

上面的程序代码中，将角色名称直接写死了。如果不想在程序代码中写死角色的名称，则有两个方式可以解决。第一个方式是通过 Servlet 初始参数的设置。第二个方式，则可以在<servlet>标签中设置<security-role-ref>，通过<role-link>与<role-name>将程序代码中的名称跟实际角色名称对应起来。例如若 web.xml 的定义如下：

```
<web-app…>
    <servlet>
        <security-role-ref>
            <role-name>administrator</role-name>
            <role-link>admin</role-link>
        </security-role-ref>
        ...
    </servlet>
    // 略...
    <security-role>
        <role-name>admin</role-name>
        <role-name>manager</role-name>
    </security-role>
</web-app>
```

如果 Servlet 程序代码中是这么写的：

```
if(request.isUserInRole("administrator")) {
    // 略...
}
```

则根据 web.xml 中<security-role-ref>的设置，administrator 名称将对应至实际的角色名称为 admin。

10.1.8 标注访问控制

除了在 web.xml 中设置<security-constraint>外，亦可直接在程序代码中使用`@ServletSecurity` 设置对应的信息。例如，若想要设置对应于以下的信息：

```
...
<security-constraint>
    <web-resource-collection>
        <web-resource-name>Admin</web-resource-name>
```

```
        <url-pattern>/security</url-pattern>
    </web-resource-collection>
    <auth-constraint>
        <role-name>admin</role-name>
    </auth-constraint>
</security-constraint>
...
```

则可以如下：

```
package cc.openhome;

import java.io.*;
import javax.servlet.*;
import javax.servlet.annotation.*;
import javax.servlet.http.*;

@WebServlet(name="SecurityServlet", urlPatterns={"/security"})
@ServletSecurity(@HttpConstraint(rolesAllowed = "admin"))
public class SecurityServlet extends HttpServlet {
    @Override
    protected void doGet(HttpServletRequest request,
                         HttpServletResponse response)
    throws ServletException, IOException {
        response.setContentType("text/html;charset=UTF-8");
        response.getWriter().println("必须验证过用户才可以看到的资料");
    }
}
```

如果没有任何 web.xml 的额外设置验证方式，则默认使用基本(BASIC)验证。

注意 »»»　　Tomcat 7 忽略了 @ServletSecurity，在撰写本书时使用的 Tomcat 7.0.8 版本尚未修正此问题，如果想尝试 @ServletSecurity，必须使用其他的容器实现，例如 Glassfish。

如果想要设置对应以下的信息：

```
...
<security-constraint>
    <web-resource-collection>
        <web-resource-name>Manager</web-resource-name>
        <url-pattern>/security</url-pattern>
        <http-method>GET</http-method>
        <http-method>POST</http-method>
        <http-method-omission>TRACE</http-method-omission>
    </web-resource-collection>
    <auth-constraint>
        <role-name>admin</role-name>
        <role-name>manager</role-name>
    </auth-constraint>
</security-constraint>
...
```

则可以如下设置：

```
...
@WebServlet(name="SecurityServlet", urlPatterns={"/security"})
```

```
@ServletSecurity(
    httpMethodConstraints = {
        @HttpMethodConstraint(
            value = "GET", rolesAllowed = {"admin", "manager"}
        ),
        @HttpMethodConstraint(
            value = "POST", rolesAllowed = {"admin", "manager"}
        ),
        @HttpMethodConstraint(
            value = "TRACE", emptyRoleSemantic = EmptyRoleSemantic.DENY
        )
    }
)
public class SecurityServlet extends HttpServlet {
...
```

如果想要改用其他验证方式，则可以在 web.xml 中设置。例如改用窗体(FORM)验证的话，则要在 web.xml 中加入：

```
...
    <login-config>
        <auth-method>FORM</auth-method>
        <form-login-config>
            <form-login-page>/login.html</form-login-page>
            <form-error-page>/error.html</form-error-page>
        </form-login-config>
    </login-config>
...
```

如果要设置`<transport-guarantee>`的对应信息，则可以如下：

```
...
@WebServlet(name="SecurityServlet", urlPatterns={"/security"})
@ServletSecurity(
    httpMethodConstraints = {
        @HttpMethodConstraint(
            value = "GET", rolesAllowed = {"admin", "manager"},
            transportGuarantee = TransportGuarantee.CONFIDENTIAL
        ),
        @HttpMethodConstraint(
            value = "POST", rolesAllowed = {"admin", "manager"},
            transportGuarantee = TransportGuarantee.CONFIDENTIAL
        )
    }
)
public class SecurityServlet extends HttpServlet {
...
```

10.2 综合练习

在先前的微博程序中，使用自行设计的 `MemberFilter` 来过滤用户是否登录，这一节的综合练习将应用本章所学，将登录检查、验证等动作交给 Web 容器来负责。

10.2.1 使用容器窗体验证

微博应用程序原先使用窗体验证，因此在这边将采用 Web 容器窗体验证，为此必须先在 web.xml 中如下定义：

```
Gossip web.xml

<?xml version="1.0" encoding="UTF-8"?>
<web-app ...>
    ...略
    <security-constraint>
        <web-resource-collection>
            <web-resource-name>Member</web-resource-name>
            <url-pattern>/delete.do</url-pattern>
            <url-pattern>/logout.do</url-pattern>         ❶ 防护这些 URL
            <url-pattern>/message.do</url-pattern>
            <url-pattern>/member.jsp</url-pattern>
            <http-method>GET</http-method>
            <http-method>POST</http-method>
        </web-resource-collection>
        <auth-constraint>
            <role-name>member</role-name>        ←  ❷ 只允许会员存取
        </auth-constraint>
    </security-constraint>
    <login-config>
        <auth-method>FORM</auth-method>
        <form-login-config>                              ❸ 使用窗
            <form-login-page>/index.jsp</form-login-page>     体验证
            <form-error-page>/index.jsp</form-error-page>
        </form-login-config>
    </login-config>
    <security-role>
        <role-name>member</role-name>
    </security-role>
</web-app>
```

在这边同样地对/delete.do、logout.do、/message.do 与 member.jsp 进行防护❶，只允许具有 member 角色的用户存取❷，登录窗体与登录失败页面同样都是设定为首页❸。

处理登录的 Servlet，直接使用 Servlet 3.0 在 HttpServletRequest 上新增的 login() 方法，并作适当的修改：

```
Gossip Login.java

package cc.openhome.controller;
...略
public class Login extends HttpServlet {
    ...略
    protected void doPost(HttpServletRequest request,
                    HttpServletResponse response)
                        throws ServletException, IOException {
```

```
String username = request.getParameter("username");
String password = request.getParameter("password");

String page = null;
Account account = new Account();
account.setName(username);
account.setPassword(password);
try {
    request.login(username, password);
    request.getSession().setAttribute("login", username);
    page = SUCCESS_VIEW;
}
catch(ServletException ex) {
    page = ERROR_VIEW;
}
request.getRequestDispatcher(page).forward(request, response);
}
}
```

负责注销的 Servlet 则使用 Servlet 3.0 在 HttpServletRequest 上新增的 logout() 方法：

Gossip Logout.java

```
package cc.openhome.controller;
...略
public class Logout extends HttpServlet {
    ...略
    protected void doGet(HttpServletRequest request,
                    HttpServletResponse response)
                        throws ServletException, IOException {
        request.logout();
      response.sendRedirect(LOGIN_VIEW);
    }
}
```

10.2.2 设置 DataSourceRealm

微博的数据都储存在数据库中，所以 Tomcat 默认读取 tomcat-users.xml 中的用户与角色数据并不合用，这边将改用 DataSourceRealm，可以让 Tomcat 直接读取表格中储存的用户与角色数据。

提示》》 Realm 的设定并不在规范之中，而是由厂商自行实现，Tomcat 7 如何设定各种 Realm，可以参考：

http://tomcat.apache.org/tomcat-7.0-doc/realm-howto.html

要在 Tomcat 中使用 DataSourceRealm，必须有个对应用户与角色的表格，你可以使用以下的 SQL 来建立微博应用程序所需的各个表格：

```
DROP SCHEMA IF EXISTS gossip;
CREATE SCHEMA gossip;
```

```
USE gossip;
CREATE TABLE t_account (
  name VARCHAR(15) NOT NULL,
  password VARCHAR(32) NOT NULL,
  email VARCHAR(255) NOT NULL,
  PRIMARY KEY (name)
) CHARSET=UTF8;
CREATE TABLE t_blah (
    name VARCHAR(15) NOT NULL,
    date TIMESTAMP NOT NULL,
    txt TEXT NOT NULL,
    FOREIGN KEY (name) REFERENCES t_account(name)
) CHARSET=UTF8;
CREATE TABLE t_account_role (
    name VARCHAR(15) NOT NULL,
    role VARCHAR(15) NOT NULL,
    PRIMARY KEY (name, role)
) CHARSET=UTF8;
```

因为用户必须有对应的角色，在新增用户时，必须一并在 t_account_role 表格中一并新增数据，所以必须修改一下 AccountDAOJdbcImpl 中 addAccount() 方法：

Gossip AccountDAOJdbcImpl.java

```
package cc.openhome.model;
...略
public class AccountDAOJdbcImpl implements AccountDAO {
    ...略
    @Override
    public void addAccount(Account account) {
        Connection conn = null;
        PreparedStatement stmt = null;
        PreparedStatement stmt2 = null;
        SQLException ex = null;
        try {
            conn = dataSource.getConnection();
            stmt = conn.prepareStatement(
            "INSERT INTO t_account(name, password, email) VALUES(?, ?, ?)");
            stmt2 = conn.prepareStatement(
            "INSERT INTO t_account_role(name, role) VALUES(?, 'member')");    ❶ 新增用户与
                                                                                  角色对应
            stmt.setString(1, account.getName());
            stmt.setString(2, account.getPassword());
            stmt.setString(3, account.getEmail());

            stmt2.setString(1, account.getName());

            conn.setAutoCommit(false);
            stmt.executeUpdate();                       ❷ 否则撤销交易
            stmt2.executeUpdate();
            conn.commit();
        } catch (SQLException e) {
            ex = e;
            if(conn != null) {
                try {
```

```
            conn.rollback();        ←━━━ ❸否则撤销交易
        } catch (SQLException e1) {
            ex.setNextException(e1);
        }
    }
}
finally {
    ...略
    if(conn != null) {
        try {
            conn.setAutoCommit(true);    ←━━━ ❹回复自动确认
            conn.close();
        } catch (SQLException e) {
            if(ex == null) {
                ex = e;
            }
        }
    }
    if(ex != null) {
        throw new RuntimeException(ex);
    }
}
    ...略
}
```

在新增用户时，必须一并在 t_account_role 中新增用户与角色对应❶，而且两个
SQL 必须都执行成功❷，否则就撤销该次账户的新增❸，由于先前取消了自动确认，
完成操作后回复自动确认状态❹。

接着必须在 context.xml 中设定 DataSourceRealm 相关信息：

Gossip context.xml

```xml
<?xml version="1.0" encoding="UTF-8"?>
<Context antiJARLocking="true" path="/Gossip">
    ...略
    <Realm className="org.apache.catalina.realm.DataSourceRealm"
      localDataSource="true"
      dataSourceName="jdbc/gossip"
      userTable="t_account" userNameCol="name" userCredCol="password"
      userRoleTable="t_account_role" roleNameCol="role"/>
</Context>
```

dataSourceName 是先前设定的 DataSource JNDI 名称，userTable 是用户表格名称，
userNameCol 是用户表格中的用户字段名称，userCredCol 是用户表格中的密码字段名称，
userRoleTable 是角色对应表格名称，roleNameCole 是角色对应表格中的角色字段名称。

Tomcat 中启用了安全管理之后，必须在 catalina.policy 中启动相关包与 Socket 访
问权限，在打开 catalina.policy 文件后，找到以下内容：

```
// ========== WEB APPLICATION PERMISSIONS ==========
// These permissions are granted by default to all web applications
```

```
// In addition, a web application will be given a read FilePermission
// and JndiPermission for all files and directories in its document root.
grant {
```

在这段之后加入：

```
// DataSource 与  Realm
permission java.lang.RuntimePermission
        "accessClassInPackage.org.apache.tomcat.dbcp.dbcp";
permission java.lang.RuntimePermission
        "accessClassInPackage.org.apache.tomcat.dbcp.pool.impl";
permission java.lang.RuntimePermission
        "accessClassInPackage.org.apache.tomcat.dbcp.pool";
permission java.lang.RuntimePermission
        "accessClassInPackage.org.apache.catalina.realm";
permission java.lang.RuntimePermission
        "accessClassInPackage.org.apache.catalina.session";
permission java.net.SocketPermission
        "localhost:3306","connect,resolve";
permission java.util.PropertyPermission "*","read";
```

提示» 在 Eclipse 中，服务器的设定信息会储存在 Server 项目中，只要修改其中的 catalina.policy 即可。

完成以上所有设定之后，重新启动 Tomcat，就可以试着新增用户并尝试进行登录。

10.3　重点复习

一般来说，当应用程序要求具备安全性时，可以归纳为四个基本需求：验证 (Authentication)、授权(Authorization)、机密性(Confidentiality)与完整性(Integrity)。

在使用 Web 容器所提供的安全实现之前，必须先了解几个 Java EE 的名词与观念：用户(User)、组(Group)、角色(Role)、Realm。

角色是 Java 应用程序授权管理的依据。Java 应用程序的开发人员在进行授权管理时，无法事先得知应用程序将部署在哪个服务器上，所以无法直接使用服务器系统上的用户及组来进行授权管理，而必须根据角色来定义。在 Java 应用程序真正部署至服务器时，再通过服务器特定的设置方式，将角色对应至用户或组。

使用 Web 容器安全管理，基本上可以提供两个安全管理的方式：声明安全 (Declarative Security)与编程安全(Programmatic Security)。

在授权之前，必须定义在这个应用程序中有哪些角色名称。接着定义哪些 URL 可以被哪些角色以哪种 HTTP 方法访问(请参考本章范例 web.xml 的内容，了解如何设置)。

若没有设置<http-method>，则所有 HTTP 方法都受到限制。设置了<http-method>，则只有被设置的 HTTP 方法受到限制，其他方法不受限制。如果没有设置<auth-constraint>标签，或<auth-constraint>标签中设置<role-name>* </role-name>，表示任何角色都可以访问。如果直接编写<auth-constraint/>，那就没有任何角色可以访问了。

容器基本验证是使用对话框输入名称、密码的，所以使用基本验证时无法自定义登录页面，而发送名称、密码时是使用 Authentication 标头，无法设计注销机制，关闭浏览器是结束会话的唯一方式。容器窗体验证时，发送的 URL 要是 j_security_check，发送名称的请求参数必须是 j_username，发送密码的请求参数必须是 j_password，登录字符是保存在 HttpSession 中的。所以如果要让此次登录失效，则可以调用 HttpSession 的 invalidate()方法，因此在窗体验证时可以设计注销机制。

在<auth-method>中可以设置的值有 BASIC、FORM、DIGEST 或 CLIENT-CERT。

通常 Web 应用程序要在传输过程中保护数据，会采用 HTTP over SSL，就是俗称的 HTTPS。如果要使用 HTTPS 来传输数据，则只要在 web.xml 中需要安全传输的<security-contraint>中做如下设置。

```
<user-data-constraint>
    <transport-guarantee>CONFIDENTIAL</transport-guarantee>
</user-data-constraint>
```

<transport-guarantee>的默认值是 NONE，还可以设置的值有 CONFIDENTIAL 或 INTEGRAL。事实上无论设置为 CONFIDENTIAL 还是 INTEGRAL，都可以保证机密性与完整性。惯例上都设置为 CONFIDENTIAL。

如果使用容器的验证及授权管理，那么有 5 个 HttpServletRequest 上的方法与安全管理有关：login()、logout()、getUserPrincipal()、getRemoteUser()及 isUserInRole()。

10.4　课后练习

在 9.2.4 节曾经实现一个文件管理程序，请利用本章学到的 Web 容器安全管理，必须通过窗体验证才能使用文件管理程序。

提示 >>> 如果使用 Tomcat，必须在 catalina.policy 中的 grant 区段加入以下内容：

```
// DataSource 与 Realm
permission java.lang.RuntimePermission
        "accessClassInPackage.org.apache.tomcat.dbcp.dbcp";
permission java.lang.RuntimePermission
        "accessClassInPackage.org.apache.tomcat.dbcp.pool.impl";
permission java.lang.RuntimePermission
        "accessClassInPackage.org.apache.tomcat.dbcp.pool";
permission java.lang.RuntimePermission
        "accessClassInPackage.org.apache.catalina.realm";
permission java.lang.RuntimePermission
        "accessClassInPackage.org.apache.catalina.session";
permission java.lang.RuntimePermission
"accessClassInPackage.org.apache.tomcat.util.http.fileupload.disk";
permission java.lang.RuntimePermission
        "accessClassInPackage.org.apache.tomcat.util.http.fileupload";
permission java.lang.RuntimePermission
"accessClassInPackage.org.apache.tomcat.util.http.fileupload.servlet";
permission java.lang.RuntimePermission
```

```
        "accessClassInPackage.org.apache.tomcat.util.http.fileupload.util";
permission java.lang.RuntimePermission
    "accessClassInPackage.org.apache.catalina.core";
permission java.net.SocketPermission
    "localhost:3306","connect,resolve";
permission java.util.PropertyPermission "*","read";
```

JavaMail 入 门

学习目标：

- 寄送纯文字邮件
- 寄送 HTML 邮件
- 寄送附件邮件

11.1 使用 JavaMail

在邮件寄送方面，Java EE 的解决方案是 JavaMail。本章将简要介绍 JavaMail 的使用，并应用于微博应用程序中，在用户忘记密码时，可以通过邮件通知来取得原有密码。

11.1.1 传送纯文字邮件

可以到以下网址下载 JavaMail 库：

http://www.oracle.com/technetwork/java/javamail/index.html

解压缩下载的 zip 文件后，将其中的 mail.jar 放置至 Web 应用程序的 WEB-INF/lib 文件夹中。若还需要 JavaBeans Activation Framework(JAF)中的 activation.jar，则可以到以下网址下载：

http://www.oracle.com/technetwork/java/javase/downloads/index-135046.html

同样地，将 activation.jar 放置至 Web 应用程序的 WEB-INF/lib 文件夹中。

要使用 JavaMail 进行邮件传送，首先必须创建代表当次邮件会话的 `javax.mail.Session` 对象，`Session` 中包括了 SMTP 邮件服务器地址、连接端口、用户名、密码等信息。以连接 Gmail 为例，可以创建 Session 对象：

```
Properties props = new Properties();
props.put("mail.smtp.host", "smtp.gmail.com");
props.setProperty("mail.smtp.socketFactory.class",
                  "javax.net.ssl.SSLSocketFactory");
props.setProperty("mail.smtp.socketFactory.fallback", "false");
props.setProperty("mail.smtp.port", "465");
props.setProperty("mail.smtp.socketFactory.port", "465");
props.setProperty("mail.smtp.auth", "true");
Session session = Session.getDefaultInstance(props,
    new Authenticator(){
        protected PasswordAuthentication getPasswordAuthentication() {
            return new PasswordAuthentication("username", "password");
        }
    });
```

其中"username"与"password"必须是 Gmail 用户名与密码。在取得代表当次邮件传送会话的 `Session` 对象之后，接着要创建邮件信息，设定发信人、收信人、主题、传送日期与邮件本文：

```
Message message = new MimeMessage(session);
message.setFrom(new InternetAddress(from));
message.setRecipient(Message.RecipientType.TO,
                     new InternetAddress(to));
message.setSubject(subject);
message.setSentDate(new Date());
message.setText(text);
```

最后再以 `javax.mail.Transport` 的静态 `send()` 方法传送信息：

```
Transport.send(message);
```

接下来以实际范例，示范如何发送纯文字邮件。这个范例使用图 11.1 所示的网页进行邮件发送。

图 11.1　简单的邮件发送网页

单击"发送"按钮后，邮件会发送给以下的 Servlet 处理：

JavaMailDemo MailServlet.java

```java
package cc.openhome;

import java.io.*;
import java.util.*;
import javax.servlet.*;
import javax.servlet.annotation.*;
import javax.servlet.http.*;

import javax.mail.Authenticator;
import javax.mail.Message;
import javax.mail.MessagingException;
import javax.mail.PasswordAuthentication;
import javax.mail.Session;
import javax.mail.Transport;
import javax.mail.internet.AddressException;
import javax.mail.internet.InternetAddress;
import javax.mail.internet.MimeMessage;

@WebServlet(
    urlPatterns={"/mail.do"},
    initParams={
        @WebInitParam(name = "mailHost", value = "smtp.gmail.com"),
        @WebInitParam(name = "mailPort", value = "465"),
        @WebInitParam(name = "username", value = "your_username"),
        @WebInitParam(name = "password", value = "your_password")
    }
)
public class MailServlet extends HttpServlet {
    private String mailHost;
    private String mailPort;
```

❶ 在初始参数设定 Gmail 相关信息

421

```java
private String username;
private String password;
private Properties props;

 @Override
public void init() throws ServletException {
     mailHost = getServletConfig().getInitParameter("mailHost");
     mailPort = getServletConfig().getInitParameter("mailPort");
     username = getServletConfig().getInitParameter("username");
     password = getServletConfig().getInitParameter("password");

   props = new Properties();
   props.put("mail.smtp.host", mailHost);
   props.setProperty("mail.smtp.socketFactory.class",
                     "javax.net.ssl.SSLSocketFactory");
   props.setProperty("mail.smtp.socketFactory.fallback", "false");
   props.setProperty("mail.smtp.port", mailPort);
   props.setProperty("mail.smtp.socketFactory.port", mailPort);
   props.setProperty("mail.smtp.auth", "true");
}
```
❷ 设定会话必要属性

```java
protected void doPost(HttpServletRequest request,
                      HttpServletResponse response)
                        throws ServletException, IOException {
    request.setCharacterEncoding("UTF-8");
    response.setContentType("text/html;charset=UTF-8");

    String from = request.getParameter("from");
    String to = request.getParameter("to");
    String subject = request.getParameter("subject");
    String text = request.getParameter("text");
    try {
        Message message = getMessage(from, to, subject, text);
        Transport.send(message);
        response.getWriter().println("邮件发送成功");
    } catch (Exception e) {
        throw new ServletException(e);
    }
  }
```
❸ 创建并取得信息
❹ 传送信息

```java
private Message getMessage(String from, String to,
                           String subject, String text)
                   throws MessagingException, AddressException {
    Session session = Session.getDefaultInstance(props,
     new Authenticator(){
      protected PasswordAuthentication getPasswordAuthentication() {
          return new PasswordAuthentication(username, password);
        }}
    );
    Message message = new MimeMessage(session);
    message.setFrom(new InternetAddress(from));
    message.setRecipient(Message.RecipientType.TO,
                        new InternetAddress(to));
    message.setSubject(subject);
    message.setSentDate(new Date());
```

```
        message.setText(text);
        return message;
    }
}
```

在这个 Servlet 中，将连接 SMTP 基本信息设定为 Servlet 初始参数❶，并且在初始化 init() 方法中，设定好创建 Session 对象的必要属性❷。由于创建 Message 的过程烦琐且重复，因此封装为 getMessage() 方法，这样每次要创建 Message 就只要调用 getMessage()❸。最后通过 Transport.send() 来传送邮件❹，收到的邮件如图 11.2 所示。

图 11.2 纯邮件发送结果

11.1.2 发送多重内容邮件

如果邮件可以包括 HTML 或附加文件等多重内容，则必须要有 **javax.mail. Multipart** 对象，并在这个对象中增加代表多重内容的 **javax.mail. internet.MimeBodyPart** 对象。举个例子来说，如果要让邮件内容包括 HTML 内容，则可以如下：

```
// 代表 HTML 内容类型的对象
MimeBodyPart htmlPart = new MimeBodyPart();
htmlPart.setContent(text, "text/html;charset=UTF-8");
// 创建可包括多重内容的邮件内容
Multipart multiPart = new MimeMultipart();
// 新增 HTML 内容类型
multiPart.addBodyPart(htmlPart);
// 设定为邮件内容
message.setContent(multiPart);
```

将上面的代码段取代上一个范例 getMessage() 方法中 message.setText(text) 该行，若填写的窗体如图 11.3 所示。

那么收到的邮件将会如图 11.4 所示。

图 11.3 HTML 邮件传送

图 11.4 HTML 邮件传送结果

提示 >>> 　实际上为了安全考量，在邮件里直接编写的 HTML 都会被过滤掉。现在邮件中通常会使用 JavaScript 制作所见即所得的画面编辑(如 Gmail)，而不是直接让用户编写 HTML。

如果要附加文件，则可以创建 `MimeBodyPart`，设定文件名与内容之后，再加入 `MultiPart` 中：

```
byte[] file = ...;
MimeBodyPart filePart = new MimeBodyPart();
filePart.setFileName(MimeUtility.encodeText(filename, "UTF-8", "B"));
filePart.setContent(file, part.getContentType());
```

在使用 `MimeBodyPart` 的 `setFileName()` 设定附件名称时，必须做 Mime 编码，所以借助 `MimiUtility.encodeText()` 方法，在使用 `setContent()` 设定内容时，还需指定内容类型。

以下实现一个可使用 HTML 与附加文件的邮件传送范例，使用的窗体如图 11.5 所示。

图 11.5　HTML 与附件邮件传送

窗体发送后所使用的 Servlet 如下所示：

JavaMailDemo MailServlet2.java

```
package cc.openhome;

import java.io.*;
import java.util.*;
import javax.servlet.*;
import javax.servlet.annotation.*;
import javax.servlet.http.*;
import javax.mail.*;
import javax.mail.internet.*;

import com.sun.xml.internal.messaging.saaj.packaging.mime.internet.MimeUtility;

@MultipartConfig◄──── ❶ 为了支持上传文件，记得设定标注
@WebServlet(
    urlPatterns={"/mail2.do"},
    ...略
)
public class MailServlet2 extends HttpServlet {
    ...略
```

```
protected void doPost(HttpServletRequest request,
                      HttpServletResponse response)
                      throws ServletException, IOException {
    request.setCharacterEncoding("UTF-8");
    response.setContentType("text/html;charset=UTF-8");

    String from = request.getParameter("from");
    String to = request.getParameter("to");
    String subject = request.getParameter("subject");
    String text = request.getParameter("text");
    Part part = request.getPart("file");

    try {
        Message message = getMessage(from, to, subject, text, part);
        Transport.send(message);
        response.getWriter().println("邮件传送成功");
    } catch (Exception e) {
        throw new ServletException(e);
    }
}

private Message getMessage(String from, String to, String subject,
           String text, Part part)
        throws MessagingException, AddressException, IOException {
    Session session = Session.getDefaultInstance(props,
     new Authenticator(){
       protected PasswordAuthentication getPasswordAuthentication() {
           return new PasswordAuthentication(username, password);
       }}
    );
    Message message = new MimeMessage(session);
    message.setFrom(new InternetAddress(from));
    message.setRecipient(Message.RecipientType.TO,
                        new InternetAddress(to));
    message.setSubject(subject);
    message.setSentDate(new Date());

    MimeBodyPart htmlPart = new MimeBodyPart();
    htmlPart.setContent(text, "text/html;charset=UTF-8");

    Multipart multiPart = new MimeMultipart();
    multiPart.addBodyPart(htmlPart);

    String filename = getFilename(part);
    if(!"".equals(filename)) {
        MimeBodyPart filePart = new MimeBodyPart();
        filePart.setFileName(
                MimeUtility.encodeText(filename, "UTF-8", "B"));
        filePart.setContent(getBytes(part), part.getContentType());
        multiPart.addBodyPart(filePart);
    }

    message.setContent(multiPart);

    return message;
}
```

❷处理 HTML 内容

❸如果有上传文件，就可以取得文件名，此时处理文件内容

```
private String getFilename(Part part) {
    String header = part.getHeader("Content-Disposition");
    String filename =
        header.substring(header.indexOf("filename=\"") + 10,
         header.lastIndexOf("\""));
    return filename;
}

private byte[] getBytes(Part part) throws IOException {
    InputStream in = part.getInputStream();
    ByteArrayOutputStream out = new ByteArrayOutputStream();
    byte[] buffer = new byte[1024];
    int length = -1;
    while ((length = in.read(buffer)) != -1) {
        out.write(buffer, 0, length);
    }
    in.close();
    out.close();
    return out.toByteArray();
}
}
```

由于窗体会以 multipart/form-data 类型送出，在 Servlet 3.0 中，如果要使用 `HttpServletRequest` 的 `getPart()` 等方法，必须加注`@MultipartConfig`❶，邮件中首先处理 HTML 内容❷，判断如果有附加文件的话，再处理上传文件内容❸。发送后的邮件内容如图 11.6 所示。

图 11.6　HTML 与附加邮件传送结果

11.2　综合练习

在微博应用程序的首页，有个"忘记密码？"的链接，用户可以在忘记密码时，通过网页输入用户名称与注册时的邮件地址，系统会发送邮件来告知用户登录密码。这一节将来实现这个功能。

11.2.1 实现取回密码功能

我们的需求很简单，要寄送邮件给用户，这个行为可以定义在 `MailCarrier` 界面：

Gossip MailCarrier.java

```
package cc.openhome.model;
public interface MailCarrier {
    void sendTo(Account account, String subject, String content);
}
```

在微博应用程序中，用户相关服务都是由 `UserService` 对象负责，所以发送邮件的业务需求，仍是定义在其中：

Gossip UserService.java

```
package cc.openhome.model;

import java.util.*;
import java.io.*;

public class UserService {
    ...略
    private MailCarrier mailCarrier;
    private String template;

    public UserService(AccountDAO userDAO,
                  BlahDAO blahDAO, MailCarrier mailCarrier) {
        ...略
        this.mailCarrier = mailCarrier;    ← ❶ 构造时一并设定 MailCarrier 对象
    }
    ...略

    public void setTemplate(String template) {  ← ❷ 可指定邮件内容 HTML 模板
        this.template = template;
    }
                                        ❸ 取得用户基本资料，检查名
                                           称与邮件信息必须符合
    public boolean sendPasswordTo(Account account) {
        Account acct = accountDAO.getAccount(account);
        if(acct != null && acct.getEmail().equals(account.getEmail())) {
            String subject = account.getName() + " 的微博密码";
            String content = null;
            if(template == null) {   ← ❹ 如果没有设定 HTML 模板，采用预设内容
                content = account.getName() + " 您好! 您的密码是 " +
                        acct.getPassword();
            }
            else {   ← ❺ 否则使用 HTML 模板内容
                content = template.replace("#name", account.getName())
                        .replace("#password", acct.getPassword());
            }
            mailCarrier.sendTo(account, subject, content);
            return true;
        }
        return false;
```

```
        }
    }
```

UserService 主要新增通过邮件传送密码的程序码，构造时必须传入 MailCarrier 实现对象❶，在发送邮件时，邮件内容可以通过 HTML 模板设置❷。传送邮件的基本条件为，指定的用户名称与邮件地址必须与数据库中存在的用户名与邮件地址符合❸，如果有设定的 HTML 模板内容，则会以实际的用户名与密码取代模板中#name 与 #password 占位字符串❹，否则就以纯文字方式寄送❺。

在这里采用 Gmail 的账号来进行邮件发送，所以实现一个 GmailCarrier：

Gossip GmailCarrier.java

```java
package cc.openhome.model;

import java.util.*;
import javax.mail.*;
import javax.mail.internet.*;

public class GmailCarrier implements MailCarrier {  ←❶实现 MailCarrier 接口
    private Properties props;

    public GmailCarrier(Properties props) {  ←❷构造时一并设定 Properties 对象
        this.props = props;
    }

    @Override
    public void sendTo(Account account,
                        String subject, String content) {
        try {
            Session session = Session.getDefaultInstance(props,
                new Authenticator() {
                    protected PasswordAuthentication getPasswordAuthentication() {
                        return new PasswordAuthentication(
                            props.getProperty("cc.openhome.username"),
                            props.getProperty("cc.openhome.password"));
                    }
                });

            Message message = new MimeMessage(session);
            message.setFrom(
                new InternetAddress(
                    props.getProperty("cc.openhome.address")));
            message.setRecipient(Message.RecipientType.TO,
                new InternetAddress(account.getEmail()));
            message.setSubject(subject);
            message.setSentDate(new Date());

            MimeBodyPart htmlPart = new MimeBodyPart();
            htmlPart.setContent(content, "text/html;charset=UTF-8");

            Multipart multiPart = new MimeMultipart();
            multiPart.addBodyPart(htmlPart);

            message.setContent(multiPart);
```

```
        Transport.send(message);
    } catch (AddressException e) {
        throw new RuntimeException(e);
    } catch (MessagingException e) {
        throw new RuntimeException(e);
    }
  }
}
```

GmailCarrier 主要实现了 MailCarrier 接口❶，在构造时必须传入 Properties 对象，其中包括了创建 Session 对象时必要的信息❷。其他代码在上一节对 JavaMail 进行简介时都介绍过了。

接着必须修改一下 GossipListener，在应用程序初始化时，完成各设定文件的读取与各对象相关性的设定：

Gossip GossipListener.java

```
package cc.openhome.web;
...略
@WebListener
public class GossipListener implements ServletContextListener {
    public void contextInitialized(ServletContextEvent sce) {
        try {
            ...略
            ServletContext context = sce.getServletContext();

            Properties props = new Properties();            ❶ 载入.properties 文件的信息器
            props.load(
              context.getResourceAsStream("/WEB-INF/mail.properties"));

            UserService userService = new UserService(
                    new AccountDAOJdbcImpl(dataSource),
                    new BlahDAOJdbcImpl(dataSource),
                    new GmailCarrier(props));     ❷ 构造 UserService 时一并设
                                                    定 MailCarrier 实现对象
            userService.setTemplate(getHtmlTemplate(context, props));
                                              ❸ 读取并设定 HTML 模板
            context.setAttribute("userService", userService);
        }
        ...略
    }

    private String getHtmlTemplate(
                    ServletContext context, Properties props) {
        BufferedReader reader = null;
        try {
            reader = new BufferedReader(
                new InputStreamReader(
                        context.getResourceAsStream(
                  props.getProperty("cc.openhome.template")), "UTF-8"));
            StringBuilder template = new StringBuilder();
            String text = null;
```

```
        while((text = reader.readLine()) != null) {
            template.append(text);
        }
        return template.toString();
    } catch (IOException ex) {
        throw new RuntimeException(ex);
    }
    finally {
        ...略
    }
}
    public void contextDestroyed(ServletContextEvent sce) {}
}
```

发送邮件时必要的属性设置，默认要编写在 **mail.properties** 文件中❶，加载的信息用来构造 `MailCarrier` 实现对象，并设定给 `UserService` 构造用❷。模板文件会在读取之后，内容以字符串对象传回，设定给 `UserService` 作为 HTML 模板❸。mail.properties 如下：

Gossip mail.properties

```
# Gmail 邮件、账号与密码设定
cc.openhome.address=your_email
cc.openhome.username=your_username
cc.openhome.password=your_password
cc.openhome.template=/WEB-INF/mail.html

# JavaMail 属性设定
mail.smtp.host=smtp.gmail.com
mail.smtp.socketFactory.class=javax.net.ssl.SSLSocketFactory
mail.smtp.socketFactory.fallback=false
mail.smtp.port=465
mail.smtp.socketFactory.port=465
mail.smtp.auth=true
```

其中 cc.openhome.template 属性是 HTML 模板文件的位置，内容可随意编辑 HTML。其中可设定#name 与#password 占位字符串，这两个占位字符串将被取代为实际的用户名称与密码。例如：

Gossip mail.html

```
<!DOCTYPE html PUBLIC "-//W3C//DTD HTML 4.01 Transitional//EN"
                "http://www.w3.org/TR/html4/loose.dtd">
<html>
    <head>
        <meta http-equiv="Content-Type"
                content="text/html; charset=UTF-8">
        <title>#name 的微博密码</title>
    </head>
    <body>
        #name 您好,<br>
        您的密码为: <b>#password! </b>
```

```
        </body>
</html>
```

11.2.2 接收重送密码请求

用户要取回密码时，必须先连接至 forget.jsp：

Gossip forget.jsp

```jsp
<%@page contentType="text/html; charset=UTF-8" pageEncoding="UTF-8"%>
<%@taglib prefix="c" uri="http://java.sun.com/jsp/jstl/core"%>
<!DOCTYPE html PUBLIC "-//W3C//DTD HTML 4.01 Transitional//EN"
                "http://www.w3.org/TR/html4/loose.dtd">
<html>
    <head>
        <meta http-equiv="Content-Type"
            content="text/html; charset=UTF-8">
        <title>忘记密码? </title>
    </head>
    <body>
        <c:if test="${requestScope.error != null}">
            <div style='color: rgb(255, 0, 0);'>
                ${requestScope.error}
            </div>
        </c:if>
        <form action="password.do" method="post">
        用户名称: <input type="text"
                        name="name" value="${param.name}"/><br>
        用户邮件: <input type="text"
                        name="email" value="${param.email}"/><br><br>
            <input type="submit" value="送出"/>
        </form>
    </body>
</html>
```

如果输入的用户名称和邮件与数据库中的不符，则会回到 forget.jsp，显示相关错误，并重填先前已填写的字段。如果包括密码的邮件发送成功，则会连接至 ok.jsp：

Gossip ok.jsp

```jsp
<%@page contentType="text/html; charset=UTF-8" pageEncoding="UTF-8"%>
<!DOCTYPE html PUBLIC "-//W3C//DTD HTML 4.01 Transitional//EN"
                "http://www.w3.org/TR/html4/loose.dtd">
<html>
    <head>
        <meta http-equiv="Content-Type"
            content="text/html; charset=UTF-8">
        <title>重寄密码成功</title>
    </head>
    <body>
        传送密码至用户 ${requestScope.name} 的信箱 ${requestScope.email}
```

```
    </body>
</html>
```

接收取回密码请求的 Servlet 如下：

Gossip Password.java

```
package cc.openhome.controller;
...略
@WebServlet(
        urlPatterns={"/password.do"},
        initParams={
            @WebInitParam(name = "SUCCESS_VIEW", value = "ok.jsp"),
            @WebInitParam(name = "ERROR_VIEW", value = "forget.jsp")
        }
    )
public class Password extends HttpServlet {
    private String SUCCESS_VIEW;
    private String ERROR_VIEW;

    @Override
    public void init() throws ServletException {
        SUCCESS_VIEW =
                getServletConfig().getInitParameter("SUCCESS_VIEW");
        ERROR_VIEW = getServletConfig().getInitParameter("ERROR_VIEW");
    }

      protected void doPost(HttpServletRequest request,
                        HttpServletResponse response)
                            throws ServletException, IOException {
        String name = request.getParameter("name");
        String email = request.getParameter("email");
        UserService userService = (UserService)
                getServletContext().getAttribute("userService");
        Account acct = new Account();
        acct.setName(name);
        acct.setEmail(email);
        String page = null;
        if(userService.sendPasswordTo(acct)) {
            page = SUCCESS_VIEW;
            request.setAttribute("name", name);
            request.setAttribute("email", email);
        }
        else {
            page = ERROR_VIEW;
            request.setAttribute("error", "用户名称不存在或邮件不符合");
        }
        request.getRequestDispatcher(page).forward(request, response);
    }
}
```

如果使用的是 Tomcat，由于安全性限制，则必须主动启用相关服务的安全权限。除了上一章综合练习在 catalina.policy 编写的相关设定之外，还必须再加上：

```
// Java Mail Socket
```

```
permission java.net.SocketPermission "smtp.gmail.com","resolve";
permission java.net.SocketPermission "209.85.225.109:465","connect,resolve";
```

其中 209.85.225.109 是编写时 Gmail 服务器的地址，必须依运行范例时实际的地址重新设定。

11.3　重点复习

要使用 JavaMail 进行邮件传送，首先必须创建代表当次邮件会话的 `javax.mail.Session` 对象，`Session` 中包括了 SMTP 邮件服务器地址、连接端口、用户名称、密码等信息。在取得代表当次邮件传送会话的 `Session` 对象之后，接着要创建邮件信息，设定发信人、收信人、主题、传送日期与邮件内容。最后再以 `javax.mail.Transport` 的静态 `send()` 方法传送信息。

如果邮件可以包括 HTML 或附加文件等多重内容，则必须要有 `javax.mail.Multipart` 对象，并在这个对象中增加代表多重内容的 `javax.mail.internet.MimeBodyPart` 对象。

在使用 `MimeBodyPart` 的 `setFileName()` 设定附件名称时，必须做 Mime 编码。所以借助 `MimiUtility.encodeText()` 方法，在使用 `setContent()` 设定内容时，还需指定内容类型。

11.4　课后练习

请实现一个简单的图片上传程序，用户上传的图片可以直接内嵌在 HTML 邮件中显示，而不是以附件方式显示。例如若用户使用图 11.7 所示窗体。

图 11.7　上传图片窗体

则收到的邮件内容要如图 11.8 所示。

图 11.8　内嵌图片的 HTML 邮件

提示》》　搜索关键字 cid。

从模式到框架

学习目标：

- 了解何谓设计模式
- 认识 Gof 模式、Java EE 模式与架构模式
- 从重构中体会模式
- 了解库与框架的差别

12.1 认识设计模式

所谓设计模式(Design Pattern)，简单地说，就是前人留下的经验。以前的开发人员，做了哪些设计，在日后维护发生问题时，又改用哪些设计，发现类似的维护问题不再发生，这些设计的良好经验就是设计模式。每个模式会给予一个名称，并解决某个情境下的问题。

在这个章节中，将回顾全书中使用过的设计模式，有些是容器本身已实现的，有些则是在"微博"综合练习中所采用的。

12.1.1 Template Method 模式(Gof 设计模式)

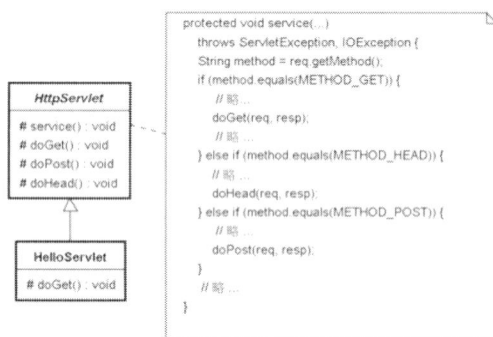

Web 容器本身实现或管理对象生命周期时，就实现或融合许多设计模式。在编写第一个 Servlet 时，其实采用了 Template Method 模式。在 Template Method 模式中，父类会在某方法中定义服务流程，该方法称之为模板方法(Template Method)，而流程中调用的一些方法仅为定义声明而无实现或简单实现，目的是希望子类可以自行定义这些方法。如图 12.1 所示。

正如 2.1.1 节所讨论过的，当请求来到 Servlet 时，会先调用 service() 方法，而后依 HTTP 请求类型是 GET 或 POST 等，调用对应的 doGet() 或 doPost() 方法，如图 12.2 所示。这是因为 HttpServlet 的 service() 方法就是个模板方法，其中对请求类型做了判断，并决定该调用哪个 doXXX()方法。

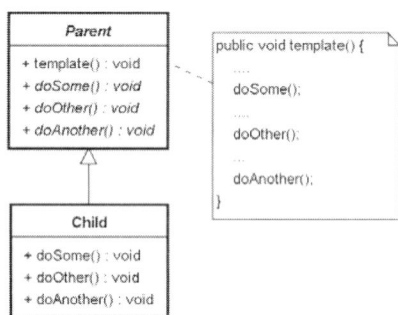

图 12.1 Template Method 模式　　图 12.2 HttpServlet 实现了 Template Method 模式

提示>>> 有机会的话，多查看容器的源代码实现，即使没有真正阅读过设计模式的书，从容器的源代码中也可以直接吸收许多设计模式的实现方法。

设计模式最有名的文献作品，是 Design Patterns Elements of Reusable Object-Oriented Software 这本书，由 Erich Gamma、Richard Helm、Ralph Johnson 与 John Vissides 四位作者共同编写，俗称 Gang of four，也就是俗称四人帮的设计模式。在该书中提到了 23 种设计模式，如果在讨论中所提到的设计模式属于这 23 种设计模式之一，通常就会称"这是 Gof 设计模式中的 XXX 模式"。这里谈到的 Template Method 模式，就是 Gof 设计模式中提到的其中一种模式。

12.1.2 Intercepting Filter 模式(Java EE 设计模式)

在 5.3 节介绍过滤器时，提到可以在不修改原应用程序的情况下，为应用程序加上额外服务，如性能评测、用户验证、字符替换、压缩等需求。像这类基本上与应用程序的业务需求没有直接的关系，而只是应用程序额外的组件服务之一，可能只是短暂需要它，不应该为了一时的需要而修改代码，强加入原有的流程中。实际上，过滤器实现了 Java EE 模式中的 Intercepting Filter 模式。如图 12.3 所示。

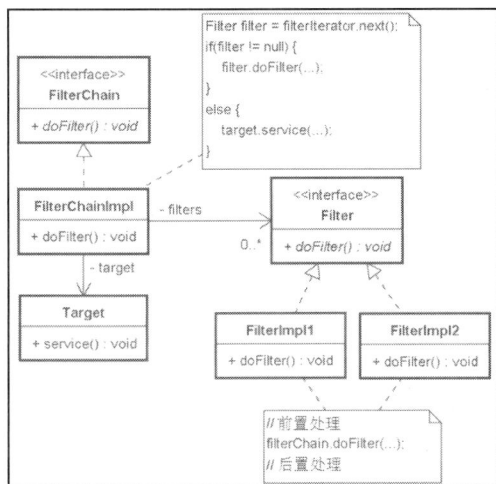

图 12.3　Interceptor Filter 模式

在创建 Java 企业级应用程序的过程中，由于应用程序包括了许多组件，使用了特定的 Java 技术，应用于各种不同的环境中，在创建这些 Java 软件组件的过程中，归纳出许多设计上的最佳实践(Best Practice)。这些最佳实践就是归纳在 Java EE 设计模式中，Interceptor Filter 模式就是 Java EE 设计模式中的一种。

从实现的层面来看，Gof 设计模式可使用任何对象导向语言来实现。23 种设计模式建议的设计方式只是个出发点，实际上可以根据不同语言的特性或需求而变化。

Java EE 设计模式则比较专属于 Java EE 平台，某些 Java EE 模式实现时会需要特定的 Java EE 特性或技术，使得 Java EE 模式比较像是特定平台(Java EE 平台)的惯用模式。

12.1.3 Model-View-Controller 模式(架构模式)

从 1.2.3 节开始就介绍了 MVC 以及 Model 2 模式，整本书的"微博"综合练习也一直以 MVC/Model 2 模式的目标在实现。1.2.3 节介绍过，MVC 模式最早始于桌面环

境的应用程序设计，将软件组件区分为三个大类：Model、View、Controller。如图 12.4
所示。

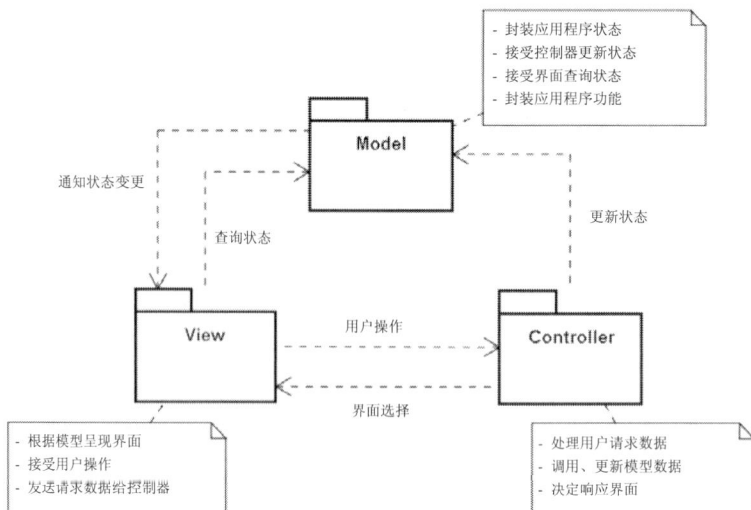

图 12.4　Model-View-Controller 模式

由于 Web 应用程序物理性能上的特性，天生就适合应用 MVC 模式，其中画面的
部分在用户浏览器呈现，控制器在服务器端接受用户请求，后台的模型封装应用程序
状态、与后台服务进行沟通(如数据库)。不过，Web 应用程序是架构在 HTTP 协定的
基础上，所以做不到原始 MVC 模式中"通知状态变更"的操作(HTTP 不可能主动发
出信息通知客户端)，因此在动作流程上做了些修正，而有所谓 Model 2 模式，如图 12.5
所示。

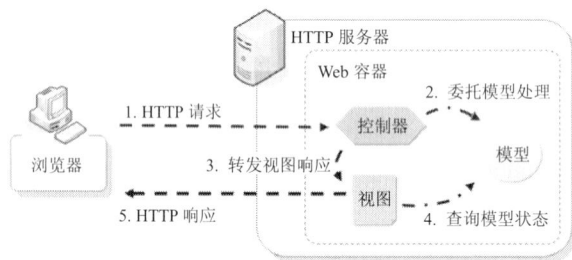

图 12.5　Model 2 模式

Model 2 模式其实就是一种 MVC 模式，其区分 Web 应用程序的组件职责为模型、
视图、控制器三大角色。其设计精神和目的与 MVC 都是相同的，基本上也常直接称
呼 Model 2 模式为 MVC 模式，或合称 MVC/Model 2 模式。

MVC/Model 2 模式属于架构模式(Architectural Pattern)的一种。架构模式主要强调
应用程序软件组件或子系统的职责，以及软件组件或子系统之间的互动流程，而不强
调实际如何实现这些组件。实际上子系统的实现，以及子系统之间的沟通机制，可以
用 Gof 设计模式、Java EE 设计模式来实现。

12.2 重构、模式与框架

在本书的"微博"综合练习中，随着每个章节的进行，都会利用学到的技术修改程序功能或调整程序架构。整个应用程序的大目标是朝 MVC/Model 2 架构模式进行，而其中各对象的职责调整，其实也隐含了某些模式的实现。

12.2.1 Business Delegate 模式

在第 11 章完成综合练习，`UserService` 对象经过重构之后，实际上需要储存或邮件相关服务时，会委托给 `AccountDAO`、`BlahDAO` 或 `MailCarrier` 对象。这是一种 Business Delegate 模式的实现，为 Java EE 模式之一。如图 12.6 所示。

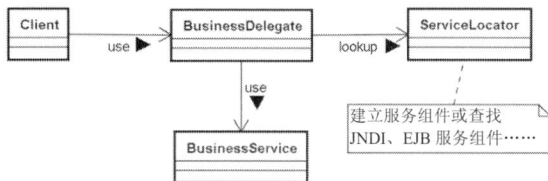

图 12.6 Business Delegate 模式

`UserService` 就相当于图 12.6 中 BusinessDelegate 的角色，而 `AccountDAO`、`BlahDAO` 或 `MailCarrier` 就相当于 BusinessService 的角色。至于创建 `AccountDAO`、`BlahDAO` 的任务，在"微博"的实现中，是通过 JNDI 来查找 `DataSource` 对象，并用来创建 `AccountDAO`、`BlahDAO`。为了不直接在 `UserService` 中编写查找及创建对象的相关代码，JNDI 的查找工作实际上是放在 `GossipListener` 监听器中进行(也就是实际上，`GossipListener` 担任了 Service Locator 的职责)。如果是在使用 EJB3 的环境中，还可以利用容器相关注入(Dependency Injection)的功能来注入服务对象，也就是 Service Locator 的职责将由 EJB 容器来担任。

> **提示 »»** 设计模式只是个思考的出发点。不同的环境或应用下，在实现模式时或多或少都必须有些调整，而不是非得照着教科书或文献中的架构或角色逐一实现。

BusinessDelegate 角色接受客户端(通常是个控制器)请求，委托 BusinessService 运行后传回结果给客户端。Business Delegate 模式可以有效地隐藏后台程序的复杂度，降低前台界面组件与后台业务组件的耦合度。

例如，在"微博"中，如果哪天要将 Servlet/JSP 换为其他 Web 框架，基本上并不需要修改 `UserService` 等后台的组件。

12.2.2 Service Locator 模式

在第 9 章进行综合练习进行重构时，如果需要取得 `DataSource` 对象，是通过 JNDI 进行查找，这实现在 `GossipListener` 中。在该监听器中，进行了 `InitialContext` 对象的创建、JNDI 服务器查找等操作，将这些操作对使用服务对象的客户端隐藏起来(例如对 12.2.1 节中的 BusinessDelegate 隐藏这些动作)。这是 Service Locator 模式的实现，为 Java EE 模式之一。如图 12.7 所示。

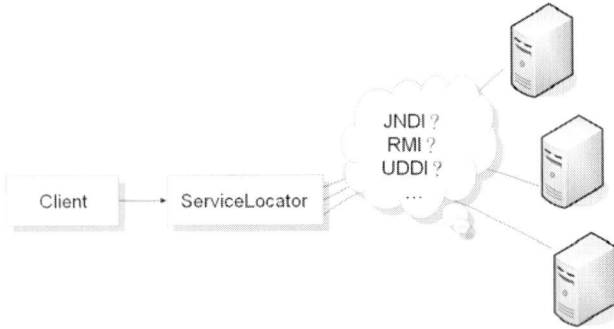

图 12.7　Service Locator 模式

12.2.3　Transfer Object 模式

实现 Web 应用程序若使用了某个前台技术，如 Struts，你会用 ActionForm 之类的对象来封装窗体信息。如果直接将这个对象传送至后台组件，甚至在 DAO 中利用 ActionForm 来抽取必要的信息以进行储存，那么将来若前台不采用 Struts 了，那整个应用程序从前台至后台 DAO 都要进行修改。

你应该在 Web 前台，例如担任控制器角色的 Action 组件中，就将 ActionForm 中的必要信息抽取出来，封装为一个与前台、后台技术都无关的对象，在应用程序中进行数据的携带。这样你的应用程序组件本身，才不会受到前台、后台信息的变换，而需要做出修改。

例如在"微博"应用程序中，有关于账号或信息的信息都封装为一个与前台界面技术无关，与后台储存技术无关的 Account、Blah 对象。前台若需要数据以绘制画面，可以使用 Account、Blah 对象携带这些信息，后台需要储存数据时，也是用 Account、Blah 携带需要储存的信息，再由负责储存的 DAO 对象抽取 Account、Blah 对象中的信息加以储存。Account、Blah 对象实际上是一种 Transfer Object 模式的实现，为 Java EE 模式之一。

在更复杂的情境中，Transfer Object 还可能实现了 Serializable 接口，可以通过序列化机制在网络上传递至远端，或从远端接收而来。Transfer Object 本身通常实现时会符合 JavaBean 规格，以方便需要的组件进行存取。Transfer Object 可以携带的信息并不一定只是状态，还可以携带指令以简化制定通信协定的需求(可以搭配 Gof 模式的 Command 模式来实现)。因而降低网络的流量需求。

12.2.4 Front Controller 模式

在 MVC 设计模式中，控制器担任了处理用户请求参数、调用模型对象并转发视图对象的职责。在处理用户请求参数方面，无非是几个共同的操作：

- 取得请求参数
- 验证请求参数
- 转换请求参数类型
- 其他请求处理(或许还需要将请求参数封装为窗体对象)

有时候控制器中，绝大多数的代码都是在进行这些请求参数的处理动作，实际上调用模型对象与决定转发对象的代码反而不多。可以实际观察"微博"应用程序中，担任控制器的几个 Servlet 是否有这种倾向。如果真是如此，应该将这些处理请求的职责集中管理，创建一个前台控制器来专门进行这些共同的请求处理，如图 12.8 所示。

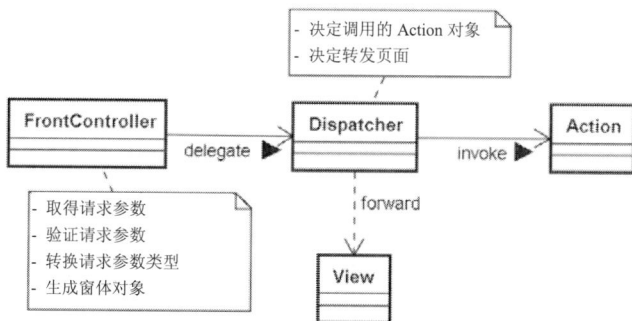

图 12.8 Front Controller 模式

这就是 Front Controller 模式的概念，为 Java EE 模式之一。FrontController 负责了集中管理所有请求相关的操作，处理完毕后再委托请求给 Dispatcher 对象，由 Dispatcher 决定调用哪个 Action 对象或 View 对象。Action 对象是实际决定如何根据请求来调用后台业务逻辑的对象及决定转发对象。以 MVC 来区隔职责的话，FrontController、Dispatcher 与 Action 对象都归属于控制器的角色。

基本上不需要自行实现 Front Controller 模式(也不建议)，有些支持 MVC/Model 2 架构的 Web 框架，都实现了 Front Controller 模式，而且包含了更多的功能。例如，Struts 1.2 的 `ActionServlet`、JSF 的 `FacesServlet`、Spring MVC 的 `DispatcherServlet` 等都实现了 Front Controller 模式，所有的请求到来，都必须通过这些担任 FrontController 角色的 Servlet 处理。FrontController 角色未必一定得是 Servlet。例如 Struts 2 中，则是由过滤器 FilterDispatcher 来担任。

使用 Front Controller 的好处之一，就是可让控制器的逻辑更加简洁清晰，因为窗体处理的相关动作都会由 FrontController 负责，后台的 Action 只需专心处理请求委托或转发。

12.2.5　库与框架

库(Library)或框架(Framework)经常出现在各个文件或程序员的口中，多数的情况下这两个名词可以混用而不至于产生沟通上的问题，但了解两个名词间的差异，会有助于决定是否采用某个框架。

如果编写某个程序，一开始从头到尾的流程，都是你亲自编写。例如编写桌面应用程序，会从 main()程序进入点开始，过程中需要用到字符串处理时，可调用字符串处理的 API，需要日期处理时，可调用日期处理的 API，"整个过程由你决定，在必要时取得相关的 API 来使用，这时就是以库的概念在使用 API"。

12.1.1 节谈过 Template Method 的概念，有些 API 在设计时，事先规范好某个流程，这些流程不是由你编写，你只需要依 API 的规范，实现出流程中没有实现或仅有简单实现的部分，"程序在运行之后，会依 API 事先定义好的流程进行，过程中空缺的部分，再调用你实现的代码，将这个概念扩大，就突显出框架的意义"。

所谓的框架，都在实现某个"架构"或某个"流程"。例如，"微博"应用程序实现了 Model 2 的架构，你发现许多应用程序也都可以应用 Model 2 架构，于是你就采用了 Struts 框架，因为 Struts 框架实现了 Model 2 架构的主要流程。如如何封装窗体对象、调用哪个 Action 对象、转发哪个 JSP 页面等，都由 Struts 开发者编写完成了，你只需要编写实际处理请求的 Action 对象，供 Struts 在流程中必要时调用 Action 对象，以完成整个请求的处理。

就像盖大楼的钢骨架构，你可以在现有的钢骨架构逐步完成整个建筑物，框架实现了某个架构、流程，框架是个"半成品"。因为流程由框架开发者编写完成了，流程中空缺的部分必须由你编写完成。

使用了支持某个架构、流程的框架，就代表了应用程序必须依照框架定义的架构、流程来实现，才可以收到使用该框架的效果。如果不需要 Model 2 架构、流程，那么就不该使用实现 Model 2 的 Struts、Spring MVC 等框架，否则只会让你的应用程序处处受限，而不会感受到使用框架的好处。

认清自己的应用程序将使用的架构、流程，再物色支持该架构、流程的框架，才是正确的做法。Spring 的 IoC(Inverse of Control)核心强调相关注入，那么你的应用程序中，是否有那么多的依赖对象需要设定？Hibernate、JPA 支持 ORM(Object- Relational Mapping)，那么你的储存需求，是不是经常遇到对象对应至关联式储存媒介的问题？通常框架支持的架构、流程会有一定的复杂度，如果应用程序本身并不复杂，冒然采用支持复杂架构、流程的框架，只会被一堆设定文件的管理困扰。

12.3 重点复习

过去设计的良好经验就是设计模式。每个模式会给予一个名称，并解决某个情境下的问题。设计模式最有名的文献作品，是 Design Patterns Elements of Reusable Object-Oriented Software 这本书，由 Erich Gamma、Richard Helm，Ralph Johnson 与 John Vissides 四位作者共同编写，俗称 Gang of four 设计模式，或简称 Gof 设计模式。

在 Template Method 模式中，父类会在某方法中定义服务流程，该方法就称为模板方法(Template Method)，而流程中所调用的方法仅为定义声明而简单实现，其目的在于希望子类可以自行定义这些方法。

从实现层面看，Gof 设计模式可使用任何面向对象语言来实现。23 种设计模式建议的设计方式只是个出发点，实际上可以根据不同语言的特性或需求而变化。Java EE 设计模式则比较专属于 Java EE 平台，某些 Java EE 模式实现时会需要特定的 Java EE 特性或技术，使得 Java EE 模式比较像是特定平台(Java EE 平台)的惯用模式。

过滤器实现了 Java EE 模式中的 Intercepting Filter 模式。

Model 2 模式其实就是一种 MVC 模式，其区分 Web 应用程序的组件职责为模型、视图、控制器三大角色。其设计精神和目的与 MVC 都是相同的，基本上也常直接称呼 Model 2 模式为 MVC 模式，称合称 MVC/Model 2 模式。MVC/Model 2 模式属于架构模式(Architectural Pattern)的一种。架构模式主要强调应用程序软件组件或子系统的职责，以及它们之间的互动流程，而不强调实际如何实现这些组件。

Business Delegate 模式中，BusinessDelegate 角色接受客户端(通常是个控制器)请求，委托 BusinessService 执行后传回结果给客户端。Business Delegate 模式可以有效地隐藏后台程序的复杂度，降低前台界面组件与后台业务组件的耦合度。

Service Locator 隐藏了创建服务对象、查找服务对象的动作等细节，降低了远程服务对象的实体位置、取得方式对目前应用程序的影响。

Transfer Object 让应用程序的信息携带不受前台、后台技术影响，Transfer Object 可以实现 `Serializable` 接口，以通过序列化机制在网络上传递至远端，或从远端接收而来，Transfer Object 本身通常实现时会符合 JavaBean 规格，以方便需要的组件进行访问。

在 Front Controller 模式中，FrontController 负责了集中管理所有请求相关的动作，处理完毕后再委托请求给 Dispatcher 对象，由 Dispatcher 决定调用哪个 Action 对象或 View 对象。Action 对象是实际决定如何根据请求来调用后台业务逻辑以及决定转发对象的对象。以 MVC 来区隔职责的话，FrontController、Dispatcher 与 Action 对象都归属于控制器的角色。

整个过程由你决定，在必要时取得相关的 API 来使用，这时就是以库的概念在使用 API。所谓的框架，都在实现某个"架构"或某个"流程"。框架实现了某个架构、流程，框架是个"半成品"，因为流程由框架开发者编写完成了，流程中空缺的部分必须由你编写完成。

使用了支持某个架构、流程的框架，就代表了应用程序必须依照框架定义的架构、流程来实现，才可以收到使用该框架的效益。认清自己应用程序将使用的架构、流程，再物色支持该架构、流程的框架，才是正确的做法。通常框架支持的架构、流程会有一定的复杂度，如果应用程序本身并不复杂，冒然采用支持复杂架构、流程的框架，只会被一堆设定文件的管理困扰。

12.4　课后练习

1. 当继承 `HttpServlet` 后，重新定义 `doGet()` 方法，以在 GET 请求来到时执行，这实际上是(　　)的实现结果。

    A. Factory Method 模式　　　　　　B. Template Method 模式

    C. Command 模式　　　　　　　　　D. Proxy 模式

2. 在 web.xml 中定义用户调用登录验证过滤器、性能过滤器，就可以有拦截请求，这是(　　)的实现。

    A. Business Delegate 模式　　　　　　B. Interceptor Filter 模式

    C. Service Locator 模式　　　　　　　D. Front Controller 模式

3. 以下属于 Java EE 模式的是(　　)。

    A. Business Delegate 模式　　　　　　B. Interceptor Filter 模式

    C. Service Locator 模式　　　　　　　D. Front Controller 模式

4. 想要降低前台所采用技术及后台服务对象的耦合度，例如以免日后前台从 Servlet / JSP 改用 JSF 时必须对后台对象做出修改，则适合采用(　　)。

    A. Business Delegate 模式　　　　　　B. Interceptor Filter 模式

    C. Service Locator 模式　　　　　　　D. Front Controller 模式

5. 在分布式的应用中，你希望对某个对象隐藏取得远程服务对象的细节(也许是通过 RMI、JNDI 等)，则应采用(　　)。

    A. Business Delegate 模式　　　　　　B. Interceptor Filter 模式

    C. Service Locator 模式　　　　　　　D. Front Controller 模式

如何使用本书项目

- 项目环境配置
- 范例项目导入

JSP & Servlet 学习笔记(第2版)

A.1 项目环境配置

为了方便读者查看范例程序、运行范例以观摩成果，本书每个章节范例在书附光盘都有提供。由于每个读者的计算机环境配置不尽相同，在这里对本书范例制作时的环境加以介绍，以便读者配置出与作者制作范例时最为接近的环境。

本书编写过程安装的软件：

- Sun JDK 1.6 Update 24
- Eclipse IDE for Java EE Developers(基于 Eclipse 3.6.2)
- Apache Tomcat 7.0.8
- MySQL Community Server 5.5.11

以上几个软件，在书附光盘 tools 文件夹中都有提供。

与安装及路径有关的信息包括：

- JDK 安装在 C:\Program Files\Java\jdk1.6.0 文件夹，PATH 环境变量中包括 C:\Program Files\Java\jdk1.6.0\bin 文件夹。
- Apache Tomcat 是放在 C:\workspace\apache-tomcat-7.0.8 文件夹。
- 项目所需的各个 JAR 文件，则是放在 C:\workspace\lib 文件夹中。
- Eclipse 启动时选择的工作区(workspace)是 C:\workspace 文件夹
- 本书连线 MySQL 都是使用 root，密码为 123456。

项目所需的程序库，基本上在书附光盘 tools 文件夹都有提供，由于 Eclipse 本身会在工作区放置一些 metadata 等信息，而运行 Web 应用程序时的容器信息会储存在 Server 项目中，为了方便读者快速配置环境，书附光盘中有个 workspace 文件夹，是作者制作本书范例时的 C:\workspace 文件夹。可以直接复制整个 workspace 文件夹至 C:\磁盘中直接使用，其中 lib 中已放置必要的 JAR 文件，而 Server 项目中的 catalina.policy，也因第 10 章之后范例运行所需，做了必要的安全性设定。

A.2 范例项目导入

由于 Eclipse 启动时选择的工作区是 C:\workspace 文件夹，如果要使用书附光盘范例项目，首先将想使用的范例项目复制至 C:\workspace 中，接着在 Eclipse 中执行导入项目的操作：

(1) 选择 File/Import 命令，在出现的 Import 对话框中选择 General/Existing Projects into Workspace 后单击 Next 按钮。

(2) 在 Select root directory 中单击 Browser 按钮，在对话框中选择 C:\workspace 后按钮"确定"按钮。

446

(3) 选择要导入的项目后单击 Finish 按钮完成导入。

如果导入项目后，发现 图标，可能是程序库相对路径不符，必须调整相关程序库：

(1) 选择项目后右击，在弹出的快捷菜单中选择 Properties 命令，在出现的对话框中选择 Java Build Path，你会发现有相关问题的程序库出现 图标。

(2) 选择有相关问题的程序库，单击 Edit 按钮以进行程序库的调整。

书附光盘的"videos/附录 A"文件夹，有个调整 JRE System Library 的录像片段，可用以参考操作步骤。其他特定范例的设定，请参考各章节中的操作步骤说明或录像片段。

MySQL 入门

- 安装、设置 MySQL
- MySQL 的数据类型
- 创建数据库、数据表
- 进行 CRUD 操作

B.1 安装、设置 MySQL

MySQL 的官方网站是 http://www.mysql.com,编写附录 B 时,MySQL 最新的版本是 5.5。若要直接下载 MySQL 5.5,则可以连接至 http://www.mysql.com/downloads/mysql/5.5.html,对于基本的练习,只要下载基本的 Windows Essentials (x86)就可以了。

因为这里只是简介 MySQL,所以安装时可以直接选择 Typical 选项。接着会要求进行 MySQL Server 的配置,请选择 Detailed Configuration,接下来基本上直接单击 Next 按钮使用默认值即可。但在设置字符编码时,请选择 Best Support For Multilingualism 单选按钮,让数据库采用 UTF-8 作为默认编码,如图 B.1 所示。

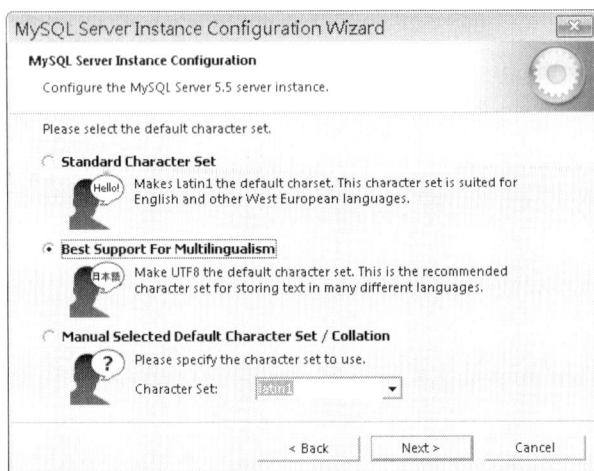

图 B.1　选择 Best Support For Multilingualism

下一步建议将 MySQL 安装为 Windows 的服务项目之一,这样在 Windows 中启动或关闭服务时会比较方便,如图 B.2 所示。

图 B.2　将 MySQL 安装为 Windows 服务

下一步要为 MySQL 设置 root 密码，root 是 MySQL 数据库系统中最高权限的操作账号，建议一定要为 root 设置密码(本书范例都使用 123456 作为密码)。设置画面如图 B.3 所示。

图 B.3　为 MySQL 的 root 设置密码

如果有选择将 MySQL 安装为 Windows 的服务，则安装完成之后，MySQL 就会自动启动。如果日后想要设置 MySQL 服务为不自动启动，则可以在 Windows 的"控制面板 / 系统管理工具 / 服务"中找到 MySQL 服务名称并加以设置。如图 B.4 所示。

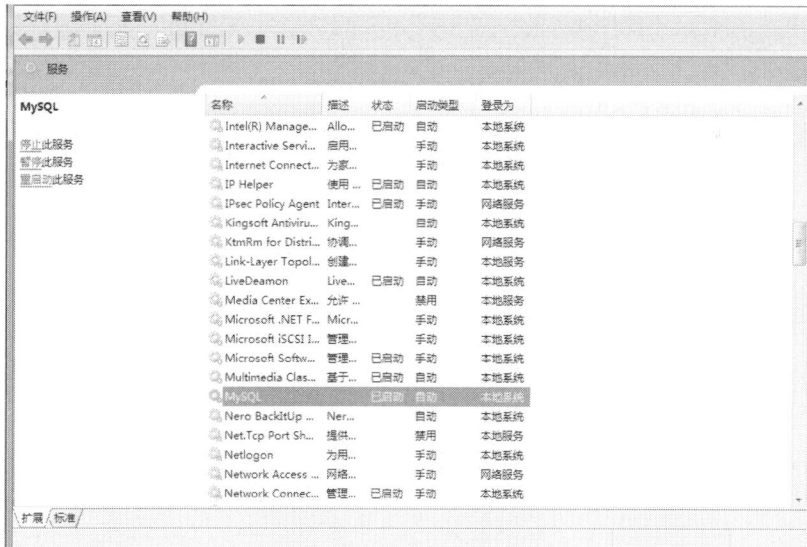

图 B.4　设置 MySQL 服务

要开始使用 MySQL，可以在 Windows 的"所有程序"中找到 MySQL 的程序集，运行其中的 MySQL Command Line Client，并输入 root 密码，即可启动 MySQL 命令行模式的客户端程序。启动后的画面如图 B.5 所示。

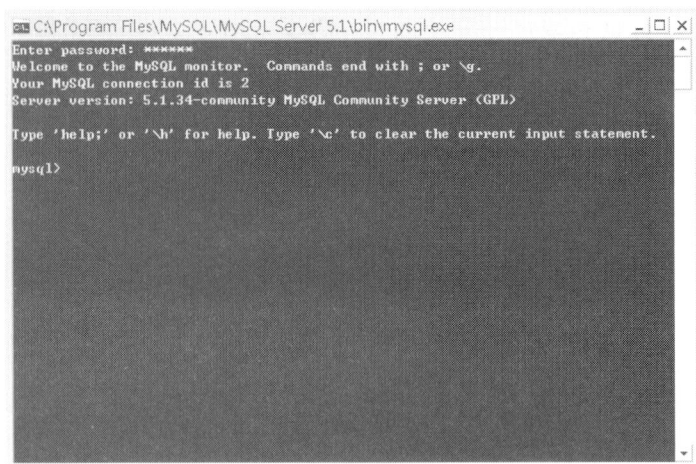

图 B.5　MySQL Command Line Client 画面

B.2　MySQL 的数据类型

在 MySQL 中有数值、日期时间与字符串等数据类型。

1. 数值数据类型

数值数据类型可以分为整数与浮点数，按所使用的字节长度，整数可以分为 TINYINT、SMALLINT、MEDIUMINT、INT(INTEGER)、BIGINT，所使用的字节长度分别为 1、2、3、4、8。整数可以声明它为 UNSIGNED，也就是无符号(没有负号)整数，每一个数据类型的范围如表 B.1 所示。

表 B.1　数值数据类型

类　　　型	范　　　围
TINYINT	有符号 -127 ~ 128；无号 0~255
SMALLINT	有符号 -32 768 ~ 32767；无号 0~65 535
MEDIUMINT	有符号 -8 388 608 ~ 8 388 607；无号 0~16 777 215
INT	有符号 -2^{31} ~ 2^{31}-1；无号 $0 \sim 2^{32}$-1
BIGINT	有符号 -2^{63} ~ 2^{63}-1；无号 $0 \sim 2^{64}$-1

在每个数值类型后加上(M)可设置显示的长度，M 表示长度设置，最多可设置 255。

浮点数数据类型有 FLOAT、DOUBLE(REAL)、DECIMAL(NUMERIC)。FLOAT 使用 4 字节，精度 E+38~E-38；DOUBLE 使用 8 字节，精度 E+308~E-308，DECIMAL 是用 char 类型来储存浮点数字，可用 DECIMAL(M,D)来指定显示的总长度与小数位数，总长度默认为 32，小数位数默认为 0。

2. 日期时间数据类型

MySQL 提供了 DATE、TIME、DATETIME、YEAR、TIMESTAMP 等日期时间的数据类型。如表 B.2 所示。

表 B.2　日期时间数据类型

类　　型	范　　围
DATE	使用 3 字节容量，以 YYYY-MM-DD 格式显示，可显示范围为 1000-01-01 至 9999-12-31
TIME	使用 3 字节容量，以 HH:MM:SS 格式显示，可显示范围从-838:59:59 到 838:59:59
DATETIME	使用 8 字节容量，为时间日期组合，以 YYYY-MM-DD HH:MM:SS 格式显示，可显示范围为 1000-01-01 00:00:00 到 9999-12-31 23:59:59
YEAR(2|4)	使用 2 字节容量，可以指定 2 或 4 位数字来表示公元纪年，范围为 70-69(1970-2069) 或 1901-2155

TIMESTAMP 使用 4 字节容量，它以一个数字来表示日期时间，格式是 YYYYMMDDHHMMSS，为 UNIX 系统的时间表示法。例如，20040723001000 就表示 2004-07-23 00:10:00，可显示范围为 1970-01-01 00:00:00 至 2037-12-31 23:59:59，也可以指定显示的长度与格式。例如

TIMESTAMP(12)：YYMMDDHHMMSS

TIMESTAMP(10)：YYMMDDHHMM

TIMESTAMP(8)：YYYYMMDD

TIMESTAMP(6)：YYMMDD

TIMESTAMP(4)：YYMM

TIMESTAMP(2)：YY

3. 字符串数据类型

MySQL 的字符串类型主要有 CHAR、VARCHAR、TEXT、BLOB、SET、ENUM 等。

CHAR(M)与 VARCHAR(M)主要是用来储存较简短文字，M 表示要储存的最大字节长度，最多储存至 255 个字符，使用 CHAR 的话，如果存入的字符不足 M，会用空白填满，使用 VARCHAR 的话则随着存入的字符长度而变动。两者的选择是基于空间与速度的权衡。

TEXT 用来储存较长的文字，分为 TINYTEXT(255)、TEXT(65 525)、MEDIUMTEXT (16 771 215)、LONGTEXT(4 294 967 295)，数字表示可储存的最大字元数。

BLOB 为 Binary Large Objects 的缩写，可用来储存二进制数据，如图像或文件，分为 TINYBLOB(255)、BLOB(65 525)、MEDIUMBLOB (16 771 215)、LONGBLOB(4 294 967 295)，数字表示可储存的字节数，BLOB 也可以用于储存不区分大小写的文字。

ENUM(value1, value2, ...)是 Enumeration 的缩写，可用于储存列举值，存入的值必须是所列举的值或空值，可列举的值最多为 65 535 个。

SET(value1, value2, ...)与 ENUM 类似，存入的值必须为 SET 中所指定的值，不能为空值，最多可以有 64 个指定值。

B.3 创建数据库、数据表

在使用 MySQL Command Line Client 并以 root 登录 MySQL 之后，可以使用 CREATE SCHEMA 命令创建数据库。例如，创建一个名称为 demo 的数据库：

```
CREATE SCHEMA demo;
```

接着可使用 USE 命令指定使用 demo 数据库：

```
USE demo;
```

若要在 demo 数据库中创建表格，可以使用 CREATE TABLE 命令。例如，创建一个 t_message 表格，其中有 id、name、email、msg 等字段，并指定了相关的数据类型：

```
CREATE TABLE t_message (
    id INT NOT NULL AUTO_INCREMENT PRIMARY KEY,
    name CHAR(20) NOT NULL,
    email CHAR(40),
    msg TEXT NOT NULL
);
```

设置字段为 NOT NULL，表示数据表中的字段一定要有值，如果没有设置，字段值可以为 NULL(空值)，设置 id 为 AUTO_INCREMENT，表示由 MySQL 来管理字段的值，如果没有指定 id 的值，则会根据上一笔数据的 id 值自动递增，指定 PRIMARY KEY 可以指定字段设置主键。也可以这么设置主键：

```
CREATE TABLE t_message (
    id INT NOT NULL AUTO_INCREMENT,
    name CHAR(20) NOT NULL,
    email CHAR(40),
    msg TEXT NOT NULL,
    PRIMARY KEY(id)
);
```

如果要删除数据表，则可以使用 DROP TABLE 命令。例如，删除 t_message 数据表：

```
DROP TABLE t_message;
```

如果想要删除整个数据库，则可以使用 DROP SCHEMA 命令。例如，删除 demo 数据库：

```
DROP SCHEMA demo;
```

B.4　进行 CRUD 操作

CRUD 就是 Create、Read、Update 与 Delete，为数据库操作中的四个基本动作，可以分别使用 INSERT、SELECT、UPDATE 与 DELETE 四个 SQL 语句来进行操作。

1. INSERT

INSERT 命令可以将新的数据添加到数据表中，直接以实际例子来看，这里假设已经使用前一节的 CREATE TABLE 语法创建了 t_message 数据表，以下可以在 t_message 中插入一笔新的数据：

```
INSERT INTO t_message VALUES(1, 'caterpillar', 'caterpillar@mail.com', 'This is a
new message');
```

在 MySQL 中，字符串数据必须包括在双引号或单引号中，如果是数字或日期就不用，以上的 INSERT 命令是按数据表字段顺序插入数据。如果想以不同的顺序来插入数据，可以这样指定：

```
INSERT INTO t_message (name, msg) VALUES('caterpillar', 'This is a new message.');
```

也可以在一个语句中添加多笔数据。例如：

```
INSERT INTO t_message VALUES
    (1, 'bush', 'bush@mail.com', 'a new message1'),
    (2, 'justin', 'justin@mail.com', 'a new message2'),
    (3, 'momor', 'momor@mail.com', 'a new message3');
```

2. SELECT

使用 SELECT 命令可以从数据表中查询出符合条件的数据，以下示范的是最简单的一个查询，将数据表中所有的数据查询出来：

```
SELECT * FROM t_message;
```

可以使用 WHERE 指定条件来查询数据。例如，找出 t_message 中名称为"justin"的数据：

```
SELECT * FROM t_message WHERE name='justin';
```

两个以上条件可以使用 AND 或 OR 来加以组合。例如，查询 name 为"justin"，而 email 为"justin@mail.com"的数据：

```
SELECT * FROM t_message WHERE name='justin' AND email='justin@mail.com';
```

SELECT 也可以同时取得两个字段的数据。例如，下面的命令从 t_message 数据表中取出 name 与 msg 字段的数据：

```
SELECT name, msg FROM t_message;
```

查询完数据之后，默认是以数据表中的数据加入顺序显示，可以使用 ORDER BY 来指定依某个字段进行排序。例如，根据 name 字段的值排序：

```
SELECT * FROM t_message ORDER BY name;
```

如果想要以反序方式排序，则加入 DESC。例如：

```
SELECT * FROM t_message ORDER BY name DESC;
```

3. UPDATE

使用 UPDATE 命令可以更新数据表中已登录的数据。例如：

```
UPDATE t_message SET name='caterpillar' WHERE id=1;
```

要注意的是，如果上例中没有使用 WHERE 限定更新的条件，将会把数据表中所有数据的 name 字段改为"caterpillar"。UPDATE 也可以同时更新多个字段。例如：

```
UPDATE t_message
    SET name='caterpillar, email='caterpillar@mail.com'
    WHERE id=1;
```

4. DELETE

使用 DELETE 可以删除数据表中的数据。例如，删除 id 为 1 的数据：

```
DELETE FROM t_message WHERE id=1;
```

要注意的是，如果不使用 WHERE 指定条件，则会删除数据表中所有的数据。例如：

```
DELETE FROM t_message;
```

附录 B 只是对 MySQL 与一些常用的 SQL 语句做一些简介，足够了解本书中 JDBC 介绍中的相关 SQL 操作，更详细的 MySQL 或 SQL 语法介绍，则请参考 MySQL 或 SQL 的专门书籍。也可以在下列网址下载 MySQL 参考手册：

http://download.oracle.com/docs/cd/E19957-01/mysql-refman-5.5/

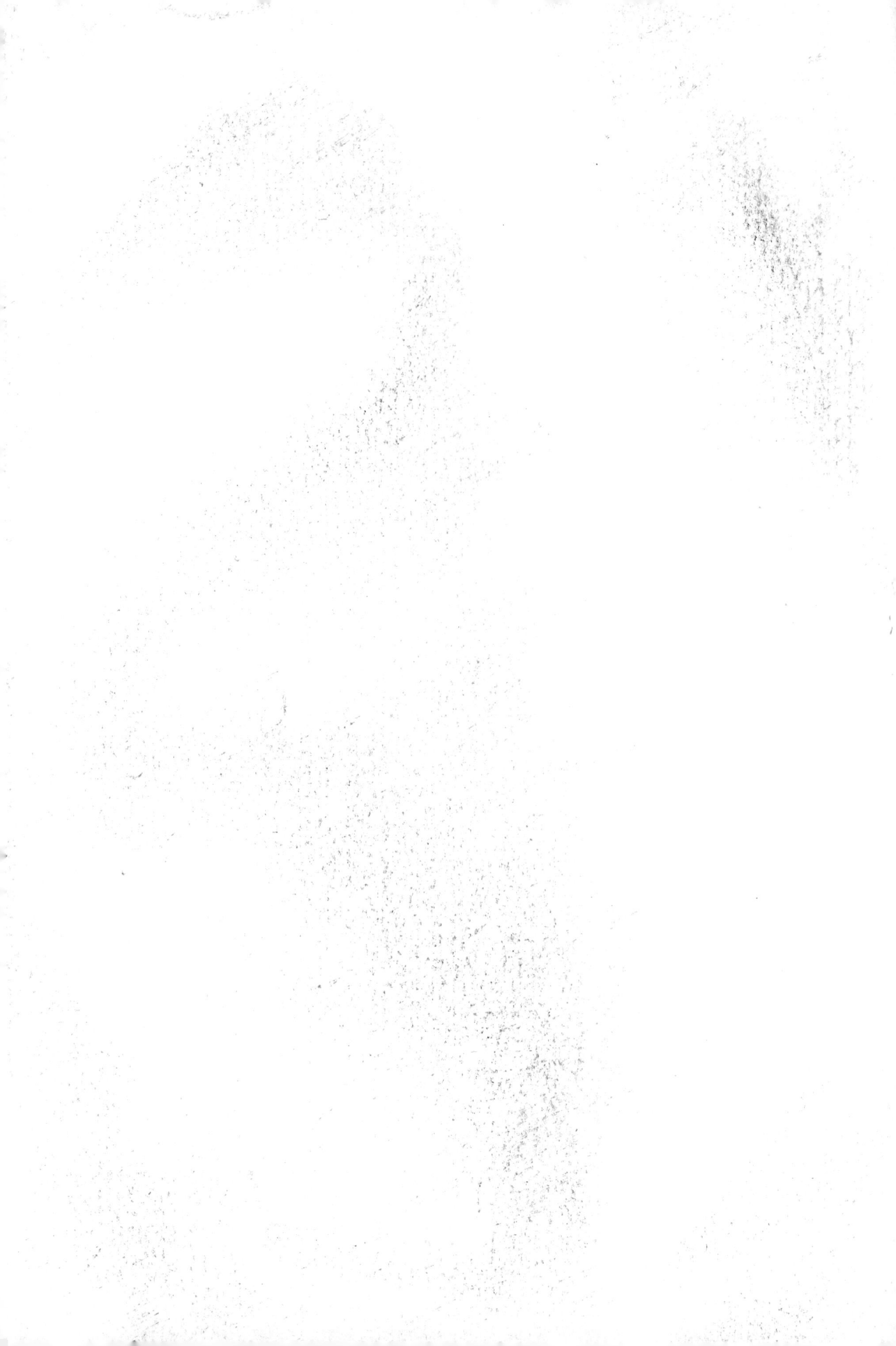